AVR과 FPGA 기반의

임베디드 로봇 설계

리버트론 RoV-Lab 및 자일링스 ISE 활용

서종완 | 이성대 공저

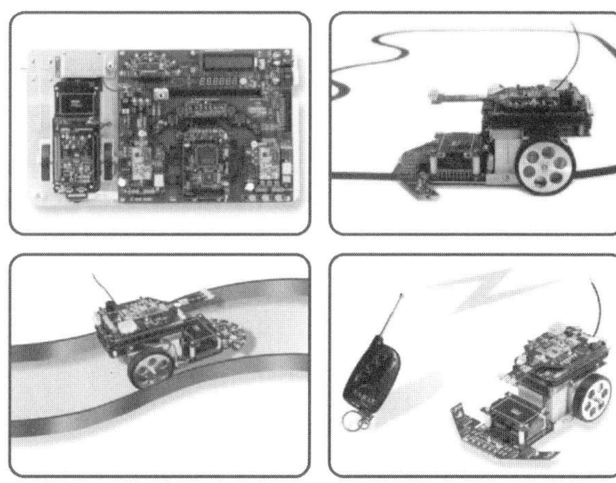

홍릉과학출판사

서문

대학에서 시스템 설계를 배우는 학생들이 직면하는 한계는 항상 마이크로 컨트롤러나 세부 회로의 이론적인 내용과 실제로 이들을 시스템에서 활용하는 방법이 분리되어 학습된다는 것이다. 마이크로 컨트롤러의 내부 아키텍쳐나 동작원리에 대해 정확히 이해하는 학생들이 실제 마이크로 컨트롤러를 활용하여 주변 장치를 제어하는 방법에 대해서는 거의 이해하지 못하는 경우를 보게 되는 것은 전혀 낯설지 않다. 반면에 이들 회로의 내부구조와 동작원리에 대한 이해 없이 마이크로 컨트롤러나 시스템 레벨의 회로를 이용하여 주변회로를 기계적으로 실습하는 학생들도 많이 보게 된다.

이러한 현상은 시스템 설계를 교육하는 과정에서 마이크로 컨트롤러나 특정 회로의 기능을 활용하는 내용에 대한 이론과 실습의 적절한 조화가 이루어져야 할 필요성을 절실히 느끼게 한다. 효과적인 교육을 위해서는 잘 짜여진 교과 과정과 그러한 목표에 맞는 교재의 개발이 필요한 것이다. 또한 교육의 효과를 높이기 위해서 이를 뒷받침할 수 있는 적합한 교육용 실습도구가 제공된다면 금상첨화일 것이다.

본 교재는 대학에서 마이크로 컨트롤러를 이용한 시스템 설계의 전반적인 과정에 대해, 특히 차세대 성장동력사업으로 주목받고 있는 로봇 시스템의 개념에 대해 체계적으로 교육할 수 있도록 구성되었다.

RISC의 빠른 처리속도와 ISP(In System Program) 기능이 갖는 장점으로 관심이 높아지고 있는 AVR을 활용하여 시스템을 구현하는 방법에 대해 주변회로를 구동하기 위한 내부기능 활용 중심으로 설명하였다. 주변회로는 로봇시스템을 이해하기 쉽도록 외부 입력을 감지하는 센서, 로봇의 이동을 담당하는 모터 구동회로, RF 통신 및 디스플레이 장치들로 구성하고 이들을 구동하는 방법에 대해 각 주변장치의 회로구성과 마이크로 컨트롤러 인터페이스 방법, 이 때 활용되는 마이크로 컨트롤러의 기능을 쉽게 이해할 수 있도록 구성하였다. 특히 본 교재에서는 SoC의 개념을 이해하도록 하기 위하여 PLD를 활용하여 마이크로 컨트롤러와 외부 장치를 인터페이스 하는 방법에 대해 다루고 있다. 본 교재에서 사용하는 PLD는 Xilinx FPGA device인 Spartan III 계열의 FPGA이며, 이 FPGA를 이용하여 각 주변장치와 AVR Core를 연결하여 이들을 구동하는 방법을 자세히 기술하였다.

이를 통하여 마이크롤 컨트롤러의 기능뿐만 아니라 PLD 디바이스를 설계하는 방법에 대해서도 이해하고, 나아가서 마이크로 컨트롤러와 PLD 디바이스를 통합하여 완성된 시스템을 설계하는 기술에 대해서도 이해하는 수준까지 기대할 수 있다. 최종적으로는 본 교재에 실린 이론 및 실습 과정을 통해 AVR 마이크로 컨트롤러와 FPGA를 통합 설계하여 주변장치를 구동하는 시스템을 구현하는 내용에 대해 완벽하게 이해할 수 있도록 내용을 구성하였다. 그러므로 본 교재는 마이크로 컨트롤러와 FPGA의 기초적인 설계에 대해 공부하고자 하는 학생들은 물론 이를 활용하여 시스템을 구현하고자 하는 엔지니어에게도 좋은 길잡이가 될 수 있을 것이다. 특히 이 교재는 (주)리버트론의 Rov-Lab 3000 트레이닝 키트를 잘 활용할 수 있도록 구성되었다. 리버트론의 Rov-Lab 3000은 마이크로 컨트롤러와 FPGA로 구성되는 메인부와 각 주변회로부가 모듈 형태로 구성되어 각각의 기능을 분리하여 실습할 수 있을 뿐만 아니라, 이를 통합할 경우 라인트레이서로 구성할 수 있도록 제작되어 실습의 효과를 극대화할 수 있다.

본 교재는 전자 및 로봇 관련 학과 학부생과 이 분야 엔지니어가 마이크로 컨트롤러와 FPGA를 활용한 시스템 설계에 대한 이론 및 실습을 통해 SoC의 개념에 대한 이해와 설계 능력을 갖추도록 하는 것을 목적으로 하고 있다. 이론과 실습이 유기적으로 연결되어 체계적인 시스템 설계 교육이 이루어질 수 있기를 기대한다.

교재가 나오기까지 저자들과 리버트론의 관계자가 교육의 목표와 교육과정 설계를 비롯한 교육내용 전반에 대한 진지한 토론과 고민이 있었음을 밝혀두고자 한다.

트레이닝 키트와 교재 개발을 위해 물심양면으로 지원을 아끼지 않으신 김만복 대표와 최경옥 부장, 김기석 주임 연구원을 비롯한 리버트론 관계자께 감사의 인사를 드립니다.

2006년 8월

저자 일동

추천의 글

안녕하십니까?

끊임없는 기술 개발을 추구하며 고객이 원하는 제품을 만들자는 자일링스의 기본 이념을 바탕으로 2004년 플랫폼 FPGA Virtex4 제품군을 90nm, 65nm 공정 기술 및 300mm 웨이퍼 등 최신 기술을 이용하여 양산에 돌입하였고, 곧이어 가전 시장의 ASIC을 대체할 수 있는 Spartan 3 제품군을 출시함으로써 그동안 FPGA는 고가라는 고정관념을 없애고 FPGA에 익숙하지 않았던 일반 엔지니어에게도 한 걸음 더 다가섰다고 생각합니다.

그간 FPGA는 고부가가치의 통신 시스템에 주로 사용되었으나, FPGA의 대량 생산 기술 개발을 바탕으로 다품종 소량 생산, Time-to-Market 그리고 유연성을 가장 필요로 하는 고부가 가전시장에도 그 입지를 넓혀가고 있습니다. 특히, 최근 수요가 급격하게 증가하고 있는 대형 디지털 TV시장을 중심으로 디지털 컨버전스 제품에도 FPGA의 활용도가 나날이 늘어나고 있습니다.

제품의 복합, 다양화에 따른 FPGA의 필요성이 강조되는 가운데 가까운 미래에는 FPGA 설계 기술이 더욱 보편화되리라 봅니다. 따라서 이러한 변화에 발맞추어 관련 분야 학생들도 업계에서 필요로 하는 FPGA 설계 및 다양한 실전 기술을 습득함으로써, 최적의 설계 구현을 통해 제품의 성능 및 가격 경쟁력 향상에 크게 기여 할 수 있는 유능한 엔지니어로 성장할 수 있으리라 기대합니다.

본 교재는 이러한 요구에 부응하여 AVR과 FPGA 기반의 임베디드 하드웨어 시스템 설계를 최적화 하는 방법 및 실전 예제를 자세히 기술함으로써, FPGA를 처음 접하는 학생들에게 실질적인 도움을 줄 수 있는 좋은 안내서라고 생각합니다.

본 교재의 저술을 위해 고생하신 서종완 교수님과 이성대 교수님, 그리고 이 책의 편찬을 지원한 리버트론 임직원 여러분께 감사드립니다.

자일링스코리아

안 흥 식 지사장

차 례

PART I ATmega128 - 8bit RISC MCU

CHAPTER 1 ATmega128의 구조 / 3

CHAPTER 2 ATmega128의 제어부 / 13

CHPATER 3 레지스터 / 25

PART II FPGA(Field Programmable Gate Array)

CHAPTER 4 FPGA(Field Programmable Gate Array) / 59

PART III AVR + FPGA Training KIT

CHAPTER 5 FPGA 제어 예제 / 125

CHAPTER 6 AVR 제어 예제 / 209

APPENDIX

PART I

ATmega128 - 8bit RISC MCU

ATmega128의 구조

1

CHAPTER

리버트론 RoV-Lab 및 자일링스 ISE 활용

1-1 AVR 이란

AVR은 ATMEL에서 만든 microcontroller로 RISC(Reduced Instruction Set Computer) core를 가지고 대부분의 명령어를 single cycle에 수행하며, AVR의 I/O구조는 외부에 추가되는 소자를 최소화 할 수 있도록 설계되었다. 8-비트 RISC(Reduced Instruction Set Computer) 구조로 명령어가 간단하며 동작 공급되는 클럭 1MHz당 약 1MIPS(Million Instruction Per Second)의 성능을 보이며, 소모 전력이 적다. 칩 내부에는 발진회로, 타이머, UART(Universal Asynchronous Receiver and Transmitter)와 SPI(Serial Peripheral Interface) 및 pull-up 저항과 PWM(Pulse Width Modulation), ADC (Analog to Digital Converter), Analog 비교기, Watchdog 타이머가 내장되어 있다.

일부 AVR 제품은 10-bit ADC를 내장하고 있으며, 다른 마이크로 콘트롤러에 비해 큰 SRAM을 가지고 있으며, Flash memory의 내장으로 프로그래밍이 용이하고 EEPROM을 내장하고 있어서 데이터 백업이 가능하다(EEPROM의 크기는 SRAM과 동일)

USART, SPI(Serial Peripheral Interface), PWM(Pulse Width Modulation) 모듈 등을 내장하고 있으며, 8비트 및 16비트 타이머를 내장하고 있다

AVR은 개발 단계에서부터 C언어 사용을 고려하여 제작되었으므로 C언어를 사용하는 개발 환경에 유리하다.

AVR은 ISP(In-System Programmable) Flash 메모리와 EEPROM, SRAM을 가지고 있어 편리한 개발 환경을 제공할 뿐만 아니라 실행할 코드와 동작 중 필요한 SRAM

및 전원이 공급되지 않아도 보관하고 있어야할 데이터를 저장할 EEPROM을 칩 안에 내장하고 있으므로 부가 회로를 최소화 할 수 있어 AVR을 사용하여 시스템을 구성할 때 Flash 메모리 및 SRAM, EEPROM 등이 추가되지 않아 다른 microcontroller에 비하여 경제적이다.

ISP(In-System Program)란?

ISP(In-System Program) 기능이란 칩을 PCB(Printed Circuit Board)에 장착한 후에 전원과 클럭, 데이터 등의 극소수의 핀을 연결하여 보드에 부착된 상태에서 프로그램을 하거나 칩 안에 있는 내용을 읽거나 변경 할 수 있는 기능을 의미한다.

이전에는 ROM-Writer라고 불리는 장비 등에 의해 칩을 ROM-Writer에 끼운 후 프로그램을 하거나 칩 안에 들어있는 내용을 읽는 방식을 취했으나, ISP 기능이 개발된 후 칩을 보드에 실장한 후 직접 쓰기/읽기 등의 동작이 가능해졌다. 일반적으로는 CLOCK, DATA IN, DATA OUT, ENABLE 등의 핀이 사용되며 이들을 축소하여 2개의 신호선으로 제어하는 방식도 있다.

1-2 ATmega128 개요

ATmega128은 AVR의 향상된 RISC 구조에 기반을 둔 8-bit 저전력 microcontroller로 대부분 1 machine cycle에 수행되는 명령어를 가지고 있어 공급되는 클럭 1MHz당 1MIPS(Million Instruction per Second)의 처리능력을 가지고 있으며, 처리 속도에 비하여 최적화된 전력 소모 구조를 가지고 있어 기타 microcontroller에 비하여 상대적으로 적은 소모 전력으로 보다 향상된 처리를 가능하게 한다. Tmega128은 다음과 같은 특징을 가진다.

향상된 RISC 구조

- 133개의 강력한 명령어 : 대부분 1-cycle에 동작하는 명령어
- 32개의 8-bit 범용 레지스터 + 주변장치 제어 레지스터
- 완전 정적인 동작 지원
- 16MHz의 공급 클럭에서 최대 16MIPS의 성능
- 2-cycle에 동작하는 하드웨어 곱셈기 내장

비휘발성 프로그램 메모리와 데이터 메모리

- 128K Bytes의 In-System Reprogrammable Flash 메모리
  - 프로그램의 실행 코드 저장 영역.
  - 최소 10,000번 이상의 쓰기/삭제 수명 보장.
- 4K Bytes의 EEPROM
  - 비휘발성 데이터 저장 영역
  - 최소 100,000번 이상의 쓰기/삭제 수명 보장.
- 4K Bytes의 내부 SRAM
- 최대 64K Bytes까지의 외부 데이터 메모리 추가 가능
- 소프트웨어 보안성을 위한 프로그램 잠금 기능
- ISP(In-System Programming)를 위한 SPI 인터페이스 제공

ATmega128에 내장된 주변장치

- 분주기와 비교기 모드가 분리된 2개의 8-bit 타이머/카운터
- 분주기와 비교기 모드 및 캡춰 모드가 분리된 두개의 확장 가능한 16-bit 타이머/카운터
- 발진회로와 분리된 실시간 계수기(Real Time Counter)
- 2개의 8-bit PWM 채널

- 2에서 16-bit의 분해능을 가진 프로그램 가능한 6개의 PWM 채널
- 출력 비교 변조기(Output Compare Modulator)
- 8 채널의 10-bit ADC(Analog to Digital Converter)
  - 8개의 single-ended 채널
  - 7개의 differential 채널
  - 2개의 프로그램 가능한 입력 게인(1×, 10×, 200×)을 갖는 채널
- Byte 정렬된 Two-wire 직렬 인터페이스
- 두 개의 프로그램 가능한 USART(Universal Synchronous/Asynchronous Receiver and Transmitter)
- Master/Slave SPI 시리얼 인터페이스
- 내장된 발진 회로와 프로그램 가능한 Watch-doc 타이머
- 내장된 Analog 비교기

특별한 **Microcontroller** 기능

- Power-On Reset 기능과 프로그램 가능한 Brown-out 검출 기능
- 조율된 내부 RC 발진 회로
- 외부 및 내부 인터럽트 소스
- 6가지의 슬립 모드
- 소프트웨어로 선택 가능한 클럭 주파수
- 선택 가능한 ATmega103 호환 모드
- 전체적인 pull-up 해제 기능

I/O와 **Package**

- 53개의 프로그램 가능한 입/출력 선
- 64핀의 TQFP 또는 64개의 pad를 갖는 MLF 패키지

동작 전압

- ATmega128L은 2.7V~5.5V의 공급 전원에서 동작가능
- ATmega128은 4.5V~5.5V의 공급 전원에서 동작가능

동작 속도

- ATmega128L은 0~8MHz의 공급 클럭에서 동작 가능
- ATmega128은 0~16MHz의 공급 클럭에서 동작 가능

1-3 ATmega128의 블록도

ATmega128은 다음 [그림 1-1]과 같은 구조를 가지고 있다. PORT A~F까지 8-bit 입/출력이 가능한 포트 6개와 5-bit의 PORTG를 가지고 있으며, 2개의 USART와 SPI, Interrupt 모듈, Timer/Counter, Watchdog Timer, A/D Converter, EEPROM, SRAM, Analog Comparator를 가지고 있다.

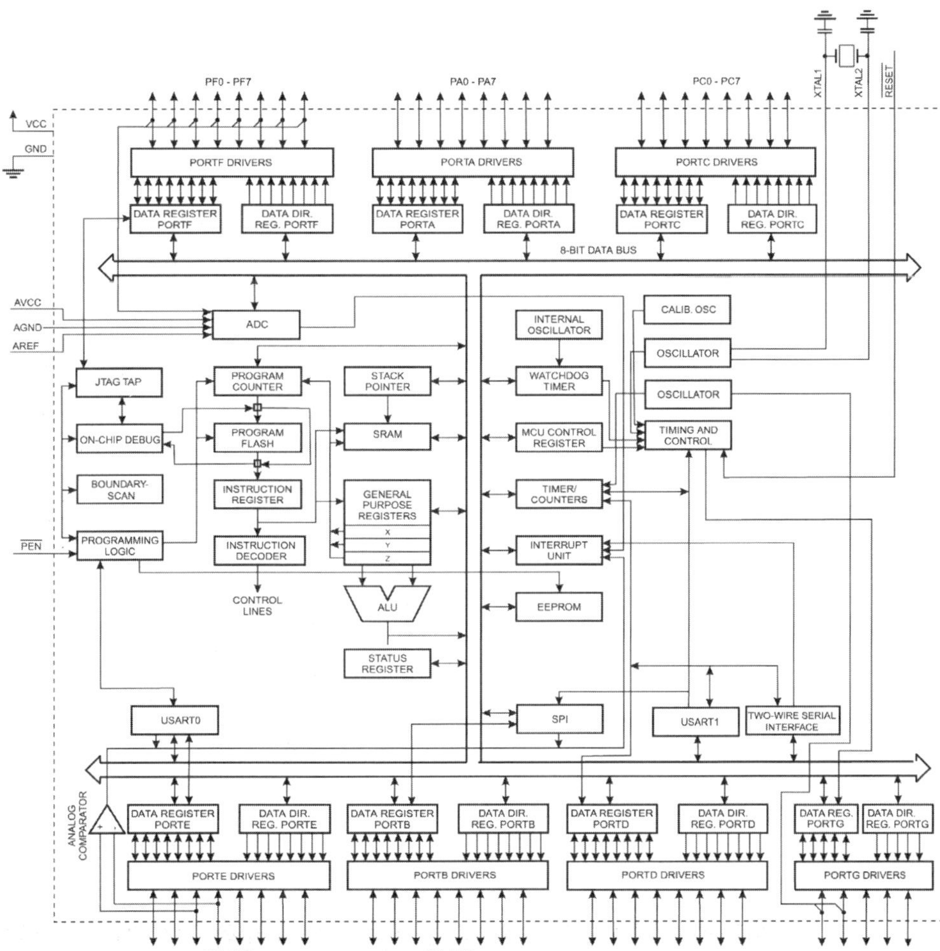

[그림 1-1] ATmega128의 내부 블록도

1-4 ATmega128의 PIN OUT

ATmega128은 [그림 1-2]와 같은 모양으로 핀이 배열되어 있으며, 모두 64개의 핀으로 구성되어 있다. 이들 중 전원(VCC, AVCC, GND)과 클럭 공급 핀(XTAL1, XTAL2), 리셋(RESET), Program Enable(PEN)을 제외한 나머지는 모두 일반 I/O 기능과 ATmega128 내부의 특수한 기능을 공유하여 사용할 수 있도록 구성되어있다. PEN핀은 칩에 전원이 공급되는 Power On Reset 기간에 "LOW" 상태를 유지하면 SPI를 사용한 프로그램 모드로 동작할 수 있게 한다. 일반적인 동작에서는 사용되지 않는다.

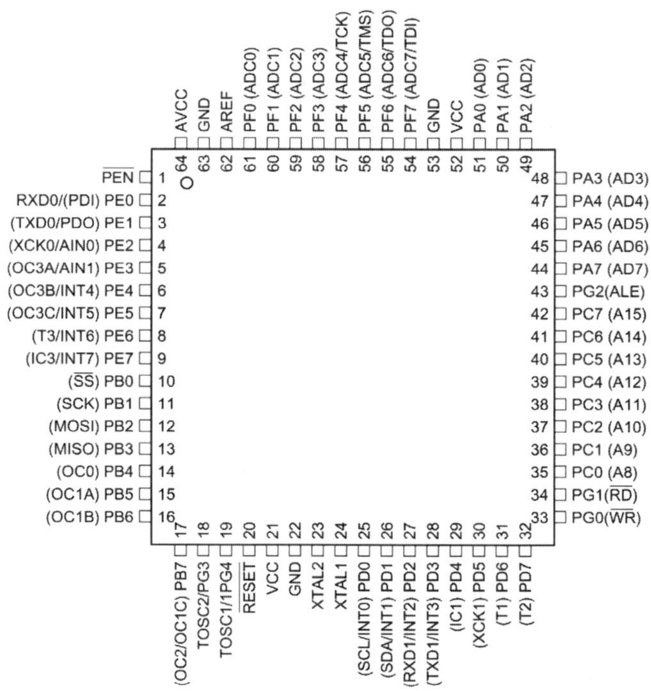

[그림 1-2] ATmega128의 Pin Out

Power On Reset 이란?

Power On Reset은 칩에 전원이 공급되어 동작이 안정화 될 때까지 RESET상태를 유지함으로써 칩의 기능들이 불안정한 상태에서 동작하지 않도록 해주는 것이다.

1-5 ATmega128의 Architecture

AVR은 Program과 Data 메모리 및 bus가 분리된 Harvard Architecture를 채택하고 있으며 프로그램 메모리에 있는 명령어는 하나의 파이프라인을 통하여 실행되는 구조를 가지고 있어 하나의 명령어가 수행되는 동안 다음 실행될 명령어가 미리 읽혀 실행 대기 상태로 있게 된다. 따라서 보다 빠른 명령 수행 성능을 보인다. AVR의 내부 Architecture는 다음 [그림 1-3]과 같다.

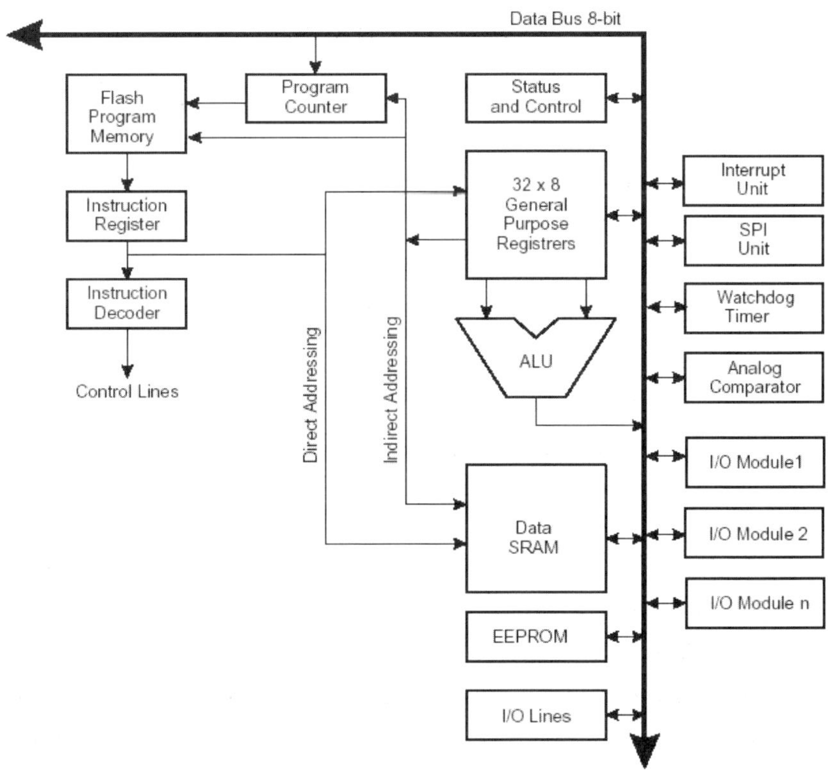

[그림 1-3] Block Diagram of AVR Architecture

마이크로 컨트롤러 또는 프로세서들에서 주로 사용되는 Architecture는 크게 Harvard Architecture와 Von Neumann 구조로 나뉘게 되며, 실제 마이크로 컨트롤러 등에서 적용될때는 이들을 다소 변형한 구조를 사용하고 있다. 예를들어 8051의 경우 칩 내부에서는 데이터와 프로그램 메모리, 버스가 분리되어 있으나 칩 외부에 연결될 때는 프로그램, 데이터의 Address, Data bus를 Mux 하여 동일한 외부 pin을 사용하고 있어 이러한 경우에는 Modified Harvard 구조라고 한다. AVR은 칩 내부에만 Program 메모리가 존재하고 외부로 연결되는 Address, Data bus는 Data 메모리에만 연결되어 있어 칩 내/외부 모두 프로그램, 데이터 메모리 및 bus가 분리된 Harvard Architecture를 취하고 있다.

일반적으로 Harvard Architecture는 TI에서 만드는 DSP 제품들, 인텔의 8051 등에서 주로 사용되고 있으며, Von Neumann Architecture는 일반적인 대부분의 프로세서, 마이크로 컨트롤러 등에서 채택하고 있는 구조이다. 이러한 구조에 대해서 요약하면 다음과 같다.

하버드 아키텍쳐 (Harvard architecture)

- 프로그램과 데이터에 대해 별도의 메모리와 버스 사용
- 하버드 대학의 물리학자 Howard Aiken에 의해 1930년대 후반에 개발
- Harvard MARK I 컴퓨터가 1944년에 작동 시작

폰 노이만(Von Neumann)

- 명령과 데이터가 단일 메모리 공간을 사용
- 컴퓨터의 설계를 간소화
- 펜실베니아 대학의 폰 노이만이 1943부터 1946사이에 개발한 ENIAC(Electronic Numerical Integrator and Calculator)의 아키텍쳐
- 한번에 명령이나 데이터 중 하나에만 엑세스 가능

일반적인 CPU Core는 ALU, Register, Control Unit과 Bus, Control Signal line 및 I/O(Input/Output)로 구성되어 있다. [그림 1-3]에서와 같이 AVR core도 ALU, 범용레지스터(General Purpose Register)와 제어 유닛으로 Status and Control, Program Counter(PC) register, Interrupt Unit 및 I/O line으로 구성되며, AVR는 칩 내부에 program code를 저장하는 FLASH 메모리와 데이터 저장용 SRAM, EEPROM이 존재하며 SPI, Watchdog Timer, Analog Comparator, I/O Modules로 구성된다.

AVR의 상태레지스터(Status Register)는 SREG라는 이름을 가지고 있으며 연산 명령의 실행된 가장 최근의 결과를 반영하고 있다. 이 결과는 조건 연산 등에서 프로그램의 흐름을 변경하는데 사용될 수 있다. SREG는 ALU의 모든 연산에 따라 최신값으로 갱신된다.

AVR Status Register - SREG

Bit	7	6	5	4	3	2	1	0
	I	T	H	S	V	N	Z	C
Read/Write	R/W	R/W	R/W	R/W	R/W	R/W	R/W	R/W
Initial Value	0	0	0	0	0	0	0	0

SREG의 각 상태 비트는 다음과 같은 뜻을 가지고 있다.

- Bit 7 - I : Global Interrupt Enable

  AVR의 인터럽트 기능을 사용하기 위해서는 SREG의 7번 비트를 1로 설정해놓아야 한다. CLI와 SEI 명령을 사용해서 0또는 1로 설정할 수 있다.

- Bit 6 - T : Bit Copy Storage

  BST(Bit STore), BLD(Bit LoaD) 명령에 사용되는 레지스터로 레지스터 파일로부터 특정 레지스터의 비트를 복사할 때 BST에 의해 해당 비트기 SREG의 6번 비트 T에 저장되고 BLD 명령에 의해 이 비트가 읽혀 대상 레지스터에 저장된다.

- Bit 5 - H : Half Carry Flag

  BCD 연산에 유용하게 사용되는 Flag bit다.

- Bit 4 - S : Sign Bit, $S=N \oplus V$

  부호비트로 negative flag인 N과 2의 보수 연산의 overflow flag V와 XOR한 결과 값이다.

- Bit 3 - V : Two's Complement Overflow Flag

  2의 보수 연산에서 overflow가 발생하면 설정된다.

- Bit 2 - N : Negative Flag

  수치연산이나 논리 연산의 결과가 음수가 되었을 때 설정된다.

- Bit 1 - Z : Zero Flag

  수치연산이나 논리 연산의 결과가 0이 되었을 때 설정된다.

- Bit 0 - C : Carry Flag

  수치연산이나 논리 연산의 결과에서 자리올림이 발생했을 때 설정된다.

ATmega128의 제어부

2

CHAPTER

2-1 ATmega128의 범용 Register File

AVR의 ALU는 32개의 범용레지스터와 직접 연결되어 있어 레지스터간의 연산, 레지스터와 직접 입력한 값과의 연산은 하나의 시스템 클럭에 수행한다(단, 곱셈의 경우 2개의 시스템 클럭에 동작한다). ALU는 수학연산(덧셈, 빨셈, 곱셈, 1증가, 1감소, 2의 보수), 논리연산(AND, OR, XOR, NOT) 및 비트연산의 세 부분으로 구성되어있다.

[그림 2-1]은 AVR의 범용 레지스터로 32개의 8-bit로 구성되어 있으며, 이들 중 R26~R31은 X, Y, Z 레지스터로 사용될 수 있으며 이들은 데이터 영역에 16-bit의 간접주소지정방식에 사용된다.

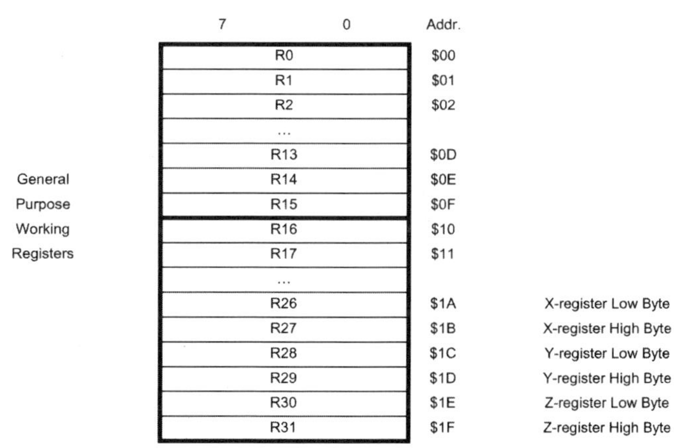

[그림 2-1] AVR의 범용레지스터

2-2 ATmega128의 메모리 구성

AVR은 Harvard Architecture를 채택하고 있으므로 프로그램 메모리와 데이터 메모리가 분리되어 있다. [그림 2-2], [그림 2-3]은 ATmega128의 메모리 구성을 보이고 있으며, 프로그램 메모리는 모두 128KByte를 가지고 있으므로 [그림 2-2]와 같은 Address 영역을 가지게 된다. ATmega64의 경우에는 64KByte의 프로그램 메모리를 가지고 있으므로 ATmega128의 절반인 0x0000~0x7FFF 영역까지 Address 할 수 있다. [그림 2-3]은 데이터 메모리 구성에 관한 것으로 데이터 메모리 영역 중 칩 내부에서 사용하는 영역과 외부에 다른 장치를 부착하여 사용할 수 있는 영역으로 나뉘게 되며 이 경우에는 ATmega128의 데이터 메모리 맵을 보이고 있다. ATmega128은 칩 내부에서 4KByte의 SRAM과 32개의 레지스터, 64개의 I/O 레지스터, 160개의 외부 I/O 레지스터를 가지고 있어 아래 그림의 Memory Configuration A와 같이 구성되어 있다. 다만, ATmega128은 기존에 사용되던 ATmega103과의 호환을 유지하기 위해서 Memory Configuration B와 같이 사용할 수 있는 방법을 제공하기도 한다. 데이터 메모리 영역은 ATmega128과 ATmega64 모두 동일한 영역에 대하여 사용 가능하다. ATmega64도 ATmega128과 마찬가지로 ATmega103과의 호환 모드를 제공한다.

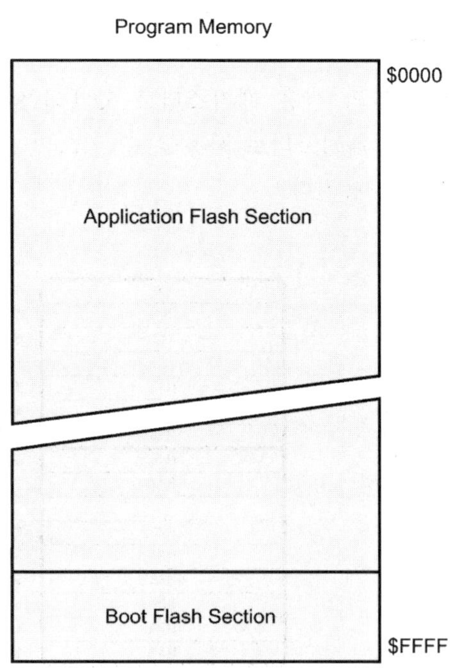

[그림 2-2] Program Memory Map

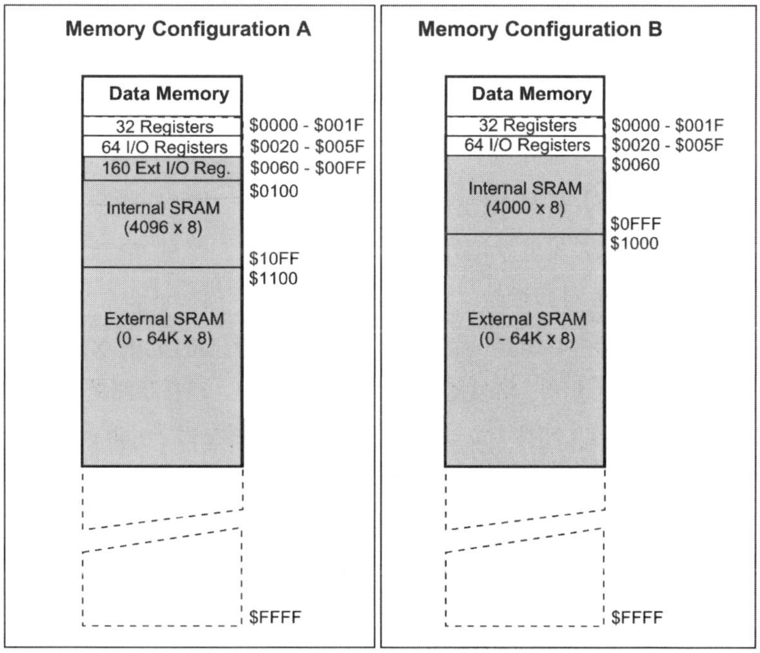

[그림 2-3] Data Memory Map

AVR ATmega128의 Flash memory는 In-System Reprogrammable program memory로 128KB의 크기를 가지고 있다. AVR의 명령어는 16 또는 32 bit의 크기를 가지고 있으므로 128KB의 flash 메모리는 명령어의 최소 비트 단위를 한번에 처리할 수 있도록 64K × 16bit(2 Byte)으로 구성된다. Flash 메모리는 크게 Boot section과 Application program section으로 나뉜다. [그림 2-2]는 AVR의 Program Memory Map으로 AVR의 PC(Program Counter) 레지스터의 크기가 16-bit으로 접근 가능한 주소 공간은 64K의 크기인 0x0000~0xFFFF이며, 이 공간에 대해 JTAG이나 SPI 모드를 통해 ISP로 접근할 수 있다. AVR의 Flash 메모리는 100,000번의 쓰기/삭제가 보장된다.

[그림 2-3]은 AVR ATmega128의 Data memory map으로 4096 Byte의 SRAM을 가지고 있으나 이전 모델인 ATmega103과의 호환성을 유지하기 위한 4000 Byte만을 사용하는 모드와 4096 Byte를 모두 사용 가능하게 하는 모드 두 가지를 지원한다. 또한 SRAM은 외부에 추가하여 모두 64K의 공간을 사용할 수 있으며, 내부 메모리 공간에는 32개의 범용 레지스터, 64개의 입/출력 레지스터와 160개의 확장 입/출력 레지스터의 주소 공간이 포함되어 있다. [그림 2-3]에서 보듯이 외부 SRAM은 0x1100 또는 0x1000 번지 이후의 주소 공간부터 사용자 임의로 활용 가능하며 그 이하의 주소 공간은 칩 내부의 레지스터에 접근하게 된다.

ATmega128은 memory mapped I/O 방식을 사용하고 있어 외부 메모리를 사용할 수 있는 공간에 SRAM 뿐만 아니라 I/O 장치, LCD, ADC 및 DAC를 붙여 사용할 수 있다. 외부 메모리를 사용하기 위해서는 XMEM(eXternal MEMory)이 활성화 되어 있어야 하며, 이 경우 내부 SRAM 이외의 주소 공간에 대해 접근하게 되면 ATmega128의 Address, Data 버스를 통하여 외부에 부착된 소자들에 접근할 수 있게 된다.

ATmega128의 외부 메모리 공간은 몇 개의 섹터로 나눌 수 있도록 구성되어 있어 각 섹터별로 4가지의 서로 다른 wait state를 지정할 수 있어 엑세스 속도가 상이한 소자들을 붙여 사용하는데 유리하도록 구성되어 있다.

ATmega128에서 외부 메모리에 접근하려면 MCUCR, XMCRA, XMCRB의 레지스터를 제어해야 한다. MCUCR 레지스터에서는 상위 두개의 비트가 외부 메모리 엑세스에 관련된 것이며 그 나머지는 외부 메모리 이외의 다른 사항에 관련되어 MCU(MicroControlUnit)를 제어하는 비트들이다.

MCU Control Register인 MCUCR 레지스터는 다음과 같이 구성되어 있다. 이들 중 외부 메모리 엑세스에 관련되는 비트는 비트 7, 비트 6이다.

MCU Control Register - MCUCR

Bit	7	6	5	4	3	2	1	0
	SRE	SRW10	SE	SM1	SM0	SM2	IVSEL	IVCE
Read/Write	R/W	R/W	R/W	R/W	R/W	R/W	R/W	R/W
Initial Value	0	0	0	0	0	0	0	0

- SRE : External SRAM/XMEM Enable

  SRE의 비트가 '0'이 기록되면 외부 메모리 엑세스를 사용하지 않는 모드로 동작하며, 메모리 인터페이스에 사용되는 핀 AD(7:0). A(15:8), ALE, /RD, /WR은 일반 I/O 핀으로 사용된다. SRE에 '1'을 기록하면 AVR은 외부 메모리를 엑세스할 수 있으며 AD(7:0). A(15:8), ALE, /RD, /WR은 일반 I/O가 아니라 메모리 엑세스에 필요한 동작을 한다.

- SRW10 : Wait-State Select Bit

  ATmega128의 이전 모델인 ATmega103과의 호환성을 유지하기위해 MCUCR 레지스터에 존재하는 비트로서 configuration bit에서 103 호환 모드를 선택할 경우 SRW10에 '1'이 기록되면 외부 메모리 엑세스에 하나의 사이클이 추가되어 one-wait으로 동작하게 한다. 그러나 ATmega128 단독 모드로 동작시킬 경우에는 XMCRA 레지스터와 함께 wait state의 미세한 조정에 사용된다.

External Memory Control Register A - XMCRA

Bit	7	6	5	4	3	2	1	0
	-	SRL2	SRL1	SRL0	SRW01	SRW00	SRW11	-
Read/Write	R	R/W	R/W	R/W	R/W	R/W	R/W	R
Initial Value	0	0	0	0	0	0	0	0

- SRL2, SRL1, SRL0 : Wait-state Sector Limit

SRL 비트 값을 지정하여 외부 메모리 64K 공간을 두개의 영역으로 나눌 수 있으며 이들에 대하여 각각 다른 Wait-state를 적용할 수 있도록 한다. 이 영역은 상/하로 나뉘며 SRL 비트 값에 따른 영역 구분은 [표 2-1]과 같다. 외부 메모리 영역의 시작은 ATmega128의 내부 메모리 영역을 제외한 0x1100~0xFFFF까지의 범위이다.

[표 2-1] SRL 비트 값에 따른 외부 메모리 영역 구분

SRL2	SRL1	SRL0	Sector Limits
0	0	0	Lower Sector = N/A Upper Sector = 0x1100 - 0xFFFF
0	0	1	Lower Sector = 0x1100 - 0x1FFF Upper Sector = 0x2000 - 0xFFFF
0	1	0	Lower Sector = 0x1100 - 0x3FFF Upper Sector = 0x4000 - 0xFFFF
0	1	1	Lower Sector = 0x1100 - 0x5FFF Upper Sector = 0x6000 - 0xFFFF
1	0	0	Lower Sector = 0x1100 - 0x7FFF Upper Sector = 0x8000 - 0xFFFF
1	0	1	Lower Sector = 0x1100 - 0x9FFF Upper Sector = 0xA000 - 0xFFFF
1	1	0	Lower Sector = 0x1100 - 0xBFFF Upper Sector = 0xC000 - 0xFFFF
1	1	1	Lower Sector = 0x1100 - 0xDFFF Upper Sector = 0xE000 - 0xFFFF

- SRW11, SRW10(in MCUCR Register) : Wait-state Select Bit

상위 영역에 대하여 Wait-state를 지정할 때 사용된다. SRW10은 MCUCR 레

지스터 안에 있는 비트이다.

- SRW01, SRW00(in XMCRA Register) : Wait-state Select Bit

  하위 영역에 대하여 Wait-state를 지정할 때 사용된다.

[표 2-2] SRW1,0 비트 값에 따른 wait states

SRWn1	SRWn0	Wait States
0	0	No wait-states
0	1	Wait one cycle during read/write strobe
1	0	Wait two cycles during read/write strobe
1	1	Wait two cycles during read/write and wait one cycle before driving out new address

n은 0 또는 1을 의미하며 외부 메모리 상/하위 영역을 지정한다.

External Memory Control Register B - XMCRB

Bit	7	6	5	4	3	2	1	0
	XMBK	-	-	-	-	XMM2	XMM1	XMM0
Read/Write	R/W	R	R	R	R	R/W	R/W	R/W
Initial Value	0	0	0	0	0	0	0	0

- XMBK : External Memory Bus-keeper Enable

  Bus Keeper의 동작을 활성화 시키거나 비활성화 시킬 수 있는 비트로 '1'을 기록하면 활성화된다. Bus Keeper가 활성화되면 외부 메모리 인터페이스에 연결된 버스가 tri-state 상태를 가지고 있어도 AD(7:0)는 가장 최근에 설정된 값을 유지하게 된다.

- XMM2, XMM1, XMM0 : External Memory High Mask

  ATmega128의 경우 외부 메모리를 사용할 경우 AVR의 Port C를 Address 핀으로 사용하게 되는데 외부 메모리 공간을 모두 사용하지 않고 일부 영역만 사용하고자 할 경우 이들 세 비트를 사용하여 적절한 공간을 선택하면 해당되지 않는 공간을 가리키는 주소비트가 할당되는 핀은 사용하지 않고, 대신 Port C의 I/O 동작을 하게 된다.

2-3 ATmega128의 Reset Sources

ATmega128에는 다음과 같은 5가지의 리셋 소스가 있으며 이들 리셋 로직에 대해서는 [그림 2-4]에 나타나 있다.

- Power-on Reset : 공급 전압이 Power-on Reset Threshold(VPOT)이하일 때 발생한다
- External Reset : 외부 리셋으로 /RESET 핀이 최소 시간 이상 low로 되면 발생한다.
- Watchdog Reset : Watchdog가 활성화되어있을 때, Watchdog 타이머에 의해 발생한다
- Brown-out Reset : Brown-out 검지기가 활성화 되어 있을 때 공급 전압이 Brown-out Reset Threshold(VBOT)이하일 때 발생한다.
- JTAG AVR Reset : JTAG에 의해 리셋 레지스터가 설정된 경우 발생한다.

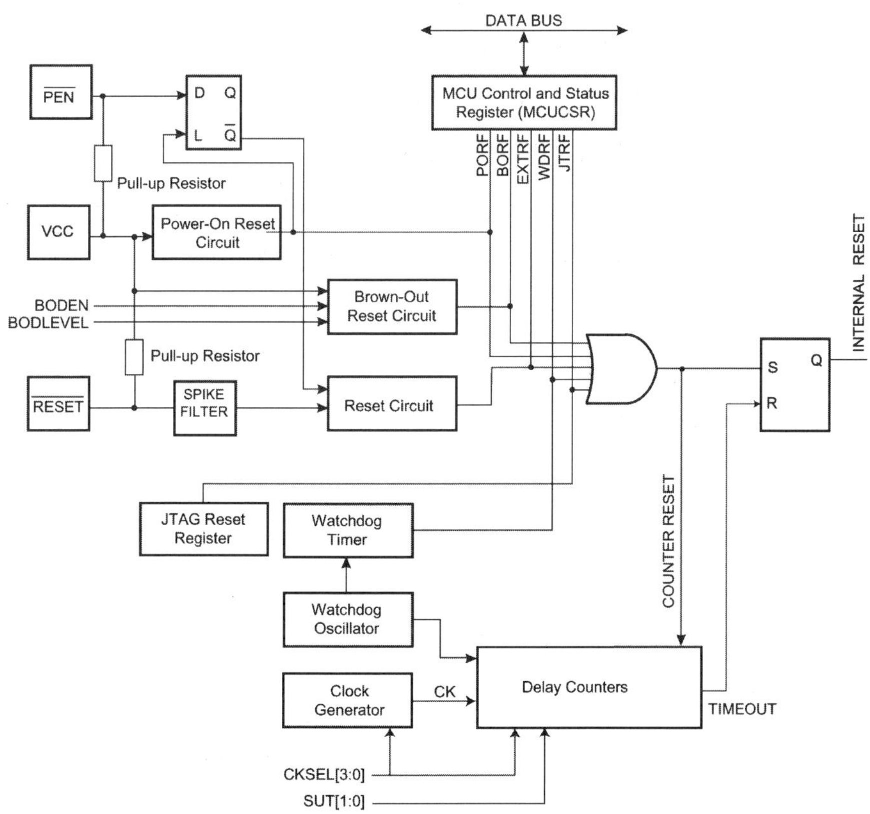

[그림 2-4] ATmega128의 Reset Logic

리셋 구간동안 I/O 레지스터는 모두 초기값으로 설정되며 프로그램은 "Reset Vector라고 불리는 주소 공간에서부터 시작한다. Reset vector에는 JMP 명령(절대 번지 점프)이 존재해야한다. I/O 포트는 리셋 후에 초기 값으로 설정된다.

MCUCSR 레지스터는 MCU의 제어와 상태를 나타내는 레지스터로 리셋이 발생하면 해당되는 비트가 '1'로 설정되므로 어떠한 이유에 의해 리셋이 발생했는지 확인할 수 있다.

MCU Control and Status Register - MCUCSR

Bit	7	6	5	4	3	2	1	0
	JTG	-	-	JTRF	WDRF	BORF	EXTRF	PORF
Read/Write	R/W	R	R	R/W	R/W	R/W	R/W	R/W
Initial Value	0	0	0					

- JTRF : JTAG Reset Flag
- WDRF : Watchdog Reset Flag
- BORF : Brown-out Reset Flag
- EXTRF : External Reset Flag
- PORF : Power-On Reset Flag

다음 예제 코드는 in-line assembler를 사용하여 reset vector인 0x0000번지로 점프하여 프로그램을 강제로 리셋하는 c code 프로그램이다.

```
#include <avr/io.h>
#include <avr/interrupt.h>
#include <avr/signal.h>

void main(void)
{
    asm("JMP  0x0000");
}
```

[그림 2-5] 시스템 강제 reset code

2-4 ATmega128의 클럭

[그림 2-6]은 AVR의 기본적인 클럭 시스템과 클럭 분배를 보여주고 있다.

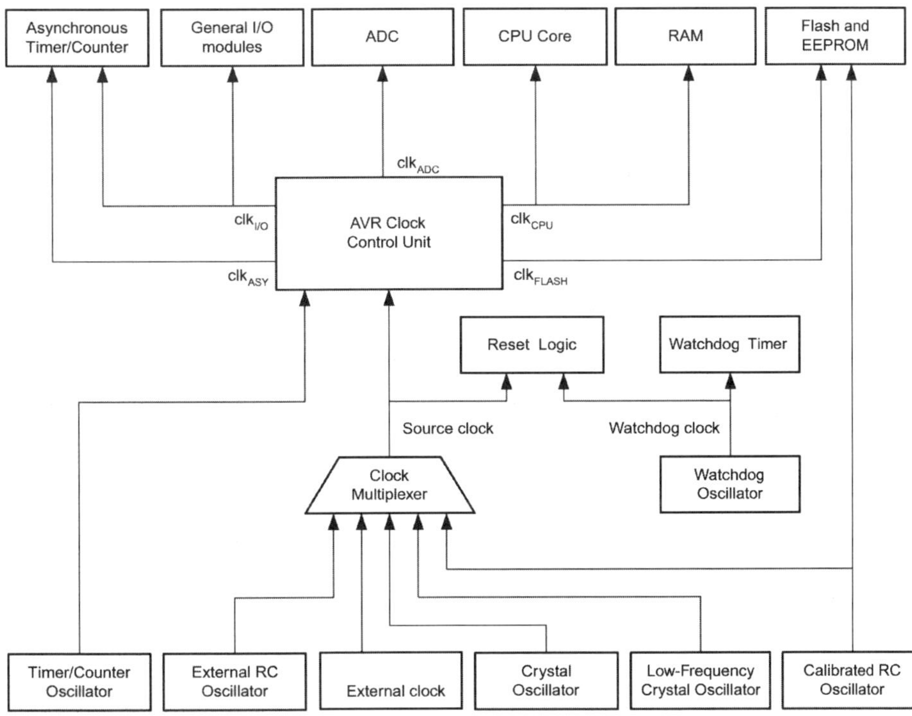

[그림 2-6] AVR의 클럭 시스템과 분배 체계

AVR의 클럭은 외부 RC 발진, 외부 클럭, 크리스탈, 저주파 크리스탈, 내부 RC 발진들 중에 선택하여 공급받을 수 있다. AVR의 configuration bit을 설정함으로 발진회로를 선택하여 어떤 클럭을 사용할 것인지 지정할 수 있다. 이렇게 공급된 클럭은 AVR Clock Control Unit에 의해 CPU Clock, I/O Clock, Flash Clock, Asynchronous Timer Clock, ADC Clock로 만들어지며 각 모듈에 공급된다. 또한 별도로 Timer/Counter 발진회로가 있어 RTC(Real Time Clock)에 공급될 수 있도록 한다.

- clk_{CPU} : CPU Clock

  CPU Clock은 core, 범용레지스터, 상태레지스터 및 SRAM에 공급된다.

- $clk_{I/O}$: I/O Clock

  I/O Clock은 I/O 모듈 및 Timer/Counter, SPI, USART에 공급된다.

- clk_{FLASH} : Flash Clock

  Flash 메모리 제어에 사용되는 클럭으로 일반적으로는 CPU Clock과 동시에 발생된다.

- clk_{ASY} : Asynchronous Timer Clock

  비동기 타이머에 공급되는 클럭으로 AVR의 XTAL1, XTAL2핀에 의해 공급되는 클럭 이외의 Real Time Clock으로 32.768kHz의 외부 크리스탈에 직접 연결될 수 있다.

- clk_{ADC} : ADC Clock

  ADC에 공급되는 별도의 클럭으로 I/O 시스템 등의 디지털 회로에 의해 발생되는 노이즈를 최소화하여 보다 정확한 ADC 변환 결과를 가져올 수 있도록 분리되었다.

ATmega128의 클럭은 CKSEL3..0의 4 비트를 설정함으로 외부 크리스탈, 외부 저주파 크리스탈, 외부 RC 발진, 내부 RC 발진, 외부 클럭 중에 선택할 수 있도록 되어 있다. AVR의 내부는 각 설정 비트들에 따라 해당되는 공급 클럭 방식에 따른 적절한 발진 회로가 선택되어 클럭을 발생시킬 수 있도록 구성되어 있다.

단, ATmega128의 클럭 설정 비트를 외부 클럭을 공급 받아 동작하도록 설정하면, 칩 내부의 클럭 발진 회로가 선택되지 않는다. 이 경우에는 XTAL1 핀에 공급되는 클럭이 ATmega128 내부회로에 직접 연결된다. 따라서 외부 클럭을 공급 받아 동작하도록 설정된 상태에서는 XTAL1 핀에 클럭을 직접 공급해주지 않으면 ATmega128 내부에서는 클럭이 발생되지 않아 동작하지 않게 된다.

만약 회로는 외부 크리스탈에 의해 클럭을 공급받도록 설계한 후 클럭 옵션은 외부 클럭을 직접 공급 받도록 선택하면 외부에 연결된 크리스탈이 발진하지 않아 ATmega128은 공급되는 클럭이 없는 것과 동일한 상태가 되어 ATmega128은 동작에 기준이 되는 클럭이 공급되지 않으므로 MCU의 동작 뿐만 아니라 ISP를 사용한 프로그램 메모리의 읽기/쓰기 및 configuration bit의 설정 등이 동작하지 않게 되므로 주의해야 한다. 이와 같은 상황이 발생되면 XTAL1에 외부 클럭을 공급하고 ISP를 사용하여 configuration bit의 CKSEL3..0 비트를 설계한 회로의 상황과 맞게 수정한 후, 외부에서 공급하던 클럭을 제거하고 원래의 회로와 같은 상태로 동작시킨다.

[표 2-3] AVR의 클럭 옵션

Device Clocking Option	CKSEL3..0
External Crystal/Ceramic Resonator	1111 - 1010
External Low-frequency Crystal	1001
External RC Oscillator	1000 - 0101
Calibrated Internal RC Oscillator	0100 - 0001
External Clock	0000

* 표 2-1에서 AVR의 설정 비트는 Flash 방식을 사용하고 있으므로 '1'은 프로그램되지 않은 상태를 나타내고 '0'이 프로그램된 상태를 의미한다.

* ATmega128은 초기에 CKSEL="0001", SUT="10"으로 설정되어 칩 내부의 RC 발진회로에 의해 1MHz와 긴 지연시간을 가지고 동작한다. AVR이 리셋 후에 CPU가 동작하기 위해서 전원이 안정적인 수준에 도달할 때까지 시간지연이 필요하며 SUT 비트에 의해 설정된다.

CKSEL0 비트는 SUT1..0 비트와 함께 사용되어 start-up time을 지정하는데 사용된다. Crystal oscillator를 사용하는 경우 일반적으로 CKSEL0='1', SUT1..0="11"로 지정하여 사용한다. Ceramic resonator를 사용하는 경우와 fast rising power 모드를 사용할 경우에는 ATmega128 데이터시트를 참고하기 바란다.

레지스터

3

CHAPTER

3-1 ATmega128의 상태레지스터(Status Register)는 SREG

AVR의 상태레지스터(Status Register)는 SREG라는 이름을 가지고 있으며 연산 명령의 실행된 가장 최근의 결과를 반영하고 조건 분기 연산에서 프로그램의 흐름을 변경하는데 사용된다.

AVR Status Register - SREG

Bit	7	6	5	4	3	2	1	0
	I	T	H	S	V	N	Z	C
Read/Write	R/W	R/W	R/W	R/W	R/W	R/W	R/W	R/W
Initial Value	0	0	0	0	0	0	0	0

- Bit 7 - I : Global Interrupt Enable

  AVR의 인터럽트 기능을 사용하기 위해서는 SREG의 7번 비트를 1로 설정해 놓아야 한다. CLI와 SEI 명령을 사용해서 0또는 1로 설정할 수 있다.

- Bit 6 - T : Bit Copy Storage

  BST(Bit STore), BLD(Bit LoaD) 명령에 사용되는 레지스터로 레지스터 파일로부터 특정 레지스터의 비트를 복사할 때 BST에 의해 해당 비트가 SREG의 6번 비트 T에 저장되고 BLD 명령에 의해 이 비트가 읽혀 대상 레지스터에 저장된다.

- Bit 5 - H : Half Carry Flag

  BCD 연산에 유용하게 사용되는 Flag bit다.

- Bit 4 - S : Sign Bit, S=N⊕V

  부호비트로 negative flag인 N과 2의 보수 연산의 overflow flag V와 XOR한 결과 값이다.

- Bit 3 - V : Two's Complement Overflow Flag

  2의 보수 연산에서 overflow가 발생하면 설정된다.

- Bit 2 - N : Negative Flag

  수치연산이나 논리 연산의 결과가 음수가 되었을 때 설정된다.

- Bit 1 - Z : Zero Flag

  수치연산이나 논리 연산의 결과가 0이 되었을 때 설정된다.

- Bit 0 - C : Carry Flag

  수치연산이나 논리 연산의 결과에서 자리올림이 발생했을 때 설정된다.

3-2 ATmega128의 EEPROM Access 관련 레지스터

ATmega128은 칩 내부에 4K의 EEPROM을 가지고 있으며 이는 데이터 영역과는 분리되어 있다. EEPROM은 Byte 단위로 읽고 쓸 수 있는 구조를 가지고 있으며 100,000회의 기록/삭제 수명을 보장한다.

ATmega128에서 EEPROM에 접근하기 위해서는 EEPROM Address Register, Data Register, Control Register를 사용해야 하며, Address Register는 EEARH(하위 4비트 사용)와 EEARL(8 비트) 레지스터를 조합하여 12 bit의 크기를 가지고 4K 공간에 대한 주소 영역을 표현할 수 있다. EEPROM Data Register인 EEDR은 8 비트 크기를 가지고 EEPROM에 데이터를 기록할 때 기록할 데이터를 보관하고 있고, 읽을 때 읽혀진 데이터를 가지고 있다. EEPROM 제어 레지스터인 EECR 레지스터는 EERIE, EEMWE, EEWE, EERE의 4개의 유효한 제어비트를 가지고 있다.

EEPROM Control Register - EECR

Bit	7	6	5	4	3	2	1	0
	-	-	-	-	EERIE	EEMWE	EEWE	EERE
Read/Write	R	R	R	R	R/W	R/W	R/W	R/W
Initial Value	0	0	0	0	0	0	x	0

- EERIE : EEPROM Ready Interrupt Enable

  EEPROM의 사용이 가능해 졌을 때 인터럽트 발생을 활성화 시키는 비트로서, '1'의 값일 때 활성화 되며 '0'일 때 비활성화 된다. EEWE 비트가 clear 되었을 때 인터럽트가 발생된다.

- EEMWE : EEPROM Master Write Enable

  EEPROM에 기록 가능한 상태를 지정하는 비트로 EEMWE가 '1'로 설정되고 EEWE가 '1'일 때 지정된 EEPROM 주소영역에 CPU의 4 클럭 사이클 이내에 데이터가 기록된다. 만약 EEMWE가 '0'으로 설정되어 있다면 EEWE의 값과는 무관하게 EEPROM에는 데이터를 기록하지 않는다. EEMWE를 소프트웨어에서 '1'로 기록하면 CPU의 4 사이클 이후에 하드웨어에서 '0'으로 이 비트의 값을 기록한다.

- EEWE : EEPROM Write Enable

  EEWE는 EEPROM의 Write Strobe 신호로 기록될 공간의 주소, 데이터가 유효한 상태에서 EEWE가 '1'로 지정되면 EEPROM에 실제 데이터를 기록하게 된다. 단, ATmega128은 CPU에서 내부 Flash 메모리에 기록하는 동안에는 EEPROM에 데이터를 기록할 수 없으며, EEPROM에 데이터를 기록하는 도중 Interrupt 신호가 인가될 경우 기록이 실패할 수 있다.

- EERE : EEPROM Read Enable

  EERE는 EEPROM의 Read Strobe 신호선으로 동작한다. EEPROM에 유효한 주소를 지정한 후 EERE가 '0'으로 되면 지정된 주소 공간으로부터 데이터를 읽어오게 된다.

3-3 ATmega128의 외부 메모리 접근 레지스터

ATmega128에서 외부 메모리에 접근하려면 MCUCR, XMCRA, XMCRB의 레지스터를 제어해야 한다. MCUCR 레지스터에서는 상위 두 비트가 외부 메모리 엑세스에 관련된 것이며 그 나머지는 외부 메모리 이외의 다른 사항에 관련되어 MCU (MicroControlUnit)를 제어하는 비트들이다.

MCU Control Register인 MCUCR 레지스터는 다음과 같이 구성되어 있다. 이들 중 외부 메모리 엑세스에 관련되는 비트는 비트 7, 비트 6이다.

MCU Control Register - MCUCR

Bit	7	6	5	4	3	2	1	0
	SRE	SRW10	SE	SM1	SM0	SM2	IVSEL	IVCE
Read/Write	R/W	R/W	R/W	R/W	R/W	R/W	R/W	R/W
Initial Value	0	0	0	0	0	0	0	0

- SRE : External SRAM/XMEM Enable

  SRE의 비트가 '0'이 기록되면 외부 메모리 엑세스를 사용하지 않는 모드로 동작하며, 메모리 인터페이스에 사용되는 핀 AD(7:0). A(15:8), ALE, /RD, /WR은 일반 I/O 핀으로 사용된다. SRE에 '1'을 기록하면 AVR은 외부 메모리를 엑세스할 수 있으며 AD(7:0). A(15:8), ALE, /RD, /WR은 일반 I/O가 아니라 메모리 엑세스에 필요한 동작을 한다.

- SRW10 : Wait-State Select Bit

  ATmega128의 이전 모델인 ATmega103과의 호환성을 유지하기위해 MCUCR 레지스터에 존재하는 비트로서 configuration bit에서 103 호환 모드를 선택할 경우 SRW10에 '1'이 기록되면 외부 메모리 엑세스에 하나의 사이클이 추가되어 onw-wait으로 동작하게 한다. 그러나 ATmega128 단독 모드로 동작시킬 경우에는 XMCRA 레지스터와 함께 wait state의 미세한 조정에 사용된다.

External Memory Control Register A - XMCRA

Bit	7	6	5	4	3	2	1	0
	-	SRL2	SRL1	SRL0	SRW01	SRW00	SRW11	-
Read/Write	R	R/W	R/W	R/W	R/W	R/W	R/W	R
Initial Valuc	0	0	0	0	0	0	0	0

- SRL2, SRL1, SRL0 : Wait-state Sector Limit

  SRL 비트 값을 지정하여 외부 메모리 64K 공간을 두개의 영역으로 나눌 수 있으며 이들에 대하여 각각 다른 Wait-state를 적용할 수 있도록 한다.

[표 3-1] SRL 비트 값에 따른 외부 메모리 영역 구분

SRL2	SRL1	SRL0	Sector Limits
0	0	0	Lower Sector = N/A Upper Sector = 0x1100 - 0xFFFF
0	0	1	Lower Sector = 0x1100 - 0x1FFF Upper Sector = 0x2000 - 0xFFFF
0	1	0	Lower Sector = 0x1100 - 0x3FFF Upper Sector = 0x4000 - 0xFFFF
0	1	1	Lower Sector = 0x1100 - 0x5FFF Upper Sector = 0x6000 - 0xFFFF
1	0	0	Lower Sector = 0x1100 - 0x7FFF Upper Sector = 0x8000 - 0xFFFF
1	0	1	Lower Sector = 0x1100 - 0x9FFF Upper Sector = 0xA000 - 0xFFFF
1	1	0	Lower Sector = 0x1100 - 0xBFFF Upper Sector = 0xC000 - 0xFFFF
1	1	1	Lower Sector = 0x1100 - 0xDFFF Upper Sector = 0xE000 - 0xFFFF

영역은 상/하로 나뉘며 SRL 비트 값에 따른 영역 구분은 [표 3-1]과 같다. 외부 메모리 영역의 시작은 ATmega128의 내부 메모리 영역을 제외한 0x1100~0xFFFF까지의 범위이다.

- SRW11, SRW10(in MCUCR Register) : Wait-state Select Bit

  상위 영역에 대하여 Wait-state를 지정할 때 사용된다. SRW10은 MCUCR 레지스터안에 있는 비트이다.

- SRW01, SRW00(in XMCRA Register) : Wait-state Select Bit

  하위 영역에 대하여 Wait-state를 지정할 때 사용된다.

[표 3-2] SRW1,0 비트 값에 따른 wait states

SRWn1	SRWn0	Wait States
0	0	No wait-states
0	1	Wait one cycle during read/write strobe
1	0	Wait two cycles during read/write strobe
1	1	Wait two cycles during read/write and wait one cycle before driving out new address

n은 0 또는 1을 의미하며 외부 메모리 상/하위 영역을 지정한다.

External Memory Control Register B - XMCRB

Bit	7	6	5	4	3	2	1	0
	XMBK	-	-	-	-	XMM2	XMM1	XMM0
Read/Write	R/W	R	R	R	R	R/W	R/W	R/W
Initial Value	0	0	0	0	0	0	0	0

- XMBK : External Memory Bus-keeper Enable

  Bus Keeper의 동작을 활성화 시키거나 비활성화 시킬 수 있는 비트로 '1'을 기록하면 활성화된다. Bus Keeper가 활성화되면 외부 메모리 인터페이스에 연결된 버스가 tri-state 상태를 가지고 있어도 AD(7:0)는 가장 최근에 설정된 값을 유지하게 된다.

- XMM2, XMM1, XMM0 : External Memory High Mask

  ATmega128의 경우 외부 메모리를 사용할 경우 AVR의 Port C를 Address 핀으로 사용하게 되는데 외부 메모리 공간을 모두 사용하지 않고 일부 영역만 사용하고자 할 경우 이들 세 비트를 사용하여 적절한 공간을 선택하면 해당되지 않는 공간을 가리키는 주소비트가 할당되는 핀은 사용하지 않고, 대신 Port C의 I/O 동작을 하게 된다.

3-4 ATmega128의 MCU 상태 레지스터

MCUCSR 레지스터는 MCU의 제어와 상태를 나타내는 레지스터로 리셋이 발생하면 해당되는 비트가 '1'로 설정되므로 어떠한 이유에 의해 리셋이 발생했는지 확인할 수 있다.

MCU Control and Status Register - MCUCSR

Bit	7	6	5	4	3	2	1	0
	JTG	-	-	JTRF	WDRF	BORF	EXTRF	PORF
Read/Write	R/W	R	R	R/W	R/W	R/W	R/W	R/W
Initial Value	0	0	0					

- JTRF : JTAG Reset Flag
- WDRF : Watchdog Reset Flag
- BORF : Brown-out Reset Flag
- EXTRF : External Reset Flag
- PORF : Power-On Reset Flag

3-5 ATmega128의 Watchdog 제어 레지스터

Watchdog Timer를 제어하기 위해서는 WDTCR 레지스터를 변경해 주면 된다. Watchdog Timer는 별도로 분리된 1MHz의(공급 전원이 5V일 경우) 클럭을 공급 받아 동작하며, 이 watchdog 클럭은 watchdog prescaler에 의해 분주되어 watchdog 타이머에 공급된다. ATmega128에서는 Fuse-bit에서도 watchdog timer를 활성화 시킬 수 있으며 이 경우에는 프로그램에서 사용자가 반드시 watchdog counter의 overflow가 발생하지 않도록 하기 위한 코드를 넣어주어야 한다.

Watchdog Timer Control Register - WDTCR

Bit	7	6	5	4	3	2	1	0
	-	-	-	WDCE	WDE	WDP2	WDP1	WDP0
Read/Write	R	R	R	R/W	R/W	R/W	R/W	R/W
Initial Value	0	0	0	0	0	0	0	0

- WDCE : Watchdog Change Enable

  WDE를 '0'(Watchdog disable)으로 설정한 경우, WDCE는 반드시 '1'로 설정해야 한다.

- WDE : Watchdog Enable

  '1'일 경우 Watchdog 기능이 활성화되며 '0'일 경우 비활성화 된다.

- WDP2, WDP1, WDP0 : Watchdog Timer Prescaler

  WDP2..0의 각 값에 따라 Watchdog Timer에 공급되는 클럭의 분주비가 결정되며, "000"~"111" 사이의 값을 가질 수 있고 각각 16k, 32k, 64k, 128k, 256k, 512k, 1024k, 2048k의 WDT oscillator cycle에 동작한다. Watchdog 타이머는 5V의 공급 전원에서 각 16ms, 32ms, 64ms, 0.13s, 0.26s, 0.5s, 1.0s, 2.0s의 주기로 Time-out이 발생한다.

3-6 ATmega128의 XTAL 분주비 제어 레지스터

Timer/Counter Oscillator(TOSC1, TOSC2) 핀을 가지고 있는 AVR에는 이 핀에 별도의 capacitor 없이 crystal을 직접 연결하여 동작시킬 수 있다. 이 발진회로는 32.768kHz에 최적화 되어 있으며 TOSC1에 외부에서 발진된 클럭을 공급하는 것은 권장하지 않는다.

XTAL Divide Control Register - XDIV

Bit	7	6	5	4	3	2	1	0
	XDIVEN	XDIV6	XDIV5	XDIV4	XDIV4	XDIV2	XDIV1	XDIV0
Read/Write	R/W	R/W	R/W	R/W	R/W	R/W	R/W	R/W
Initial Value	0	0	0	0	0	0	0	0

XTAL 분주 제어 레지스터는 공급되는 클럭을 2-129 사이의 값으로 분주할 수 있다. XDIVEN이 '1'의 값으로 지정되면 하위 7비트(d)에 의해 다음과 같이 표현된다.

$$f_{\mathrm{CLK}} = \frac{\text{Source clock}}{129 - d}$$

3-7 ATmega128의 외부 인터럽트 제어 레지스터

외부 인터럽트의 경우 "External Interrupt Mask Register - EIMSK"와 현재 발생한 인터럽트가 어떤 종류의 인터럽트인지 판단할 수 있도록 해주는 "External Interrupt Flag Register - EIFR"가 있다. 앞에서도 설명한 것과 같이 SREG의 I 비트는 cli와 sei(assembler) 또는 _CLI()와 _SEI()(C언어)로 해제/설정할 수 있다.

The AVR Status Register - SREG

Bit	7	6	5	4	3	2	1	0
	I	T	H	S	V	N	Z	C
Read/Write	R/W	R/W	R/W	R/W	R/W	R/W	R/W	R/W
Initial Value	0	0	0	0	0	0	0	0

외부 인터럽트를 사용하기 위해서는 “Global Interrupt Enable” 비트가 ‘1’로 설정되어야하고, 각 외부 인터럽트에 해당되는 “External Interrupt Mask Register - EIMSK”의 비트가 설정되어야 한다. 또한 인터럽트가 발생한 경우 어떤 인터럽트가 발생하였는지 확인할 수 있는 “External Interrupt Flag Register - EIFR” 레지스터가 있으며 EIFR 레지스터는 외부 인터럽트가 발생하면 해당되는 비트가 ‘1’로 설정되며, 인터럽트 루틴이 종료되면 자동으로 ‘0’으로 설정된다.

External Interrupt Mask Register - EIMSK

Bit	7	6	5	4	3	2	1	0
	INT7	INT6	INT5	INT4	INT3	INT2	INT1	INT0
Read/Write	R/W	R/W	R/W	R/W	R/W	R/W	R/W	R/W
Initial Value	0	0	0	0	0	0	0	0

External Interrupt Flag Register - EIFR

Bit	7	6	5	4	3	2	1	0
	INTF7	INTF6	INTF5	INTF4	INTF3	INTF2	INTF1	INTF0
Read/Write	R/W	R/W	R/W	R/W	R/W	R/W	R/W	R/W
Initial Value	0	0	0	0	0	0	0	0

ATmega128의 외부 인터럽트는 모두 8개가 존재하며 이들은 INT3..0의 4개의 외부 인터럽트와 INT7..4의 4개의 두 그룹으로 나뉘게 되며 제어 레지스터도 “External Intcrrupt Control Rcgister A - EICRA”의 “EICRB”로 구분된다.

External Interrupt Control Register A - EICRA

Bit	7	6	5	4	3	2	1	0
	ISC31	ISC30	ISC21	ISC20	ISC11	ISC10	ISC01	ISC00
Read/Write	R/W	R/W	R/W	R/W	R/W	R/W	R/W	R/W
Initial Value	0	0	0	0	0	0	0	0

ISCn1	ISCn0	Description
0	0	The low level of INTn generates an interrupt request
0	1	Reserved
1	0	The falling edge of INTn generates asynchronously an interrupt request
1	1	The rising edge of INTn generates asynchronously an interrupt request

외부 인터럽트 3..0에서 발생하는 인터럽트 신호는 AVR의 내부 클럭과는 비동기 방식으로 동작하며 최소 50ns 이상 신호가 유지되어야 정상적으로 AVR에서 인식할 수 있다.

외부 인터럽트 7..4는 AVR의 내부 클럭과 동기되어 인터럽트 발생 신호를 인식하는 방식으로 동작하며, 인터럽트 발생 이전 CPU의 최소 1 cycle 이상의 시간동안 신호가 변하지 않고 유지되어야 발생한 인터럽트를 정상적으로 인식할 수 있다.

External Interrupt Control Register B - EICRB

Bit	7	6	5	4	3	2	1	0
	ISC71	ISC70	ISC61	ISC60	ISC51	ISC50	ISC41	ISC40
Read/Write	R/W	R/W	R/W	R/W	R/W	R/W	R/W	R/W
Initial Value	0	0	0	0	0	0	0	0

ISCn1	ISCn0	Description
0	0	The low level of INTn generates an interrupt request.
0	1	Any logic change on INTn generates an interrupt request.
1	0	The falling edge between two samples of INTn generates an interrupt request.
1	1	The rising edge between two samples of INTn generates an interrupt request.

3-8 ATmega128의 포트 제어 레지스터

PORT, DDR, PIN 레지스터의 구성은 각각 다음과 같다.

PORT x Data Register - PORTx

Bit	7	6	5	4	3	2	1	0
	PORTx7	PORTx6	PORTx5	PORTx4	PORTx3	PORTx2	PORTx1	PORTx0
Read/Write	R/W	R/W	R/W	R/W	R/W	R/W	R/W	R/W
Initial Value	0	0	0	0	0	0	0	0

PORT x Data Direction Register - DDRx

Bit	7	6	5	4	3	2	1	0
	DDx7	DDx6	DDx5	DDx4	DDx3	DDx2	DDx1	DDx0
Read/Write	R/W	R/W	R/W	R/W	R/W	R/W	R/W	R/W
Initial Value	0	0	0	0	0	0	0	0

PORT x Input Pins Address - PINx

Bit	7	6	5	4	3	2	1	0
	PINx7	PINx6	PINx5	PINx4	PINx3	PINx2	PINx1	PINx0
Read/Write	R/W	R/W	R/W	R/W	R/W	R/W	R/W	R/W
Initial Value	0	0	0	0	0	0	0	0

3-9 ATmega128의 MCU 제어/상태 레지스터

MCU Control and Status Register - MCUCSR

Bit	7	6	5	4	3	2	1	0
	JTG	-	-	JTRF	WDRF	BORF	EXTRF	PORF
Read/Write	R/W	R	R	R/W	R/W	R/W	R/W	R/W
Initial Value	0	0	0					

- JTRF : JTAG Reset Flag
- WDRF : Watchdog Reset Flag
- BORF : Brown-out Reset Flag
- EXTRF : External Reset Flag
- PORF : Power-On Reset Flag

3-10 ATmega128의 Timer/Counter 제어 레지스터

Compare output mode와 Waveform generation mode는 제어 레지스터인 "Timer/Counter Control Register - TCCR0"에 의해 결정된다.

Timer/Counter Control Register - TCCR0

Bit	7	6	5	4	3	2	1	0
	FOC0	WGM00	COM01	COM00	WGM01	CS02	CS01	CS00
Read/Write	W	R/W	R/W	R/W	R/W	R/W	R/W	R/W
Initial Value	0	0	0	0	0	0	0	0

- Bit 7 - FOC0 : Force Output Compare

  WGM 비트가 non-PWM 모드일 때만 활성화 된다. PWM 모드에서 TCCR0 레지스터에 기록될 때는 반드시 '0'으로 기록되어야 한다. FOC0가 '1'로 지정되면 waveform generation unit에 compare match가 강제로 지정된다.
  FOC0 비트는 쓰기 전용이며, 이 값을 읽으면 항상 '0'으로 읽힌다.

- Bit 6,3 : WGM01..00 : Waveform Generation Mode

  WGM01, WGM00 비트의 값에 따라 Normal("00"), PWM - phase correct("01"), CTC("10"), Fast PWM("11")로 Waveform generation mode가 설정된다.

- Bit 5,4 : COM01..00 : Compare Match Output Mode

  Compare match output mode 비트는 WGM 비트에 의해 non-PWM, Fast PWM, PWM - phase correct 모드에 따라 각각 다르게 동작한다.

non-PWM Mode

COM01	COM00	Description
0	0	Normal port operation, OC0 disconnected
0	1	Toggle OC0 on compare match
1	0	Clear OC0 on compare match
1	1	Set OC0 on compare match

Fast-PWM Mode

COM01	COM00	Description
0	0	Normal port operation, OC0 disconnected
0	1	Reserved
1	0	Clear OC0 on compare match, set OC0 at TOP
1	1	Set OC0 on compare match, clear OC0 at TOP

PWM-Phase Correct Mode

COM01	COM00	Description
0	0	Normal port operation, OC0 disconnected
0	1	Toggle OC0 on compare match
1	0	Clear OC0 on compare match when upcounting. Set OC0 on compare match when downcounting.
1	1	Set OC0 on compare match when upcounting. Clear OC0 on compare match when downcounting.

* PWM 모드에서 OCR0 레지스터의 값이 TOP과 같고 COM01이 '1'의 값을 가질 경우 compare match는 무시되고 OC0의 값은 COM00의 값에 따라 TOP에서 set 또는 clear 된다.

- Bit 2,1,0 - CS02..00 : Clock Select

  Timer/Counter0에 공급되는 클럭을 설정하는 비트다.

Compare output mode는 waveform generation mode에 따라 non-PWM, Fast PWM, Phase correct and Phase and Frequency correct PWM mode에 따라 각각 다른 동작을 한다. OCnA, OCnB, OCnC의 output compare 출력핀은 각 해당되는 포트의 "Data Direction Register x - DDRx"의 값을 출력으로 설정해야 한다.

Timer/Counter1 Control Register A - TCCR1A

Bit	7	6	5	4	3	2	1	0
	COM1A1	COM1A0	COM1B1	COM1B0	COM1C1	COM1C0	WGM11	WGM10
Read/Write	R/W	R/W	R/W	R/W	R/W	R/W	R/W	R/W
Initial Value	0	0	0	0	0	0	0	0

Timer/Counter3 Control Register A - TCCR3A

Bit	7	6	5	4	3	2	1	0
	COM3A1	COM3A0	COM3B1	COM3B0	COM3C1	COM3C0	WGM31	WGM30
Read/Write	R/W	R/W	R/W	R/W	R/W	R/W	R/W	R/W
Initial Value	0	0	0	0	0	0	0	0

- Bit 7..6 - COMnA1..0 : Compare Output Mode for Channel A
- Bit 5..4 - COMnB1..0 : Compare Output Mode for Channel B
- Bit 3..2 - COMnC1..0 : Compare Output Mode for Channel C

Non-PWM mode

COMnA1 COMnB1 COMnC1	COMnA0 COMnB0 COMnC0	Description
0	0	Normal port operation, OCnA/OCnB/OCnC disconnected.
0	1	Toggle OCnA/OCnB/OCnC on compare match
1	0	Clear OCnA/OCnB/OCnC on compare match (Set output to low level)
1	1	Set OCnA/OCnB/OCnC on compare match (Set output to hogh level)

Fast PWM mode

COMnA1 COMnB1 COMnC1	COMnA0 COMnB0 COMnC0	Description
0	0	Normal port operation, OCnA/OCnB/OCnC disconnected.
0	1	WGMn3=0 : Normal port operation, OCnA/OCnB/OCnC disconnected. WGMn3=1 : Toggle OCnA on compare match, OCnB/ OCnC reserved.
1	0	Clear OCnA/OCnB/OCnC on compare match set OCnA/OCnB/OCnC at TOP
1	1	Set OCnA/OCnB/OCnC on compare match clear OCnA/OCnB/OCnC at TOP

Phase correct and Phase and Frequency correct PWM mode

COMnA1 COMnB1 COMnC1	COMnA0 COMnB0 COMnC0	Description
0	0	Normal port operation, OCnA/OCnB/OCnC disconnected.
0	1	WGMn3=0 : Normal port operation, OCnA/OCnB/OCnC disconnected. WGMn3=1 : Toggle OCnA on compare match, OCnB/ OCnC reserved.
1	0	Clear OCnA/OCnB/OCnC on compare match when up-counting. Set OCnA/OCnB/OCnC on compare match when down-counting.
1	1	Set OCnA/OCnB/OCnC on compare match when up-counting. Clear OCnA/OCnB/OCnC on compare match when down-counting.

- Bit 1..0 - WGM1..0 : Waveform Generation Mode

  TCCTnB 레지스터의 WGM3..2 비트와 함께 8가지의 waveform 발생 모드로 동작한다. Normal, PWM, CTC, Fast PWM, Phase and Frequency correct PWM, Phase correct PWM 모드를 선택할 수 있다. 단, WGM3..0이 "1101"은 사용할 수 없다.

Timer/Counter1 Control Register B - TCCR1B

Bit	7	6	5	4	3	2	1	0
	ICNC1	ICES1	-	WGM13	WGM12	CS12	CS11	CS10
Read/Write	R/W	R/W	R	R/W	R/W	R/W	R/W	R/W
Initial Value	0	0	0	0	0	0	0	0

Timer/Counter3 Control Register B - TCCR3B

Bit	7	6	5	4	3	2	1	0
	ICNC3	ICES3	-	WGM33	WGM32	CS32	CS31	CS30
Read/Write	R/W	R/W	R	R/W	R/W	R/W	R/W	R/W
Initial Value	0	0	0	0	0	0	0	0

- Bit 7 - ICNCn : Input Capture Noise Canceler

  '1'로 설정되면 ICPn 핀의 입력이 필터를 통과하게 되며 4개의 MCU 클럭

주기의 지연이 발생한다.

- Bit 6 - ICESn : Input Capture Edge Select

  '0'일 경우 falling edge, '1'로 설정된 경우 rising edge에서 동작한다.

- Bit 5 - Reserved Bit

- Bit 4,3 - WGMn3..2 : Waveform generation mode

  TCCRnA 레지스터의 WGMn1..0 비트와 함께 사용되어 waveform generation mode를 설정한다.

- Bit 2..0 - CSn2..0 : Clock Select

CSn2	CSn1	CSn0	Description
0	0	0	No clock source(Timer/Counter stopped)
0	0	1	clkI/O/1(No prescaling)
0	1	0	clkI/O/8(No prescaling)
0	1	1	clkI/O/64(No prescaling)
1	0	0	clkI/O/256(No prescaling)
1	0	1	clkI/O/1024(No prescaling)
1	1	0	External clock source on Tn pin. Clock on falling edge
1	1	1	External clock source on Tn pin. Clock on rising edge

Timer/Counter1 Control Register C - TCCR1C

Bit	7	6	5	4	3	2	1	0
	FOC1A	FOC1B	FOC1C	-	-	-	-	-
Read/Write	W	W	W	R	R	R	R	R
Initial Value	0	0	0	0	0	0	0	0

Timer/Counter3 Control Register C - TCCR3C

Bit	7	6	5	4	3	2	1	0
	FOC3A	FOC3B	FOC3C	-	-	-	-	-
Read/Write	W	W	W	R	R	R	R	R
Initial Value	0	0	0	0	0	0	0	0

- Bit 7 - FOCnA : Force Output Compare for Channel A
- Bit 6 - FOCnB : Force Output Compare for Channel B
- Bit 5 - FOCnC : Force Output Compare for Channel C

16-bit Timer/Counter1,3 레지스터인 TCNT1, TCNT3은 각각 8-bit의 High, Low로 나뉘어 8-bit 단위로는 TCNT1H, TCNT1L 과 TCNT3H, TCNT3L로 접근할 수 있으며, output compare register도 마찬가지로 16-bit 크기의 레지스터인 OCRnA, OCRnB, OCRnC는 8-bit 단위로 OCR1AH, OCR1AL, OCR1BH, OCR1BL, OCR1CH, OCR1CL 과 OCR3AH, OCR3AL, OCR3BH, OCR3BL, OCR3CH, OCR3CL로 접근할 수 있다. 또한 Input capture register도 16-bit로는 ICR1, ICR3으로, 8-bit으로는 ICR1H, ICR1L 과 ICR3H, ICR3L로 접근할 수 있다.

3-11 ATmega128의 Timer/Counter 인터럽트 제어 레지스터

Timer/Counter0에 의해 인터럽트를 발생시키거나 발생된 인터럽트를 확인하기 위해서 "Timer/Counter Interrupt Mask Register - TIMSK" 레지스터와 "Timer/Counter Interrupt Flag Register - TIFR"을 사용한다. TIMSK, TIFR 레지스터의 하위 2비트만이 Timer/Counter0에 해당된다.

Timer/Counter Interrupt Mask Register - TIMSK

Bit	7	6	5	4	3	2	1	0
	OCIE2	TOIE2	TICIE1	OCIE1A	OCIE1B	TOIE1	OCIE0	TOIE0
Read/Write	W	R/W	R/W	R/W	R/W	R/W	R/W	R/W
Initial Value	0	0	0	0	0	0	0	0

- Bit 1 - OCIE0 : Timer/Counter0 Output Compare Match Interrupt Enable

  OCIE0 비트가 '1'로 설정되고 SREG의 I 비트가 '1'로 설정되면 Timer/Coutner0의 Compare match 인터럽트가 활성화 된다. 인터럽트가 발생하면 TIFR 레지스터의 OCF0 비트를 '1'로 설정한다.

- Bit 0 - TOIE0 : Timer/Counter0 Overflow Interrupt Enable

  TOIE0 비트가 '1'로 설정되고 SREG의 I 비트가 '1'로 설정되면 Timer/Coutner0의 Overflow 인터럽트가 활성화 된다. 인터럽트가 발생하면 TIFR 레지스터의 TOV0 비트를 '1'로 설정한다.

Extended Timer/Counter Interrupt Mask Register - ETIMSK

Bit	7	6	5	4	3	2	1	0
	-	-	TICIE3	OCIE3A	OCIE3B	TOIE3	OCIE3C	OCIE1C
Read/Write	R	R	R/W	R/W	R/W	R/W	R/W	R/W
Initial Value	0	0	0	0	0	0	0	0

- Bit 7..6 : Reserved
- Bit 5 - TICIE3 : Timer/Counter3, Input Capture Interrupt Enable.
- Bit 4 - OCIE3A : Timer/Counter3, Output Compare A Match Interrupt Enable
- Bit 3 - OCIE3B : Timer/Counter3, Output Compare B Match Interrupt Enable
- Bit 2 - TOIE3 : Timer/Counter3, Overflow Interrupt Enable
- Bit 1 - OCIE3C : Timer/Counter3, Output Compare C Match Interrupt Enable

- Bit 0 - OCIE1C : Timer/Counter1, Output Compare C Match Interrupt Enable

Timer/Counter Interrupt Flag Register - TIFR

Bit	7	6	5	4	3	2	1	0
	OCF2	TOV2	ICF1	OCF1A	OCF1B	TOV1	OCF0	TOV0
Read/Write	W	R/W	R/W	R/W	R/W	R/W	R/W	R/W
Initial Value	0	0	0	0	0	0	0	0

- Bit 1 - OCF0 : Output Compare Flag 0

  Timer/Counter0와 OCR0의 값이 일치할 경우 OCF0가 '1'로 설정되며 이에 해당되는 인터럽트 루틴이 실행되면 하드웨어에 의해 자동으로 '0'으로 설정된다.

- Bit 0 - TOV0 : Timer/Counter0 Overflow Flag

  Timer/Counter0에 overflow가 발생하면 '1'로 설정된다. TOV0는 인터럽트 루틴이 실행되면 하드웨어에 의해 자동으로 '0'으로 설정된다.

Extended Timer/Counter Interrupt Flag Register - ETIFR

Bit	7	6	5	4	3	2	1	0
	-	-	ICF3	OCF1A	OCF3B	TOV3	OCF3C	OCF1C
Read/Write	R/W	R/W	R/W	R/W	R/W	R/W	R/W	R/W
Initial Value	0	0	0	0	0	0	0	0

3-12 ATmega128의 SPI 제어 레지스터

SPI는 "SPI Control Register - SPCR", "SPI Status Register - SPSR"과 "SPI Data Register - SPDR" 레지스터를 사용한다.

SPI Control Register - SPCR

Bit	7	6	5	4	3	2	1	0
	SPIE	SPE	DODR	MSTR	CPOL	CPHA	SPR1	SPR0
Read/Write	R/W	R/W	R/W	R/W	R/W	R/W	R/W	R/W
Initial Value	0	0	0	0	0	0	0	0

- Bit 7 - SPIE : SPI Interrupt Enable

  SREG의 global interrupt enable이 설정되고, SPSR 레지스터의 SPIF가 설정된 경우 SPI 인터럽트가 실행되도록 한다.

- Bit 6 - SPE : SPI Enable

  '1'의 값으로 설정되면 SPI 동작이 활성화된다. SPI 동작을 위해서는 반드시 '1'로 지정해야 한다.

- Bit 5 - DODR : Data Order

  SPI를 통해 전송되는 데이터의 순서를 지정한다. '1'인 경우 LSB가 먼저 전송되며, '0'인 경우 MSB가 먼저 전송된다.

- Bit 4 - MSTR : Master/Slave

  SPI의 master/slave 동작을 지정한다. '1'로 지정된 경우 master로 동작하며 '0'인 경우 slave로 동작한다.

- Bit 3 - CPOL : Clock Polarity

  '1'로 지정한 경우 SPI로 데이터 전송을 하지 않는 동안 SCK가 '1'을 유지하며, '0'인 경우 SCK가 '0'의 상태를 가진다. 데이터 전송 구간에서는 Bit 2의 CPHA와 함께 SPI mode를 결정하여 데이터의 샘플링 시점을 결정한다.

CPOL	Leading edge	Trailing edge
0	Rising	Falling
1	Falling	Rising

- Bit 2 - CPHA : Clock Phase

CPOL 비트와 함께 SPI 동작 모드를 결정하는데 사용된다. [그림 3-1]과 [그림 3-2]는 SPI 모드에 따른 전송 포맷을 보이고 있다.

CPOL	CPHA	Leading edge	Trailing edge	SPI mode
0	0	Sample(Rising)	Setup(Falling)	0
0	1	Setup(Rising)	Sample(Falling)	1
1	0	Sample(Falling)	Setup(Rising)	2
1	1	Setup(Falling)	Sample(Rising)	3

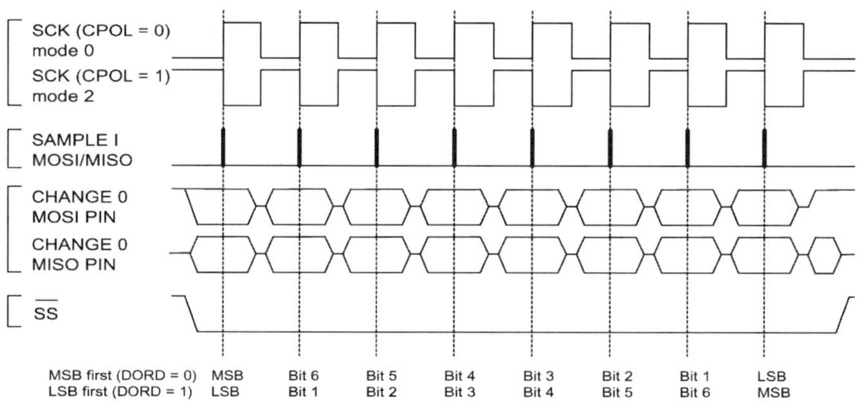

[그림 3-1] SPI Transfer Format with CPHA=0

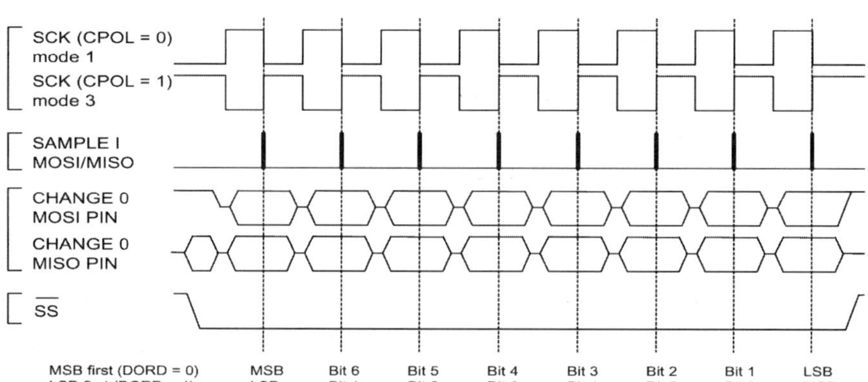

[그림 3-2] SPI Transfer Format with CPHA=1

- Bit 1,0 - SPR1, SPR0 : SPI Clock Rate Select 1 and 0

  SPI 동작 클럭을 설정하는 비트로 "00 - fOSC/4", "01 - fOSC/16", "10 - fOSC/64", "11 - fOSC/128"로 되며, SPSR의 SPI2X 비트가 '1'로 설정되면 각 2배의 클럭으로 지정되어 fOSC/2, fOSC/8, fOSC/32, fOSC/64로 설정된다.

SPI Status Register - SPSR

Bit	7	6	5	4	3	2	1	0
	SPIF	WCOL	-	-	-	-	-	SPI2X
Read/Write	R	R	R	R	R	R	R	R/W
Initial Value	0	0	0	0	0	0	0	0

- Bit 7 - SPIF : SPI Interrupt Flag

  SPI 전송이 끝나면 SPIF는 '1'로 설정된다. SPI 인터럽트에 해당되는 인터럽트 루틴이 실행되면 하드웨어적으로 '0'으로 지정된다.

- Bit 6 - WCOL : Write COLlision flag

  데이터 전송중에 SPDR 레지스터에 값을 기록하면 '1'로 설정된다. WCOL 비트가 '1'로 설정된 상태에서 SPSR 레지스터의 WCOL 비트를 읽고 SPDR에 접근하면 '0'으로 초기화 된다.

- Bit 5..1 - Res : Reserved Bit

  이 비트의 값은 항상 '0'으로 읽힌다

- Bit 0 - SPI2X : Double SPI Speed Bit

  SPCR 레지스터의 SPI Clock Rate Select 1 and 0과 함께 사용되어 SPI2X가 '1'인 경우 기본 클럭의 2배로 동작한다.

SPI Data Register - SPDR

Bit	7	6	5	4	3	2	1	0
	MSB							LSB
Read/Write	R/W	R/W	R/W	R/W	R/W	R/W	R/W	R/W
Initial Value	X	X	X	X	X	X	X	X

3-13 ATmega128의 USART 제어 레지스터

USART의 제어 레지스터는 UCSRA, UCSRB, UCSRC의 세 개의 레지스터로 구성되며 세부적인 사항은 다음과 같다.

USART Control and Status Register A - UCSRA

Bit	7	6	5	4	3	2	1	0
	RXC	TXC	UDRE	FE	DOR	UPE	U2X	MPCM
Read/Write	R	R/W	R	R	R	R	R/W	R/W
Initial Value	0	0	0	0	0	0	0	0

- Bit 7 - RXC : USART Receive Complete

  수신 데이터 버퍼에 읽지 않은 데이터가 존재하면 '1'로 설정되며, 수신 데이터 버퍼가 비워지면 '0'으로 설정된다.

- Bit 6 - TXC : USART Transmit Complete

  송신 버퍼의 데이터가 모두 전송되고 더 이상 송신 버퍼에 데이터가 존재하지 않으면 '1'로 설정된다. 전송 완료 인터럽트가 수행되면 '0'으로 설정된다.

- Bit 5 - UDRE : USART Data Register Empty

  송신 버퍼가 새로운 데이터를 입력 받을 준비가 되면 '1'로 설정된다. UDRE 비트는 Data Register Empty 인터럽트를 발생시킬 수 있다.

- Bit 4 - FE : Frame Error

  수신 버퍼의 데이터에 frame error가 발생하면 '1'로 설정된다.

- Bit 3 - DOR : Data OverRun

  수신 버퍼에 더 이상의 데이터를 수신할 수 없는 상태에서 데이터가 입력될 경우 '1'로 설정된다.

- Bit 2 - UPE : Parity Error

  수신 데이터의 parity에 에러가 발생하면 '1'로 설정된다. UCSRC 레지스터의 UPM1 비트가 '1'로 설정되어 parity를 사용하는 경우에 유효하다.

- Bit 1 - U2X : Double the USART Transmission Speed

  USART의 송신 속도를 두배로 설정하는 비트이다.

- Bit 0 - MPCM : Multi-Processor Communication Mode

  다중 프로세서간의 통신을 지원하기 위해 사용된다.

USART Control and Status Register B - UCSRB

Bit	7	6	5	4	3	2	1	0
	RXCIE	TXCIE	UDRIE	RXEN	TXEN	UCSZ2	RXB8	TXB8
Read/Write	R/W	R/W	R/W	R/W	R/W	R/W	R	R/W
Initial Value	0	0	0	0	0	0	0	0

- Bit 7 - RXCIE : RX Complete Interrupt Enable

  수신 완료시 인터럽트를 발생시킬 수 있다.

- Bit 6 - TXCIE : TX Complete Interrupt Enable

  송신 완료시 인터럽트를 발생시킬 수 있다.

- Bit 5 - UDRIE : USART Data Register Empty Interrupt Enable

  USART의 데이터 레지스터에 데이터가 존재하지 않으면 인터럽트를 발생시킬 수 있다.

- Bit 4 - RXEN : Receiver Enable

  USART의 수신기를 활성화 시킨다.

- Bit 3 - TXEN : Transmitter Enable

  USART의 송신기를 활성화 시킨다.

- Bit 2 - UCSZ2 : Chracter Size

  UCSRC 레지스터의 UCSZ1..0 비트와 함께 USART의 송/수신 비트의 크기를 설정한다.

- Bit 1 - RXB8 : Receive Data Bit 8

  9-bit 동작 모드에서 마지막 9번째 비트에 해당된다.

- Bit 0 - TXB8 : Transmit Data Bit 8

  9-bit 동작 모드에서 마지막 9번째 비트에 해당된다.

USART Control and Status Register C - UCSRC

Bit	7	6	5	4	3	2	1	0
	-	UMSEL	UPM1	UPM0	USBS	UCSZ1	UCSZ0	UCPOL
Read/Write	R/W	R/W	R/W	R/W	R/W	R/W	R/W	R/W
Initial Value	0	0	0	0	0	0	0	0

- Bit 7 - Reserved Bit

- Bit 6 - UMSEL : USART Mode Select

'1'로 설정된 경우 USART는 동기모드로, '0'으로 설정된 경우 비동기 모드로 동작한다.

- Bit 5..4 - UPM1..0 : Parity Mode

UPM1	UPM0	Parity Mode
0	0	Disabled
0	1	(Reserved)
1	0	Enabled, Even Parity
1	1	Enabled, Odd Parity

- Bit 3 - USBS : Stop Bit Select

'0'일 경우 1-bit, '1'일 경우 2-bit의 stop bit을 사용한다.

- Bit 2..1 - UCSZ1..0 : Character Size

UCSZ2	UCSZ1	UCSZ0	Character Size
0	0	0	5-bit
0	0	1	6-bit
0	1	0	7-bit
0	1	1	8-bit
1	0	0	Reserved
1	0	1	Reserved
1	1	0	Reserved
1	1	1	9-bit

- Bit 0 - UCPOL : Clock Polarity

동기 전송 모드에서만 사용되며, '0'으로 설정된 경우 송신은 XCK의 Falling edge에서 수신은 Rising edge에서, '1'로 설정된 경우에는 송신은 Rising edge에서 수신은 Falling edge에서 실행된다.

USART Baud Rate Register - UBRR(UBRRH, UBRRL)

Baud rate 레지스터는 12-bit으로 구성되며 UBRRH의 상위 4-bit는 사용하지 않는다. Baud rate는 UBRR 레지스터의 값과 동작 모드에 따라 결정된다.

3-14 ATmega128의 Two Wire Interface 제어 레지스터

TWI Bit Rate Register - TWBR

Bit	7	6	5	4	3	2	1	0
	TWBR7	TWBR6	TWBR5	TWBR4	TWBR3	TWBR2	TWBR1	TWBR0
Read/Write	R/W	R/W	R/W	R/W	R/W	R/W	R/W	R/W
Initial Value	0	0	0	0	0	0	0	0

TWBR 레지스터의 8-bit의 값과 "TWI Status Resiger - TWSR" 레지스터의 TWPS1..0의 값과 함께 SCL 클럭의 동작 속도를 결정하는데 사용된다. 다음 수식은 SCL 클럭의 동작 속도 계산식이다.

$$\text{SCL frequency} = \frac{\text{CPU Clock Frequency}}{16 + 2(\text{TBWR}) \times 4^{\text{TWPS}}}$$

TWI Control Register - TWCR

Bit	7	6	5	4	3	2	1	0
	TWINT	TWEA	TWSTA	TWSTO	TWWC	TWEN	-	TWIE
Read/Write	R/W	R/W	R/W	R/W	R	R/W	R	R/W
Initial Value	0	0	0	0	0	0	0	0

- Bit 7 - TWINT : TWI Interrupt Flag

TWI의 동작이 완료되면 '1'로 설정되며, 소프트웨어에 의해 TWINT 비트에 '1'을 기록하면 '0'으로 초기화 된다. TWINT 비트는 인터럽트 루틴의 수행에 의해 자동으로 '0'으로 설정되지 않으므로 반드시 프로그램에서 '0'으로 설정해주어야 한다.

-Bit 6 - TWEA : TWI Enable Acknowledge Bit

TWI의 ACK 펄스를 만들어주는 비트이다. '1'로 설정되면 자동으로 ACK 신호를 발생시킨다.

- Bit 5 - TWSTA : TWI START Condition Bit

TWSTA 비트가 '1'로 설정되면 START 조건에 맞는 펄스를 생성한다.

- Bit 4 - TWSTO : TWI STOP Condigtion Bit

TWSTO 비트가 '1'로 설정되면 STOP 조건에 맞는 펄스를 생성한다.

- Bit 3 - TWWC : TWI Write Collision Flag

TWI 데이터 레지스터가 완전히 전송되지않은 상태에서 또 다른 데이터를 기록하는 경우 발생한다

- Bit 2 - TWEN : TWI Enable Bit

  TWI 동작을 활성화 시킨다.

- Bit 1 - Res : Reserved

- Bit 0 - TWIE : TWI Interrupt Enable

  TWI의 인터럽트를 활성화 시킨다.

TWI Status Register - TWSR

- Bit 7..3 - TWS : TWI Status

  TWI의 상태를 나타내는 비트들이다.

- Bit 2 - Res : Reserved

- Bit 1..0 - TWPS : TWI Prescaler Bits

  SCL 클럭의 동작속도 설정에 사용되는 bit로 다음 수식에 사용된다.

$$\text{SCL frequency} = \frac{\text{CPU Clock Frequency}}{16 + 2(\text{TBWR}) \times 4^{\text{TWPS}}}$$

TWI Data Register - TWDR

Bit	7	6	5	4	3	2	1	0
	TWD7	TWD6	TWD5	TWD4	TWD3	TWD2	TWD1	TWD0
Read/Write	R/W	R/W	R/W	R/W	R/W	R/W	R/W	R/W
Initial Value	0	0	0	0	0	0	0	0

TWDR 레지스터에는 전송 모드에서는 다음에 전송될 데이터가, 수신 모드에서는 마지막에 수신된 데이터가 저장된다.

TWI(Slave) Address Register - TWAR

Bit	7	6	5	4	3	2	1	0
	TWA6	TWA5	TWA4	TWA3	TWA2	TWA1	TWA0	TWGCE
Read/Write	R/W	R/W	R/W	R/W	R/W	R/W	R/W	R/W
Initial Value	0	0	0	0	0	0	0	0

TWAR 레지스터에는 TWI의 slave 동작할 때 주소가 저장되며, TWGCE 비트가 '1'로 설정되면 "General Call"을 인식할 수 있도록 한다.

3-15 ATmega128의 Special Function 입/출력 레지스터

Special Function IO Register - SFIOR

Bit	7	6	5	4	3	2	1	0
	TSM	-	-	ADHSM	ACME	PUD	PSR2	PSR10
Read/Write	R/W	R	R	R/W	R/W	R/W	R/W	R/W
Initial Value	0	0	0	0	0	0	0	0

- Bit 3 - ACME : Analog Comparator Multiplexer Enable

ADCSRA 레지스터의 ADEN 비트가 '0'으로 설정되고 ACME 비트가 '1'로 설정되면 negative 입력 AIN1 대신 ADC mux의 출력을 사용한다.

Analog Comparator Control and Status Register - ACSR

Bit	7	6	5	4	3	2	1	0
	ACD	ACBG	ACO	ACI	ACIE	ACIC	ACIS1	ACIS0
Read/Write	R/W	R/W	R	R/W	R/W	R/W	R/W	R/W
Initial Value	0	0	N/A	0	0	0	0	0

- Bit 7 - ACD : Analog Comparator Disable

'1'로 설정되면 Analog comparator가 동작하지 않는다.

- Bit 6 - ACBG : Analog Comparator Bandgap Select

'1'로 설정되면 고정된 bandgap 비교 전압이 AIN0 입력 대신 비교기의 입력으로 사용된다. '0'으로 설정되면 AIN0 입력이 비교기의 입력으로 사용된다.

- Bit 5 - ACO : Analog Comparator Output

동기화된 아날로그 비교기의 출력으로, 동기화를 위해 1-2 클럭 주기 동안 지연되어 나타난다.

- Bit 4 - ACI : Analog Comparator Interrupt Flag

ACIS1, ACIS0에 지정한 인터럽트 모드에 해당하는 신호가 아날로그 비교기의 출력으로 발생하면 하드웨어에 의해 '1'로 설정되며, 해당되는 인터럽트 루틴이 실행되면 '0'으로 설정된다.

- Bit 3 - ACIE : Analog Comparator Interrupt Enable

아날로그 비교기 인터럽트를 활성화 시킨다

- Bit 2 - ACIC : Analog Comparator Input Capture Enable

  아날로그 비교기 출력을 Timer/Counter1의 Input capture의 입력으로 사용가능하도록 설정한다.

- Bit 1, 0 - ACIS1, ACIS0 : Analog Comparator Interrupt Mode Select

ACIS1	ACIS0	Description
0	0	Comparator Interrupt on Output Toggle
0	1	Reserved
1	0	Comparator Interrupt on Falling Output Edge
1	1	Comparator Interrupt on Rising Output Edge

PART Ⅱ

FPGA(Field Programmable Gate Array)

FPGA (Field Programmable Gate Array)

4 CHAPTER

FPGA는 Gate Array라는 반주문형 집적 회로를 응용한 것으로써 NAND나 NOR 같은 게이트를 미리 배열해 놓은 후, 설계자는 이들 게이트들 상호간의 연결을 프로그램하여 제작할 수 있도록 만든 것이다. 여기에서 FPGA는 프로그램 과정에 반도체 공장의 개입 없이 설계자가 원하는 내용으로 설계한 후 그 자리에서 바로 프로그램할 수 있도록 만든 것이다. 1장에서는 FPGA의 기본 구성 개념에 대해 다룬다.

4-1 FPGA 개요

[그림 4-1]은 CPLD와 FPGA의 구조를 간략히 비교한 그림이다. Xilinx의 CPLD는 PAL과 유사한 구조를 가지고 있으며 Product Term이 기본 구조로 이루어 진다. 반면 FPGA는 Gate array와 비슷한 구조를 가지고 있으며 CLB와 LUT를 기본 구조로 가진다.

[그림 4-1]에서 비교된 바와 같이 CPLD는 설계하려는 logic의 density가 낮은 경우, FPGA는 설계 집적도가 높은 경우에 사용되며 CPLD는 구조적인 특성으로 인하여 신호의 입력에서 출력까지의 타이밍이 예측되나 FPGA는 Gate array와 유사한 구조를 가지고 있어 설계하려는 타겟에 따라 각각 다른 타이밍을 가지게 된다. CPLD의 기본은 Product Term 구조이나 FPGA는 CLB(Configurable Logic Block)와 LUT (Look-Up Table) 구조이다.

FPGA는 gate array 구조로써 이미 만들어진 칩 위에 사용자가 원하는 어플리케이션을 구현하는 것으로써 ASIC에 비해 시상의 요구에 대응하기 빠르며, 초기 시제품을 제작할 때 ASIC에 비해 유리하고, 필드 상황에서 업그레이드가 가능하다는 장점을 가진다.

Architecture	PAL-like	Gate array-like
Density	Low-to-medium	Medium-to-high
Basic Cell	Product Term	CLB & LUT
Application	Combination based	Register Based
Performance	Predictable timing	Application dependent
Design Entry	Equation & Schematic	Schematic & HDL

[그림 4-1] XILINX의 CPLD와 FPGA의 비교

Xilinx의 FPGA는 CLB(Configurable Logic Block)과 Block RAM 그리고 DLL (Delay-Locked Loop)로 구성되어 있다. 그리고 각각의 Pin-pad에 연결되는 I/O Cell들로 구성된다. 아래의 [그림 4-2]는 Xilinx FPGA의 최상위 계층의 구조를 보이고 있다.

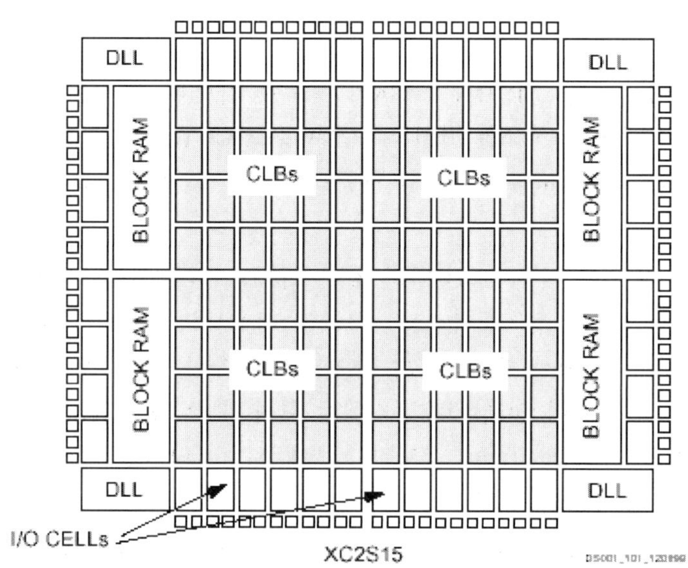

[그림 4-2] Xilinx FPGA의 상위 계층 구조

Xilinx FPGA의 기본 구조인 CLB는 다음의 [그림 4-3]과 같이 LUT(Look-Up Table)과 Flip-Flop으로 구성되는데, LUT에 의해 논리 조합회로의 출력을 얻을 수 있으며 registered 출력을 얻고자 할 경우에는 Flip-Flop를 통과한 결과를 얻을 수 있도록 구성되어 있다.

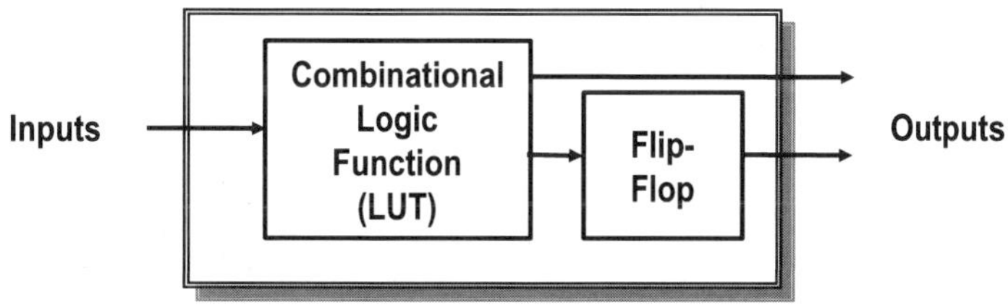

[그림 4-3] Configurable Logic Block

[그림 4-4]는 Xilinx FPGA의 LUT의 구조를 보이고 있다. 그림에서와 같이 LUT는 사용되는 회루의 복잡도나 종류에 상관없이 입력의 수와 출력의 수에 대응되며, 이때 사용되는 회로는 논리 조합 회로에 대해서만 가능하다.

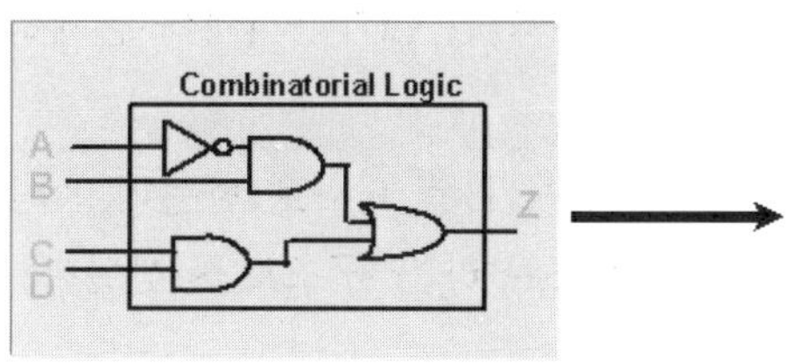

A	B	C	D	Z
0	0	0	0	0
0	0	0	1	0
0	0	1	0	0
0	0	1	1	1
0	1	0	0	1
0	1	0	1	1
.	.	.		
1	1	0	0	0
1	1	0	1	0
1	1	1	0	0
1	1	1	1	1

[그림 4-4] Xilinx FPGA의 LUT의 구성 예.

Gate들로 구성된 조합 회로는 LUT에 저장되어 [그림 4-4]의 좌측 schematic으로 도시한 gate 논리에 대한 출력을 오른쪽의 Table에 저장하여 입력에 따른 출력을 Look-Up Table에서 바로 얻을 수 있는 구조를 가지고 있다. 따라서 논리 조합 회로의 경우 각 gate를 통과하는 지연 시간이 존재하나, LUT를 사용하는 경우 입력에 대응하는 출력을 가져오는 일정한 시간 지연만이 존재하므로 회로의 복잡도에 무관하다. LUT는 FG(Function Generator)라고도 불리며 논리 조합 회로의 복잡도와는 무관하나 입력의 수에 용량이 제한된다.

[그림 4-5]는 실제 FPGA에 사용되는 CLB의 구조를 보이고 있다. 그림에서와 같이 CLB에는 LUT와 Flip-Flop 및 Carry & Control 등의 부가적인 회로들로 구성된다.

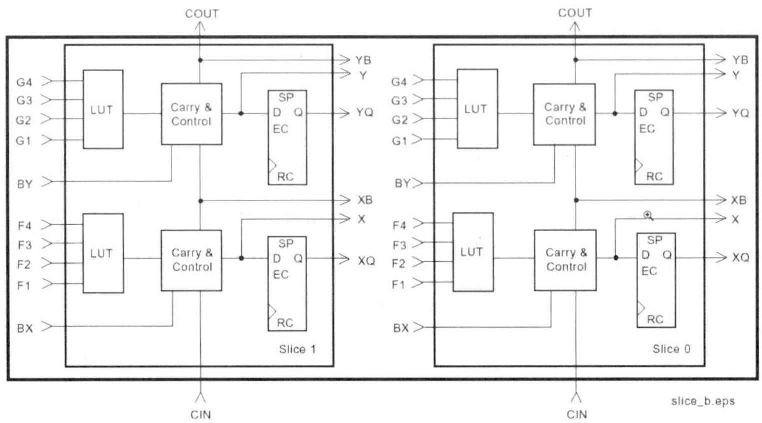

[그림 4-5] CLB의 구조

[그림 4-5]에서 CLB내부에 두 개의 큰 블록으로 나뉘어 있는 것을 볼 수 있는데 이것을 slice라고 부르며, Xilinx의 FPGA는(XC4000 시리즈 제외) 두 개의 slice로 구성되며 하나의 slice는 두 개의 LUT와 두 개의 flip-flop을 가진다. 따라서 하나의 CLB에는 4개의 입력을 처리할 수 있는 LUT가 4개씩 존재하며 Flip-Flop 역시 4개를 포함하게 된다.

Xilinx의 FPGA는 CLB들을 기본 구성 요소로 하는데, 이들 CLB들 사이에 연결은 아래의 [그림 4-6]과 같이 CLB tile이라는 구조로 형성된다.

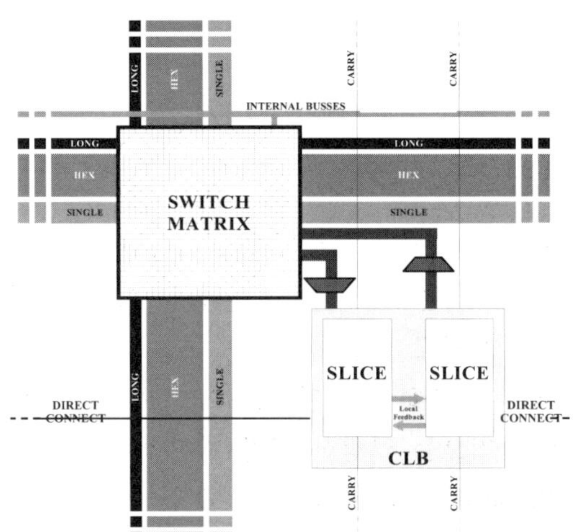

[그림 4-6] CLB tile

CLB tile은 switch matrix와 CLB 및 CLB들 간의 연결 자원으로 구성되어 있다. 모든 CLB들의 입력은 상/하, 좌/우의 CLB들과 연결되어 있으며 CLB 내부의 fast local feedback과 좌/우 CLB들 간의 direct connect가 가능하다.

FPGA에 메모리 자원은 Distributed RAM과 Block RAM 및 External RAM 등이 있으며 FPGA 제품군에 따라 각각 다른 요소를 포함하도록 구성된다. Distributed RAM은 소용량의 메모리에 사용되며, 0.6ns의 read access time을 가지고 있다. Block RAM은 Distributed RAM 보다 큰 용량의 메모리에 사용되며 진정한 의미의 dual-port를 지원하며 3.3ns의 read access time을 가진다. Xilinx의 FPGA가 지원하는 외부 메모리로는 SDRAM(Synchronous DRAM), ZBTRAM(Zero Bus Turnaround)과 DDR-SDRAM (Double-Data Rate SDRAM) 등이 있다.

Xilinx FPGA의 Distributed RAM은 CLB의 LUT를 사용자 메모리로 사용하는 구조를 가지고 있어 16-deep, 32-deep RAM으로 사용하거나 16-deep dual-port, 16-deep SRL로 사용할 수 있다. 또한 cascade하게 연결하여 128 혹은 그 이상의 deep으로 사용 가능하다.

Xilinx FPGA에 별도의 독립된 구조로 존재하는 Block RAM은 클럭에 동기된 입/출력이 가능하며 진정한 dual-port 메모리로 사용할 수 있다. 또한 동기 reset과 초기값을 사용할 수 있어 state machine, decoder 및 serial to parallel convertion 등에 이용할 수 있다. Block RAM은 large FIFOs, packet buffers 등 대용량의 메모리가 요구되는 어플리케이션에 사용할 수 있다.

Distributed RAM은 하나의 LUT당 16 bits로 구성되나 Block RAM은 4K bits로 구성된다. Block RAM은 각각의 port마다 clock, R/W 및 enable을 독립적으로 제어할 수 있으며 동시에 data width 역시 4K × 1에서 256 × 16 사이에서 서로 다르게 구성할 수 있다.

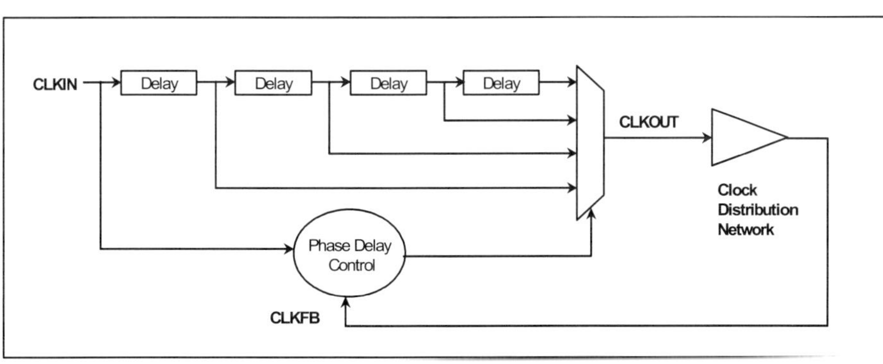

[그림 4-7] DLL의 기본 구조

Xilinx의 FPGA가 가지는 또 하나의 구성 요소로는 DLL이 있다. DLL(Delay Locked Loop)은 [그림 4-7]과 같은 구조를 가지고 있어, 입력 clock과 DLL에서 출력되는 clock의 위상을 비교하여 입력 clock과 이들을 delay한 clock들 중에서 선택하여 출력으로 내보냄으로써 clock의 delay를 조절할 수 있다.

Xilinx의 Virtex 제품군에는 4개의 DLL이 존재하며 DLL은 입력 clock과 각각의 CLB, IOB에 분배되는 clock 사이에 delay를 조절하며, 25MHz~200MHz의 clock으로 칩이 동작하도록 한다.

[그림 4-8]은 I/O cell들로 구성된 I/O Bank를 보이고 있다. 이러한 I/O Bank에는 CLB와 FPGA의 pin과의 연결을 원활하게 해주기 위한 각종 routing 자원들이 있으며, 고속 출력을 위한 slew rate를 제어할 수 있는 기능도 지원한다.

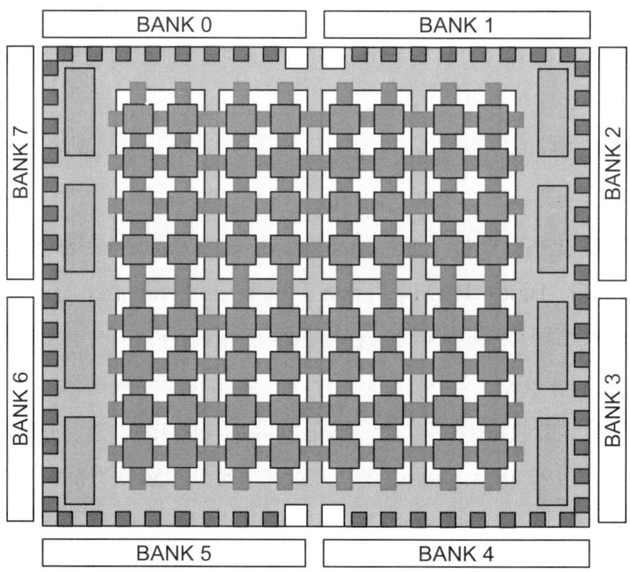

[그림 4-8] I/O Banks

4-2 VHDL

1) VHDL 기본 문법

[그림 4-9]는 기본적인 ASIC의 설계 흐름으로 기본적인 아이디어가 있으면 Schematic, HDL 등을 사용하여 기능적인 설계를하고 이를 검증한 후 동작에 대한 시뮬레이션을 한 후 동작의 내용이 검증되면 실제 칩으로 합성하고 합성된 결과에 대해 Timing 시뮬레이션을 한다.

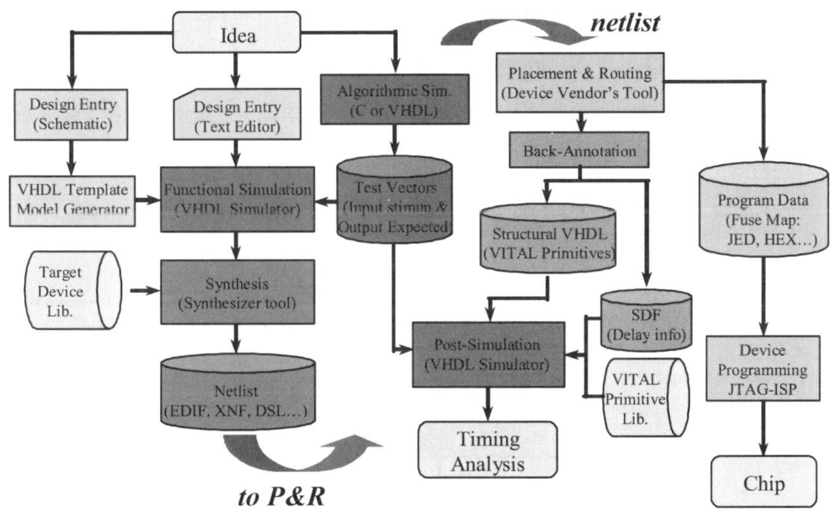

[그림 4-9] 기본적인 ASIC의 설계 흐름

2) VHDL의 역사적인 배경

미국 국방성 내의 VHSIC(Very High Speed Integrated Circuit) 프로그램에서 표준화된 HDL(Hardware Description Language)의 필요성 인식으로 1981년부터 VHDL (VHSIC Hardware Description Language) 개발 작업을 시작하여 1985년 8월에 VHDL 버전 7.2를 완성하였다. 1987년 12월에 IEEE-1076으로 IEEE에서 HDL의 표준 언어로 공인되었으며, 1991년 IEEE-1164를 발표하여 VHDL S/W 업계 표준으로 채택되었으며 1992년 미국정부 지원 공인 지정, 1993년에는 IEEE 1076-1993 표준이 발표되었다.

VHDL은 VHSIC-Very High Speed Integrated Circuit- Hardware Description Language의 약자로 설계된 칩의 문서화에 대한 언어로 개발이 시작되어 현재는 합성 언어로 사용되고 있다.

VHDL은 다음과 같은 4가지 용도로 사용된다.

- A documentation language
- A simulation language
- A synthesis language for technology independent logic design
- A modern programming language

VHDL은 기존에 제작된 반도체의 동작을 설명하는 description의 목적으로써 표준화된 표현 방법이 요구되었고, 이에 따라 documentation language로써 고안되었으며, 동시에 CAD 시스템들에 의해 동작을 모의하기 위한 simulation의 목적으로 개발되었다. 이후 VHDL은 Synthesys Tool의 개발과 함께 반도체의 설계 언어로 발달하게 되었으나, documentation 및 simulation에 사용하는 구문은 칩의 합성을 목적으로 한 경우에는 적용할 수 없다.

[그림 4-10]은 VHDL을 사용한 기본설계 흐름도이다.

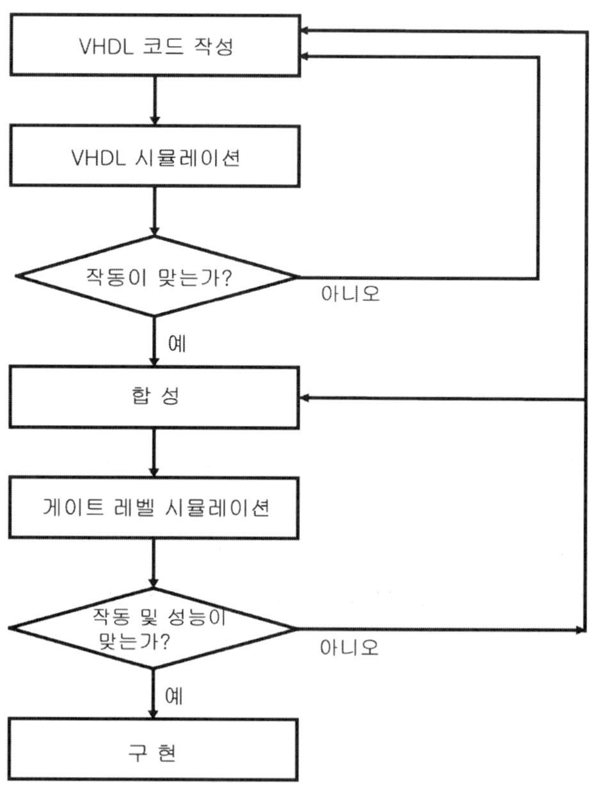

[그림 4-10] VHDL의 기본설계 흐름

설계 사양이 확정되면 그에 따라 칩의 동작 알고리즘을 고안하게되고 이를 바탕으로 VHDL 코드를 작성하게된다. 작성된 VHDL 코드는 simulation 과정을 통해 동작 상황을 검증하게 되며 이를 function level simuation 이라 부른다. 만약 의도한 대로 동작하지 않을 경우에는 VHDL 코드 작성 단계로 돌아가 수정을 하게되며, 정상적으로 동작할 경우에는 합성 과정을 거쳐 gate level 시뮬레이션을 수행하여 합성된 이후의 단계에서 동작을 검증하게 된다. 정상적인 동작이 검증되면 FPGA/CPLD가 최종 타겟인 경우에는 해당 FPGA/CPLD 업체에서 제공하는 라이브러리를 사용하여 FPGA/CPLD에서 동작하는 코드로 구현하게 된다.

VHDL의 표준으로 사용되는 IEEE 1164의 standard logic의 데이터 타입은 다음과 같이 9가지로 정의되어 있다.

IEEE 1164 standard data type

- 'U' - Uninitialized
- 'X' - Forcing Unknown
- '0' - Forcing 0
- '1' - Forcing 1
- 'Z' - High Impedance
- 'W' - Weak Unknown
- 'L' - Weak 0
- 'H' - Weak 1
- '-' - Don't care

VHDL을 이용한 모델링 기법은 다음과 같은 4가지 유형으로 정리된다.

(1) Behavioral Modeling

- 기능적 또는 알고리듬적 표현
- 고급언어를 사용한 프로그램 작성과 유사
- 문서화를 위해서 우수
- VHDL의 process문 사용

(2) Dataflow or RTL Modeling

- 각 문장이 병행적 수행(회로의 각 구성 요소 작동 표현)
- 부울함수, RTL, 또는 연산자 (AND, OR등) 이용한 표현

- Behavioral Modeling에 포함하기도 함
- VHDL의 concurrent문 사용

(3) Structural Modeling

- 가장 하드웨어적 표현에 가까움
- 구성요소 및 연결까지 표현
- VHDL의 component instantiation문 사용

(4) Mixed Modeling

- 위의 세 가지 기술을 혼합적으로 사용
- 실제 설계시 일반적인 방법

(1)의 Behavioral modeling 방법은 C언어와 같은 프로그래밍 언어를 사용하여 알고리즘을 기술하는 것과 흡사한 방식으로 표현되며, 일반적으로는 칩의 문서화를 위해, 칩의 구현시 사용된 알고리즘을 기술하기 위한 수단으로 사용된다. (2)의 Dataflow/RTL modeling은 주로 부울함수를 사용하여 표현하며 회로 각 구성 요소들의 작동을 표현하기 위한 수단으로 사용된다. (3)의 Structural modeling 방법은 schematic diagram을 문장으로 표현한 것과 유사한 방식으로 하드웨어적인 표현에 가장 근접한 방법이다. 통상적인 설계 방법에서는 Top-down 방식으로 기술하며 각각의 기능별로 구분된 기능 블록들은 (1) 또는 (2)의 방법을 사용하여 표현되며 최상위 레벨에서의 표현은 (3)의 방법을 적용한다.

다음은 4-bit의 두 입력을 받아 이를 비교하여 모든 비트가 일치할 경우 1의 출력을 내보내는 것으로 Behavioral, Dataflow, Structural로 모델링한 예제이다. 모두 동일한 기능을 수행하나 모델링한 방법에 따라 각각 다르게 표현된다.

(가) Behavior Description

```
library ieee;
use ieee.std_logic_1164.all;
entity eqcomp4 is
     port( a,b    : in   std_logic_vector(3 downto 0);
          equals : out  std_logic);
end eqcomp4;

architecture behavioral of eqcomp4 is
begin
```

```
    process(a,b)
    begin
          if a=b then
               equals <= '1';
          else
               equals <= '0';
          end if;
    end process;
end behavioral;
```

(나) Dataflow Description

```
library ieee;
use ieee.std_logic_1164.all;
entity eqcomp4 is
    port( a,b    : in   std_logic_vector(3 downto 0);
          equals : out  std_logic);
end eqcomp4;

architecture dataflow1 of eqcomp4 is
begin
    equals <= '1' when (a=b) else '0';
end dataflow1;
```

또는,

```
library ieee;
use ieee.std_logic_1164.all;
entity eqcomp4 is
    port( a,b    : in   std_logic_vector(3 downto 0);
          equals : out  std_logic);
end eqcomp4;

architecture dataflow2 of eqcomp4 is
begin
```

```
        equals <=     not(a(0) xor b(0))
             and not(a(1) xor b(1))
             and not(a(2) xor b(2))
              and not(a(3) xor b(3));
end dataflow2;
```

(다) Structural Description

```
library ieee;
use ieee.std_logic_1164.all;
entity eqcomp4 is
    port( a,b    : in   std_logic_vector(3 downto 0);
          equals : out  std_logic);
end eqcomp4;

use work.gatespkg.all;

architecture structural of eqcomp4 is
    signal x : std_logic_vector(0 to 3);
begin
    u0 : xnor2 port map (a(0),b(0),x(0));
    u1 : xnor2 port map (a(1),b(1),x(1));
    u2 : xnor2 port map (a(2),b(2),x(2));
    u3 : xnor2 port map (a(3),b(3),x(3));
    u4 : and4 port map (x(0),x(1),x(2),x(3),equals);
end structural;
```

이상의 예제는 모델링한 방법만 다를 뿐, 이를 합성하면 [그림 4-11]과 같이 모두 동일한 결과로 합성된다.

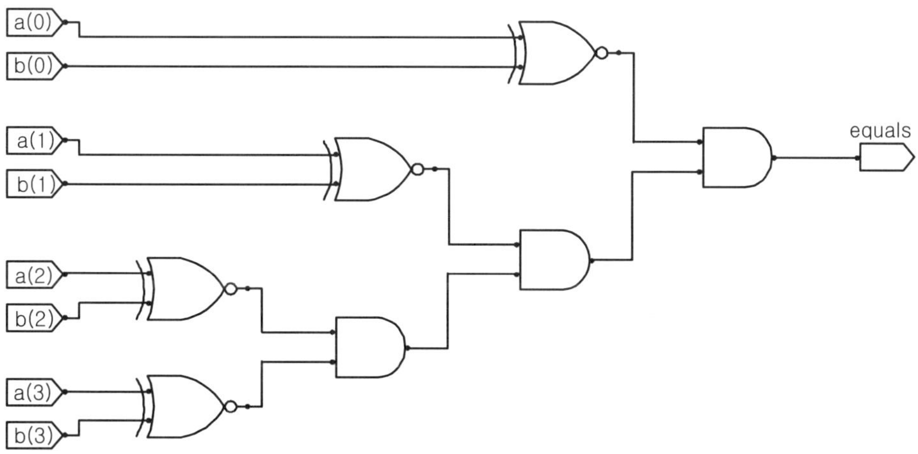

[그림 4-11] 4-bit 비교기의 합성 결과

VHDL의 기본 문법 구조는 다음과 같이 구성된다.

```
entity model_name is
    port
    (
          list of inputs and outputs
    );
end model_name;
-- this is comment
-- VHDL is not case sensitive
architecture architecture_name of model_name is
begin
    ...
    VHDL concurrent statements
    ...
end architecture_name;
```

VHDL 구문은 크게 두 부분으로 구성되며 Entity와 Architecture로 나뉜다.

Entity는 설계하려는 회로의 이름과 입/출력 인터페이스를 정의하고, 하드웨어의 검사 및 동작에 필요한 design parameter 선언하는 부분이다.

Entity는 다음과 같이 구성된다.

```
entity entity_name is
    <generic(generic_list);>  buswidth : 8
    <port(port_list);>
             a : in std_logic_vector(buswidth -1 downto 0 )
    {선언문}
    <begin{문장};>
end <entity_name>;
```

Generic 구문은 회로 표현에 대한 편의성 제공하는 구문으로 회로 동작 표현을 위한 design parameter와 Entity나 architecture에서 사용할 임의의 값을 선언한다. Generic으로 선언된 generic_list는 constant가 된다.

```
(example)
entity generic_sample is
    generic( width : integer := 8 );
    port( data_in  : in  std_logic_vector(0 to width-1);
          data_out : out std_logic_vector(0 to width-1));
end generic_sample;
```

Port 구문은 입/출력 신호를 지정하는 부분으로 VHDL로 설계한 내용은 port 구문안의 port_list를 통하여 외부와 연결된다. port_list는 신호 이름과 mode, data type으로 이루어지며, data type은 std_logic, std_logic_vector, integer 등을 지정할 수 있으며, mode에는 신호의 방향을 지정하는 것으로 in, out, inout, buffer의 4가지를 지정할 수 있다.

- in : 입력
- out : 출력
- inout : 양방향 입/출력
- buffer : 출력이며, 이 값을 다시 내부에서 읽을 수 있음.

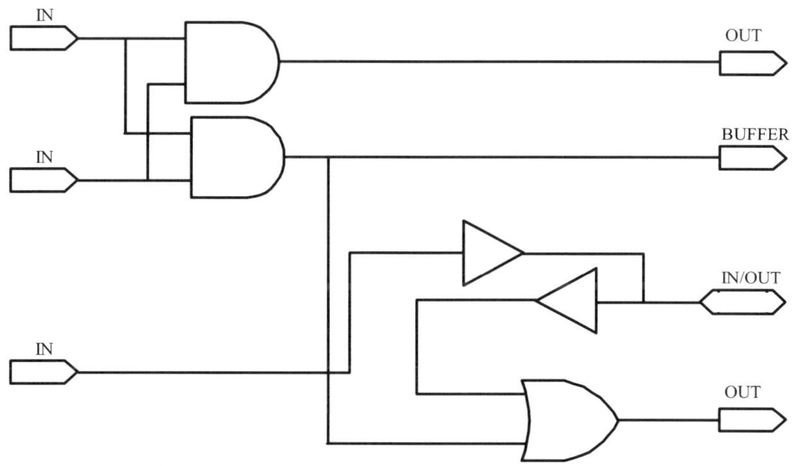

[그림 4-12] Port list의 mode 설정

VHDL 구문의 선언문은 alias, attribute, constant, disconnection, file, signal, subprogram선언 및 동작 표현, subtype, type, use 등을 사용할 수 있으며, 다음과 같이 entity나 package, architecture에 선언문을 사용할 수 있다.

```
entity sample is
    port(…);
    type three_level_logic is('0','1','X');
    use work.specials,all;
end sample;
```

Entity 내에서의 문장은 값의 설정이나 소거와 같은 assertion이나 setup/hold time이나 펄스폭 등의 검사 등에 사용된다. 문장은 concurrent assertion, concurrent procedure call, process 등이다.

다음은 Entity에서 사용한 문장의 예제이다.

```
entity rsff is
    port(s,r     : in     std_logic;
         q,q_bar : buffer std_logic);
    constant setup : time := 10ns;
```

```
begin
     …
     assert not(s='1' and r='1')
     report "s&r are '1
            severity ERROR;
     …
timingcheck(setup,…);
end;
```

가장 단순한 형태의 Entity 구문은 Test bench와 같이 입력과 출력이 없는 하드웨어 구조를 표현하는 것으로 다음과 같이 표현할 수 있다.

```
entity test is
end;
```

Architecture 구문은 회로의 실질적인 동작이나 연결 상태 등을 표현하는 것으로 기본적으로는 하나의 entity에 복수개의 architecture를 사용할 수 있으나 모든 합성 툴에서 이를 지원하지는 않는다.

Architecture 구문은 다음과 같이 구성된다.

```
architecture architecture_name of entity_name is
     {선언문}
begin
     {동작표현}
end <architecture_name>;
```

선언문은 Architecture 안에서 사용할 각종 type과 변수 종류를 지정한 것으로 선언문으로 가능한 것은 alias, attribute, constant, disconnection, file, signal, subprogram선언 및 동작 표현, subtype, type, use문이다.

동작표현은 하드웨어의 내부 동작 및 구조를 표현하는 문장으로 기능과 상태에 따라 각각 다음과 같이 분류한다.

- 기능에 의한 분류 : concurrent문, sequential문
- 상태에 의한 분류 : behavioral, dataflow, structural

VHDL의 동작표현은 concurrent 구문과 Sequential 구문으로 구분될 수 있으며 각각 다음과 같은 특성을 가진다.

concurrent 구문

- 어떤 회로에 대한 동시적인 회로 상태의 변화
- 표현 문장들의 순서에 상관 없이 똑같이 우선순위를 가진다
- Simulation or synthesis시 첫번째 줄에 있는 동작 표현이나 마지막줄에 있는 동작 표현이나 같은 시간에서 동시에 처리
- BLOCK, PROCESS, PROCEDURE call, SIGNAL assignment, ASSERT, COMPONENT instantiation, GENERATE

Sequential 구문

- 일반적인 언어에서와 같이 앞의 문장이 실행된 후 뒤의 문장이 수행된다.
- Concurrent구문의 subprogram과 process구문에서만 사용
- CASE, EXIT, IF, LOOP, NEXT, VARIABL & SIGNAL assignment, RETURN, WAIT

Subprogram과 Package는 많이 사용하거나 중복되는 부분을 function이나 procedure와 같은 subprogram을 사용하여 간단하게 표현할 수 있도록 해주는 구문이다. Subprogram과 각종 선언문 등을 따로 모아서 만든 것이 package이다.

Subprogram은 Function과 Package이며 이들은 각각 다음과 같은 특징을 가지고 있다.

Function

- 지연 없이 계산하여 return하므로 wait문을 포함할 수 없다.
- Signal assignment문을 사용할 수 없다.
- Type conversion, 연산자 overloading, signal resolution에 사용
- Parameter는 입력용으로 사용하고 결과 값은 return 뒤에서 정의한 type_지정의 data_type을 가진 function 값을 돌려 받는다.

- Function의 예제

```
function function_name <(parameter_list)> return type_define
is
    {선언문}
begin
    {sequential문}
end <function_name>;

function invert2 (X: std_logic) return std_logic is
begin
    if X='0' then
            return '1';
    else
            return '0';
    end if;
end invert2;
```

[그림 4-13] Function 구문 예제

Procedure

- Signal assignment문과 wait문을 허용
- Parameter를 통하여 입력 값을 전달받고 그 결과를 보낸다.
- Procedure의 예제는 다음과 같다

```
procedure procedure_name <(parameter_list)> is
    {선언문}
begin
    {sequential 문}
end <procedure_name>

procedure invert1(X:in std_logic; Y: out std_logic) is
begin
    if X='0' then
```

[그림 4-14] Procedure 구문 예제 (계속)

```
        Y<='1';
    else
        Y<='0';
    end if;
end invert1;
```

[그림 4-14] Procedure 구문 예제

Package는 Data type, function, procedure를 한 장소에 모아서 선언하여 VHDL 설계에서 공동으로 사용할 수 있게 한다. 독립적인 file로 존재 하며 C 언어에서의 header file과 같은 기능을 가지며 Library로 포함되어 다른 VHDL 문장에서 use를 사용하여 참조할 수 있다. Package는 Package declaration과 Package body로 구성된다. 다음은 Package의 예제이다.

```
package sample is
    type three_level_logic is('0','1','X');
    function "and"(A,B : three_level_logic) return
three_level_logic;
end sample;

package body sample is
    function "and" (A,B : three_level_logic) return
three_level_logic is
    begin
        if A='1' and B='1' then return '1';
        elsif A='X' or B='X' then return 'X';
        else return '0';
        end if;
    end "and"
end sample;
```

[그림 4-15] Package 예제

VHDL에 사용되는 기본 구문은 다음과 같다

```
Signal assignment
    - Nextstate<=state_1;

Variable assignment
    - Variable := value;

Comparisons
    - equal(=), not equal(/=), greater than(>), less than(<),
      less than or equal(<=), greater then or equal(>=)

Logical syntax
    - and, or, xor, nand, nor, xnor, not

Control Statement
    -"if" statement
    -"for" statement
    -"when else", "case", "wait"
```

Sequential 구문은 다음과 같다.

```
architecture behavior of model_name is
    internal signal declarations
begin
    process(sensitivity list)
    begin
          vhdl statements for state elements
    end process;

    process(sensitivity list)
    begin
          vhdl statements which specify combinatorial logic
    end process;
end behavior;
```

여기에서는 architecture문 안에 process 구문이 두 개가 존재하는데 이 process 구문 자체는 concurrent하므로 두 개의 process 문은 동시에 실행되며, process 안에 존재하는 구문들은 순차적으로 실행될 뿐이다.

VHDL의 attribute는 signal attribute와 type attribute로 나뉘며 각각은 다음과 같은 속성을 가질 수 있다.

Signal attribute

- Signal'active : 현재 Simulation Cycle 동안 Signal에 Transaction이 발생하면 True
- Signal'event : 현재 Simulation Cycle 동안 Signal에 event가 발생하면 True
- Signal'last_active : 현재 Simulation Cycle의 관점에서 가장 최근에 발생한 Active로부터 경과한 시간
- Signal'last_event : 현재 Simulation Cycle의 관점에서 가장 최근에 발생한 Event로부터 경과한 시간
- Signal'last_value : 현재 Simulation Cycle의 관점에서 가장 최근에 발생한 Event에 대하여 직전의 값
- Signal'delayed(T) : 각 value가 T시간 delay된 파형을 생성함
- Signal'quiet(T) : 현재의 Simulatioin Cycle보터 T시간 이전 동안 Signal에 Transaction이 발생하지 않았으면 True
- Signal'stable(T) : 현재의 Simulatioin Cycle보터 T시간 이전 동안 Signal에 Event가 발생하지 않았으면 True

Type attribute

- Type'LEFT : Index range의 가장 왼쪽
- Type'RIGHT : Index range의 가장 오른쪽
- Type'HIGH : Index range의 가장 높은 구간
- Type'LOW : Index range의 가장 낮은 구간
- Type'BASE : Type으로 지정되기 이전 Type
- Type'SUCC(V) : Type내에서 V의 다음 순서
- Type'PRED(V) : Type내에서 V의 이전 순서
- Type'LEFTOF(V) : Type내에서 V의 왼쪽
- Type'RIGHTOF(V) : Type내에서 V의 오른쪽
- Type'POS(V) : Type내에서 V의 위치
- Type'VAL(N) : Type내에서 N번째의 Value

VHDL로 설계한 예제 파일이다.

❶ 8-bit 2개의 입력 중 하나를 선택하여 출력으로 내보내는 Multiplexer

```
library ieee;
use ieee.std_logic_1164.all;
entity mux2to1 is
    port( sel   : in  std_logic;
          a,b   : in  std_logic_vector(7 downto 0);
          y_out : out std_logic_vector(7 downto 0));
end mux2to1;
architecture behv of mux2to1 is
begin
    y_out<= a when(sel='1') else b;
end behv;
```

❷ 3-bit의 sel의 값에 따라 8-bit의 출력중 한 비트만을 '0'으로 만드는 decoder

```
library ieee;
use ieee.std_logic_1164.all;
entity dec3to8 is
    port( sel : in  std_logic_vector(2 downto 0);
          en  : in  std_logic;
          y   : out std_logic_vector(7 downto 0));
end dec3to8;
architecture behv of dec3to8 is
begin
    y(0)<='0' when (en='1' and sel="000") else '1';
    y(1)<='0' when (en='1' and sel="001") else '1';
    y(2)<='0' when (en='1' and sel="010") else '1';
    y(3)<='0' when (en='1' and sel="011") else '1';
    y(4)<='0' when (en='1' and sel="100") else '1';
    y(5)<='0' when (en='1' and sel="101") else '1';
    y(6)<='0' when (en='1' and sel="110") else '1';
    y(7)<='0' when (en='1' and sel="111") else '1';
end behv;
```

❸ 10진 카운터

```
library ieee;
use ieee.std_logic_1164.all;
use ieee.std_logic_unsigned."+";

entity counter is
    port(reset, clk : in  std_logic;
         cnt_out    : out std_logic_vector(3 downto 0));
end counter;

architecture behv of counter is
    signal cnt : std_logic_vector(3 downto 0);
begin
    process(reset,clk)
    begin
         if reset='0' then
              cnt<=(others=>'0');
         elsif clk'event and clk='1' then
              if cnt="1001" then
                   cnt<=(others=>'0');
              else
                   cnt<=cnt+'1';
              end if;
         end if;
    end process;
    cnt_out<=cnt;
end behv;
```

4-3 디지털 조합 회로 설계

조합 회로는 입력과 출력을 가진 논리 게이트의 집합으로 출력의 값은 입력의 0과 1들의 조합의 함수로 표현되는 회로이다. 조합 회로를 표현하는 함수에는 NOT, AND, OR 등의 기본적인 gate로 구성되며 이를 gate circuit이라 부른다.

1) 기본 게이트 회로와 논리 기호

게이트 회로에는 NOT, OR, AND, NOR, NAND 등이 있으며 이들의 기호는 다음과 같다.

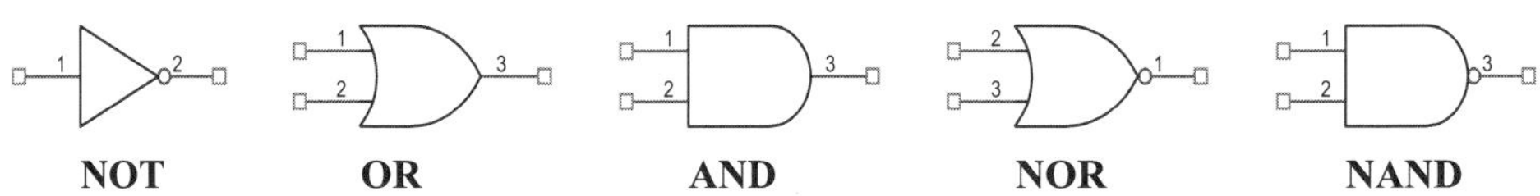

[그림 4-16] NOT, OR, AND, NOR, NAND의 회로 기호

다음 표는 각각의 논리에 대한 진리표로 디지털 논리에서 통상적으로 +5V의 전압은 'H' 또는 '1'로 표시되며 0V(GND)는 'L' 또는 '0'으로 표시된다. 아래의 진리표에서는 '0'과 '1'을 사용하여 표현하였다.

[표 4-1] NOT 진리표

X	NOT
0	1
1	0

[표 4-2] OR, AND, NOR, NAND 진리표

X	Y	OR	AND	NOR	NAND
0	0	0	0	1	1
0	1	1	0	0	1
1	0	1	0	0	1
1	1	1	1	0	0

디지털 논리회로에서 기본 게이트인 NOT, OR, AND, NOR, NAND 등의 논리는 수학에서의 사칙연산과 같이 디지털 논리 회로에서 기본이 되는 논리 연산자이다.

기본 논리를 확장한 논리에는 XOR와 XNOR가 있다. 이들은 각각 다음과 같다.

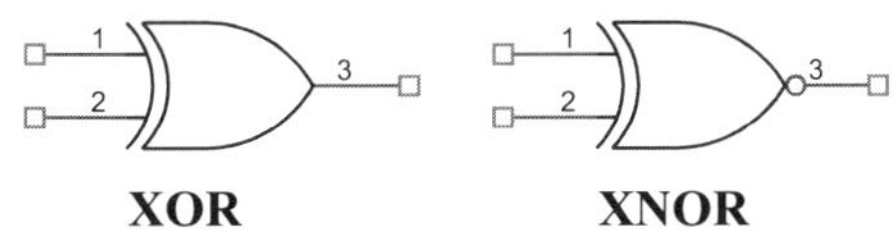

[그림 4-17] XOR, XNOR 회로 기호

[표 4-3] XOR, XNOR 진리표

X	Y	XOR	XNOR
0	0	0	1
0	1	1	0
1	0	1	0
1	1	0	1

XOR와 XNOR는 NOT, AND, OR를 사용하여 표현 할 수 있으며 이들은 각각 XOR는 $Z = X\overline{Y} + \overline{X}Y$ 로, XNOR는 $Z = \overline{X}\,\overline{Y} + XY$ 로 표현 된다.

앞 절에서 다룬 VHDL로 기본 gate를 모델링 하면 다음과 같다.

[그림 4-18]은 NOT gate를 VHDL로 모델링 한 예를 보이고 있다. 입력 x의 값이 '1'이면 출력 z는 '0'이 되고, 입력 x의 값이 '0'이면 출력 z의 값은 '1'이 되도록 설계하였다.

```
library ieee;
use ieee.std_logic_1164.all;

entity my_not is
    port( x : in  std_logic;
          z : out std_logic);
end my_not;

architecture behv of my_not is
begin
    z<='0' when (x='1') else '1';
end behv;
```

[그림 4-18] NOT gate를 VHDL로 모델링 한 예

[그림 4-19]는 OR gate를 VHDL을 사용하여 모델링 한 것으로써 입력 x와 y의 값이 둘 중 하나라도 '1'의 값을 가지게 되면 출력 z는 '1'이 되고 그렇지 않은 경우 즉, x와 y 모두 '0'의 값을 가지는 경우에 출력 z는 '0'의 값을 가지게 된다.

```
library ieee;
use ieee.std_logic_1164.all;

entity my_or is
    port( x, y : in  std_logic;
          z    : out std_logic);
end my_or;
architecture behv of my_or is
begin
    z<='1' when (x='1' or y='1') else '0';
end behv;
```

[그림 4-19] OR gate를 VHDL로 모델링 한 예

[그림 4-20]은 AND gate를 VHDL로 모델링 한 것으로써 입력 x와 y의 값이 모두 '1'인 경우에만 출력 z가 '1'이 되고 그렇지 않은 경우 출력 z는 '0'의 값을 가지도록 모델링 하였다.

```
library ieee;
use ieee.std_logic_1164.all;

entity my_and is
    port( x, y : in  std_logic;
          z    : out std_logic);
end my_and;
architecture behv of my_and is
begin
    z<='1' when (x='1' and y='1') else '0';
end behv;
```

[그림 4-20] AND gate를 VHDL로 모델링 한 예

[그림 4-21]은 NOR gate를 VHDL로 모델링한 예로써 입력 x와 y의 값이 둘 다 '0'인 경우에만 출력 z의 값이 '1'이 되고 그렇지 않은 경우 출력 z는 '0'의 값을 가지도록 모델링 되었다.

```
library ieee;
use ieee.std_logic_1164.all;

entity my_nor is
    port( x, y : in  std_logic;
          z    : out std_logic);
end my_nor;
architecture behv of my_nor is
begin
    z<='1' when (x='0' and y='0') else '0';
end behv;
```

[그림 4-21] NOR gate를 VHDL로 모델링 한 예

[그림 4-22]는 NAND gate를 VHDL로 모델링 한 예로써 입력 x와 y 모두 '1'의 값을 가지는 경우에 출력 z는 '0'이 되고 그렇지 않은 경우에는 출력 z의 값은 '1'이 되도록 모델링 하였다.

```
library ieee;
use ieee.std_logic_1164.all;

entity my_nand is
    port( x, y : in  std_logic;
          z    : out std_logic);
end my_nand;
architecture behv of my_nand is
begin
    z<='0' when (x='1' and y='1') else '1';
end behv;
```

[그림 4-22] NAND gate를 VHDL로 모델링 한 예

2) 반가산기(Half Adder)

반가산기(half adder)는 덧셈(뺄셈) 연산에서 기본이 되는 회로이다. 반가산기는 두 개의 입력 비트와 두 개의 출력 비트를 가진다. 출력으로는 2개의 입력 값이 더하여진 값(S)와 상위 비트로의 자리올림 값인 캐리(C)가 있다. 2진수의 덧셈을 그대로 표현한 것으로써 두 개의 입력 중 어느 하나가 1이면 이들이 더해진 값은 1로 출력되며 자리올림은 없으므로 0이 된다. 두 입력 값 모두 1이라면 자리올림이 1이 되고 이들의 합은 0이 된다. 이러한 관계를 정리하면 다음의 진리표와 같다.

[표 4-4] half adder의 진리표

X	Y	S	C
0	0	0	0
0	1	1	0
1	0	1	0
1	1	0	1

이 관계를 회로 기호로 표시하면 [그림 4-23]과 같은 회로 기호로 표현 된다.

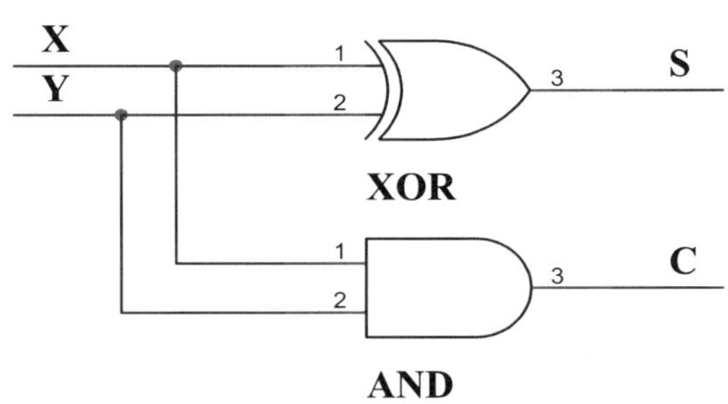

[그림 4-23] half adder 회로

반가산기의 VHDL 모델에는 아래와 같이 진리표 그대로 출력하는 방법도 있다.

```
if x='1' and y='1' then        s <= '0'; c <= '1';
elsif x='1' and y='0' then     s <= '1'; c <= '0';
elsif x='0' and y='1' then     s <= '1'; c <= '0';
else s <= '0'; c <= '0';
```

[그림 4-24] 반가산기의 VHDL 모델

반가산기를 모델링하기 위해서 여기서는 아래와 같이 [그림 4-23]의 회로도를 그대로 표현하는 방법을 사용한다.

```
library ieee;
use ieee.std_logic_1164.all;

entity half_adder is
    port( x, y : in  std_logic;
          s, c : out std_logic);
end half_a

architecture behv of half_adder is
begin
    s <= x xor y;
    c <= x and y;
end behv;
```

[그림 4-25] 반가산기의 VHDL 모델링

이와 같은 방법 외에 구조적 모델링 방법을 사용하여 xor와 and 라이브러리를 사용하여 각각의 component를 통과하는 신호의 흐름을 모델링 하는 방법도 있다.

앞의 VHDL 설명 파트에서 특정 회로를 모델링하는 방법으로 구조적 모델링(structural modeling)과 동작적 모델링(behavioral modeling) 및 데이터 플로우 모델(data flow modeling)에 대해서 설명하였는데 이들 중 어떠한 방법을 택하는지는 설계자의 편의에 따라 선택할 수 있다. 이 예제에서 반가산기를 모델링하기 위해서는 기본 gate 소자를 직접 사용하는 대신 VHDL에서 제공하는 기본 연산자를 사용하여 모델링하였다.

3) 전가산기(Full Adder)

반가산기(half adder)와 함께 덧셈(뺄셈) 연산에 기본이 되는 회로가 전가산기(full adder)이다. 전가산기는 세 개의 입력을 가지는데 두 개의 비트는 입력 값이며, 나머지 하나의 비트는 앞의 반가산기 또는 전가산기에서 올라오는 자리올림수(carry bit)를 입력으로 한다.

[표 4-5] full adder의 진리표

X	Y	Cin	S	Cout
0	0	0	0	0
0	0	1	1	0
0	1	0	1	0
0	1	1	0	1
1	0	0	1	0
1	0	1	0	1
1	1	0	0	1
1	1	1	1	1

[그림 4-26]은 앞의 [그림 4-23]에서 사용한 half adder 2개와 OR gate를 사용하여 구성한 full adder 회로이다. 전가산기는 반가산기 2개를 연이어 연결하여 사용할 수 있으며 두 반가산기의 carry 출력을 OR 연산하고, 자리올림 입력과 앞단의 반가산기의 합의 출력을 뒷단의 반가산기의 입력에 연결한다.

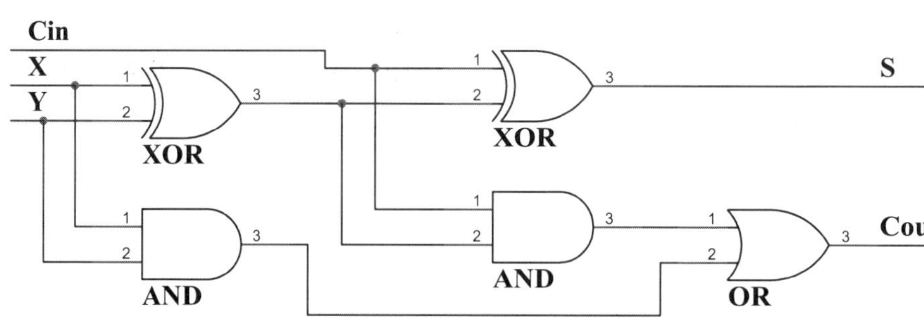

[그림 4-26] full adder의 회로도

전가산기 회로 역시 VHDL로 표현하는 방법에는 여러 가지 방법이 있으나 여기서는 전가산기를 [표 4-5]의 진리표를 그대로 반영하여 구현하는 방법을 사용하였다.

```
library ieee;
use ieee.std_logic_1164.all;

entity half_adder is
    port( x, y, c_in : in  std_logic;
          s, c_out   : out std_logic);
end half_adder;

architecture behv of half_adder is
begin
   process(x, y, c_in)
   begin
      if x='0' and y='0' and c_in='0' then    s <= '0'; c_out <= '0';
      elsif x='0' and y='0' and c_in='1' then s <= '1'; c_out <= '0';
      elsif x='0' and y='1' and c_in='0' then s <= '1'; c_out <= '0';
      elsif x='0' and y='1' and c_in='1' then s <= '0'; c_out <= '1';
      elsif x='1' and y='0' and c_in='0' then s <= '1'; c_out <= '0';
      elsif x='1' and y='0' and c_in='1' then s <= '0'; c_out <= '1';
      elsif x='1' and y='1' and c_in='0' then s <= '0'; c_out <= '1';
      elsif x='1' and y='1' and c_in='1' then s <= '1'; c_out <= '1';
      else     s <= '0'; c_out <= '0';
   end process;
end behv;
```

[그림 4-27] 반가산기의 VHDL 모델링

4) 8-bit 2:1 Multiplexer

이 예제에서는 두 개의 8-bit의 입력을 가지는 신호를 선택 신호의 값에 따라 그 중 하나의 값을 출력으로 내보내는 회로로써 2:1 multiplexer를 설계한다. 아래의 [그림 4-28]은 8-bit 2:1 multiplexer의 회로로써 sel 신호의 값에 따라 입력 x와 y중 하나의 값을 출력으로 내보낸다.

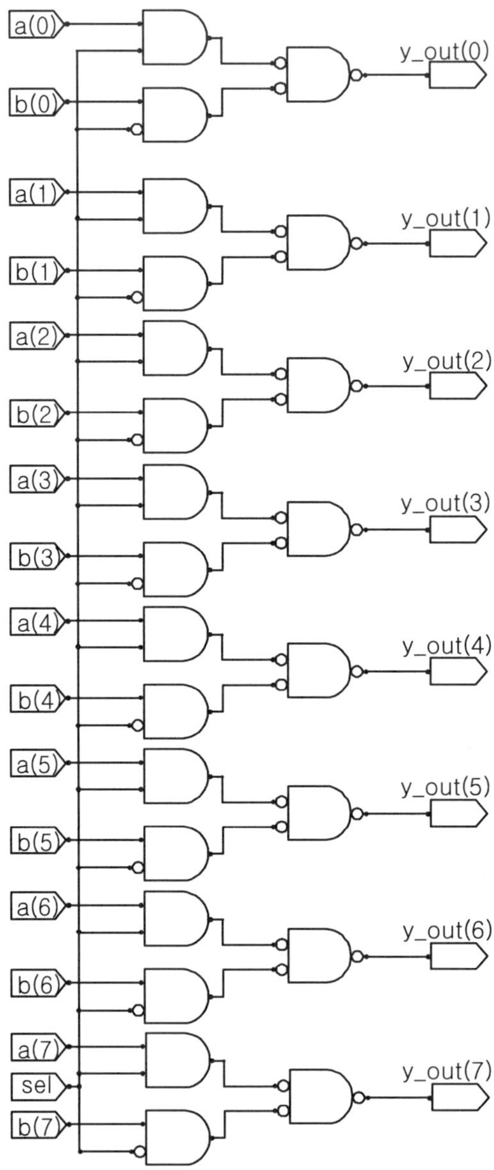

[그림 4-28] 8-bit 2:1 multiplexer

[그림 4-29]는 2:1 multiplexer의 VHDL 모델이다. a와 b의 두 8-bit 입력중 하나를 sel 신호에 따라 출력 y_out에 선택하여 내보내는 것으로 sel가 '1'이면 출력에는 a가, 그렇지 않으면 b를 출력에 내보내도록 모델링 한 예제이다.

```
library ieee;
use ieee.std_logic_1164.all;

entity mux2to1 is
    port( sel   : in  std_logic;
          a,b   : in  std_logic_vector(7 downto 0);
          y_out : out std_logic_vector(7 downto 0));
end mux2to1;

architecture behv of mux2to1 is
begin
    y_out<= a when(sel='1') else b;
end behv;
```

[그림 4-29] 8-bit 2:1 Multiplexer의 VHDL 모델

5) 3:8 Decoder

3-bit의 입력을 받아 2^3-bit = 8-bit의 출력을 만들어 내는 3:8 decoder의 진리표를 아래의 [표 4-6]에 표시하였다.

[표 4-6] 3:8 decoder의 진리표

SEL2	SEL1	SEL0	Y7	Y6	Y5	Y4	Y3	Y2	Y1	Y0
0	0	0	1	1	1	1	1	1	1	**0**
0	0	1	1	1	1	1	1	1	**0**	1
0	1	0	1	1	1	1	1	**0**	1	1
0	1	1	1	1	1	1	**0**	1	1	1
1	0	0	1	1	1	**0**	1	1	1	1
1	0	1	1	1	**0**	1	1	1	1	1
1	1	0	1	**0**	1	1	1	1	1	1
1	1	1	**0**	1	1	1	1	1	1	1

2^n개의 서로 다른 정보를 나타내기 위해서는 n-bit가 필요하다. n-bit의 입력 신호를 받아 들어 출력 신호 2^n를 만들어 내면서 그 중에 하나만을 나머지 신호와 다른 값을 갖게 만들어 주는 조합 회로를 decoder라 부른다.

위의 [표 4-6]은 세 개의 입력 신호의 조건에 따라 출력 Y0~Y7 중 하나의 출력만이 '0'이 되어 다른 출력과 구별되는 값을 갖는다.

아래의 VHDL 코드는 3-bit의 입력을 받아 8-bit 중 하나의 bit를 '0'으로 만드는 예제이다.

```
library ieee;
use ieee.std_logic_1164.all;

entity dec3to8 is
  port( sel : in  std_logic_vector(2 downto 0);
        y   : out std_logic_vector(7 downto 0));
end dec3to8;

architecture behv of dec3to8 is
begin
  y(0)<='0' when (sel="000") else '1';
  y(1)<='0' when (sel="001") else '1';
  y(2)<='0' when (sel="010") else '1';
  y(3)<='0' when (sel="011") else '1';
  y(4)<='0' when (sel="100") else '1';
  y(5)<='0' when (sel="101") else '1';
  y(6)<='0' when (sel="110") else '1';
  y(7)<='0' when (sel="111") else '1';
end behv;
```

[그림 4-30] 3:8 decoder의 VHDL 모델링

4-4 디지털 순차 회로 설계

순서에 따라 차례차례 일을 하여 최종 결과를 내도록 하는 회로를 순차논리회로라 고 하며, 다양한 플립플롭(flip-flop)을 기초로 구성된다. flip-flop에는 D flip-flop, JF flip-flop, SR flip-flop 등 여러 종류가 있으며 그 중 기본적인 동작을 하는 것에는 D flip-flop이 있다.

1) D flip-flop

D flip-flop은 한 비트 정보를 저장할 때 유용하게 사용되는 것으로 디지털 순차 회로에서 가장 널리 쓰이는 소자 중 하나이다. D flip-flop의 구조는 데이터 입력과 클럭을 가지고 있고, 출력 신호로는 정출력과 부출력이 있다. D flip-flop은 클럭의 edge에서 동작하며 그 edge에서 D가 출력에 래치되는 동작을 한다. 또한 클리어 신호와 프리셋 신호의 비동기 입력 신호를 갖는 경우도 있다. 이 신호를 사용하면 입력 D와 클럭에 관계 없이 출력 신호를 클리어 시키거나 프리셋 시킬 수 있다. 다음 [표 4-7]은 D flip-flop의 진리표이다.

[표 4-7] D flip-flop의 진리표

동작모드	입력				출력
	PRESET	CLEAR	CLK	D	q
비동기 PRESET	0	1	X	X	1
비동기 CLEAR	1	0	X	X	0
SET	1	1	↑	1	1
RESET	1	1	↑	0	0
금지	0	0	X	X	1

아래의 VHDL 코드는 D flip-flop을 표현한 것으로 clk'event and clk='1'이라는 코드는 clk 이라는 신호의 상승 edge를 표현해 주는 구문이다. 마찬가지로 하강 edge를 표현하기 위해서는 clk'event and clk='0'을 사용하면 된다.

이 구문은 clk이라는 신호의 값이 변하고(event) 그 변한 값이 '1'이 되는 순간 조건식이 참이되는 것으로써 신호의 상승 edge를 표현한다. 마찬가지로 하강 edge를 표현하기 위해서는 뒤의 값을 '0'으로 변경하면 된다.

[그림 4-31]의 VHDL 코드는 D flip-flop을 모델링한 예제이다.

```
library ieee;
use ieee.std_logic_1164.all;

entity dff is
    port( clk       :    in   std_logic;
          d         :    in   std_logic;
          preset    :    in   std_logic;
          clear     :    in   std_logic;
          q         :    out  std_logic);
end dff;

architecture behv of dff is
begin
    process(d, clk, preset, clear)
    begin
          if        preset='0'       then       q <= '1';
          elsif     clear='0'        then       q <= '0';
          elsif     clk'event and clk='1'      then  q <= d;
          end if;
    end process;
end behv;
```

[그림 4-31] D flip-flop의 VHDL 모델링

2) JK flip-flop

JK flip-flop은 J입력이 set, K입력 reset에 해당한다. JK flip-flop에서는 J='1', K='1'인 경우 입력으로 들어오는 클럭의 edge에서 출력 q의 상태가 반전되는 토글 동작을 한다. 또한 클리어 입력과 프리셋 입력이 있어 출력 q를 비동기적으로 RESET, SET 시킨다. JK flip-flop의 진리표는 다음과 같다.

[표 4-8] JK flip-flop의 진리표

동작모드	입력					출력
	PRESET	CLEAR	CLK	J	K	q(t+1)
비동기 SET	0	1	X	X	X	1
비동기 RESET	1	0	X	X	X	0
불변	1	1	X	0	0	q(t)
SET	1	1	↑	1	0	1
RESET	1	1	↑	0	1	0
Toggle	1	1	↑	1	1	not q(t)

[표 4-8]의 진리표에서 q(t)는 클럭의 edge가 들어오기 전의 출력 값을, q(t+1)은 클럭 edge 이후의 값을 나타낸다. 따라서 '불변'이란 JK flip-flop의 출력 q가 그 전 상태의 값에서 변하지 않는 것을 의미하고 'Toggle' 동작은 출력 q가 그 전 상태의 값에서 반전되는 것을 의미한다.

앞의 VHDL의 설명에서 port 구문안에 들어가는 port list에서 사용되는 입/출력 지정자는 in, out, inout, buffer가 있었다. 이들 중 buffer 구문은 신호가 출력됨과 동시에 그 신호를 내부 신호 처리에서 읽어 사용할 때 사용된다. 이 구문은 아래의 예제 코드에서 q <= not q; 에 사용된다.

JK flip-flop의 진리표를 참고하여 이를 VHDL로 설계하면 아래 [그림 4-32]와 같다.

```
library ieee;
use ieee.std_logic_1164.all;

entity dff is
    port( clk        :    in         std_logic;
          j, k       :    in         std_logic;
          preset     :    in         std_logic;
          clear      :    in         std_logic;
          q          :    buffer     std_logic);
end dff;
architecture behv of dff is
```

[그림 4-32] JK flip-flop의 VHDL 모델링 (계속)

```
begin
    process(j, k, clk, preset, clear)
    begin
          if        preset='0' then  q <= '1';
          elsif     clear='0'  then  q <= '0';
          elsif     clk'event and clk='1' then
                    if j='0' and k='1' then          q <= '0';
                    elsif j='1' and k='0' then       q <= '1';
                    elsif j='1' and k='1' then       q <= not q;
                    end if;
          end if;
    end process;
end behv;
```

[그림 4-32] JK flip-flop의 VHDL 모델링

3) 10진 카운터

카운터(Counter)란 들어오는 입력 신호의 펄스의 개수를 계수하여 그 값을 출력으로 내보내는 회로이다. 카운터 회로에서는 다음 클럭의 입력이 발생하기 전까지는 기존의 출력 값을 그대로 유지하고 있어야 하기 때문에 저장 소자인 flip-flop을 사용해야 한다. [그림 4-33]은 10진 카운터를 VHDL로 모델링한 것으로 입력되는 클럭 신호에 따라 0~9까지의 숫자를 하나씩 증가하여 출력한다.

```
library ieee;
use ieee.std_logic_1164.all;
use ieee.std_logic_unsigned."+";

entity counter is
    port(reset, clk : in  std_logic;
          cnt    : buffer std_logic_vector(3 downto 0));
end counter;
```

[그림 4-33] 10진 카운터의 VHDL 모델링 (계속)

```
architecture behv of counter is
begin
    process(reset,clk)
    begin
        if reset='0' then
            cnt<=(others=>'0');
        elsif clk'event and clk='1' then
            if cnt="1001" then
                cnt<=(others=>'0');
            else
                cnt<=cnt+'1';
            end if;
        end if;
    end process;
end behv;
```

[그림 4-33] 10진 카운터의 VHDL 모델링

4) 4비트 쉬프트 레지스터

레지스터(Register)란 여러 개의 비트 데이터를 저장하는 데 쓰이는 디지털 저장 소자를 말하는데, 물리적으로 flip-flop으로 구성된다. 쉬프트 레지스터(Shift Register)란 레지스터의 일종으로 그 레지스터에 저장되어 있는 데이터를 클럭에 따라 좌, 우, 혹은 양방향으로 이동할 수 있도록 되어 있는 레지스터를 말한다.

```
library ieee;
use ieee.std_logic_1164.all;
use ieee.std_logic_unsigned."+";

entity shift4 is
    port( clk       : in  std_logic;
          preset    : in  std_logic;
          clear     : in  std_logic;
```

[그림 4-34] 10진 카운터의 VHDL 모델링 (계속)

```
        d_in       : in  std_logic;
        q          : buffer std_logic_vector(3 downto 0));
end shift4;

architecture behv of shift4 is
begin
    process(clk, preset, clear, d_in, q)
    begin
        if preset = '0' then         q <= "1111";
        elsif clear = '0' then       q <= "0000";
        elsif clk'event and clk='1' then
            q(3 downto 0) <= q(2 downto 0) & d_in;
    end process;
end behv;
```

[그림 4-34] 10진 카운터의 VHDL 모델링

4-5 응용 회로

1) 7-segment 제어기

7-Segment란 LED를 다음 그림과 같이 배열한 것으로 모든 숫자를 표시하기 위해서 7개의 LED가 사용되므로 7-Segment라는 이름으로 불린다.

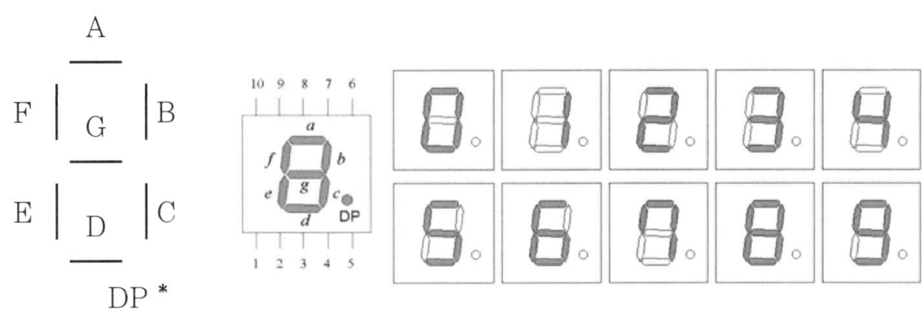

[그림 4-35] segment 동작

7-Segmentt display는 7개의 LED를 이용하여 십진수를 표현할 수 있도록 만들어진 장치이다. 각각의 LED는 a~g로 부르는 것이 일반적이다. 구하기 쉽고 사용하기 간편한 7-Segment display 중 하나인 휴렛-패커드(Hewlett Packard)의 HDSP-5501 모델의 경우, 7개의 LED로 a~g의 십진수를 표시하며 오른 쪽 아래에는 소숫점(DP; decimal point)을 표시하는 LED가 하나 더 있어 모두 8개의 LED로 구성된다. [그림 4-35]는 이와 같은 7-Segment의 구조와 동작을 보이고 있다.

HDSP-5501의 3번과 8번 핀은 Vcc, 즉 +5V에 대해 할당되어 있으며 내부에서 연결되어있기 때문에 둘 중 하나만 Vcc에 연결해도 무방하다. 나머지 8개 핀은 a~g와 DP로 이름지어진 LED에 각각 하나씩 할당되어 있다. 각각의 LED의 양극은 3번과 8번 핀에 연결되어 있으므로 입력이 0인 경우 (즉, 0 V가 입력에 들어오는 경우)에 불이 켜지고 입력이 1인 경우 (즉, +5 V가 입력에 들어오는 경우)에 꺼진다. 이러한 타입의 7-Segment를 Common Anode Type이라 부르고, 3번과 8번 핀에 GND, 즉 0V를 인가하고 나머지 8개 핀에 입력 1을(+5V) 인가할 경우 불이 켜지고 반대로 0(0V)을 입력할 경우 꺼지는 Common Cathode Type의 7-Segment도 있다.

7-Segment에 숫자를 표시하기 위해서는 다음 [표 4-9]와 같이 7-Segment의 각각의 LED에 표시되기를 원하는 숫자에 대응되는 출력을 지정해야 한다.

[표 4-9] 7-Segment의 출력

숫자	DP	G	F	E	D	C	B	A	HEX
0	1	1	0	0	0	0	0	0	0xC0
1	1	1	1	1	1	0	0	1	0xF9
2	1	0	1	0	0	1	0	0	0xA4
3	1	0	1	1	0	0	0	0	0xB0
4	1	0	0	1	1	0	0	1	0x99
5	1	0	0	1	0	0	1	0	0x92
6	1	0	0	0	0	0	1	0	0x82
7	1	1	0	1	1	0	0	0	0xD8
8	1	0	0	0	0	0	0	0	0x80
9	1	0	0	1	0	0	0	0	0x90

```
library ieee;
use ieee.std_logic_1164.all;

entity segment is
    port( seg_in     :    in   std_logic_vector(3 downto 0);
          seg_out    :    out  std_logic_vector(7 downto 0));
end segment;

architecture behv of segment is
signal seg_int : std_logic_vector (7 downto 0);
begin
    process(seg_in)
    begin
          case seg_in is
               when "0000" => seg_int <= "11000000";
               when "0001" => seg_int <= "11111001";
               when "0010" => seg_int <= "10100100";
               when "0011" => seg_int <= "10110000";
```

[그림 4-36] 7-Segment 구동 소스 (계속)

```
                when "0100" => seg_int <= "10011001";
                when "0101" => seg_int <= "10010010";
                when "0110" => seg_int <= "10000010";
                when "0111" => seg_int <= "11011000";
                when "1000" => seg_int <= "10000000";
                when "1001" => seg_int <= "10010000";
                when others => seg_int <= "11111111";
            end case;
      end process;
seg_out <= not seg_int;
end behv;
```

[그림 4-36] 7-Segment 구동 소스

예제에서는 4-bit의 2진수를 입력 받아 이에 해당하는 10진수 1자리를 7-Segment에 표시한다. 4-bit의 2진수 입력은 DIP S/W의 4개의 bit로하며 출력은 7-Segment 하나만 표시한다. ISE 를 실행하고 Text editor를 실행한다. 앞의 VHDL code를 Text editor에 입력하고 segment.vhd라는 이름으로 저장한다.

2) 스텝모터 제어기

STEP 모터를 구동하는 것으로써 Training KIT에서는 2상 스텝모터를 구동할 수 있는 인터페이스 회로를 갖추고 있다. 예제에서는 스텝모터를 구동하는 방법 중 2상 여자방식을 사용하며 State Machine으로 설계한다. 동작 주파수는 스텝모터의 구동 특성상 자기동 영역 안에서 설정한다.

스텝모터는 AC 서보나 DC 서보 모터에 비해 저렴하면서 정확한 위치 제어 성능을 얻을 수 있기 때문에 공장 자동화, 사무자동화 기기에 많이 사용된다. 스텝모터는 개루프 제어(open loop control)로 위치 제어나 속도 제어를 할 수 있어 제어가 용이하며, 큰 정지토크를 가지고 있다. 일반적인 DC 모터와는 달리 회전자는 영구자석으로 되어 있고, 고정자는 여러 개의 코일로 구성되며 구성형태에 따라 VR형(Variable Reluctance type), PM형(Permanent Magnet type), HB형(Hybrid type)으로 분류된다.

A. VR형(Variable Reluctance type) 스텝모터

모터 고정사의 권선이 여러 개의 위상으로 구성되어 있고 내부 회전사의 이(Teeth)의 수가 고정자 권선 위상의 수보다 하나 작은 구조를 가지고 있다. 고정자 권선에 전류를 흘리면 회전자의 위치는 고정자에서 발생한 자속이 가장 최대가 되도록, 즉 자기저항(Reluctance)가 최소화되는 위치로 이동하게 되며 고정자 권선을 순번대로 돌아가면서 여자(excitation)하게 되면 회전자는 계속해서 자기저항이 최소화되도록 움직이게 된다.

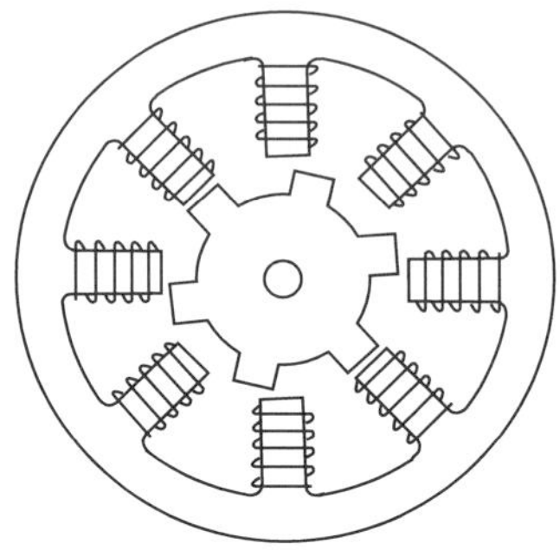

[그림 4-37] VR형 스텝모터

B. PM형(Permanent Magnet type) 스텝모터

영구 자석형 스텝모터는 내부 회전자를 영구 자석으로 구성하여 고정자 권선에서 인가되는 전류에 의하여 발생하는 자속과 반응하도록 구성되어진 것으로 [그림 4-38]에서는 흰 부분의 N극, 검은 부분의 S극으로 구성된 회전자와 두 개의 고정자 권선이 위치하고 있다. 단점으로는 다른 구조의 스텝모터에 비하여 비교적 스텝각이 크다.

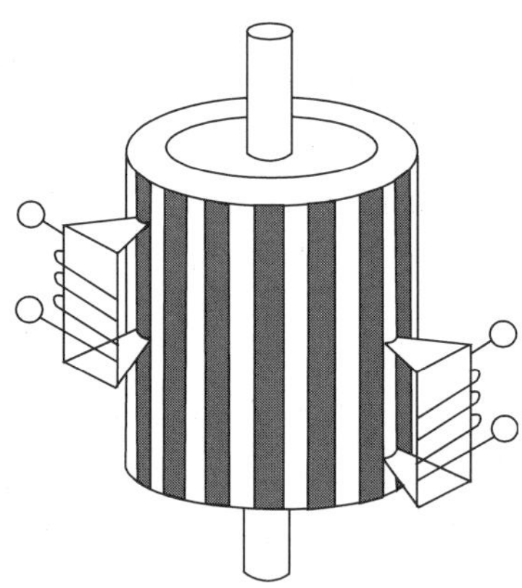

[그림 4-38] PM Type 스텝모터

C. HB형(Hybrid type) 스텝모터

hybrid형의 스텝모터는 그림에서 보는 것과 같이 회전자와 고정자에 이(teeth)가 있고 그림 회전자 또한 자극을 가지고 있다. VR형의 장점과 PM형의 장점을 이용하여 구성하였기 때문에 분해각을 높이고 높은 자속의 발생으로 토크 또한 높일 수 있기 때문에 현재 가장 많이 적용하고 있다.

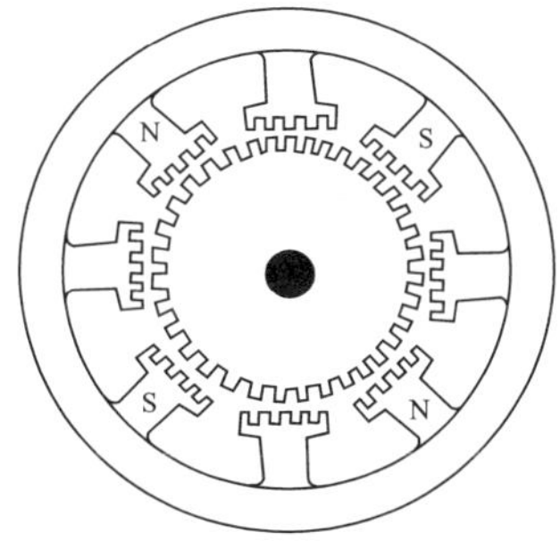

[그림 4-39] Hybrid Type 스텝모터

D. 2상 스텝모터의 단순모델

- 한 스텝은 90도, 반 스텝은 45도로 가정

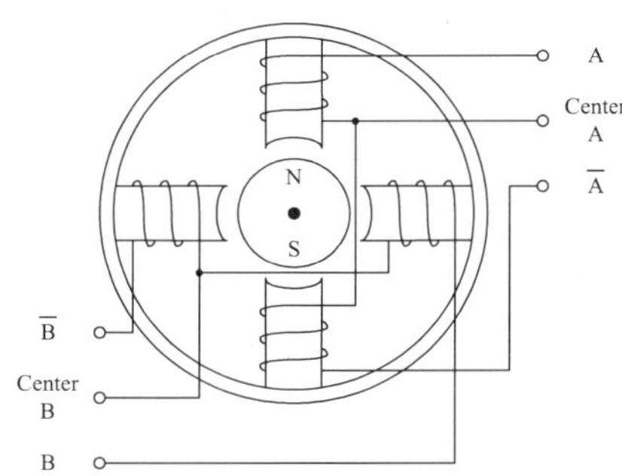

[그림 4-40] 스텝모터의 단순모델

[그림 4-40]은 스텝모터를 단순화한 모델로 이 모델은 한 스텝당 90도의 회적각을 가진다. A와 / A, Center A로 구성되는 한 상과 B와 / B, Center B로 구성되는 두 개의 상을 가지는 이상 스텝모터로 Center A와 Center B에 전원을 공급하고 A와 / A, B와 / B에 공급하는 상 신호값에 따라 모터의 회전 방향, 스텝각을 지정할 수 있다.

E. 스텝모터 구동방식

스텝모터의 제어 해상도는 회전자의 극수(Nph)와 고정자의 위상수(Ph)에 비례한다.

$$A_{STEP} = \frac{360}{N_{ph} \cdot Ph}$$

스텝모터를 구동하는 방식에 따라서 full step mode, half step mode가 있고, 그 외에 micro-stepping 구동 방식이 있다.

- **결선 형태에 따른 분류**

유니폴라 구동 : 각 코일의 센터탭에 공급 전압을 연결하고, 코일의 끝 단자들을 0V로 스위칭

바이폴라 구동 : 각 코일의 센터탭을 이용하지 않고, 끝 단자들에 H-bridge 회로를 연결하여 공급전압과 0V로 스위칭

- **자력 유도 방식에 따른 분류**

1상 여자 방식 : 한 순간에는 한 종류의 코일에만 전류를 흘려서 모터가 1 스텝씩 움직이도록 한다. (full step mode)

2상 여자 방식 : 한 순간에 두 종류의 코일에 전류를 흘려서 모터가 1 스텝씩 움직이도록 한다.(full step mode)

1-2상 여자 방식 : 1상 여자 방식과 2상 여자 방식을 섞어서 사용하여 모터가 반 스텝씩 움직이도록 한다.(half step mode)

F. 구동방식의 동작 예.

- **유니폴라 1상 여자 방식**

[그림 4-41]은 유니폴라 1상 여자 방식의 동작 개념도로써 한 순간에 하나의 고정자 권선이 여자되며 이에 상응하는 고정 자석인 회전자가 움직이며 구동되는 방식이다. [그림 4-42]는 이 때의 각 코일이 여자되는 시퀀스를 보이고 있다.

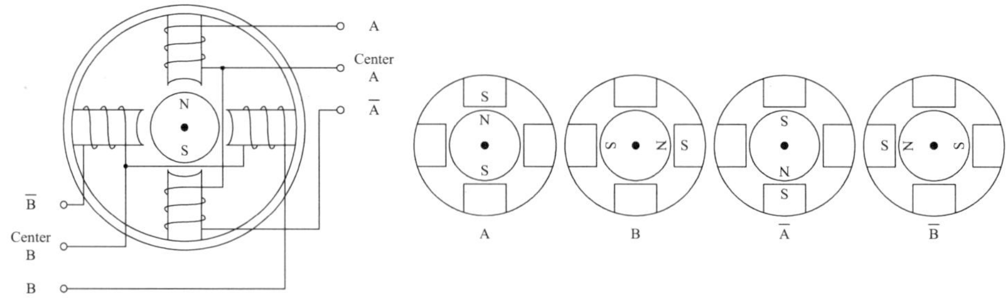

[그림 4-41] 유니폴라 1상 여자 방식의 동작 개념도

[그림 4-41]의 스텝모터 단순모델에 [그림 4-42]와 같은 상신호를 공급하여 고정자를 자화시켜 회전자의 N-S극에 맞물려 회전하는 모델이다. [그림 4-42]와 같이 상신

호를 공급하는 순서에 따라 모터가 정회전을 하기도하고 역회전을 할 수도 있다. 1상 여자방식이므로 하나의 상신호에 한 스텝씩 회전한다.

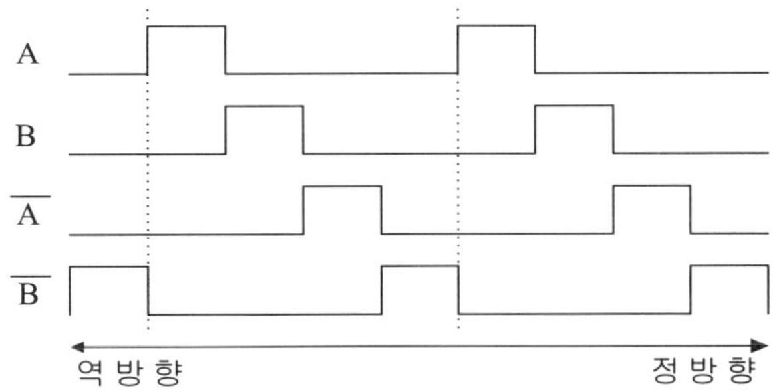

[그림 4-42] 유니폴라 1상 여자방식의 상신호

유니폴라 2상 여자 방식

[그림 4-43]은 유니폴라 2상 여자 방식의 동작개념도로써 한 순간에 2개의 코일이 동시에 여자되며 이에 상응하는 고정자 권선이 회전한다. [그림 4-44]는 유니폴라 2상 여자 방식의 상신호를 보이고 있으며 그림에서 보듯이 한 순간에 2개의 고정자 권선이 여자되는 것을 알 수 있다.

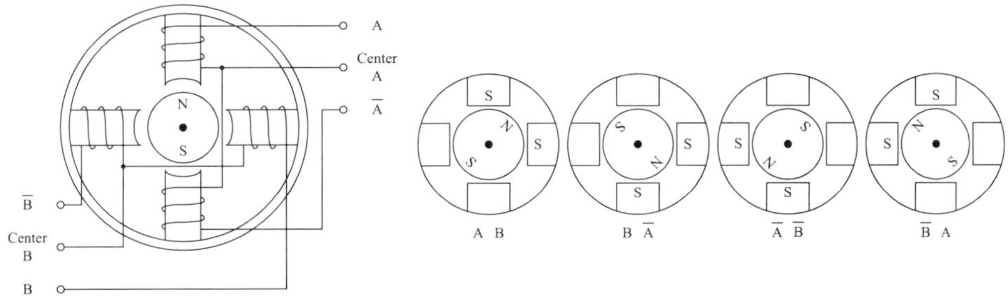

[그림 4-43] 유니폴라 2상 여자 방식의 동작 개념도

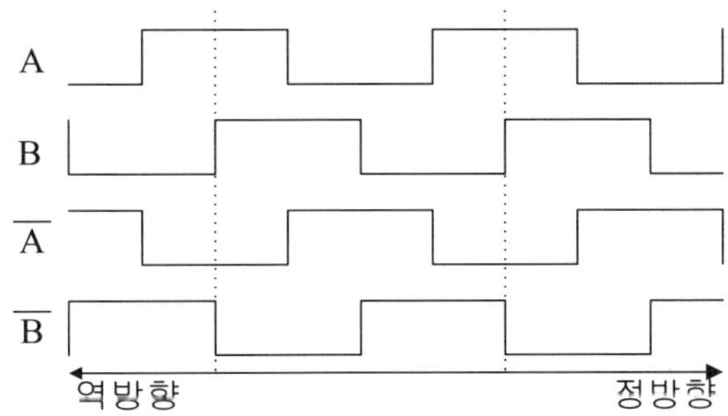

[그림 4-44] 유니폴라 2상 여자 방식 상신호

[그림 4-43]은 동시에 두 개의 상이 여자되는 스텝모터 구동 방식에 대한 개념도로 [그림 4-44]의 상신호를 보면 한 순간에 두 개의 상이 high 상태를 유지한다. 반면 앞의 [그림 4-42]의 경우에는 한 순간에는 항상 하나의 상 신호만이 high가 된다. 동시에 두 개의 상이 자화되므로 1상 여자 방식에 비해 보다 큰 토크를 얻을 수 있다.

유니폴라 1-2상 여자 방식

[그림 4-45]는 유니폴라 1-2상 여자 방식의 개념도로써 1상 여자 방식과 2상 여자 방식이 혼합되어 구동되는 것을 볼 수 있다.

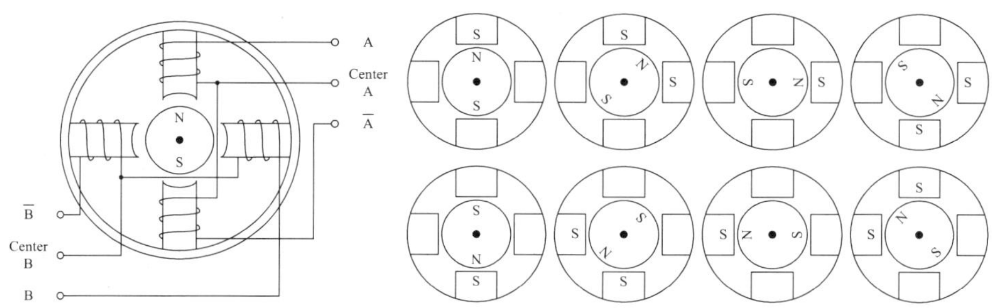

[그림 4-45] 유니폴라 1-2상 여자 방식의 동작 개념도

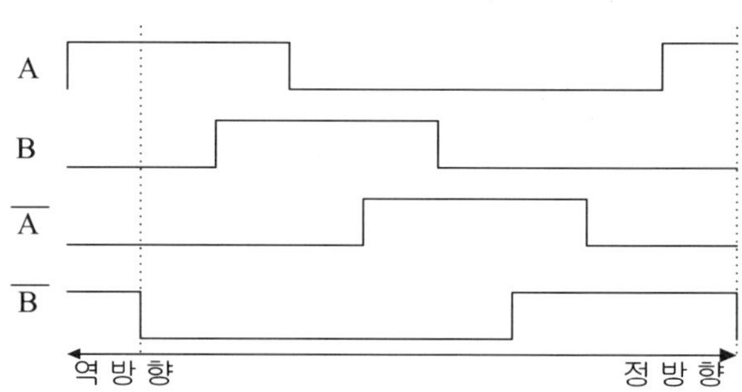

[그림 4-46] 유니폴라 1-2상 여자 방식의 상신호

[그림 4-45]은 1-2상 여자 방식에 대한 동작 개념도이며, 이때 모터에 공급되는 상신호는 [그림 4-46]과 같이 공급한다. [그림 4-45]에서 보듯이 1-2상 여자 방식은 1상 여자 방식과 2상 여자 방식을 혼합한 형태로 1상 또는 2상 여자 방식으로 구동할 때의 절반의 스텝각으로 구동이 가능하여 보다 정밀하게 모터의 위치를 제어할 수 있는 장점을 가진다. 단점은 하나의 상이 여자되는 경우와 두 개의 상이 여자될 때 모터의 토크에 변화가 생긴다.

G. 스텝모터의 구동 소자

Training KIT에서는 스텝모터의 구동 소자로써 SLA7024M(Unipolar Stepper Motor controller/driver)을 사용한다.

[그림 4-47]은 SLA7024의 내부 블록도로써 그림에서 보듯이 각각 1상을 구동할 수 있는 좌/우 대칭적인 동일한 블록을 가지고 있어 2상 스텝모터를 구동할 수 있다.

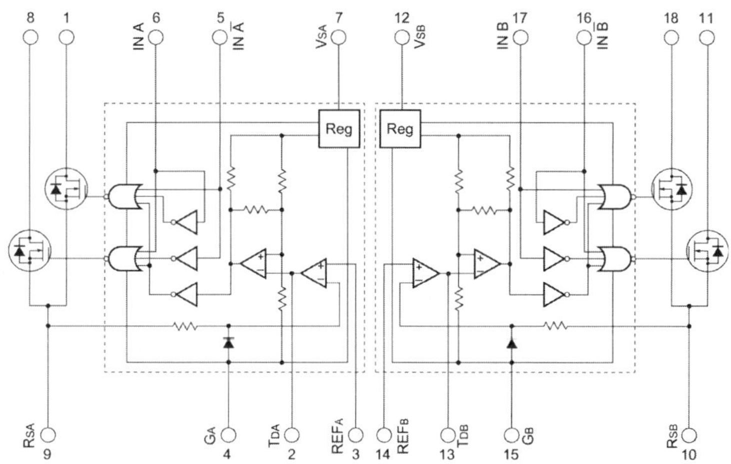

[그림 4-47] SLA7024의 내부 블럭도

[그림 4-47]은 SLA7024의 내부 블록도이며 [그림 4-48]은 SLA7024을 사용할 경우 외부 전형적으로 사용되는 응용회로 및 소자의 값을 표시한 것이다.

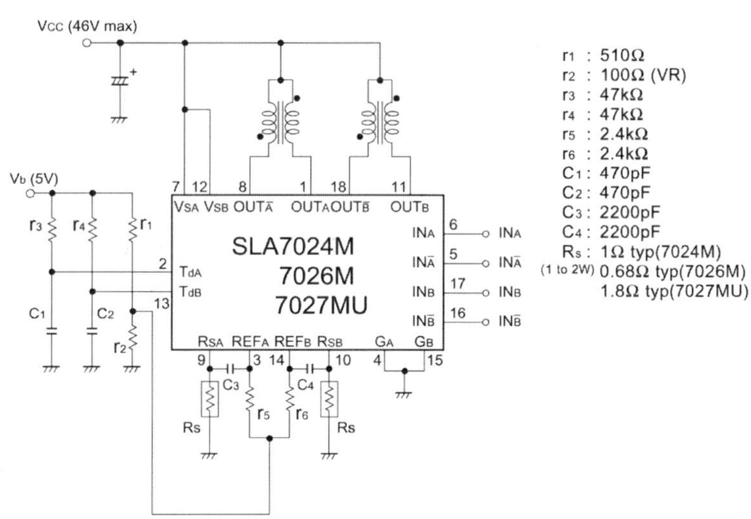

[그림 4-48] SLA7024의 응용 회로

모터 드라이버인 SLA7024에 입력되는 상 신호인 IN A, IN / A, IN B, IN / B는 [그림 4-49]와 같다. 스텝 모터의 여자 방식에 따라 [그림 4-49]에 보이는 진리표의 sequence에 따른 상 신호를 입력해주면 0→1→2→3→0의 순서일 경우에는 정회전을, 0→3→2→1→0의 순서일 경우에는 역회전을 한다.

TRUTH TABLES
(Device Types as Designated)

WAVE DRIVE (FULL STEP)
for SLA7024M and SLA7026M

Sequence	0	1	2	3	0
Input A	H	L	L	L	H
Input $\overline{A}$	L	L	H	L	L
Input B	L	H	L	L	L
Input $\overline{B}$	L	L	L	H	L
Output ON	A	B	$\overline{A}$	$\overline{B}$	A

2-PHASE (FULL STEP) OPERATION
for SLA7024M and SLA7026M

Sequence	0	1	2	3	0
Input A	H	L	L	H	H
Input $\overline{A}$	L	H	H	L	L
Input B	H	H	L	L	H
Input $\overline{B}$	L	L	H	H	L
Outputs ON	AB	$\overline{A}$B	$\overline{AB}$	A$\overline{B}$	AB

HALF-STEP OPERATION (2-1-2 SEQUENCE)
for SLA7024M, SLA7026M, and SMA7029M

Sequence	0	1	2	3	4	5	6	7	0
Input A	H	H	L	L	L	L	L	H	H
Input $\overline{A}$ or t_{dA}*	L	L	L	H	H	H	L	L	L
Input B	L	H	H	H	L	L	L	L	L
Input $\overline{B}$ or t_{dB}*	L	L	L	L	L	H	H	H	L
Output(s) ON	A	AB	B	$\overline{A}$B	$\overline{A}$	$\overline{AB}$	$\overline{B}$	A$\overline{B}$	A

*Logic signals to external open-collector inverter connected to t_{dA} and t_{dB}.

[그림 4-49] SLA7026의 여자 방식에 따른 입력 신호 진리표

H. 스텝모터 관련 용어

[그림 4-50]은 스텝 모터의 동작영역을 표시한 것으로써 아래의 용어 설명에서 자세히 설명한다.

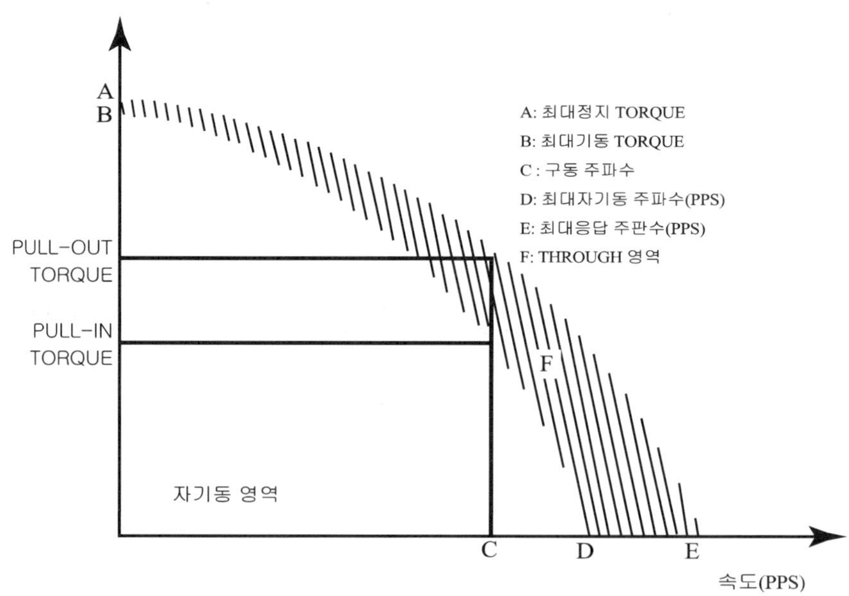

[그림 4-50] 스텝 모터의 동작 영역

pps(pluse per second)

일반 모터의 회전 속도는 1 분간당 회전수(rpm)를 나타내는데, 스텝모터의 경우는 회전수보다 입력 펄스를 주파수로 나타내는 일이 많고 이것을 pulse rate 혹은 스테핑 rate라고 한다.

정지 최대 토크(holding torque)

각 상에 정격 전류를 흘리고, 모터축에 외력에 의한 각도 변화를 주었을 때 발생하는 최대의 토크. 이 토크보다 작은 외력일 경우는, 외력을 떼면 모터 축은 원래의 정지 위치로 되돌아 간다.

자기동 영역

외부에서 주어진 신호로 동기에서 기동, 정지할 경우 스텝모터의 응답 가능한 영역

최대 기동 토크(maximum running torque)

스텝모터가 움직일 수 있는 최대의 토크.

일반적으로는 10 pps의 주파수로 모터를 구동 시켰을 때의 값으로 정의

최대 기동 주파수(maximum starting pulse rate)

무부하 상태에서 모터의 회전이 입력 펄스수와 완전히 1대 1로 대응해서 기동하는 최대 주파수

스타팅 특성(starting characteristic)

모터의 회전이 입력 펄스와 완전히 1대 1로 대응해서 기동할 수 있는, 모터의 최대 발생 토크와 입력 펄스와의 관계.

풀인 토크(pull in torque)라고 표현하는 경우도 있다.

slew 영역

자기동 영역을 넘어서 주파수를 서서히 올릴 경우, 또는 부하 토크를 서서히 가할 경우 모터가 동기를 이탈하지 않고 응답 가능한 영역.

스루잉 특성(slewing characteristic)

스타팅 특성의 범위 내에서 기동시킨 모터를, 입력 펄스의 주파수를 서서히 증가 시켰을 경우 모터의 회전이 입력 펄스와 1대 1로 대응할 수 있는, 최대 발생 토크 입력 펄스의 관계.

풀 아웃트 토크(pull out torque)라고 표현하는 경우도 있다.

최대 연속 응답 주파수(maximum slewing pulse rate)

무부하 상태로 slewing 특성으로 들어간 모터를 입력 펄스와 1대 1로 대응해서 회전시킬 수 있는 최대의 입력 주파수.

탈조

스타팅 특성 또는 slewing 특성을 벗어난 주파수의 펄스를 주었을 경우, 모터의 회전이 불규칙하게 되거나 정지하게 되는 상태.

풀인 토크

동기 인출 토크, 자기동 영역에서 기동할 때 발생하는 토크.

풀아웃 토크

자기동 영역을 넘어서 주파수를 서서히 올릴 경우, 또는 부하 토크를 증가시킬 경우 모터가 동기를 이탈하지 않고 발생하는 토크.

다음 VHDL 코드는 스텝 모터를 구동하는 것으로써 사용하고자하는 스텝 모터의 특성에 따른 자기동 영역 내에서 구동할 수 있도록 동작 주파수는 변경할 필요가 있다.

```
library IEEE;
use IEEE.STD_LOGIC_1164.ALL;
use IEEE.STD_LOGIC_ARITH.ALL;
use IEEE.STD_LOGIC_UNSIGNED.ALL;

entity step_motor is
    port(      CLK : in bit;
           STEPOUT : out bit_vector(3 downto 0));
end step_motor;

architecture STEPMOTOR of step_motor is
    signal temp : bit_vector(3 downto 0);
    subtype step_word is bit_vector(3 downto 0);
    type step_table is array (0 to 3) of step_word;
    constant step_data : step_table :=
step_table("0001","1000","0010","0100");
begin
```

[그림 4-51] STEP Motor 구동 VHDL 예제 코드 (계속)

```
    process(CLK)
    variable cnt : integer range 0 to 200000;
    variable index : integer range 0 to 3;
    begin
          if CLK'event and CLK = '1' then
               cnt := cnt + 1;
               if cnt = 200000 then
                     cnt := 0;
                     index := (index + 1) rem 4;
                     temp <= step_data(index);
               end if;
          end if;
    end process;
    STEPOUT <= temp;
end STEPMOTOR;
```

[그림 4-51] STEP Motor 구동 VHDL 예제 코드

3) RC-Servo Motor

A. RC 서보모터 개요

RC 서보모터는 Radio Control의 비행기, 자동차, 배등 무선모형에 사용되는 모터로서 오픈루프제어를 원칙으로 한다. 굉장히 큰 기어비로서 작은 크기에 불구하고 크기에 비해 큰 힘을 낼 수있으므로 소형로봇분야에 많이 사용되고 있다.

서보의 동작범위는 -60 ~ +60, -90 ~ +90 등이 있으며, 서보의 특성과 가격에 따라, 토크와 응답속도 등이 다르다. 신호선은 VCC, GND, 제어신호의 3선이 있다

B. RC 서보모터 내부 구성

[그림 66]은 RC 서보 모터의 외형과 내부 구성도를 보이고 있다. RC 서보 모터는 제어회로와 모터, 기어세트 및 케이스로 구성된다.

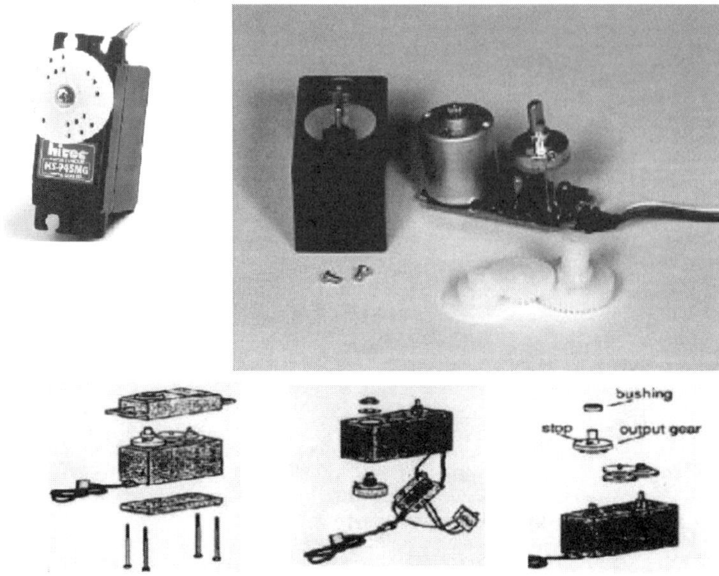

[그림 4-52] RC 서보 모터의 내부 구성

제어회로 모터

포텐셜미터로 인해 제어회로가 서보모터의 현재각도를 분석하여 실시간으로 각도를 보정하도록 DC모터를 구동한다.

기어세트

서보는 크기가 작고, 고토크를 요하므로 기어비를 대폭늘린 감속기어가 사용된다.

케이스

일반적으로 모든 회로와 구동부를 내장한 검은색 프라스틱 케이스를 가지고 있다.

C. RC 서보모터 선택시 고려사항

- 서보의 무게와 크기
- 서보의 동작범위 : - 60 ~ + 60, - 90 ~ + 90
- 서보의 반응속도
- 서보의 토크
- 기어의 재질 : 플라스틱, 금속
- 볼베어링 사용 여부
- 코아리스 모터 사용여부
- 디지털 제어 적용 여부

D. RC 서보모터의 제어 원리

제어선을 통해 목표각도를 전달하고, 제어선에 전달되는 펄스의 존속 시간으로 정해진다. 이것을 PCM(Pulse Code Modulation)이라고 한다.

- 펄스의 주기는 20msec 로 한다.

- 일반적으로 1.5msec 이면 중립점에 위치하고, 1.5msec보다 짧으면 모터는 0도쪽에 가깝게 되고, 1.5msec보다 길면 180도쪽에 가깝게 된다.

E. RC 서보모터의 제어

RC 서보모터의 제어 방법은 RC 서보모터에 연결되는 제어신호를 20ms의 주기로 공급하되 이 20ms의 구간동안에 신호선이 “high”를 유지하는 구간의 펄스 폭이 1.5ms이면 서보모터는 90°에 위치하게 되고 1.5ms 보다 짧은 시간동안 “high” 상태일 경우에는 0°쪽으로 이동하게 되고, 1.5ms 보다 긴 시간동안 “high”를 유지하면 180° 쪽으로 이동한다.

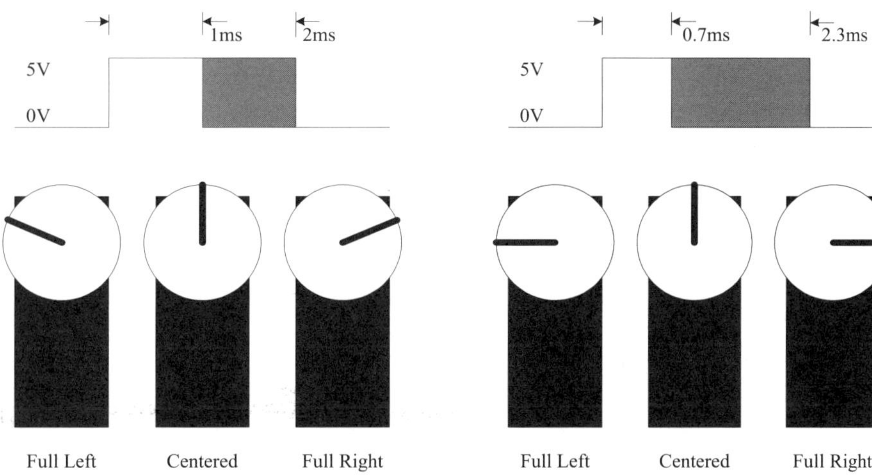

[그림 4-53] RC 서보모터의 제어 동작 개념도

[그림 4-53]은 두가지의 RC 서보 모터를 보이고 있는데 왼쪽은 좌, 우 60°의 각도로 이동하는 것이고, 오른쪽은 좌, 우 90°의 각도로 움직이는 것이다. 왼쪽 모터의 경우 “high”를 유지하는 펄스폭은 1ms ~ 2ms 이내로 유지하되 1.5ms일 경우 center에 위치하며 1ms일 경우와 2ms일 때는 좌, 우로 최대 60°씩 이동한다. 오른쪽 모터의 경우에는 0.7ms ~ 2.3ms의 시간동안 “high” 구간이 허용되며 마찬가지로 1.5ms일 때 가운데에 위치하며 0.7ms와 2.3ms에서 좌, 우로 최대 90°씩 이동한다.

Training KIT에서 RC servo 모터를 구동시키기 위해서는 Clock으로 사용하는 20MHz의 클럭을 분주하여 20ms의 펄스가 발생되도록 하고 이 펄스의 일정 시간을 "High"로 유지시켜 RC Servo 모터를 동작시킨다. RC Servo 모터를 제어하기 위해 0.1ms 간격으로 펄스 폭을 제어하기 위해서 10kHz의 내부 클럭을 만들고 이를 계수하여 20ms의 시간 마다 반복되도록 한다. "High" 구간이 1.5ms이면 RC Servo 모터는 중립 위치인 0°를 유지하고 1.5ms 보다 짧을 경우 - 각도로, 1.5ms 보다 길 경우 + 각도로 이동한다.

[그림 4-54]의 예제 코드는 RC servo motor를 구동하기 위한 VHDL 코드로써 RC servo motor를 + 방향으로 서서히 이동 시킨 후 다시 - 방향으로 서서히 이동 시키는 예제이다. 시스템에서 사용하는 클럭 주파수에 따라 아래의 소스는 적절하게 수정하여 사용해야 20ms 간격으로 펄스를 발생시킬 수 있다. 현재의 예제 코드는 20MHz의 클럭을 기준으로 작성되었다.

```
library ieee;
use ieee.std_logic_1164.all;
use ieee.std_logic_unsigned.all;

entity rc_servo is
    port( reset,clk :     in   std_logic;
          rc_servo  :     out  std_logic);
end rc_servo;

architecture behv of rc_servo is
    signal    i_clk :          std_logic;
    signal    cnt   :          std_logic_vector(10 down to 0);
    signal    count :          std_logic_vector(7 downto 0);
    signal    rc_servo_out :   std_logic;
begin
    process(reset,i_clk,cnt,clk)
    begin
          if reset='0' then
               i_clk <=    '0';
```

[그림 4-54] RC Servo Motor의 VHDL 제어 코드 (계속)

```
            cnt   <=    (others=>'0');
        else
            if clk'event and clk='1' then
                if cnt="11111001111" then
                    cnt  <=    (others=>'0');
                    i_clk      <=   '0';
                elsif cnt="01111100111" then
                    cnt  <=    cnt + '1';
                    i_clk      <=   '1';
                else
                    cnt  <=    cnt + '1';
                    i_clk      <=   i_clk;
                end if;
            end if;
        end if;
    end process;

    process(reset,i_clk,count,rc_servo_out)
    begin
        if reset='0' then
            count <=    (others=>'0');
        else
            if i_clk'event and i_clk='1' then
                if count="11000111"  then
                    count       <=   (others=>'0');
                    rc_servo_out    <= '1';
                elsif count="00001110"    then  -- 1.5ms
                    rc_servo_out    <= '0';
                    count <= count + '1';
                else
                    rc_servo_out    <=  rc_servo_out;
                    count <= count + '1';
                end if;
```

[그림 4-54] RC Servo Motor의 VHDL 제어 코드 (계속)

```
                end if;
            end if;
        end process;
        rc_servo   <=    rc_servo_out;
    end behv;
```

[그림 4-54] RC Servo Motor의 VHDL 제어 코드

4) 적외선 센서 제어기

A. IR 센서

IR(Infra-Red) 센서는 산업분야에서 중요한 위치를 차지하는데, 이 센서는 일정한 주파수의 빛을 발산만 하는 발광부 센서와 발산된 빛을 받아들이기만 하는 수광부 센서로 나뉜다. IR 발광/수광 센서는 극성이 존재하므로 사용시 주의해야 하는데, 발광부센서는 LED와 유사한 모양을 갖는 반면 수광부센서는 트랜지스터와 비슷한 구조를 가지며 베이스(B)단자가 없고, 빛을 받아들인 양으로서 소자의 저항이 변하므로 컬렉터와 에미터 사이에 흐르는 전류의 양이 변하게 된다. [그림 4-55]는 발광 센서와 수광 센서의 형태 및 기호를 보여준다.

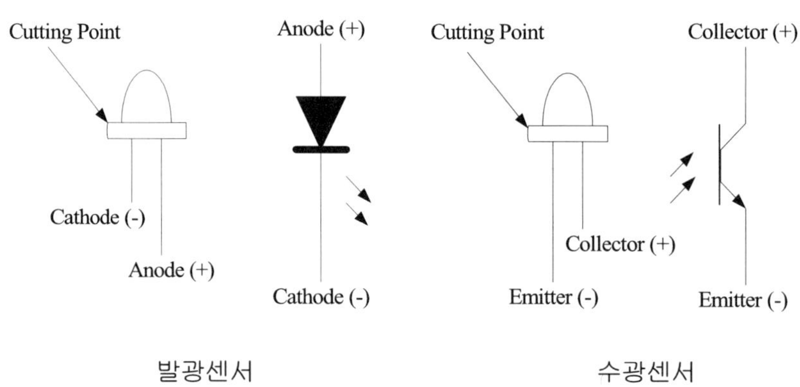

[그림 4-55] 발광센서와 수광센서의 형태와 기호

응용 회로에서는 전류를 전압으로 바꾸기 위해 수광부 센서에 저항을 연결하여 저항에 흐르는 전류의 양에 비례하여 변하는 전압을 이용하여 센서에 들어온 빛의 양을 감지함으로써 반사체와의 떨어진 거리를 측정하는 방법으로도 사용한다. 즉, 적

외선 센서는 발광부에서 적외선이 발산이 되고, 수광부에서는 들어온 적외선의 양에 따라 저항값이 틀려진다. 이는 곧 전류가 변한다는 의미이고 옴의 법칙에 따라 전압으로 바뀔 수 있다. [그림 4-56]은 반사식 적외선 센서의 동작 구조를 보이고 있다.

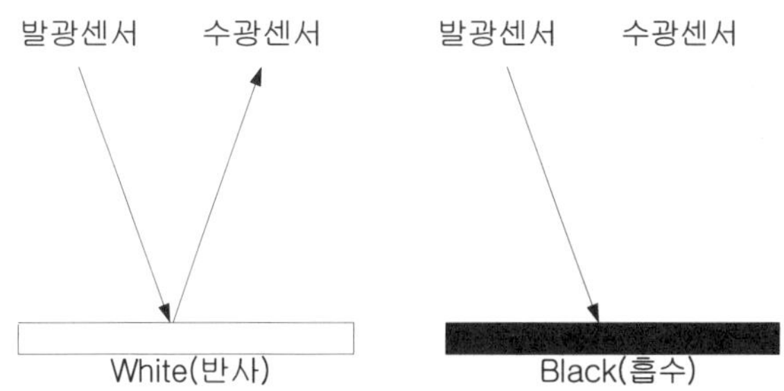

[그림 4-56] 반사식 적외선 센서의 동작 구조

[그림 4-56]은 일반적인 적외선 센서의 회로로써 발광센서로부터 발산된 빛이 수광센서에 도달하도록 설계하며 이들 사이에 물체가 존재하게 할 수도 있고, [그림 4-57]과 같이 발광/수광 센서를 같은 곳을 바라보도록 설치한 후 앞에 존재하는 반사체의 존재 유/무 또는 반사체와의 거리를 감지하는 데 이용한다.

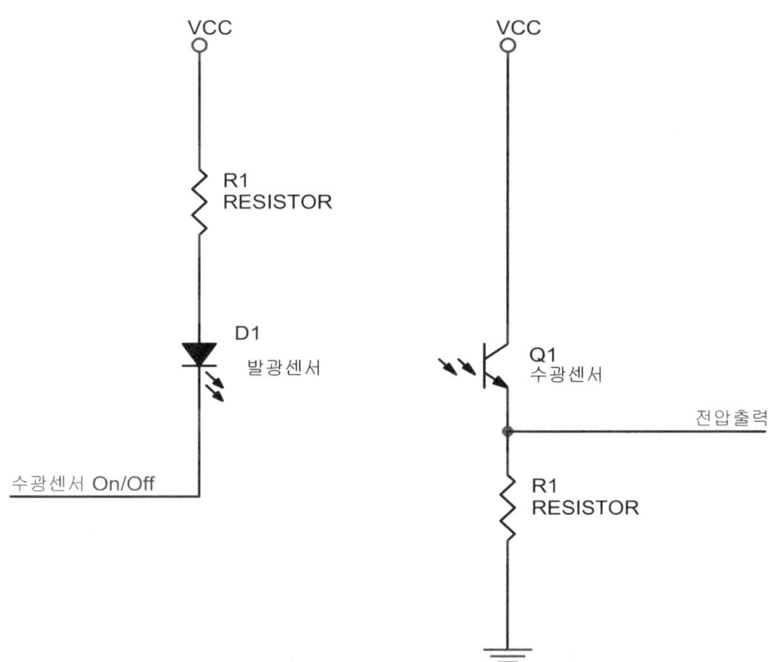

[그림 4-57] 일반적인 적외선 센서 회로.

[그림 4-57]의 회로는 수광센서에 들어오는 빛의 양에 비례하여 수광센서 자체의 저항이 변함에 따라 흐르는 전류(i)에 변화가 생기고 이 전류를 R1 저항에 흐르게 함으로써 R1$\times i$에 해당하는 전압을 측정하여 빛의 양을 검출하는 데 사용한다. 수광센서를 배치하는 방법에는 [그림 4-58]과 같이 하는 방법 이외에 저항(R1)과 수광센서(Q1)의 위치를 바꾸어 연결하는 방법도 있다.

B. IR(적외선) 센서의 배치에 따른 사용예

[그림 4-58]은 IR 센서의 배치에 따른 사용 예를 보여주고 있으며, 반사식 배치는 물체가 적외선을 반사한다는 점을 이용하여 적외선을 반사시켜 돌아오는 빛의 양으로 물체를 감지한다. 반면 투과식 배치는 물체가 적외선을 통과시키지 못하는 점을 이용하여 빛의 차단으로서 물체를 감지한다.

[그림 4-58] IR 센서의 배치

5) 무선 통신 제어기

RF(Radio Frequency) 통신이라고 불리는 무선 통신은 데이터를 전송하는데 전선 같은 유형의 매체를 필요로하지 않으며 통신을 할 수 있는 시스템을 일컫는다. 무선 통신 시스템에서 RF부는 데이터를 전송/수신하는데 필요한 아날로그 통신 파트를 지칭한다.

RF 회로를 다른 전자 회로와 구분지어 다루는 이유는 전파를 다루는 무선 회로로써 그 설계가 매우 난해하며, RF에서 취급하는 주파수가 매우 높기 때문에 파장이 짧고 그로 인하여 상호간의 간섭이 심해지기 때문에 저주파 회로의 설계에서 고려하지 않은 부분들도 설계할 때 함께 다루어야 하기 때문이다.

교재에서는 311MHz로 동작하는 AM(Amplitude Modulation) 변조 방식의 송/수신기를 사용한다. 송신기에 부착된 3개의 key 중에서 어느 것이라도 누르면 Training KIT에 있는 수신기에서는 송신기의 어느 key가 눌렸는지 감지되어 해당하는 key의 LED에 불이 들어온다. 사용자는 이 LED를 구동하는 신호선으로부터 값을 읽어 송신기의 어떤 key가 눌려졌는지 검출하고 이에 따른 적절한 동작을 지시할 수 있다.

아래의 VHDL 소스 코드는 FPGA에 연결된 3비트의 무선 통신 수신기의 수신 데이터를 읽어 이에 해당하는 3비트의 데이터를 LED에 출력하도록 되어 있다. 따라서 수신된 데이터 상태대로 LED가 켜진다.

```
library ieee;
use ieee.std_logic_1164.all;

entity rf_ctrl is
    port( RF_DATA :  in    std_logic_vector(2 downto 0);
          LED     :  out   std_logic_vector(2 downto 0));
end entity;

architecture behv of rf_ctrl is
begin
    LED <= RF_DATA;
end behv;
```

[그림 4-59] RF control VHDL 예제 코드

PART III

AVR + FPGA Training KIT

PART Ⅲ에서는 Training KIT을 사용하여 앞에서 학습한 마이크로컨트롤러에 대한 내용과 VHDL을 사용한 FPGA 설계에 대한 내용을 실습한다. 실습용 Training KIT으로는 (주)리버트론에서 개발한 RoV-Lab3000을 사용한다.

(주)리버트론의 RoV-Lab3000의 RoV는 Robot, VHDL and AVR의 머릿글자에서 가져온 것으로써 AVR 마이크로컨트롤러로는 가장 많은 기능을 가진 ATmega128/L을 채택하였으며, VHDL의 실습을 위해서 Xilinx의 FPGA(Spartan3)를 사용한다. 이 Training KIT의 가장 큰 특징 중 하나는 [그림 III-1]과 같이 Training KIT의 주요 보드를 분리하여 재조립하면 독립된 이동형 로봇을 구성할 수 있다는 점이다.

(무선 조종 로봇) (마이크로 마우스 주행) (라인트레이서 주행)

[그림 III-1] RoV-Lab3000 모듈의 재결합으로 구현한 로봇

아래의 [그림 III-2]는 RoV-Lab3000의 Base Board로 이 위에 장착되는 AVR Module (FPGA Module), RF Module, Sensor Module로 구성되며 이들 각각의 Module은 착탈식으로 구성되어있어 [그림 III-2]의 Base Board에 장착하여 기능별로 독립적인 테스트를 할 수 있다.

(모듈 장착 전 Base Board) (모듈 장착 후 Base Board)

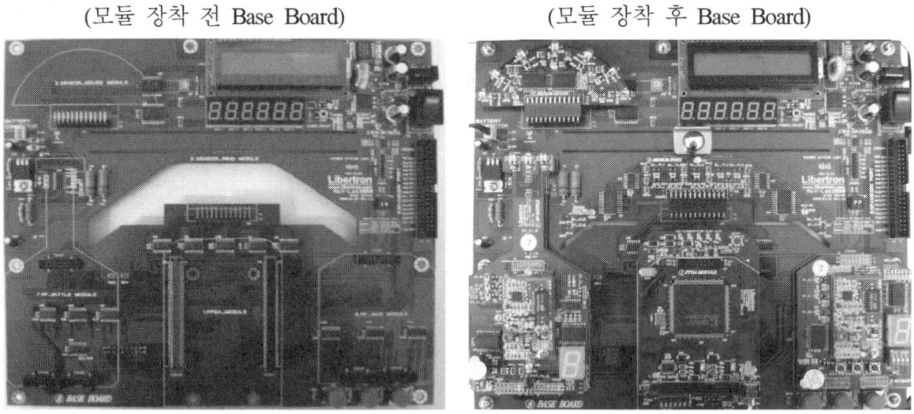

[그림 III-2] RoV-Lab3000의 Base Board

RoV-Lab3000은 아래 [표 III-1]과 같이 5개의 모듈로 구성되어 있으며 주행기능, 충전기능, RF 기능 등 각각 독립적인 기능을 수행한다.

[III-1] RoV-Lab3000 모듈별 기능

NUM	모 듈 명	모듈 사진	기 능
1	AVR		• 입출력 포트 제어기능 • 각각의 모듈 인터페이스 기능
2	Sensor-Wing	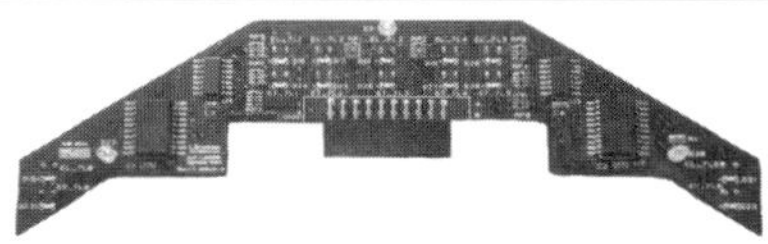	• 바닥 감지 기능
3	Sensor-Mouse		• 전방 물체 인식 기능
4	Motor		• 주행 기능 • 충전기능
5	RF Main		• 원격 제어 기능 • 입출력 신호 확인 기능
6	RF Battle	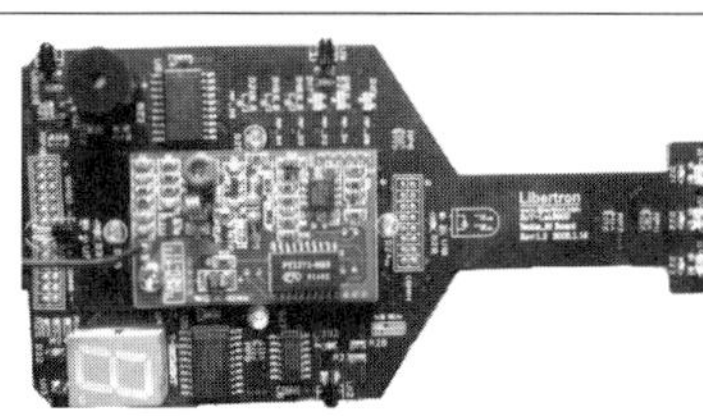	• 원격 제어 기능 • 입출력 신호 확인 기능 • 적외선 센서 기능

FPGA 제어 예제

5

CHAPTER

5-1 FPGA 예제 1 – 입/출력

예제에서는 Training KIT의 Base Board의 3개의 Push Button 스위치를 누름에 따라 LED에 불이 켜지도록 한다. Xilinx에서 제공하는 FPGA 설계 합성 도구인 ISE WebPACK을 사용하여 예제를 작성한다. ISE WebPACK의 설치 및 기본적인 실행 방법은 부록을 참고한다.

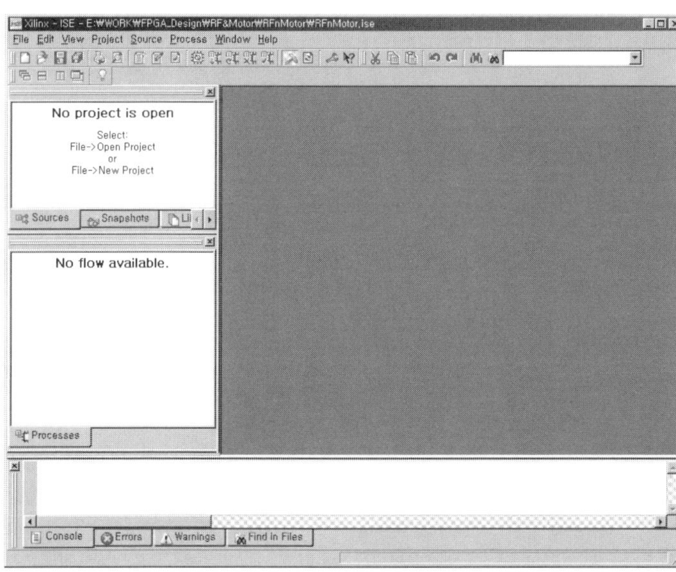

[그림 5-1] ISE WebPACK의 초기 실행 화면

Base Board에 있는 3개의 Push Button은 각각 Pin 100, 101, 102에 연결되어 있고 이에 대응하여 불이 켜질 LED는 각각 Pin 2, 3, 4에 연결된 LED를 사용한다. ISE WebPACK을 실행한다. [그림 5-1]과 같은 화면을 볼 수 있다.

실행된 ISE WebPACK의 Projet Navigator 화면의 메뉴에서 [File → Create New Project]을 실행하면 [그림 5-2]와 같은 새로운 프로젝트를 생성하는 화면이 나타난다. "Project Name"과 "Project Location"에는 사용자의 편의에 따라 적절한 이름과 위치를 지정한다. 이 예제에서는 EX01로 지정하였다. VHDL을 사용하여 설계할 것이므로 "Top-Level Source Type"에는 HDL로 설정한다.

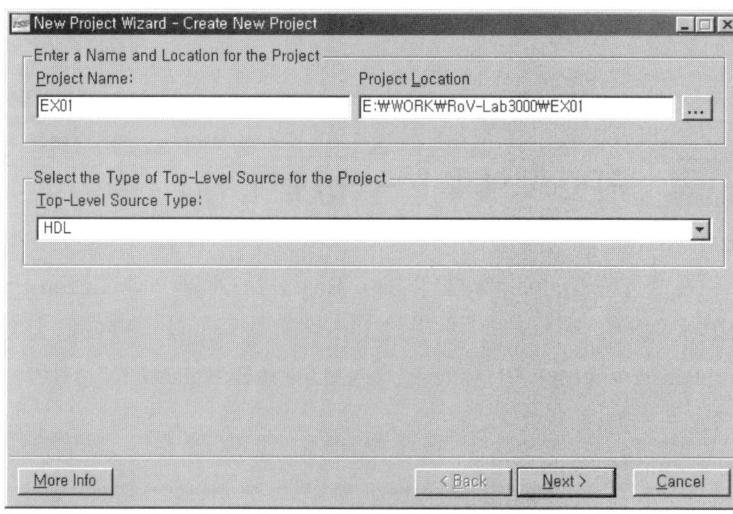

[그림 5-2] Project 생성 1단계

다음 단계에서는 사용할 FPGA의 제품군과 칩의 사양에 대해서 정의해준다. Training KIT에서는 Spartan 3 제품인 XC3S200을 사용하므로 다음의 [그림 5-3]과 같이 지정한다.

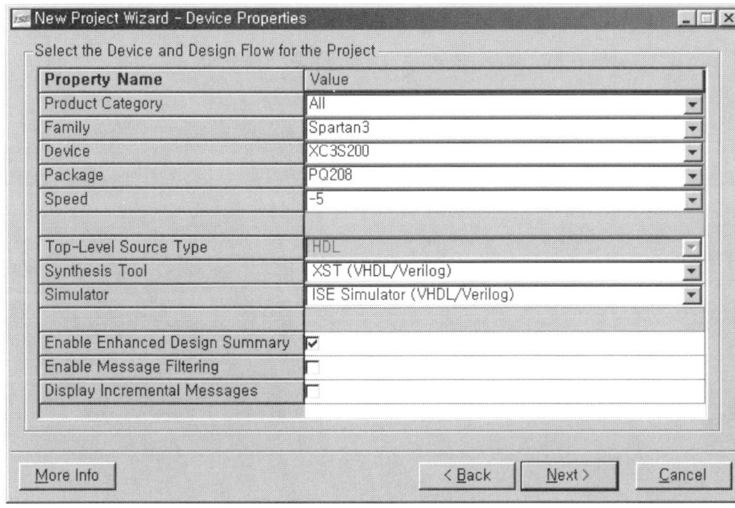

[그림 5-3] Project 생성 2단계

설계에 사용할 FPGA Chip에 대한 설정이 끝나면, 아래의 [그림 5-4]와 같이 Source 파일을 작성할 수 있도록 도와주는 대화상자가 나타난다. 이 단계에서 "Next"를 클릭하여 다음 단계로 진행하여도 되나, 이 예제에서는 "New Source..."을 실행하여 ISE에서 자동으로 생성해주는 VHDL Port List를 사용한다.

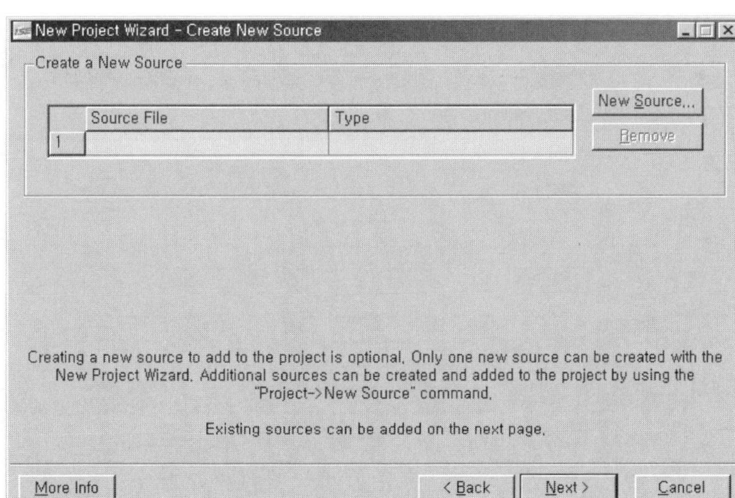

[그림 5-4] Project 생성 3단계

설계에 사용할 Source 파일의 종류를 지정하는 것으로써 이 예제에서는 VHDL을 사용하므로 "VHDL Module"을 선택하고 File Name에는 적절한 이름을 지정한다.

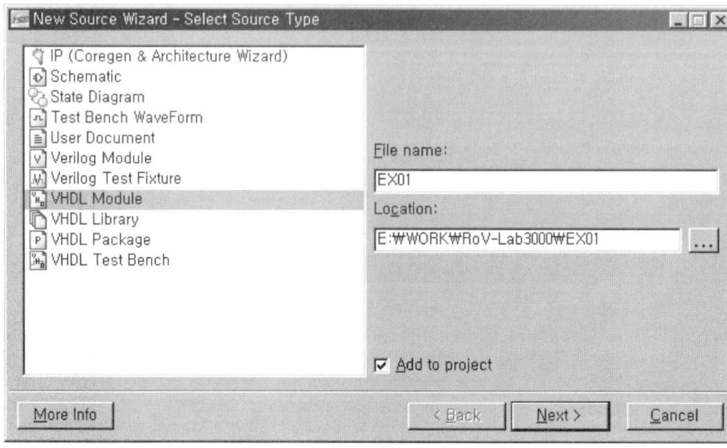

[그림 5-5] Source File의 Type 지정

다음은 VHDL Module의 Port List에 작성해 줄 내용을 VHDL 문법에 맞추어 자동으로 생성해 주는 도구로써 입/출력에 사용할 핀의 이름과 입/출력 모드를 지정해준다. 이 예제에서는 3개의 Push Button의 입력과 3개의 LED 출력을 사용하며, 이들을 버스로 묶어서 사용한다. [그림 5-6]과 같이 입력한다.

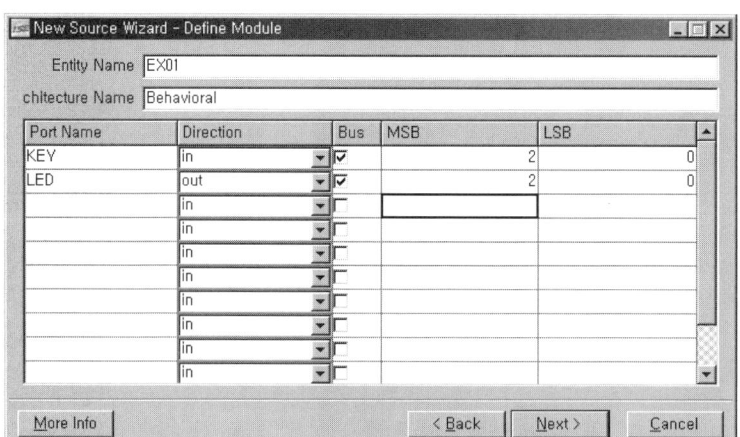

[그림 5-6] VHDL Port List 자동 작성 대화상자

지금까지 설정한 내용에 대해 한 번 더 확인할 수 있도록 요약된 내용을 출력해 준다. 화면에 표시된 내용에 이상이 없다면 "Finish"를 선택한다.

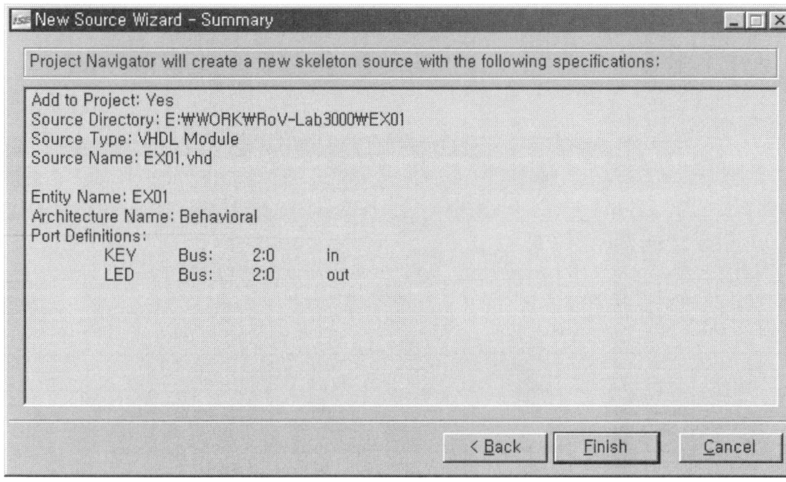

[그림 5-7] 입력된 Port List의 내용 확인

이상의 과정이 완료되면 앞의 [그림 5-4]의 화면이 다시 나타나며 [그림 5-4]에서 비워져 있던 "Source File" 항목에는 "EX01.VHD"가 채워져 있으며, "Type" 항목에는 "VHDL Module"로 기록되어 는 것을 볼 수 있다.

다음 단계에 나타나는 대화상자에서는 미리 설계해 둔 VHDL 파일이 있을 경우 추가해주는 것인데, 아직은 작성한 파일이 없으므로 "Next" 버튼을 눌러 다음 단계로 진행한다.

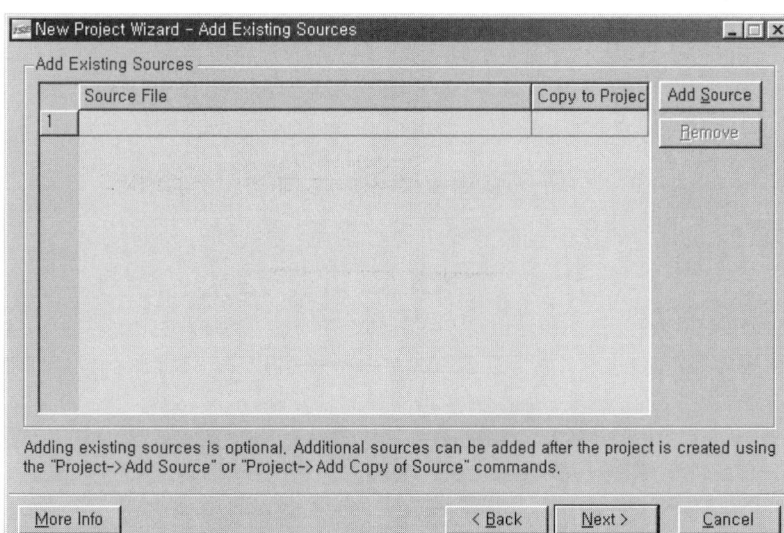

[그림 5-8] Source File 추가 화면

지금까지의 단계가 모두 완료되면 [그림 5-9]와 같은 화면이 나타난다. 지금까지 사용자가 설정한 내용이 맞는지 확인할 수 있도록 지정한 내용이 요약되어 출력된다.

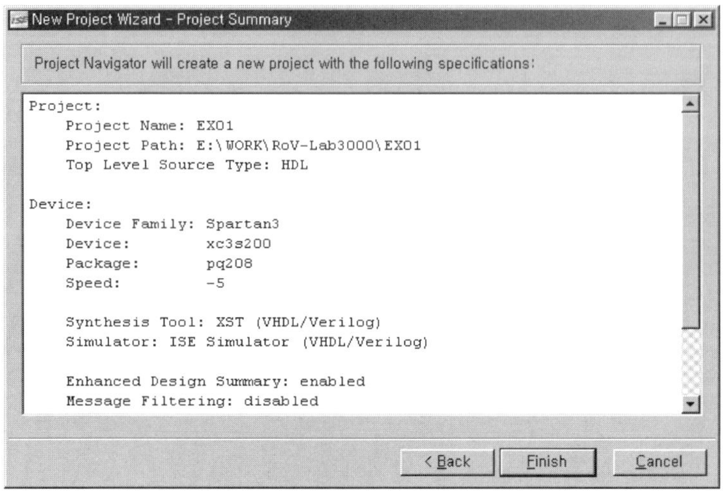

[그림 5-9] Project 설정 요약 화면

[그림 5-9]에서 “Finish”를 클릭하여 Project의 생성을 완료하면 아래의 [그림 5-10]과 같은 화면을 볼 수 있다.

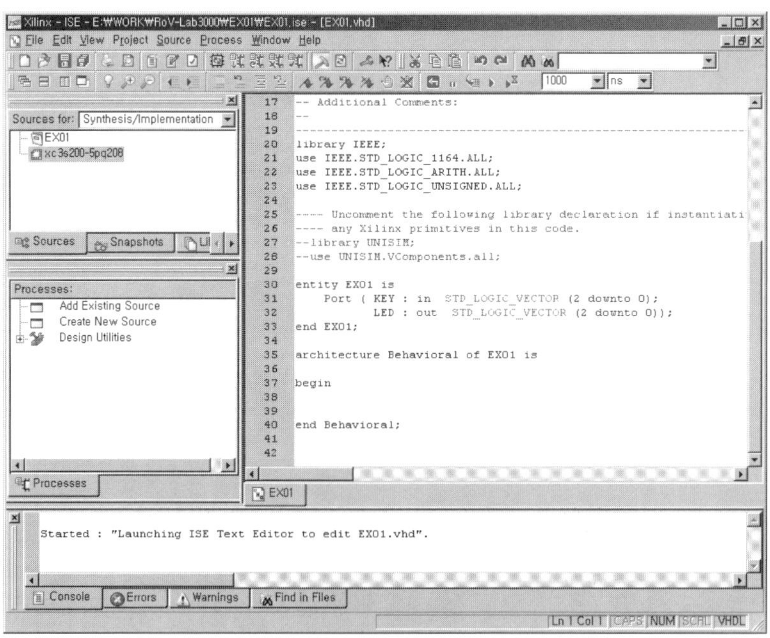

[그림 5-10] 예제 1의 Project 화면

[그림 5-10]에서 보듯이 앞에서 설정한 Port List가 EX01.VHD의 파일에 반영되어 있으며 VHDL 파일에서 기본적으로 사용하는 library IEEE; 구문과 use IEEE.STD_LOGIC_1164.ALL; 등의 기본적인 내용이 미리 작성되어 있는 것을 볼 수 있다. 사용자는 architecture begin ~ end 사이에 적절한 동작 내용만 작성하면 된다.

이 예제에서는 아래의 구문을 architecture의 begin과 end 구문 사이에 작성한다.

```
led <= key;
```

[그림 5-11]과 같이 VHDL 파일을 수정한 후 저장한다.

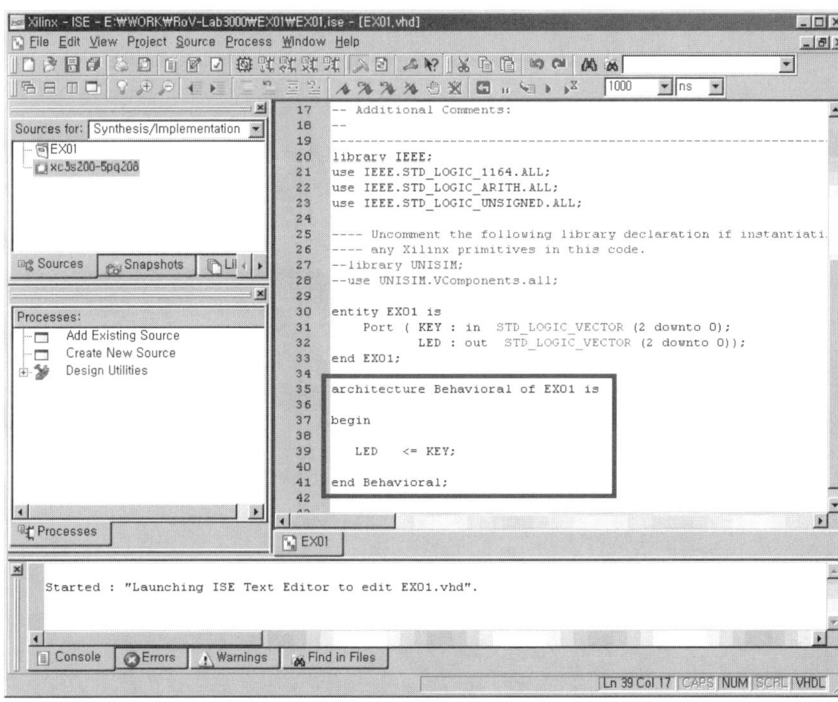

[그림 5-11] 예제 1의 VHDL Code

FPGA의 핀을 할당하기 위해서 [그림 5-12]와 같이 마우스 오른쪽 버튼을 눌러 "New Source"를 선택한다.

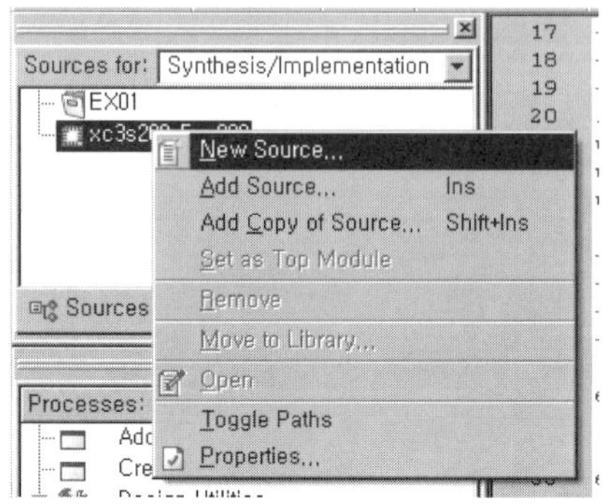

[그림 5-12] Source File 추가

앞에서 Project를 생성할 때와 같이 [그림 5-13]의 화면에서 "Implementation Constraints File"을 선택하고 적절한 파일 이름을 입력한다.

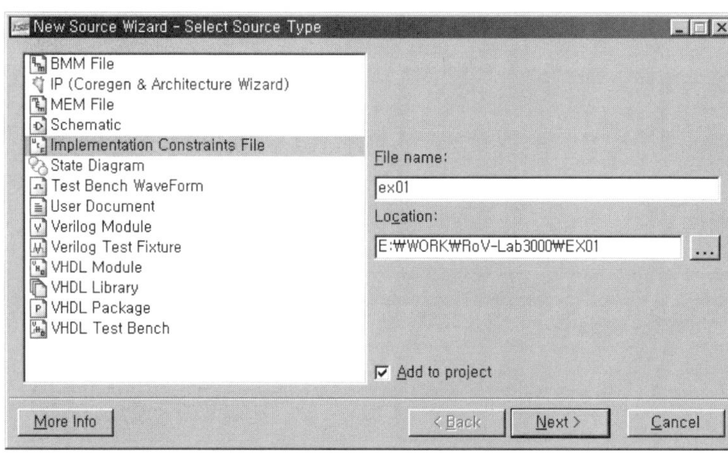

[그림 5-13] 핀 할당 파일 추가

생성할 핀 할당 파일과 연결될 source file에 대한 설정 화면이 [그림 5-14]이다. 다수의 source file이 같은 project안에 있을 경우 이 화면에 여러개의 source file 이름이 나타난다. 예제에서는 하나의 source file만 있으므로 "Next"를 선택하여 다음 단계로 넘어간다. 다음 단계의 화면에서는 앞에서와 마찬가지로 사용자가 지정한 내용이 맞는지 마지막으로 확인할 수 있도록 설정 사항을 요약하여 출력한다. 이상이 없을 경우 "Finish"를 선택하여 완료한다.

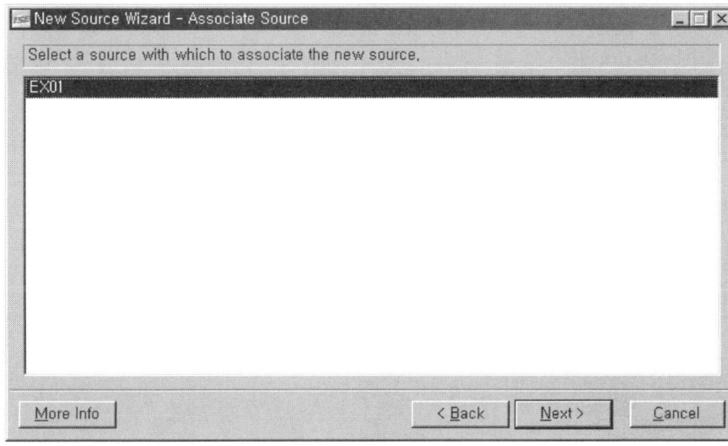

[그림 5-14] 연결할 Source File 지정

지금까지의 설정이 완료되면 [그림 5-15]와 같이 VHDL Source Code가 출력되던 화면의 오른쪽에 Project의 요약 상태가 출력된다.

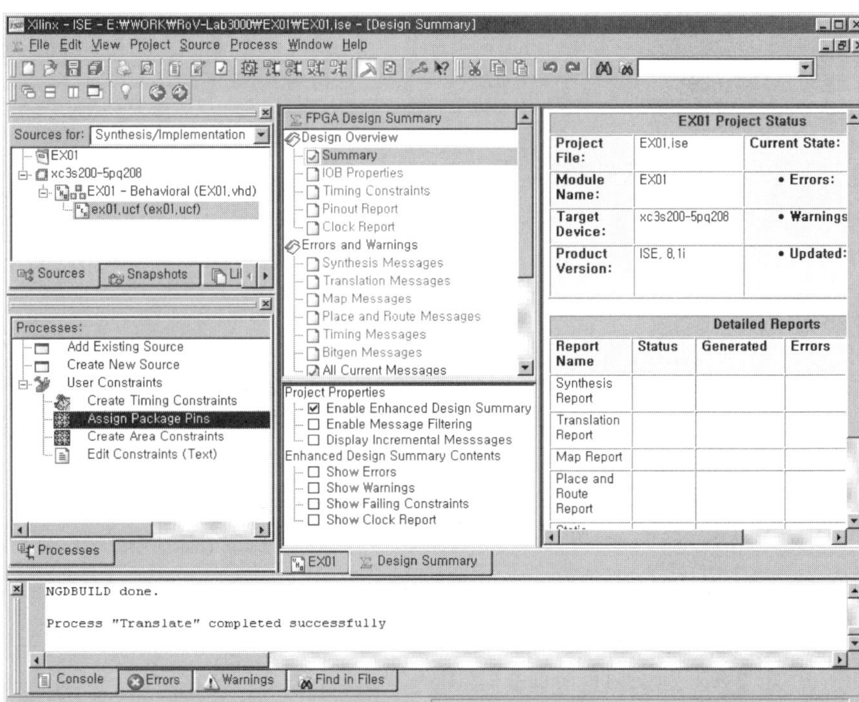

[그림 5-15] EX01 설정 요약 화면

[그림 5-15]에서 화면 왼쪽 윗부분에 EX01 아래에 있는 "xc3s200-5pq208"의 항목을 확장하면 "EX01 - Behavioral(EX01.vhd)"가 나타나며 이를 다시 확장하면 "ex01.ucf"가 나타난다. 이 상태에서 Processes 항목의 "User Constraints"를 확장하여 "Assign Package Pins"를 실행한다.

ISE Project Navigator에서 Source File인 EX01.vhd에 맞는 핀 할당 파일인 ucf 를 편집할 수 있도록 하기 위해 EX01.vhd를 합성하므로 약간의 시간이 지난 후에 새로운 "Xilinx Constraints Editor"가 타나난다. 입력으로 사용하는 push button은 pin 100, 101, 102에 할당하며, 출력으로 사용하는 LED는 pin 2, 3, 4에 할당한다.

[그림 5-16]은 핀 할당 화면으로 Pin Assign Constraints Editor가 실행되어 나타난다.

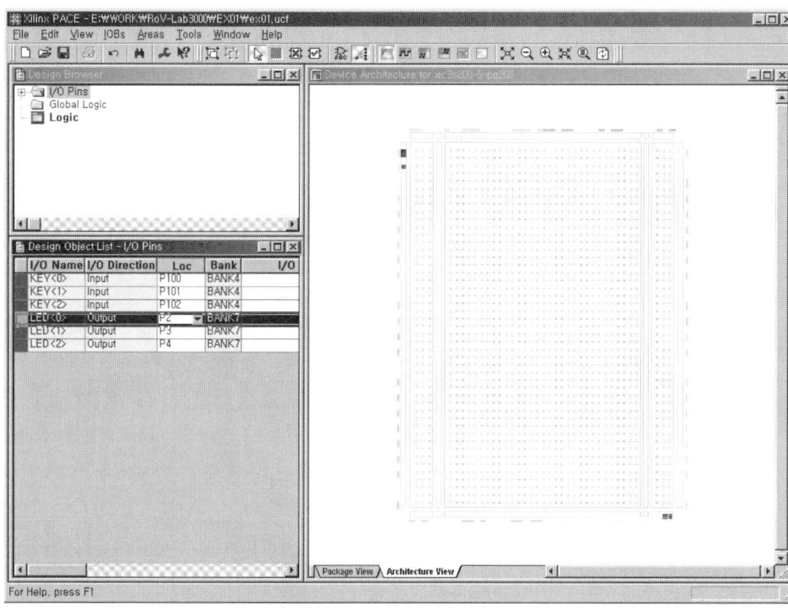

[그림 5-16] Pin 할당 화면

저장하고 종료한 후 ISE Project Navigator 화면에서 "EX01 - Behavioral(EX01.vhd)"을 선택한 후 화면 아래에 Processes 항목에서 "Generate Programing File"을 확장하여 "Configure Device (iMPACT)"를 실행한다.

다음의 [그림 5-17]과 같이 현재 실행되는 프로세스의 앞에 하늘색 구슬이 돌아가면서 진행 중이라는 상태를 표시한다. 작업이 완료된 단계는 녹색 구슬안에 "√" 표시가 되며, 만약 오류가 있는 경우 적색의 "×" 모양의 구슬로 표시되며 합성 과정은 해당 단계에서 멈춘다.

VHDL 파일을 합성하고 사용자가 지정한 Port를 FPGA의 핀에 맞게 UCF File을 변경하여 Bit File을 생성한다. 생성이 완료되면 iMPACT가 실행된다.

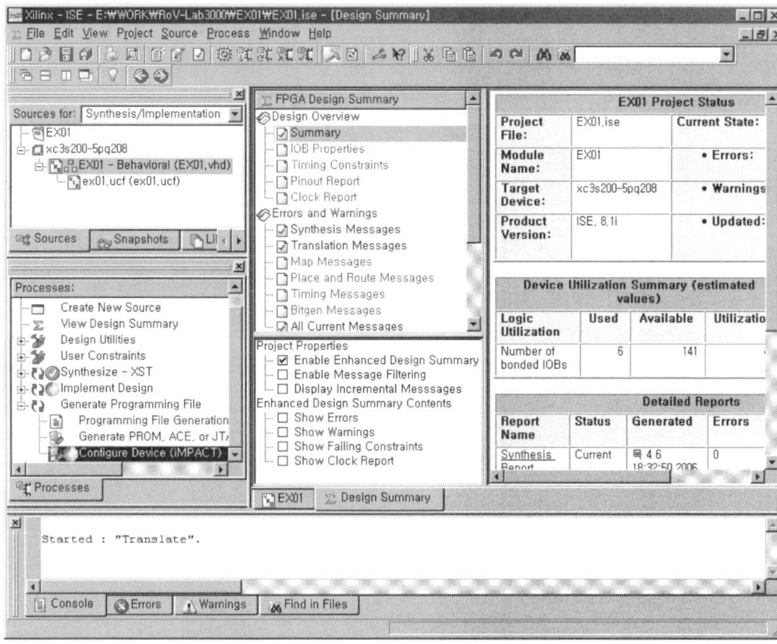

[그림 5-17] Programming File 생성 화면

iMPACT가 처음 실행되면 [그림 5-18]과 같은 초기 설정 화면에서 "Finish"를 눌러 종료한다.

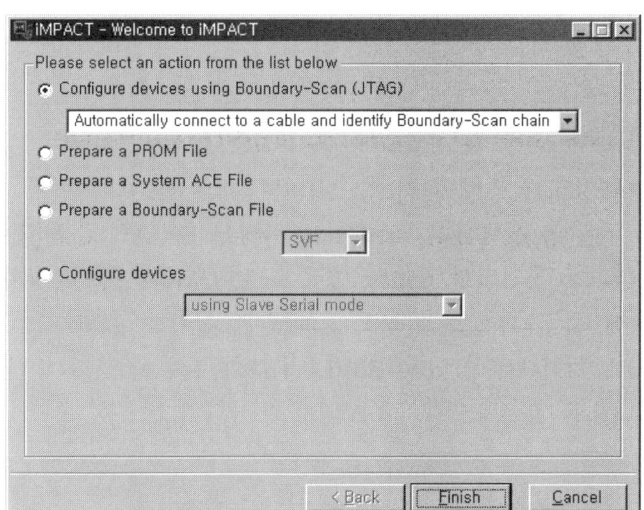

[그림 5-18] iMPACT 초기 설정 화면

[그림 5-19]는 iMPACT가 실행되며 Training KIT인 RoV-Lab3000과 PC Parallel port를 JTAG ISP로 연결해 놓으면 장착된 xc3s200 FPGA와 xcf01(02)s PROM이 자동으로 검색되어 iMPACT 창에 나타난다. 동시에 Configuration File(*.bit)을 지정할 수 있는 대화상자가 나타난다.

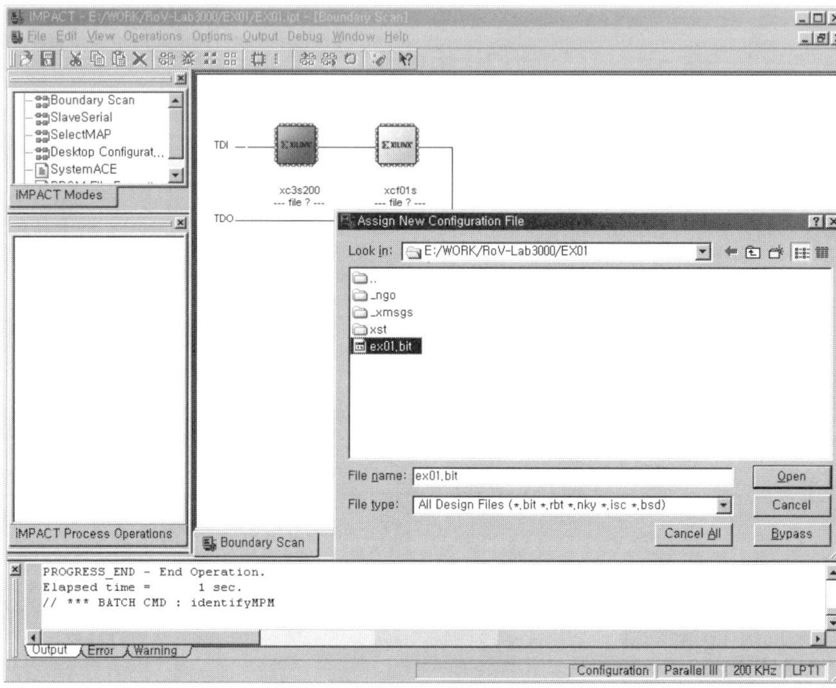

[그림 5-19] iMPACT의 Configuration File 지정 화면

ex01.bit 파일을 선택하여 FPGA인 xc3s200칩에 대한 설정 파일을 지정해주고, xcf01(02)s에 대해서는 "Bypass"를 선택한다.

iMPACT의 실행시에 [그림 5-18]의 화면에서 두 번째 항목에 있는 "Prepare a PROM File"을 선택하여 bit 파일로 생성된 FPGA의 Configuration 파일을 PROM으로 미리 변환해 두었다면 xcf01(02)s에 이 PROM 파일을 지정할 수 있다. FPGA는 내부 SRAM에 설정 파일을 저장하기 때문에 전원을 끄면 그 내용이 지워진다. 그러나 PROM에 기록해두면 RoV-Lab3000 KIT의 전원을 껐다가 다시 켜도 이 PROM에 저장된 내용을 다운로드하여 FPGA가 동작한다.

설정이 끝나면 [그림 5-20]과 같이 xc3s200을 마우스로 클릭하여 녹색이 되도록 선택한 후 오른쪽 버튼을 눌러서 나타난 대화상자에서 “Program...”을 실행한다.

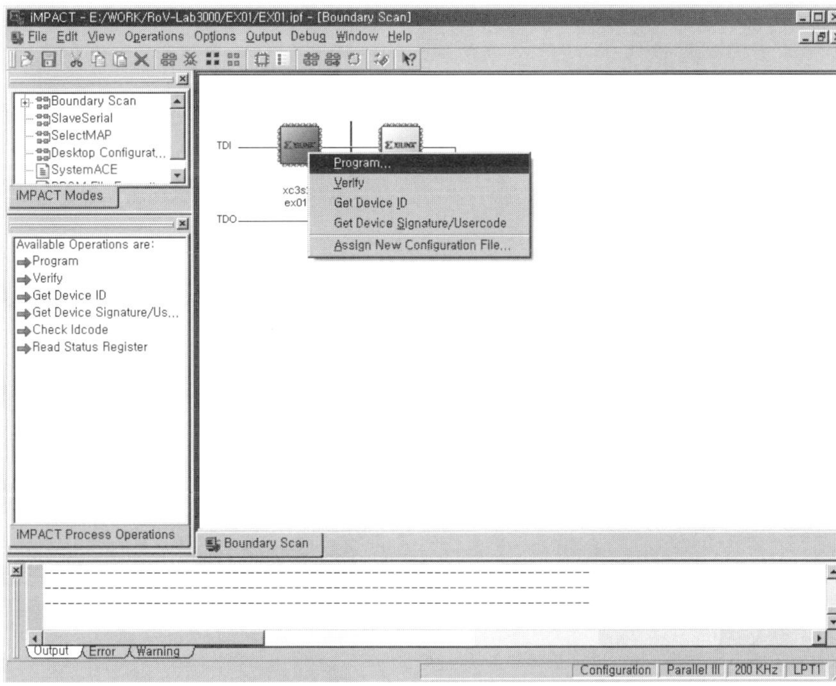

[그림 5-20] FPGA Programming 화면

다음에 나타난 화면에서 “OK” 버튼을 눌러 프로그래밍을 한다. [그림 5-21]과 같이 FPGA에 프로그래밍 되는 상태가 나타난다.

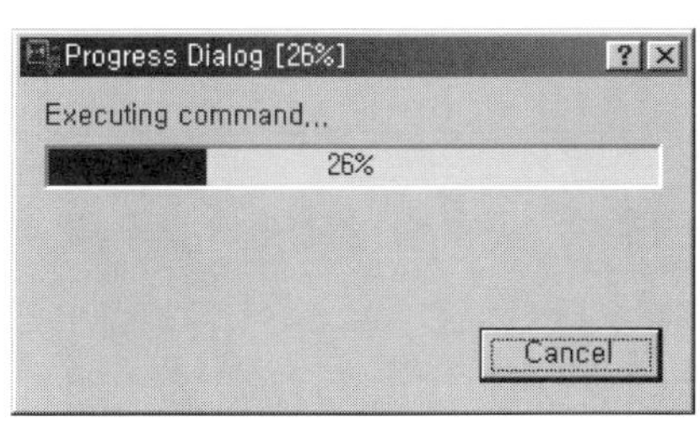

[그림 5-21] Programing Status

프로그램이 완료되고 이상 없이 FPGA에 프로그램이 되었다면 [그림 5-21]과 같은 화면이 나타난다. 화면 하단에 “Program Succeeded”라는 파란색 박스가 나타난다. 만약 에러가 있거나 프로그램이 정상적으로 완료되지 않는다면 “Program Failed”라는 메시지가 나타난다.

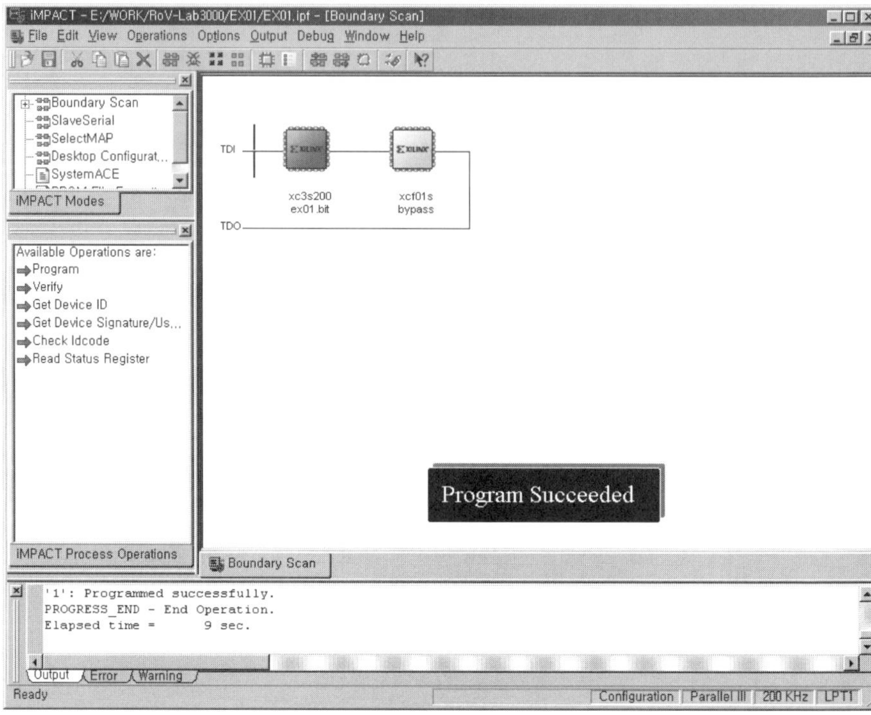

[그림 5-22] Program 완료 화면

프로그램이 완료되면 Base Board의 PUSH1, PUSH2, PUSH3을 눌러보면서 LED인 D1, D2, D3의 변화를 관찰해 본다. Push Button Switch를 누를 때 마다 LED가 꺼지는 것을 볼 수 있다. 반대로 Push Button을 누를 때 마다 LED가 켜지는 것을 원한다면 VHDL Source Code에서 다음과 같이 변경한다.

```
led <= not key;
```

이와 같이 변경하고 다시 합성하여 프로그램 파일을 생성하여 다운로드 한다.

RoV-Lab3000에는 FPGA인 Spartan3인 xc3s200칩과 PROM인 xcf01(02)s가 장착되어 있다. 지금까지는 FPGA인 xc3s200에 직접 프로그램을 하였으나 이는 FPGA 내부의 SRAM에 저장되어 FPGA를 동작시킨다. 그러나 SRAM이기 때문에 전원을 끊으면 그 내용이 삭제된다. RoV-Lab3000에서는 xcf01(02)s PROM을 사용하여 KIT의 전원을 넣으면 PROM에서 설정 내용을 읽어 FPGA를 동작 시킬 수 있도록 구성되어 있다. 사용자가 설계한 파일을 PROM 파일로 만드는 방법에 대해 알아본다.

앞의 [그림 5-17]에서와 같이 "Configure Device (iMPACT)"를 실행한다. [그림

5-23]에서와 같이 두 번째 항목인 "Prepare a PROM File"을 선택한다. 그 다음에 나타나는 대화상자에서는 설정을 변경하지 않고 그대로 사용한다. [그림 5-24]의 "PROM File Name"에 적절한 이름을 지정한다.

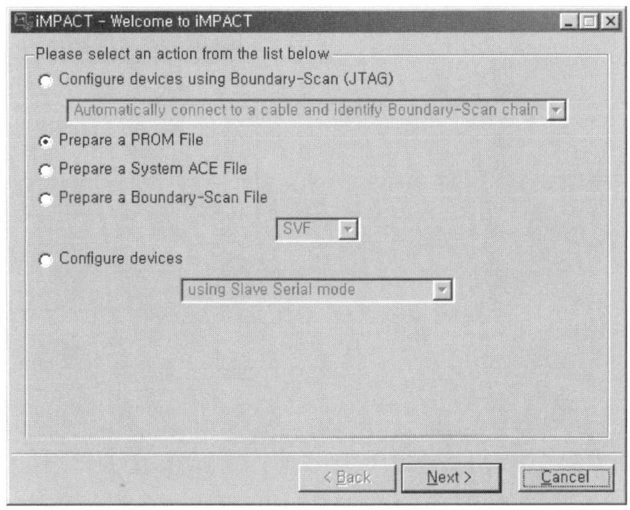

[그림 5-23] PROM 생성 1단계

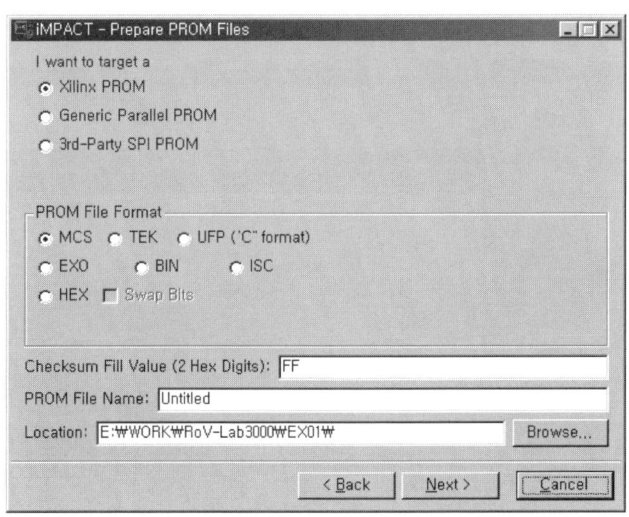

[그림 5-24] PROM 생성 2단계

FPGA 프로그램 용도로 만들어진 bit 파일을 PROM 파일로 변경하는데 사용할 PROM을 지정해 주어야 한다. [그림 5-25]에서 "Add" 버튼을 사용해서 목록에 xcf01(02)s를 등록하고 이를 선택한 후 다음 단계로 진행한다.

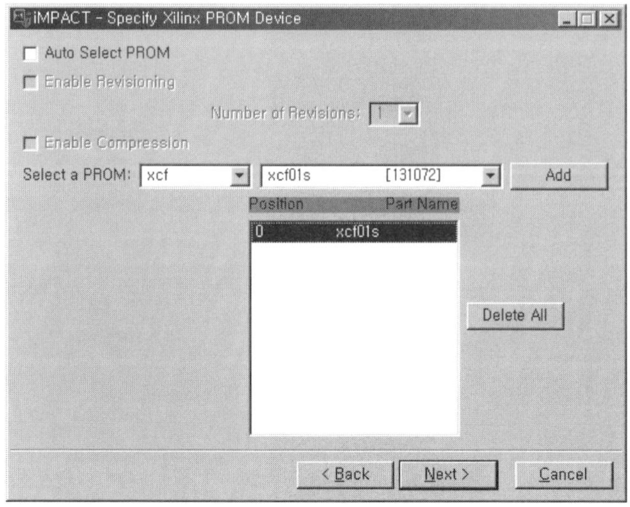

[그림 5-25] PROM 지정 화면

[그림 5-26]은 설정된 내용을 요약하여 출력한 화면으로 이상이 없다면 "Finish"를 눌러 다음 단계로 진행한다.

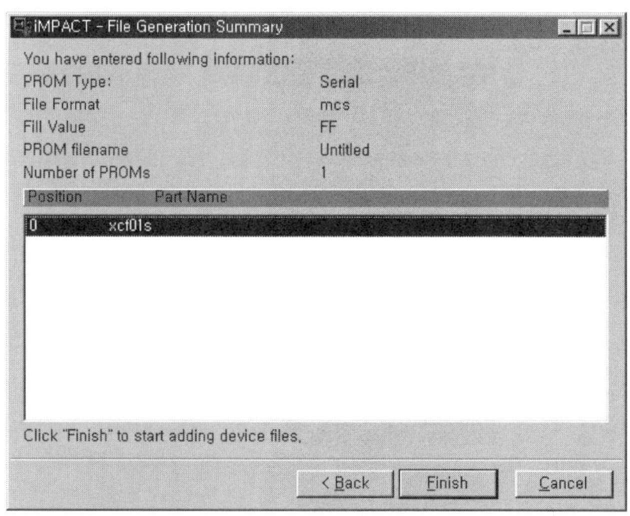

[그림 5-26] PROM 파일 설정 요약 화면

앞에서의 설정이 끝나면 [그림 5-27]과 같은 화면이 나타난다. xcf01(02)s PROM에 대해 현재 사용량을 표시하고 있는데 현재는 프로그램이 변환되지 않았기 때문에 0%로 나타난다. 화면에 타나난 "Add Device"에 OK를 누르고 파일선택 대화상자에서 앞에서 생성한 ex01.bit를 지정한다.

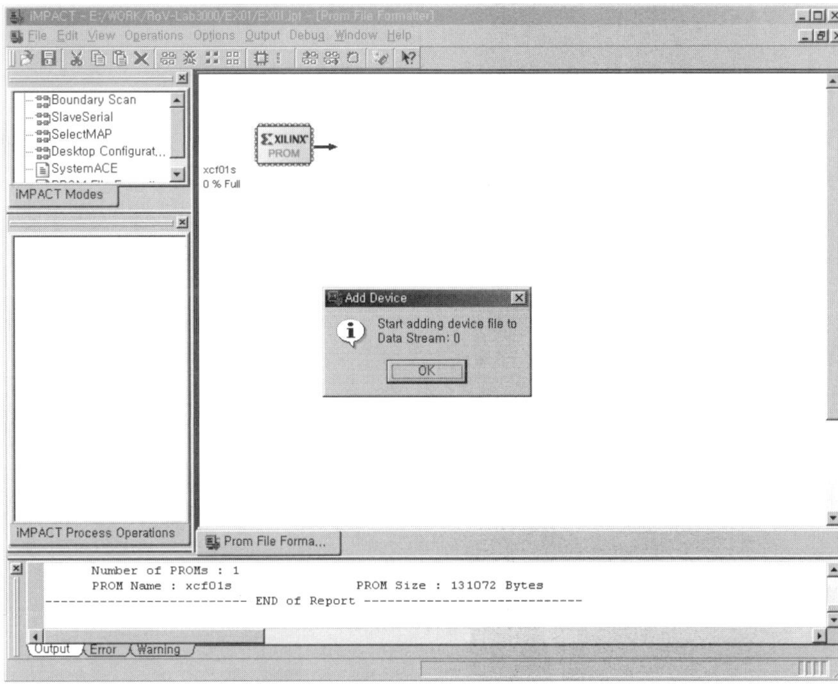

[그림 5-27] PROM 설정 파일 생성

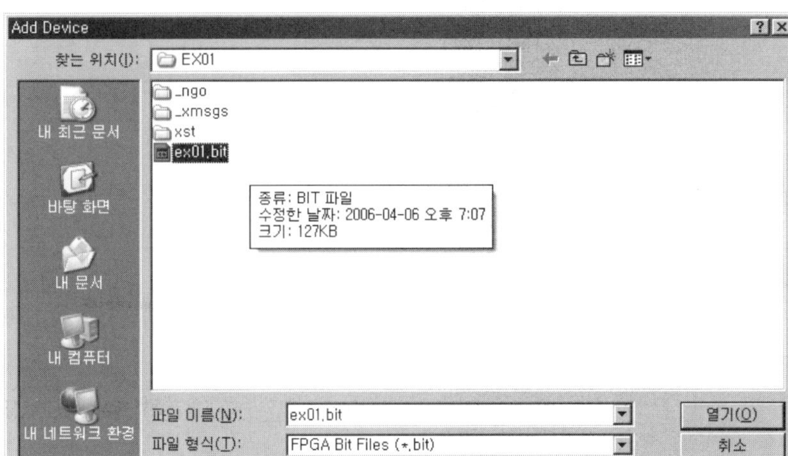

[그림 5-28] bit file 선택 대화 상자

또 다른 디바이스를 추가할 것인지 묻는 대화상자가 나타나는데 특별히 추가할 것이 없으면 NO를 선택한다. PROM으로 변환할 파일이 선택되면 XILINX PROM을 클릭하여 선택하고 메뉴의 [Operations → Generate File]을 선택한다. [그림 5-29]는 PROM으로 변환이 완료된 화면이다.

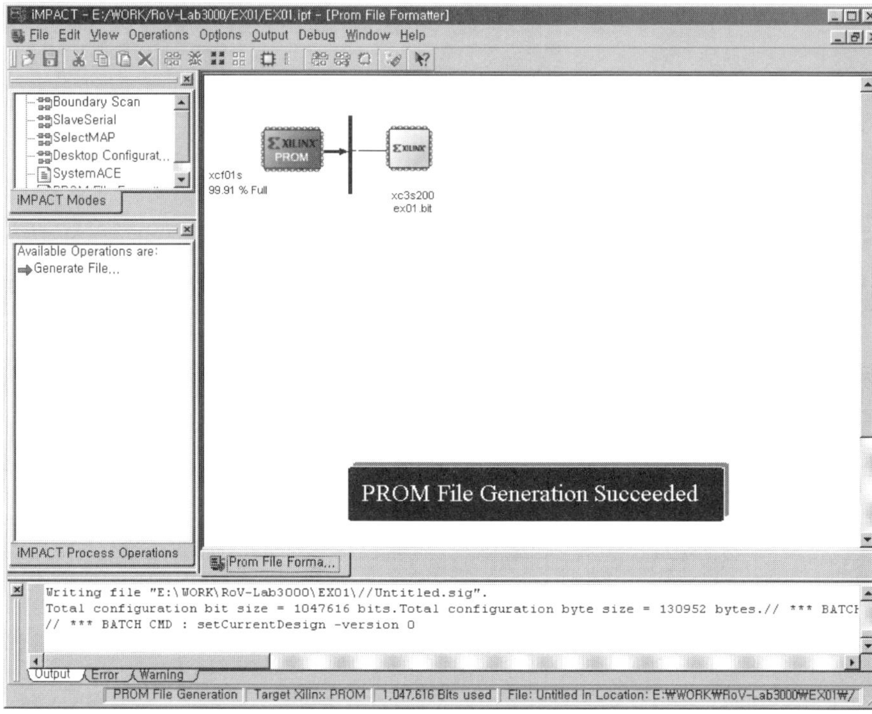

[그림 5-29] PROM 변환 완료 화면

RoV-Lab3000이 전원을 켜면 바로 사용자가 프로그램한 파일로 동작시키고 싶으면 앞의 [그림 5-29]의 화면에서 PROM 파일인 *.mcs 파일을 선택하여 등록하고 이를 프로그램 한다.

5-2 FPGA 예제 2 – 기본 게이트

이 예제에서는 논리회로에서 기본적으로 사용하는 게이트들을 RoV-Lab3000에서 구현해 그 동작 상황을 살펴본다. RoV-Lab3000에는 RF Main Module에 4개의 입력을 받을 수 있는 DIP S/W가 있어 이들의 입력을 사용하여 LED에 출력을 내보냄으로써 기본 게이트의 동작을 확인한다.

1) INVERTER

NOT 게이트는 입력의 값을 반전하여 출력을 내보내는 회로로써 다음의 진리표와 같이 동작한다.

[표 5-1] NOT 게이트 진리표

X	Y
0	1
1	0

ISE Project Navigator를 실행하여 [File → New Project]으로 새로운 프로젝트를 생성한다. [그림 5-30]과 같이 프로젝트 이름은 INVERTER로 지정한다.

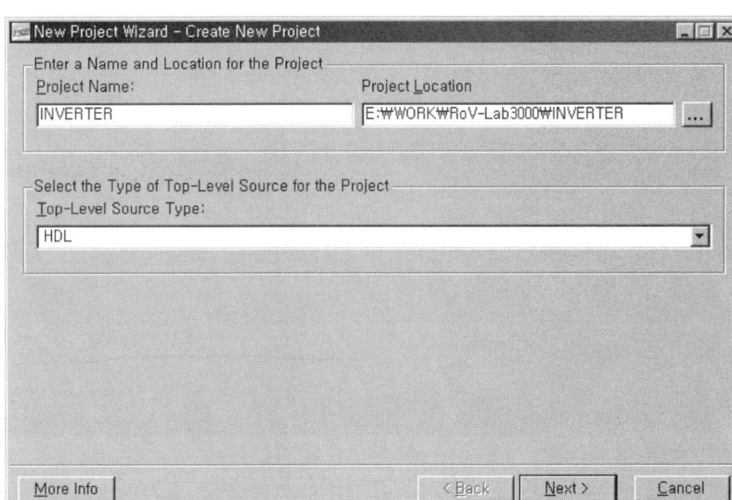

[그림 5-30] Project 생성 – Project 이름 지정

사용할 칩에 대한 설정은 앞의 [그림 5-1]의 예제와 동일하게 Spartan 3의 Spec에 맞게 선택한다.

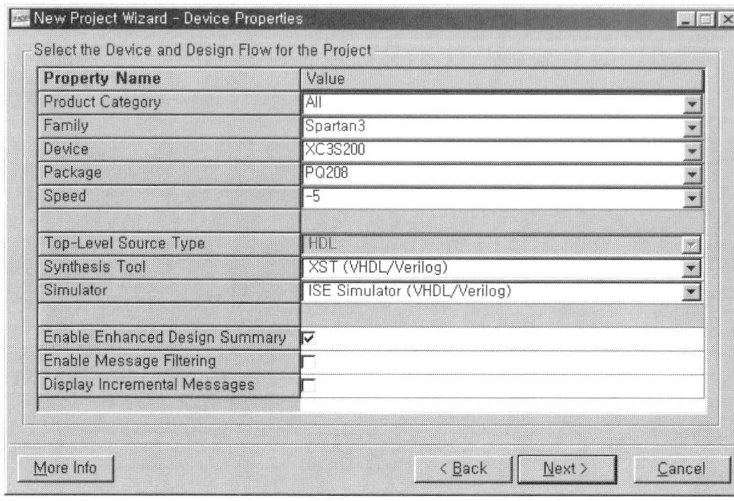

[그림 5-31] INV project에 사용할 device 설정

프로젝트 소스 파일은 앞의 "1-1. FPGA 예제 1 - 입/출력"에서와 같은 방법으로 VHDL Module로 지정하고 파일 이름은 "INVERTER"로 저장한다. 아래의 [그림 5-32]와 같이 VHDL 파일을 설정한다.

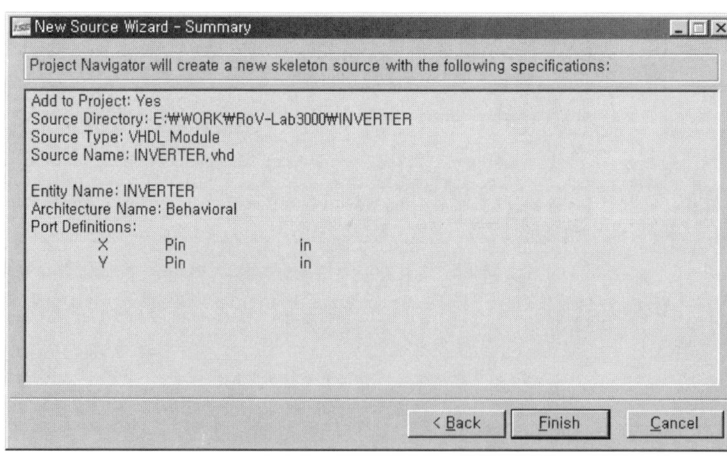

[그림 5-32] INVERTER의 VHDL 설정 기본 화면

프로젝트에 대한 옵션 지정이 완료되면 다음 [그림 5-33]과 같이 설정 요약 화면을 확인한다.

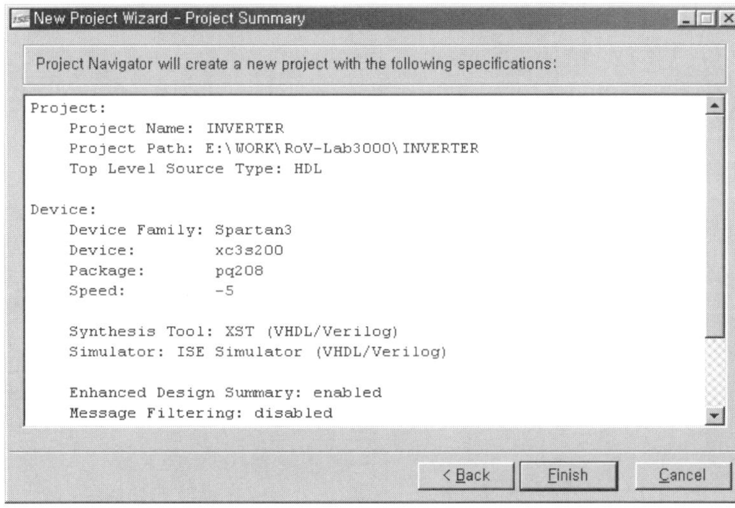

[그림 5-33] INVERTER의 설정 요약 화면

Project Navigator에서 VHDL Source Code를 수정하여 [그림 5-34]와 같이 " Y <= '0' when (X = '1') else '1'; " 구문을 architecture .. begin ~ end 구문 사이에 추가한다.

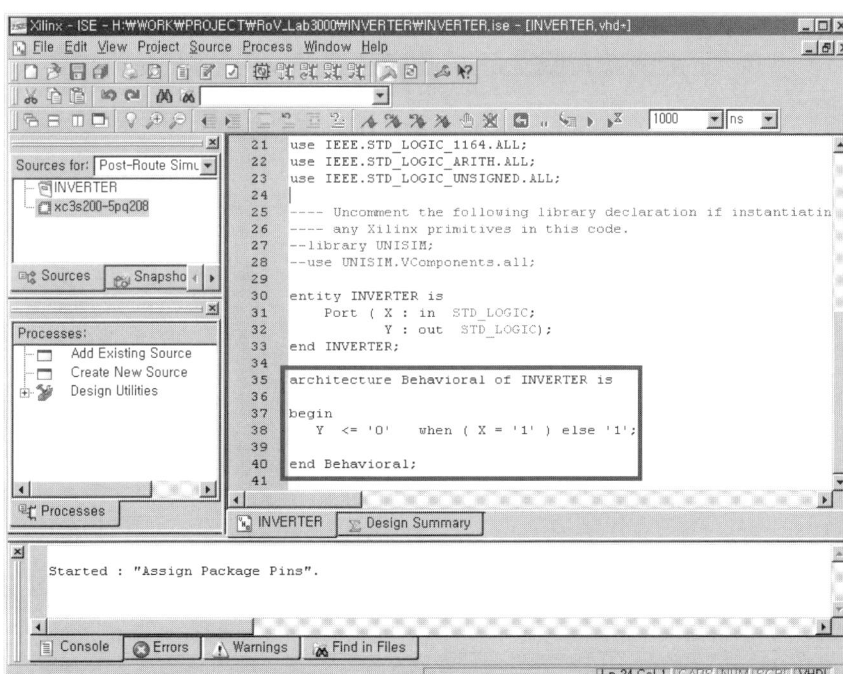

[그림 5-34] INVERTER의 VHDL Code

Project Navigator에서 "INVERTER - Behavioral (INVERTER)" 항목을 선택한 후 마우스 오른쪽 버튼을 클릭하여 "New Source..."을 실행하여 핀 할당 파일인 User Constraint File을 생성한다.

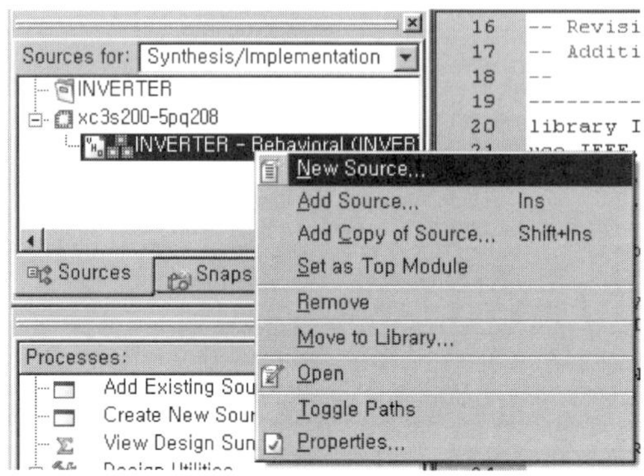

[그림 5-35] Source 추가

[그림 5-36]과 같이 "Implementation Constraints File"을 선택하고 File Name에는 적절한 이름을 기록한다.

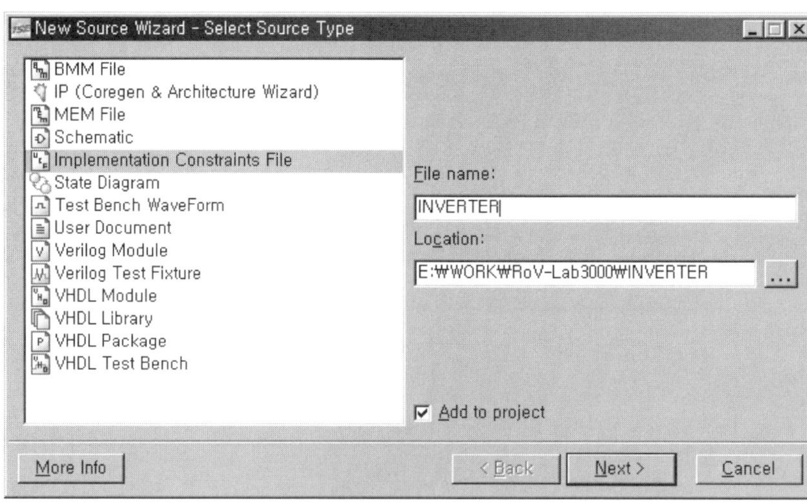

[그림 5-36] Source Type 지정

[그림 5-37]에서와 같이 "INVERTER.ucf" 파일을 선택하고 화면 좌측 아래쪽의 Processes 항목에서 "Assign Package Pins"를 실행한다.

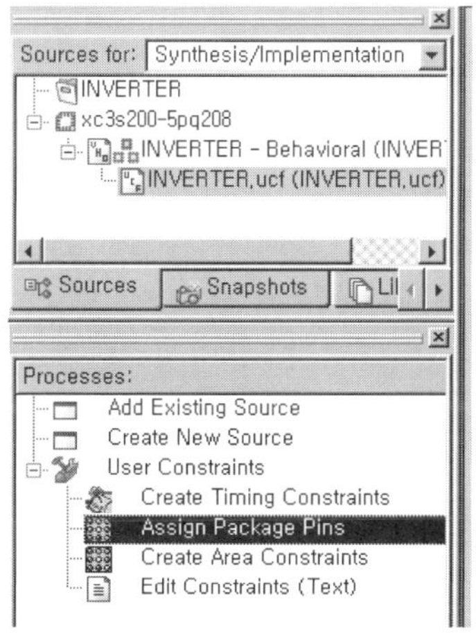

[그림 5-37] 핀 할당 실행

[그림 5-38]에서 X에 12번, Y에 2번 핀을 할당한다. 저장 후 종료한다.

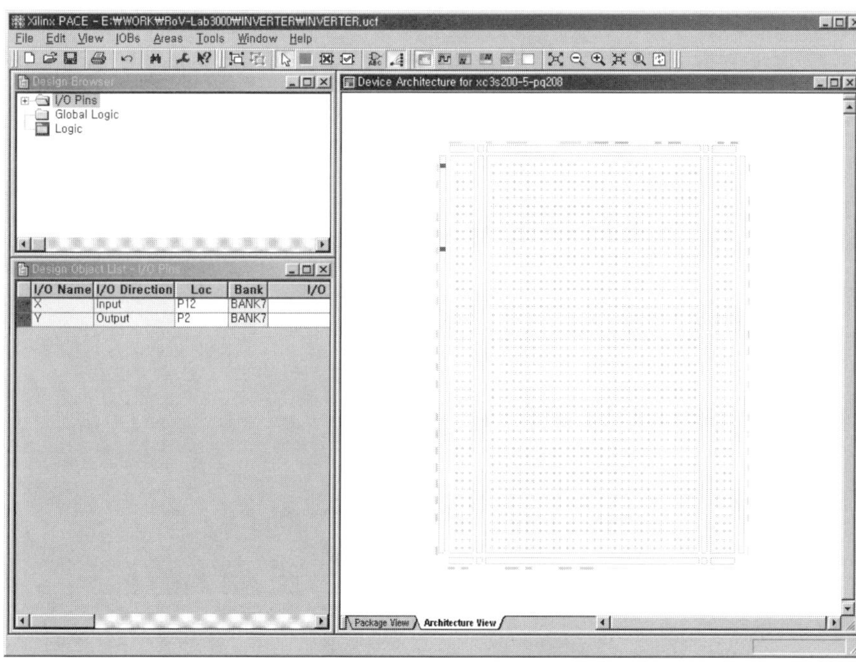

[그림 5-38] Xilinx PACE 실행 화면

핀 할당 파일을 지정하고 저장한 후 Project Navigator에서 [그림 5-39]와 같이 "Configure Device (iMPACT)"를 실행한다.

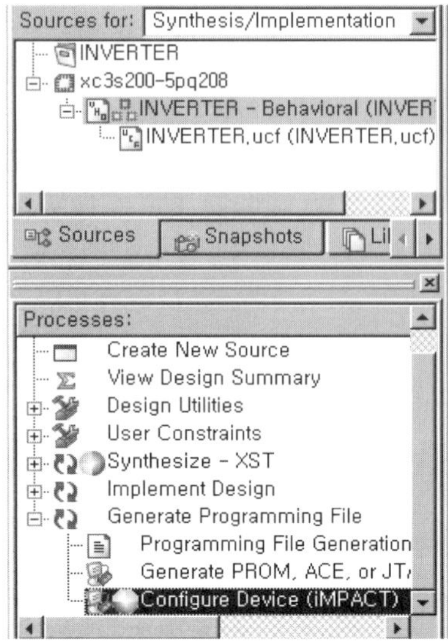

[그림 5-39] 합성 및 iMPACT 실행

합성 후 iMPACT를 실행하여 동작시킨 후 X와 Y를 각각 4-bit로 지정하여 4개의 DIP S/W의 입력에 대해서 LED 4개가 각각 대응하여 동작할 수 있도록 수정하여 동작시켜 본다.

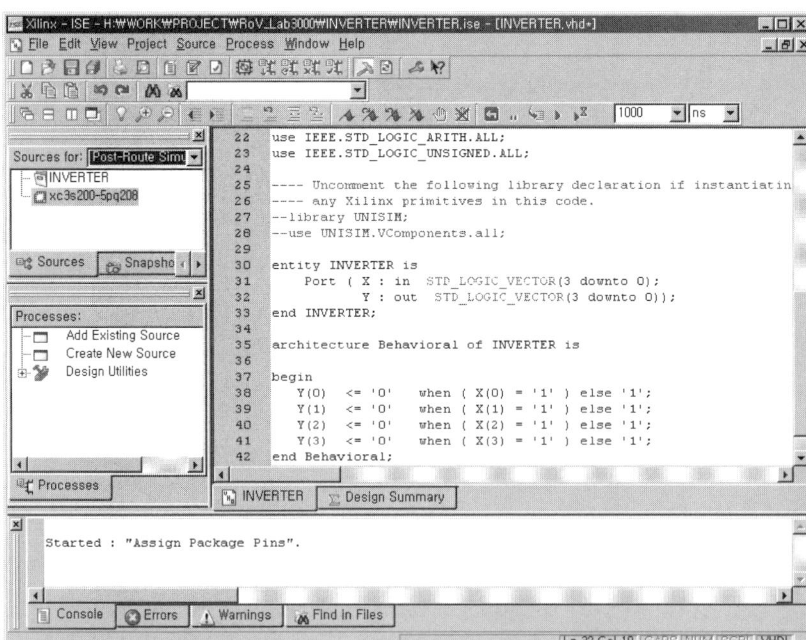

[그림 5-40] 4-bit 로 수정된 VHDL Code

수정된 VHDL code에 대해 핀 할당은 아래의 [그림 5-41]과 같이 DIP S/W에 대해 각각 Pin 12, 13, 15, 16으로 지정하고 LED에 대해서 Pin 2, 3, 4, 5를 지정한다.

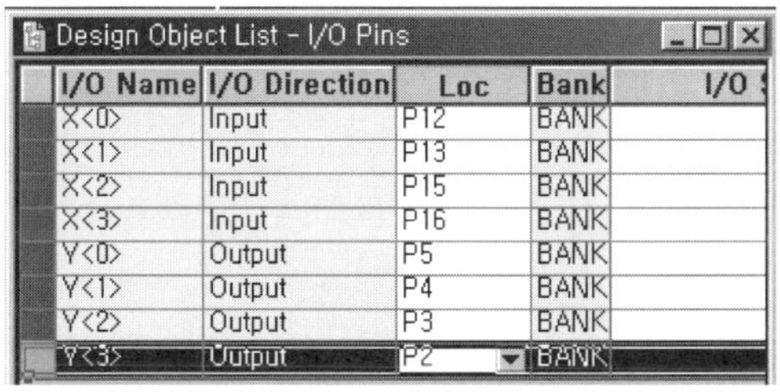
Design Object List - I/O Pins

I/O Name	I/O Direction	Loc	Bank	I/O S
X<0>	Input	P12	BANK	
X<1>	Input	P13	BANK	
X<2>	Input	P15	BANK	
X<3>	Input	P16	BANK	
Y<0>	Output	P5	BANK	
Y<1>	Output	P4	BANK	
Y<2>	Output	P3	BANK	
Y<3>	Output	P2	BANK	

[그림 5-41] 핀 할당

2) AND gate

AND gate는 두 개의 입력의 값이 모두 'H'일 때 출력이 'H'가 되며 그 이외의 경우에는 출력은 'L'이 되는 논리 소자이다. 다음 진리표가 AND Gate의 동작 특성을 보여준다.

[표 5-2] AND gate의 진리표

X	Y	Z
0	0	0
0	1	0
1	0	0
1	1	1

ISE Project Navigator를 실행하여 [File → New Project]으로 새로운 프로젝트를 생성한다. 프로젝트 이름은 "my_and"로 지정한다.

앞의 INVERTER의 예제에서와 같은 방식으로 새로운 프로젝트를 생성하고, 소스 파일을 새로 생성하며 VHDL Module을 지정하고 파일 이름 또한 my_and로 설정한다. 입력은 X, Y로 하며 출력은 Z로 지정한다.

Project의 생성이 완료되면 Project Navigator에서 "my_and - Behavioral(my_and.vhd)"를 더블 클릭하여 VHDL 코드를 화면에 표시한다. 화면에 나타난 VHDL Code에 architecture begin ~ end 사이에 "z <= '1' when(x='1' and y='1') else '0';" code를 삽입 한다. [그림 5-42]는 이렇게 수정된 my_and의 VHDL Code이다.

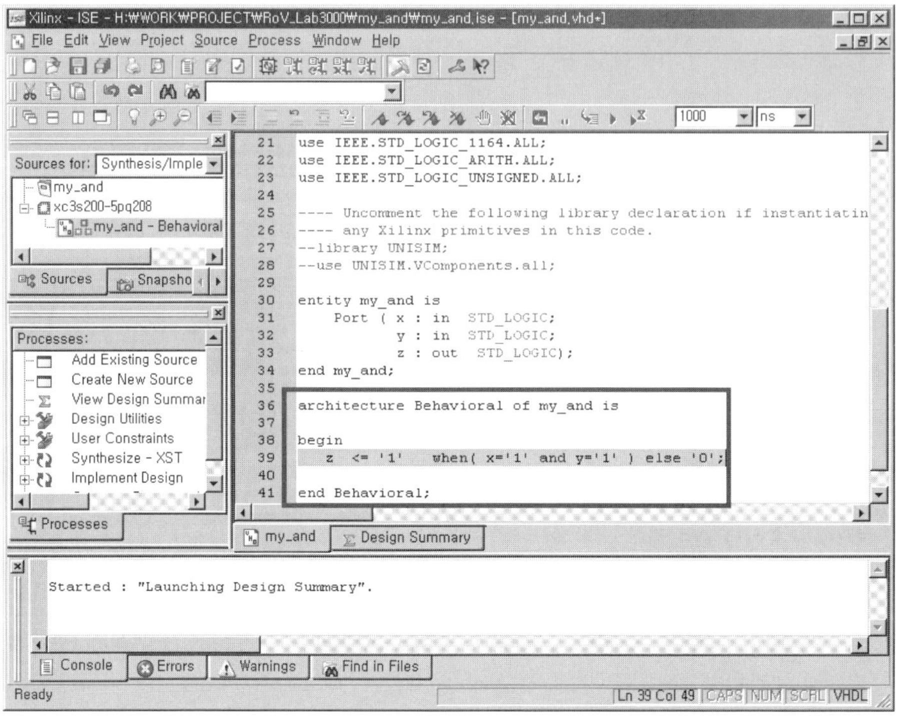

[그림 5-42] my_and의 VHDL Code

앞의 예제와 마찬가지로 project navigator에서 "New Source..."을 사용하여 "Implementation Constraints Files" 항목에 my_and를 추가하고 "Assign Package Pins"를 실행하여 X와 Y에 DIP S/W인 Pin 12, 13을, Z에는 LED 출력인 P2를 할당한다.

Project를 합성하고 RoV_Lab3000에 프로그램을 다운로드하여 DIP S/W를 조작하여 그 동작 상황을 확인해 본다.

3) OR gate

OR gate는 두 개의 입력의 값 중 하나라도 'H'일 때 출력이 'H'가 되며 입력값이 모두 'L'인 경우에 출력은 'L'이 되는 논리 소자이다. 다음 진리표가 OR Gate의 동작 특성을 보여준다.

[표 5-3] OR gate의 진리표

X	Y	Z
0	0	0
0	1	1
1	0	1
1	1	1

ISE Project Navigator를 실행하여 [File → New Project]으로 새로운 프로젝트를 생성한다. 프로젝트 이름은 "my_or"로 지정한다.

앞의 INVERTER의 예제에서와 같은 방식으로 새로운 프로젝트를 생성하고, 소스파일을 새로 생성하며 VHDL Module을 지정하고 파일 이름 또한 my_or로 설정한다. 입력은 X, Y로 하며 출력은 Z로 지정한다.

앞의 AND gate 예제와 비슷하게 "z <= '1' when(x='1' or y='1') else '0';" 구문을 사용한다. when()에서 동작 조건을 지정할 수 있으며 AND gate를 모델링 하는 경우에는 "x='1' and y='1'"를 사용하며 예제에서와 같이 OR gate를 모델링 하는 경우에는 중간의 연산자만 "or"를 사용한다. 동일한 방법으로 XOR gate도 모델링할 수 있으며, 논리 구문을 약간 변경하여 NOR나 NAND 및 XNOR gate도 아래와 같이 모델링 할 수 있다.

- XOR : z <= '1' when(x='1' xor y='1') else '0';
- NOR : z <= '0' when(x='1' or y='1') else '1';
- NAND : z <= '0' when(x='1' and y='1') else '1';
- XNOR : z <= '0' when(x='1' xor y='1') else '1';

Project의 생성이 완료되면 Project Navigator에서 "my_or - Behavioral(my_or.vhd)"를 더블 클릭하여 VHDL 코드를 화면에 표시한다. 화면에 나타난 VHDL Code에 architecture begin ~ end 사이에 "z <= '1' when(x='1' or y='1') else '0';" code를 삽입 한다. [그림 5-43]은 이렇게 수정된 my_or의 VHDL Code이다.

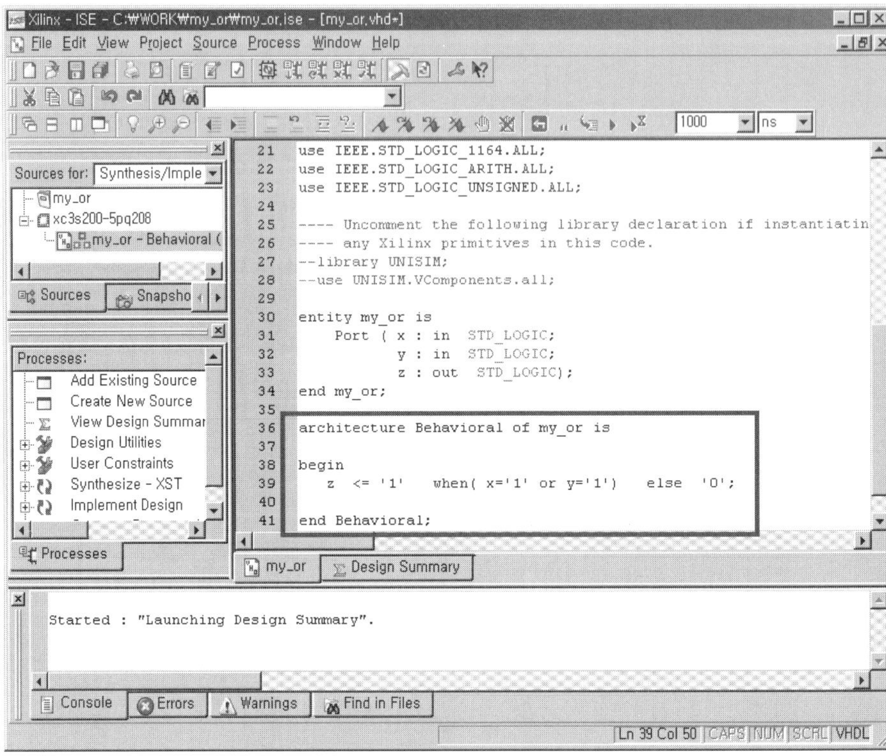

[그림 5-43] my or 의 VHDL Code

앞의 예제와 마찬가지로 project navigator에서 "New Source..."을 사용하여 "Implementation Constraints Files" 항목에 my_or를 추가하고 "Assign Package Pins"를 실행하여 X와 Y에 DIP S/W인 Pin 12, 13을, Z에는 LED 출력인 P2를 할당한다.

Project를 합성하고 RoV_Lab3000에 프로그램을 다운로드하여 DIP S/W를 조작하여 그 동작 상황을 확인해 본다.

5-3 FPGA 예제 3 – LED ON/OFF

이번 예제에서는 RoV-Lab3000 Training KIT에서 LED를 동작시킨다.

첫 번째 예제에서는 8 개의 LED를 Push Button을 누름에 따라 1씩 값을 증가하여 출력한다.

두 번째 예제에서는 FPGA의 클럭을 사용하여 LED를 좌로 Shift한다.

1) LED 예제 1

이 예제에서는 RF module에 장착된 8개의 LED에 Base Board에 장착된 Push Button을 한 번 누를 때마다 값이 증가하여 출력되도록 작성하였다.

앞의 예제들과 마찬가지로 Project Navigator를 실행하고 [File → New Project]에서 Project 이름을 지정하고 사용할 device에 대해서는 아래 [그림 5-44]와 같이 지정한다.

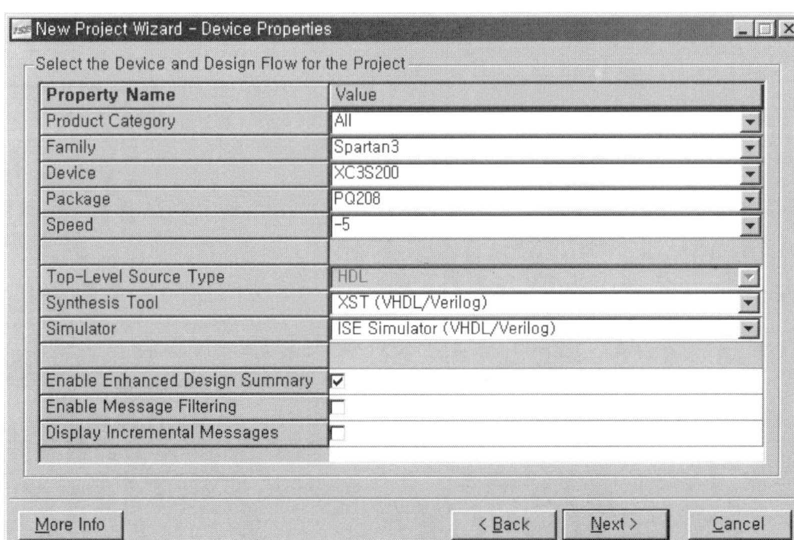

[그림 5-44] LED 예제 1의 Device 지정

앞의 예제에서와 동일한 방법으로 Source file을 추가하고 VHDL Module을 선택하고 적절한 이름을 지정한다.

VHDL Module을 지정하고 자동으로 VHDL file의 port list를 생성하는 부분에서 입력은 (PUSH)push button으로 지정하고, 출력은 LED 8-bit로 지정한다. 다이얼로그 박스에서 "Bus" 항목을 체크하고 MSB 값을 7로, LSB 값은 0으로 지정한다. "Direction"

PUSH는 in으로 설정하고 LED는 out으로 지정한다.

설정을 완료하고 Project navigator에서 VHDL 파일을 더블 클릭하여 편집 상태로 오른쪽 창에 나타나도록 한다. [그림 5-45]와 같이 VHDL 파일을 편집한다.

앞의 다른 예제들과 마찬가지로 Project Navigator에서 화면 왼쪽 윗부분의 창에서 마우스 오른쪽 버튼을 눌러 "New Source..."을 사용하여 "Implementation Constraints File"을 "LED_TEST01"로 추가하고 Project Navigator에서 "Assign Package Pins"를 실행하여 Xilinx PACE에서 PUSH Button 1과 8개의 LED에 대해 핀 번호를 할당한다.

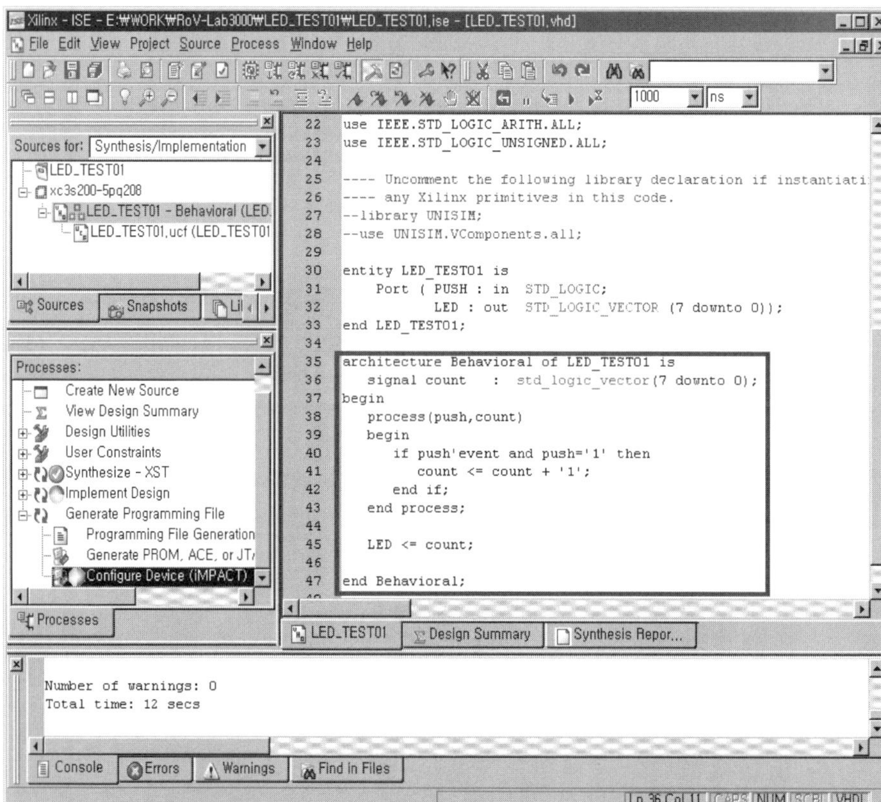

[그림 5-45] LED Test VHDL Code

Push Button은 Base Board에 있는 것을 사용하며 Spartan3에는 Pin 102번에 할당되어 있다. LED는 8개가 각각 Pin 2, 3, 4, 5, 7, 9, 10, 11번에 할당되어 있다.

Xilinx PACE에서 다음 [그림 5-46]과 같이 핀 설정을 한다.

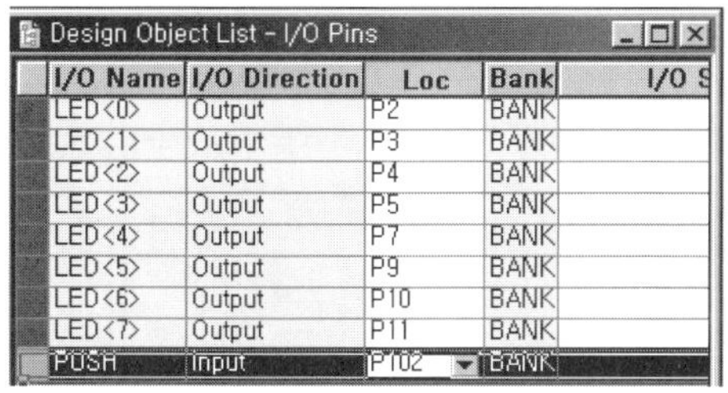

[그림 5-46] Pin Assign

합성 후 iMPACT를 실행하여 RoV_Lab3000에 프로그램을 다운로드하여 동작을 확인해본다. Push Button(PUSH1)을 누를 때 마다 값이 하나씩 증가하여 LED에 출력되는 것을 볼 수 있다. 버튼이 눌릴 때 chattering 현상이 발생하여 한 번에 두 개 이상의 값이 증가하는 경우도 있다. 이를 방지하기 위해서는 별도의 code를 작성하여 추가해야 한다.

2) LED 예제 2

이 예제에서는 FPGA의 클럭에 따라 일정 시간 간격으로 LED에 켜진 불이 오른쪽에서 왼쪽으로 이동하도록 설계하였다. Project Navigator를 실행하여 새로운 project 설계 파일을 생성한다. 앞의 예제와 동일하게 설정한다. VHDL 파일은 [그림 5-47]과 같이 지정한다.

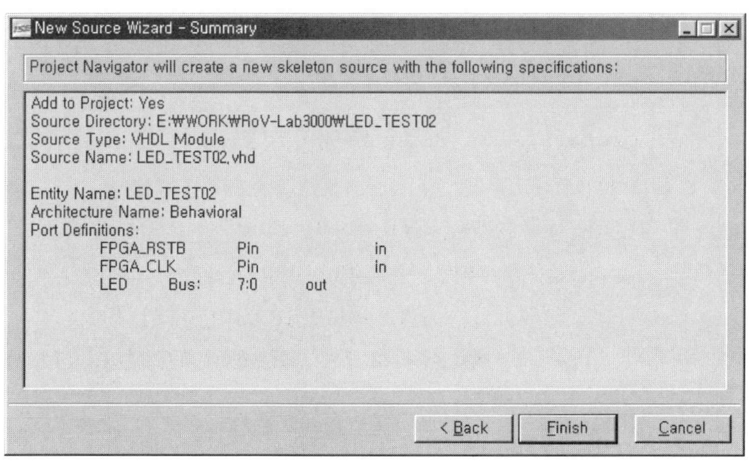

[그림 5-47] 예제 2 VHDL module 설정 사항

VHDL 파일은 다음 [그림 5-48]과 같이 작성한다. "architecture ... begin ~ end" 사이에 다음의 VHDL Code를 넣는다.

```
architecture Behavioral of LED_TEST02 is
signal delay_cnt : std_logic_vector (15 downto 0);
signal delay_clk : std_logic;

signal cnt : std_logic_vector (7 downto 0);

begin

    process(FPGA_RSTB,FPGA_CLK)
    begin
        if FPGA_RSTB = '0' then
            delay_cnt <= (others => '0');
        elsif rising_edge (FPGA_CLK) then
            if delay_cnt = X"FFFF" then
                delay_cnt <= (others => '0');
                delay_clk <= not delay_clk;
            else
                delay_cnt <= delay_cnt + 1;
                delay_clk <= delay_clk;
            end if;
        end if;
    end process;

    process(FPGA_RSTB,delay_clk)
    begin
        if FPGA_RSTB = '0' then
            cnt <= "10000000";
        elsif rising_edge (delay_clk) then
            cnt <= cnt (6 downto 0) & cnt(7);
        end if;
    end process;
```

[그림 5-48] LED TEST01 예제의 VHDL Code (계속)

```
LED <= cnt;

end Behavioral;
```

[그림 5-48] LED TEST01 예제의 VHDL Code

VHDL Code를 편집하고 [그림 5-49]와 같이 핀 설정을 한 후 합성하고 FPGA에 다운로드하여 RoV-Lab3000을 동작시킨다.

Design Object List - I/O Pins

I/O Name	I/O Direction	Loc	Bank	I/O
FPGA_CLK	Input	P79	BANK	
FPGA_RSTB	Input	P205	BANK	
LED<0>	Output	P2	BANK	
LED<1>	Output	P3	BANK	
LED<2>	Output	P4	BANK	
LED<3>	Output	P5	BANK	
LED<4>	Output	P7	BANK	
LED<5>	Output	P9	BANK	
LED<6>	Output	P10	BANK	
LED<7>	Output	P11	BANK	

[그림 5-49] 핀 할당

RoV-Lab3000의 SW1의 2번 핀을 ON/OFF해서 두 개의 RF Module 각각에 LED가 점등되는 것을 확인해 볼 수 있다.

5-4 FPGA 예제 4 - Buzzer 구동

RoV-Lab3000에는 Buzzer가 부착되어 있어 이를 ON/OFF하여 소리를 낼 수 있다.

Project Navigator를 실행하고 새로운 프로젝트 파일을 생성한다. 사용할 device는 앞의 예제들과 마찬가지로 구성하고 새로운 Source 파일을 추가하는 곳에서 VHDL Module을 등록한다. [그림 5-50]과 같이 VHDL 파일의 port list를 구성한다. 새로 만든 project의 설정 상태는 [그림 5-51]과 같다.

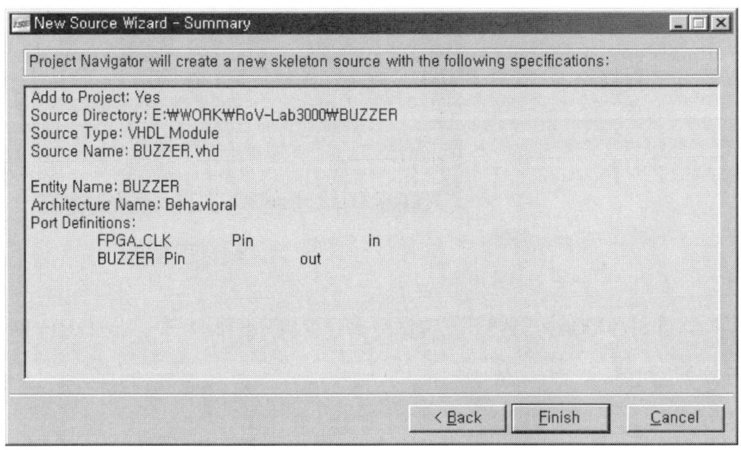

[그림 5-50] Buzzer예제의 VHDL Port list

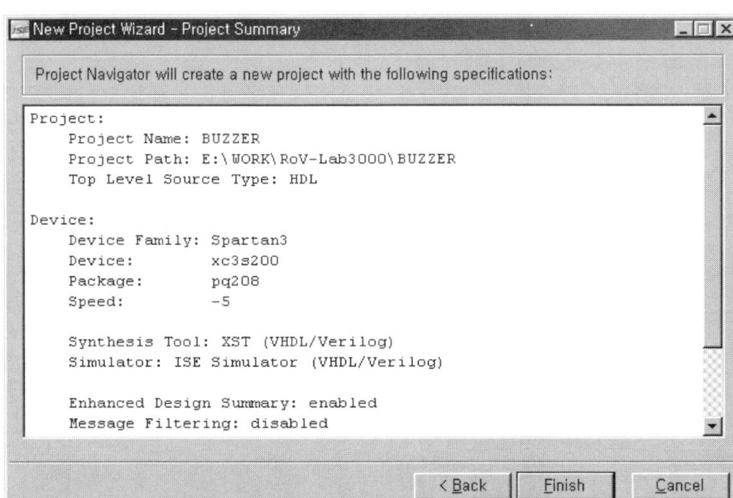

[그림 5-51] 새로 만든 Project 설정 요약

다음 [그림 5-52]는 Buzzer를 구동하는 VHDL Code로써 0.5초 동안 Buzzer에 음을 발생시키고 0.5초는 꺼져있는 상태로 매 1초마다 반복 동작한다. RoV-Lab3000 Training KIT에서는 4MHz의 클럭을 사용하고 있어 이 클럭을 카운트하여 1초마다 반복 동작하도록 구성되었고 0.5초는 Buzzer에 ON 신호를 출력하고 나머지 0.5초 동안은 OFF 시킨다. 합성하여 RoV-Lab3000에 프로그램을 다운로드하여 동작을 확인한다.

```
entity BUZZER is
    Port ( FPGA_CLK : in  STD_LOGIC;
           BUZZER   : out  STD_LOGIC);
end BUZZER;

architecture Behavioral of BUZZER is

    signal count    :    std_logic_vector(21 downto 0);
    signal i_clk    :    std_logic;

begin
    process(FPGA_CLK,count,i_clk)
    begin
          if FPGA_CLK'event and FPGA_CLK='1' then
               if count="1111010000100011111111" then
                     count <= (others=>'0');
                     i_clk <= '1';
               elsif count="0111101000010001111111" then
                     count <= count + '1';
                     i_clk <= '0';
               else
                     count <= count + '1';
                     i_clk <= i_clk;
               end if;
          end if;
    end process;

    BUZZER <= i_clk;

end Behavioral;
```

[그림 5-52] Buzzer 구동 VHDL Source Code

5-5 FPGA 예제 5 – 7-Segment 구동

7-Segment란 LED를 다음 [그림 5-53]과 같이 배열한 것으로 모든 숫자를 표시하기 위해서 7개의 LED가 사용되므로 7-Segment라는 이름으로 불린다. RoV-Lab3000에는 6개의 7-Segment가 장착되어 있다.

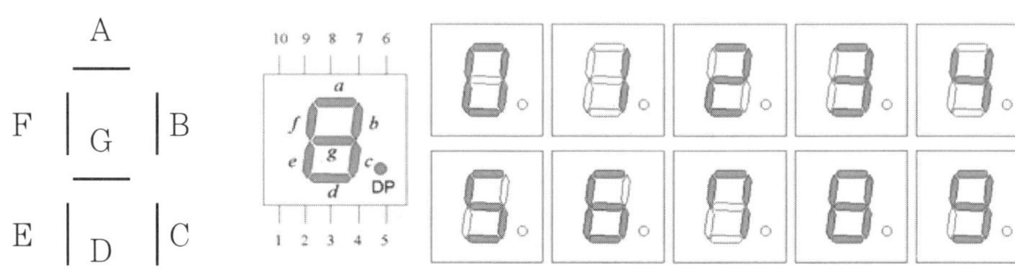

[그림 5-53] 7 segment 동작

7-Segment를 구동하기 위해서 Project Navigator를 실행하고 새로운 프로젝트를 생성한다. 사용할 device는 앞의 예제들과 동일하게 Spartan3 제품군으로 xc3s200-5 PQ-208로 지정한다. [그림 5-54]를 참고한다.

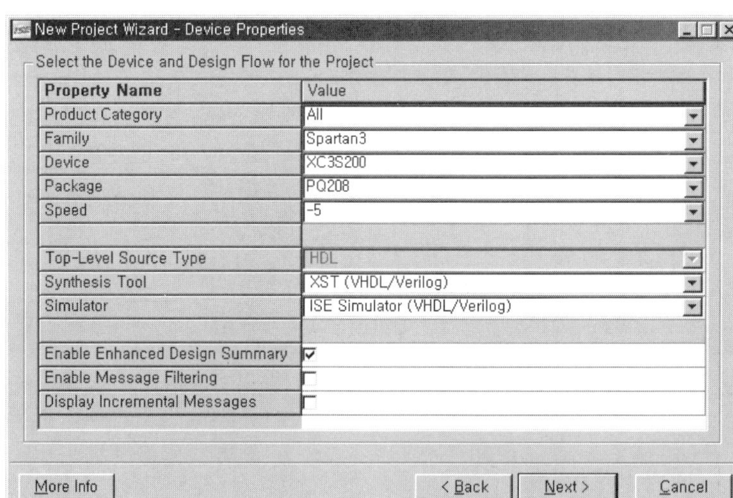

[그림 5-54] device 설정

새로운 소스 파일을 생성하고, VHDL Module로 segment.vhd을 추가한다. 입/출력 port list에는 다음과 같이 되도록 지정한다.

```
FPGA_RSTB : IN      std_logic
FPGA_CLK  : IN      std_logic
SEG_A     : OUT     std_logic
SEG_B     : OUT     std_logic
SEG_C     : OUT     std_logic
SEG_D     : OUT     std_logic
SEG_E     : OUT     std_logic
SEG_F     : OUT     std_logic
SEG_G     : OUT     std_logic
SEG_DP    : OUT     std_logic
DIGIT     : OUT     std_logic_vector (6 downto 1)
```

[그림 5-55] segment VHDL code의 port list 설정

RoV-Lab3000은 6개의 segment 중 하나를 선택하여 값을 출력하고 또 다른 segment에 원하는 데이터를 출력한다. 16진수로 0~F까지의 값을 순서대로 6개의 segment에 왼쪽에서 오른쪽으로 이동해가며 출력한다.

VHDL 파일을 열어서 편집하여 [그림 5-56], [그림 5-57]의 code를 입력한다.

```
entity segment is
    Port ( FPGA_RSTB :    in STD_LOGIC;
           FPGA_CLK  :    in STD_LOGIC;
           SEG_A     :    out  STD_LOGIC;
           SEG_B     :    out  STD_LOGIC;
           SEG_C     :    out  STD_LOGIC;
           SEG_D     :    out  STD_LOGIC;
           SEG_E     :    out  STD_LOGIC;
           SEG_F     :    out  STD_LOGIC;
           SEG_G     :    out  STD_LOGIC;
           SEG_DP    :    out  STD_LOGIC;
           DIGIT     :    out  STD_LOGIC_VECTOR (6 downto 1));
end segment;
```

[그림 5-56] segment 예제의 VHDL Port list

```
architecture Behavioral of segment is
signal delay_cnt    : std_logic_vector (19 downto 0);
signal delay_clk    : std_logic;
signal digit_int    : std_logic_vector (5 downto 0);
signal key          : std_logic_vector (3 downto 0);
signal seg          : std_logic_vector (7 downto 0);

begin
   process(FPGA_RSTB,FPGA_CLK)
   begin
         if FPGA_RSTB = '0' then
              delay_cnt <= (others => '0');
         elsif rising_edge (FPGA_CLK) then
              if delay_cnt = X"FFFFF" then
                    delay_cnt <= (others => '0');
                    delay_clk <= not delay_clk;
              else
                    delay_cnt <= delay_cnt + 1;
                    delay_clk <= delay_clk;
              end if;
         end if;
   end process;
   process(FPGA_RSTB,delay_clk)
   begin
         if FPGA_RSTB = '0' then
              digit_int <= "000001";
         elsif rising_edge (delay_clk) then
              digit_int <= digit_int (4 downto 0) &
digit_int(5);
         end if;
   end process;
DIGIT <= digit_int;
seg_a  <= seg(7);
seg_b  <= seg(6);
seg_c  <= seg(5);
```

[그림 5-57] segment 예제의 VHDL Code (계속)

```
seg_d  <= seg(4);
seg_e  <= seg(3);
seg_f  <= seg(2);
seg_g  <= seg(1);
seg_dp <= seg(0);
    process(FPGA_RSTB,delay_clk)
    begin
          if FPGA_RSTB = '0' then
               key <= (others => '0');
          elsif rising_edge (delay_clk) then
               if key = X"F" then
                     key <= (others => '0');
               else
                     key <= key + 1;
               end if;
          end if;
    end process;

    process(key)
    begin
          case key is
                                   -- abcdefgdp
               when X"0"  => seg <= "11111101";
               when X"1"  => seg <= "01100001";
               when X"2"  => seg <= "11011011";
               when X"3"  => seg <= "11110011";
               when X"4"  => seg <= "01100111";
               when X"5"  => seg <= "10110111";
               when X"6"  => seg <= "10111111";
               when X"7"  => seg <= "11100101";
               when X"8"  => seg <= "11111111";
               when X"9"  => seg <= "11110111";
               when X"a"  => seg <= "11111011";
               when X"b"  => seg <= "00111111";
               when X"c"  => seg <= "10011101";
```

[그림 5-57] segment 예제의 VHDL Code (계속)

```
            when X"d"  => seg <= "01111011";
            when X"e"  => seg <= "10011111";
            when X"f"  => seg <= "10001111";
            when others => seg <= (others => '0');
        end case;
    end process;
end Behavioral;
```

[그림 5-57] segment 예제의 VHDL Code

앞의 다른 예제들과 마찬가지로 "New Source..."으로 "Implementation Constraints File"에서 SEG_A : P31, SEG_B : P33, SEG_C : P34, SEG_D : P35, SEG_E : P36, SEG_F : P37, SEG_G : P39, SEG_DP : P48, DIGIT1 : P22, DIGIT2 : P24, DIGIT3 : P26, DIGIT4 : P27, DIGIT5 : P28, DIGIT6 : P29, FPGA_CLK : P79, FPGA_RSTB : P205로 지정한다.

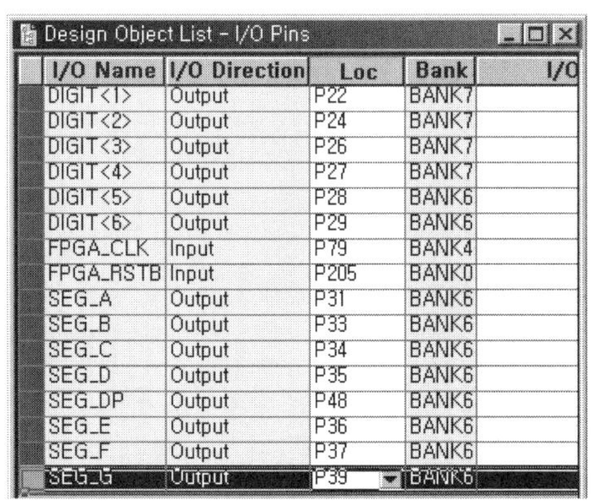
Design Object List - I/O Pins

I/O Name	I/O Direction	Loc	Bank	I/O
DIGIT<1>	Output	P22	BANK7	
DIGIT<2>	Output	P24	BANK7	
DIGIT<3>	Output	P26	BANK7	
DIGIT<4>	Output	P27	BANK7	
DIGIT<5>	Output	P28	BANK6	
DIGIT<6>	Output	P29	BANK6	
FPGA_CLK	Input	P79	BANK4	
FPGA_RSTB	Input	P205	BANK0	
SEG_A	Output	P31	BANK6	
SEG_B	Output	P33	BANK6	
SEG_C	Output	P34	BANK6	
SEG_D	Output	P35	BANK6	
SEG_DP	Output	P48	BANK6	
SEG_E	Output	P36	BANK6	
SEG_F	Output	P37	BANK6	
SEG_G	Output	P39	BANK6	

[그림 5-58] segment 핀 할당

합성한 후 iMPACT를 실행하여 FPGA에 다운로드하고 동작 상황을 확인해 본다. 만약 7-segment에 출력되는 값이 "777777"이라면 아래와 같이 모습으로 RoV-Lab3000의 7-Segment에 출력된다.

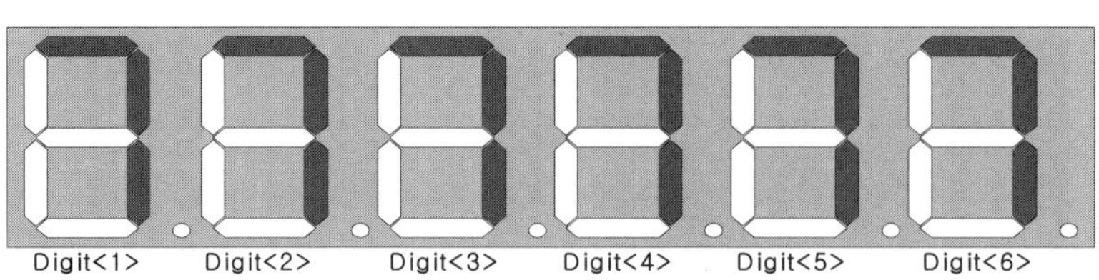

[그림 5-59] 7-Segment 출력 화면

5-6 FPGA 예제 6 – LCD 구동

RoV-Lab3000에는 2행 16열의 Text LCD가 부착되어 있다. 16×2의 Text LCD 모듈은 HD44780이라는 LCD 컨트롤러와 LCD를 실제 구동하는 드라이버인 HD44100(또는 KS0065)로 구성되어 있다. LCD 컨트롤러는 내부에 입/출력 버퍼와 Instruction Register와 Data Register를 가지고 있으며, Data Register는 DDRAM과 CGRAM에 연결되어 있다. [그림 5-60]은 16×2 Text LCD모듈의 사진이다.

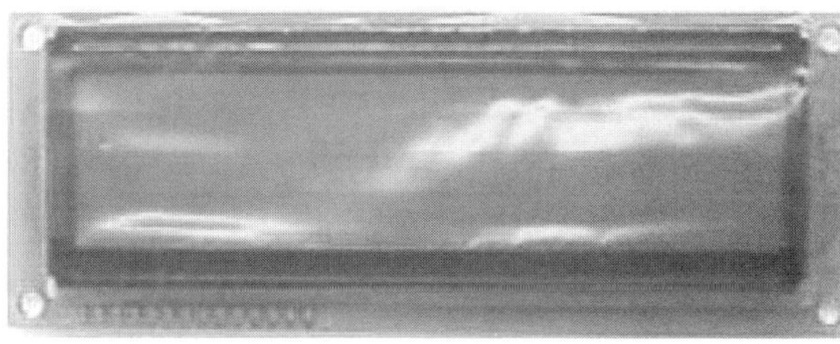

[그림 5-60] 텍스트 LCD 실물

아래의 [그림 5-61]은 LCD 모듈(16×2, Text 방식)의 핀 번호와 기능을 보이고 있다. 여기에 Back-light 기능을 갖는 경우에는 2개의 핀이 추가된다.

핀 번호	기 호	레 벨	기 능
1	Vss		접지
2	Vdd		전원
3	Vo		LCD 밝기 조절
4	RS	H/L	L : 명령 레지스터가 선택 H : 데이터 레지스터가 선택
5	R/W	H/L	L : 쓰기, H: 읽기
6	EN	H	Enable 신호, LCM 동작 신호
7	D0	H/L	데이터 버스
8	D1	H/L	
9	D2	H/L	
10	D3	H/L	
11	D4	H/L	
12	D5	H/L	
13	D6	H/L	
14	D7	H/L	

[그림 5-61] LCD Pin Out

다른 예제들과 마찬가지로 Project Navigator를 실행하고 새로운 project를 생성한다. device 설정은 지금까지 사용했던 것과 동일하게 Spartan3 제품군으로 xc3s200-5 PQ-208로 지정한다.

소스 파일을 생성하여 추가하는 부분에서 port list는 다음과 같이 지정한다.

```
FPGA_RSTB      : IN  std_logic
FPGA_CLK       : IN  std_logic
LCD_A          : OUT       std_logic_vector (1 downto 0)
LCD_EN         : OUT       std_logic
LCD_D          : OUT       std_logic_vector (7 downto 0)
```

[그림 5-62] LCD Display VHDL port list

[그림 5-62]에서 볼 수 있듯이 LCD Control에는 Enable과 Read/Write 및 Control register와 Data register를 선택하는 3개의 제어 신호가 필요하다. 이 예제에서는 Enable은 별도의 이름으로 사용하고, register를 선택하는 제어선과 Read/Write를 선택하는 제어선을 하나의 이름으로 묶어서 버스로 사용한다. 위의 [그림 5-62]는 예제에서 사용할 VHDL의 port list이다.

다음 [그림 5-63]은 LCD를 제어하는 VHDL Code이다. Text LCD를 사용하기 위해서는 먼저 초기화를 해주어야 하는데 이는 Text LCD의 Datasheet를 참고한다. 예제 코드에서는 Text LCD를 Function Set, Display OFF, Display Clear, Entry mode, Display On, Return Home의 순서로 초기화 명령을 주며 그 후로는 데이터 메시지를 출력하도록 되어 있다.

```
architecture Behavioral of LCD_test is

signal load_100k : std_logic;
signal clk_100k  : std_logic;
signal cnt_100k  : std_logic_vector (7 downto 0);
signal load_50   : std_logic;
signal clk_50    : std_logic;
signal cnt_50    : std_logic_vector (11 downto 0);
```

[그림 5-63] Text LCD VHDL Code (계속)

```
signal lcd_cnt   : std_logic_vector (8 downto 0);
signal lcd_state  : std_logic_vector (7 downto 0);
signal lcd_db    : std_logic_vector (7 downto 0);
begin
    process(FPGA_RSTB,FPGA_CLK,load_100k,cnt_100k)
            --Clock(100kHz) Generator
    begin
          if FPGA_RSTB = '0' then    cnt_100k <= (others =>
                         '0'); clk_100k <= '0';
          elsif rising_edge (FPGA_CLK) then
               if load_100k = '1' then
                    cnt_100k <= (others => '0');
                    clk_100k <= not clk_100k;
               else
                    cnt_100k <= cnt_100k + 1;
               end if;
          end if;
    end process;
    load_100k <= '1' when (cnt_100k = X"13") else '0';
    process(FPGA_RSTB,clk_100k,load_50,cnt_50)
            --Clock(50Hz) Generator
    begin
          if FPGA_RSTB = '0' then
               cnt_50 <= (others => '0');
               clk_50 <= '0';
          elsif rising_edge (clk_100k) then
               if load_50 = '1' then
                    cnt_50 <= (others => '0');
                    clk_50 <= not clk_50;
               else
                    cnt_50 <= cnt_50 + 1;
               end if;
          end if;
```

[그림 5-63] Text LCD VHDL Code (계속)

```
    end process;

    load_50 <= '1' when (cnt_50 = X"3E7") else '0';
    process(FPGA_RSTB,clk_50,lcd_cnt)
    begin
        if FPGA_RSTB = '0' then     lcd_cnt <= (others => '0');
        elsif rising_edge (clk_50) then
            if (lcd_cnt >= "001010110") then
                lcd_cnt <= lcd_cnt;
            else
                lcd_cnt <= lcd_cnt + 1;
            end if;
        end if;
    end process;
lcd_state <= lcd_cnt (8 downto 1);

    process(lcd_state)
    begin
        case lcd_state is
            when  X"00" => lcd_db <= "00111000";  -- Function set
            when  X"01" => lcd_db <= "00001000"; -- Display OFF
            when  X"02" => lcd_db <= "00000001"; -- Display clear
            when  X"03" => lcd_db <= "00000110"; -- Entry mode set
            when  X"04" => lcd_db <= "00001100"; -- Display ON
            when  X"05" => lcd_db <= "00000011";  -- Return Home

            when  X"06" =>  lcd_db <= X"4C";      -- L
            when  X"07" =>  lcd_db <= X"49";      -- I
            when  X"08" =>  lcd_db <= X"42";      -- B
            when  X"09" =>  lcd_db <= X"45";      -- E
            when  X"0A" =>  lcd_db <= X"52";      -- R
            when  X"0B" =>  lcd_db <= X"54";      -- T
            when  X"0C" =>  lcd_db <= X"52";      -- R
```

[그림 5-63] Text LCD VHDL Code (계속)

```
            when  X"0D" =>  lcd_db <= X"4F";      -- O
            when  X"0E" =>  lcd_db <= X"4E";      -- N
            when  X"0F" =>  lcd_db <= X"20";      -- 공백
            when  X"10" =>  lcd_db <= X"43";      -- C
            when  X"11" =>  lcd_db <= X"6F";      -- o
            when  X"12" =>  lcd_db <= X"20";      -- 공백
            when  X"13" =>  lcd_db <= X"4C";      -- L
            when  X"14" =>  lcd_db <= X"74";      -- t
            when  X"15" =>  lcd_db <= X"64";      -- d

            when  X"16" =>  lcd_db <= X"C0";  -- Change Line
            when  X"17" =>  lcd_db <= X"20";      -- 공백
            when  X"18" =>  lcd_db <= X"3C";      -- <
            when  X"19" =>  lcd db <= X"52";      -- R
            when  X"1A" =>  lcd_db <= X"6F";      -- o
            when  X"1B" =>  lcd_db <= X"56";      -- V
            when  X"1C" =>  lcd_db <= X"5F";      -- -
            when  X"1D" =>  lcd_db <= X"4C";      -- L
            when  X"1E" =>  lcd_db <= X"61";      -- a
            when  X"1F" =>  lcd_db <= X"62";      -- b
            when  X"20" =>  lcd_db <= X"20";      -- 공백
            when  X"21" =>  lcd_db <= X"33";      -- 3
            when  X"22" =>  lcd_db <= X"30";      -- 0
            when  X"23" =>  lcd_db <= X"30";      -- 0
            when  X"24" =>  lcd_db <= X"30";      -- 0
            when  X"25" =>  lcd_db <= X"3E";      -- >
            when  X"26" =>  lcd_db <= X"20";      -- 공백
            when others  => lcd_db <= (others => '0');
        end case;
    end process;
LCD_A(1) <= '0';
LCD_A(0) <= '0' when (lcd_state >= X"00" and lcd_state < X"06")
          or (lcd_state = X"16") else '1';
```

[그림 5-63] Text LCD VHDL Code (계속)

```
LCD_EN  <= not lcd_cnt(0);
LCD_D   <= lcd_db;

end Behavioral;
```

[그림 5-63] Text LCD VHDL Code

핀의 할당은 앞에서와 마찬가지 방법으로 다음 [그림 5-64]와 같이 한다.

```
NET "FPGA_RSTB" LOC = "P205";
NET "FPGA_CLK"  LOC = "P79";
NET "LCD_A<0>"  LOC = "P50";
NET "LCD_A<1>"  LOC = "P51";
NET "LCD_D<0>"  LOC = "P57";
NET "LCD_D<1>"  LOC = "P58";
NET "LCD_D<2>"  LOC = "P61";
NET "LCD_D<3>"  LOC = "P62";
NET "LCD_D<4>"  LOC = "P63";
NET "LCD_D<5>"  LOC = "P64";
NET "LCD_D<6>"  LOC = "P65";
NET "LCD_D<7>"  LOC = "P67";
NET "LCD_EN"    LOC = "P52";
```

[그림 5-64] Text LCD 핀 할당

합성하여 RoV-Lab3000에 다운로드하고 Kit 오른쪽 위에 위치한 Text LCD에 표시되는 사항을 확인해 본다.

RoV-Lab3000의 LCD 화면에는 다음과 같이 표시된다.

LIBERTRON Co Ltd
〈RoV_Lab 3000〉

[그림 5-65] LCD 출력 화면

16×2의 Text LCD 모듈은 HD44780이라는 LCD 컨트롤러와 LCD를 실제 구동하는 드라이버인 HD44100(또는 KS0065)로 구성되어 있다. LCD 컨트롤러는 내부에 입/출력 버퍼와 Instruction Register와 Data Register를 가지고 있으며, Data Register는 DDRAM과 CGRAM에 연결되어 있다. [그림 5-66]은 LCD모듈의 간략한 구성도이다.

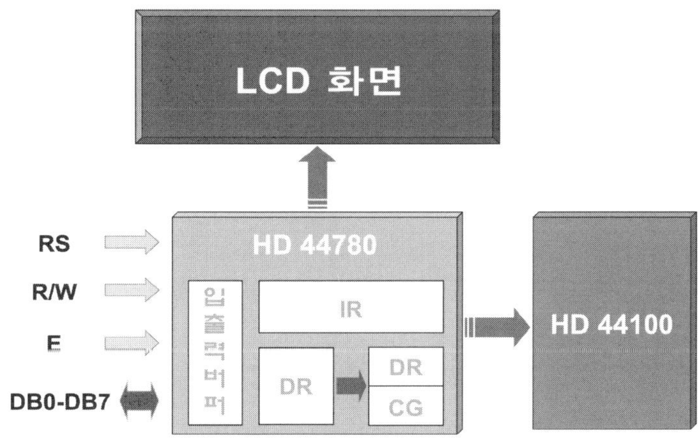

[그림 5-66] LCD 모듈

1) LCD 내부 레지스터

- 인스트럭션 레지스터(IR: INSTRUCTION RESISTER)

커서를 나타내고 문자가 나타낼 위치를 정하며 어느 쪽으로 쉬프트를 해야할 것인가에 대한 우리의 요구사항을 LCD에 알리기 위해 사용된다.

2) 데이터 레지스터(DR: DATA RESISTER)

어떤 문자를 나타낼 것인가에 대해 그 문자의 코드를 써넣을 때 사용된다.

① 디스플레이 데이터 램(DD RAM: Display Data RAM)

② 문자 생성 램(CG RAM: Character Generation RAM)

⇒ 데이터 레지스터에 써넣은 문자가 내부 동작에 의해 자동적으로 DD 또는 CG RAM에 기록되고 이것이 바로 LCD 화면에 나타나는 것이다. CG RAM의 경우는 사용자가 임의의 문자를 만들어 쓰기 위한 것이다.

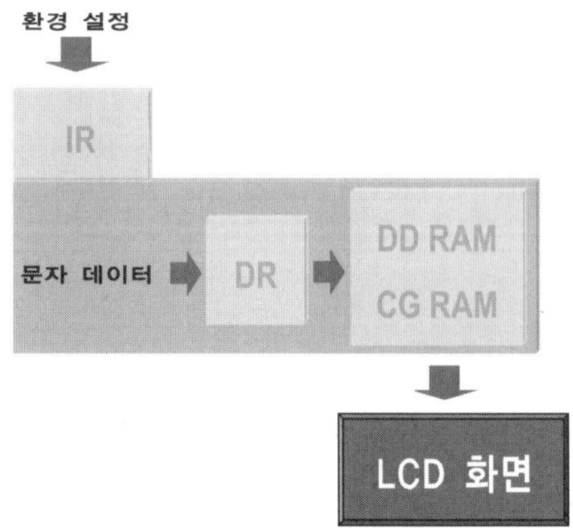

[그림 5-67] LCD 내부 레지스터

3) DD RAM의 어드레스와 액정 화면상의 표시

화면상의 표시행에 대응되는 DD RAM의 어드레스

열번호	1	2	3	4	5	6	7	8	9	10	11	12	13	14	15	16
첫째행 1	00	01	02	03	04	05	06	07	08	09	0A	0B	0C	0D	0E	0F
둘째행 2	40	41	42	43	44	45	46	47	48	49	4A	4B	4C	4D	4E	4F

DD RAM은 80×8비트의 용량을 가지므로 8비트 문자로 표시할 수 있는 표시 데이터는 80문자 분을 기억할 수 있다. 표시행의 1행과 2행의 어드레스(RAM내의 어드레스지만 개념상 화면상의 단위 블록의 어드레스라고 생각해도 좋음)는 각각 0x00~0x0F, 0x40~0x4F이며 1행의 마지막 어드레스와 그 행의 시작 어드레스는 연속되지 않음을 알 수 있다. 이것은 표시 쉬프트와 관계가 있다.

CG RAM과 DD RAM을 구별하여 데이터를 보내는 방법을 살펴보자. 이것도 환경을 설정하는 인스트럭션이다.

DD RAM과 CG RAM의 설정

인스트럭션	DB7	DB6	DB5	DB4	DB3	DB2	DB1	DB0
DD RAM 어드레스 세트	1	0	A_{DD}					
CG RAM 어드레스 세트	0	1	A_{CG}					

DD RAM의 어드레스를 선택할 때는 DB7 비트가 1로 세트되어 있으므로 인스트럭션 함수에 보내주어야 할 데이터는 0x80+ADD(실제 DD의 어드레스)가 되는 것이다. 그리고 CG RAM을 선택할 경우에는 0x40 +ACG이다.

4) 인스트럭션의 종류

각 인스트럭션에 필요한 데이터를 살펴보고 그 기능에 대해 설명한다. 인스트럭션 함수에 주는 인수에 해당하는 것이다.

표시 클리어

DB7	DB6	DB5	DB4	DB3	DB2	DB1	DB0
0	0	0	0	0	0	0	1

화면 클리어 후 커서는 홈 위치(00번지)로 돌아간다. (x, y)=(0, 0) 그리고 DD RAM의 모든 어드레스에 스페이스 코드인 0x20이 들어가고 AC(Address Counter)에 DD RAM 어드레스의 0번지가 세트된다.

AC는 DD/CG RAM으로 데이터를 쓰거나 기억된 데이터를 읽을 때 목적지가 되는 RAM의 어드레스를 지정한다. IR에 어드레스 세트 인스트럭션을 써넣으면 IR에서 AC로 어드레스 정보가 전송된다.

DD/CG RAM에 문자 데이터를 써넣으면 엔트리 모드 설정에 따라서 AC는 자동적으로 +1 혹은 -1만큼 증감한다. 그리고 AC의 내용은 RS가 0, R/W가 1일 때 DB0~DB7을 통해서 읽는다.

엔트리 모드 세트

DB7	DB6	DB5	DB4	DB3	DB2	DB1	DB0
0	0	0	0	0	1	I/D	S

커서의 진행방향(AC의 증감 방향과 같다) 및 표시를 쉬프트 시킬 것인지를 지정한다.

- Increment/Decrement
  - I/D = 1 : 어드레스를 +1
  - I/D = 0 : 어드레스를 -1

- Shift

  S가 1일 때 표시된 문자 전체를 좌/우로 이동시킨다. 단 이때 커서의 위치는 변하지 않는다.

  - I/D = 1, S = 1 : 좌로 쉬프트
  - I/D = 0, S = 1 : 우로 쉬프트
  - S = 0 : 표시는 쉬프트 되지 않는다.

커서 홈

DB7	DB6	DB5	DB4	DB3	DB2	DB1	DB0
0	0	0	0	0	0	1	x

커서를 0으로 돌아가게 한다. AC의 DD RAM 어드레스를 0으로 설정한다.

- x : 무효 비트, 1이든 0이든 상관없다.

표시 ON/OFF 컨트롤

DB7	DB6	DB5	DB4	DB3	DB2	DB1	DB0
0	0	0	0	1	D	C	B

표시 ON/OFF, 커서 ON/OFF, 커서 위치에 있는 문자의 점멸을 설정한다. 커서의 ON/OFF 및 점멸은 AC로 지정되어 있는 DD RAM 어드레스에 해당하는 문자가 된다.

비트	1	0
D	표시 ON	표시 OFF
C	커서 ON	커서 OFF
B	점멸 ON	점멸 OFF

커서/표시 쉬프트

DB7	DB6	DB5	DB4	DB3	DB2	DB1	DB0
0	0	0	1	S/C	R/L	x	x

DD RAM의 내용은 변경하지 않고 커서 이동과 표시 쉬프트를 한다. 커서의 이동은 1행의 40번째에서 2행의 처음으로 온다. 그러나 표시 쉬프트는 두 행이 동시에 된다.

S/C	R/L	동 작
0	0	커서 위치를 좌로 이동(AC- = 1)
0	1	커서 위치를 우로 이동(AC+ = 1)
1	0	표시 전체를 좌로 이동, 표시는 커서에 따라 움직인다.
1	1	표시 전체를 우로 이동, 커서는 움직이지 않는다.

펑션세트

DB7	DB6	DB5	DB4	DB3	DB2	DB1	DB0
0	0	1	DL	N	FL	x	x

- DL = 1 : 8비트(DB7~DB0) 인터페이스 세트
- DL = 0 : 4비트(DB7~DB4) 인터페이스 세트
  상위 4비트 전송 후 하위 4비트 전송
- N : 표시 행수를 설정
- F : 문자 폰트를 설정

N	F	표시행수	문자폰트	듀티 비
0	0	1	5×7 도트	1/8
0	1	1	5×10 도트	1/11
1	x	2	5×7 도트	1/16

다른 인스트럭션을 실행한 후에는 인터페이스 길이를 변경하는 것만 가능

DD RAM 어드레스 세트

DB7	DB6	DB5	DB4	DB3	DB2	DB1	DB0
1	A6	A5	A4	A3	A2	A1	A0

A6~A0로 표시되는 DD RAM의 어드레스가 AC에 설정되고 이후 읽기/쓰기 데이터는 DD RAM에 쓰이고 읽혀지게 된다.

CG RAM 어드레스 세트

DB7	DB6	DB5	DB4	DB3	DB2	DB1	DB0
0	1	A5	A4	A3	A2	A1	A0

A5~A0로 표시되는 CG RAM의 어드레스가 AC에 설정되고 이후 읽기/쓰기 데이터는 CG RAM에 쓰이고 읽혀지게 된다.

5) 문자의 쉬프트

인스트럭션에서 표시 쉬프트 데이터의 하위 세 번째, 네 번째 비트에 따라 표시의 좌우 이동이 실행된다.

다음은 좌/우 쉬프트시 화면상, 위치의 DD RAM 어드레스이다.

쉬프트시 DD RAM 어드레스 변화

01	02	…	…	0F	10
41	42	…	…	4F	50

[좌 쉬프트의 경우]

27	01	…	…	0D	0E
67	41	…	…	4D	4E

[우 쉬프트의 경우]

좌 쉬프트 데이터는 0x18, 우쉬프트 데이터는 0x1C이다.

6) 원하는 문자 패턴 LCD에 표시하기

지금까지는 CG ROM(Character Generation ROM)에 저장되어 있는 8비트 문자 코드로서 192 종류의 5×7 도트 매트릭스 문자 패턴을 LCD에 출력했다. 예를 들어 A라는 문자는 아스키코드 0x41에 해당한다.

미리 지정되어 있는 문자는 그 코드를 LCD에 출력을 하는 함수의 인수로 주면 이 코드가 DD RAM에 쓰여지면서 지정된 문자가 화면에 나타나게 되는 것이다. 그러나 지정되지 않은 문자의 경우는 원하는 패턴을 자신이 만들어 주어야하므로 다음 과정을 거쳐야 한다.

1. CG RAM 어드레스 세트
2. 각 어드레스 8-byte에 문자 패턴 데이터 입력
3. CG RAM 어드레스 8-byte에 DD RAM 코드가 1개 대응 ⇒ 대응되는 DD RAM 코드 출력
4. CG RAM 8-byte에 입력된 문자 패턴 출력

CG RAM 어드레스와 문자 코드, 문자 패턴의 관계

문자 코드 (DD RAM DATA)								CG RAM 어드레스						(CG RAM에 써 넣을 데이터)							
7	6	5	4	3	2	1	0	5	4	3	2	1	0	7	6	5	4	3	2	1	0
← 상위 4비트							하위 4비트 →							← 상위 4비트							하위 4비트 →
0	0	0	0	x	0	0	0	0	0	0	0	0	0	x	x	x	1	1	1	1	1
											0	0	1	x	x	x	0	0	0	0	1
											0	1	0	x	x	x	1	1	1	1	1
											0	1	1	x	x	x	1	0	0	0	0
											1	0	0	x	x	x	1	1	1	1	1
											1	0	1	x	x	x	0	0	0	0	1
											1	1	0	x	x	x	1	1	1	1	1
											1	1	1	x	x	x	0	0	0	0	0
0	0	0	0	x	0	0	1	0	0	1	0	0	0	x	x	x	1	0	0	0	1
											0	0	1	x	x	x	0	1	0	1	0
											0	1	0	x	x	x	1	1	1	1	1
											0	1	1	x	x	x	0	0	1	0	0
											1	0	0	x	x	x	1	1	1	1	1
											1	0	1	x	x	x	0	0	1	0	0
											1	1	0	x	x	x	1	1	1	1	1
											1	1	1	x	x	x	0	0	0	0	0

[그림 5-68] Text LCD CGRAM 어드레스와 문자 코드, 문자 패턴 관계

Instruction	Code										Execution time
	RS	R/W	DB7	DB6	DB5	DB4	DB3	DB2	DB1	DB0	
Clear display	0	0	0	0	0	0	0	0	0	1	1.64mS
Cursor home	0	0	0	0	0	0	0	0	1	*	1.64mS
Entry mode set	0	0	0	0	0	0	0	1	I/D	S	40uS
Display On/Off control	0	0	0	0	0	0	1	D	C	B	40uS
Cursor/display shift	0	0	0	0	0	1	S/C	R/L	*	*	40uS
Function set	0	0	0	0	1	DL	N	F	*	*	40uS
Set CGRAM address	0	0	0	1	CGRAM address						40uS
Set DDRAM address	0	0	1	DDRAM address							40uS
Read busy-flag And address counter	0	1	BF	CGRAM / DDRAM address							0uS
Write to CGRAM or DDRAM	1	0	Write data								40uS
Read from CGRAM or DDRAM	1	1	Read data								40uS

[그림 5-69] LCD 레지스터

[그림 5-70]은 RoV-Lab 3000의 Text LCD의 표시창에 문자가 출력된 화면으로 RoV-Lab 3000의 제조회사인 리버트론의 회사 영문 이름과 Training KIT의 이름인 RoV_Lab 3000이 출력된다.

[그림 5-70] RoV-Lab3000의 TEXT LCD의 출력 화면

다른 내용을 출력하고 싶다면 [그림 5-63]의 VHDL code에서 문자 출력하는 부분에 원하는 내용으로 수정하여 합성후 프로그램하여 사용한다.

5-7 FPGA 예제 7 - Sensor 구동

RoV-Lab3000에는 7조의 IR 센서가 부착되어 있다. Sensor Board는 Mouse용과 Line Tracer용으로 두 개의 Board가 있으며 SW1의 스위치 1번의 조작에 따라 Mouse Sensor Board와 Line Tracer Sensor Board를 선택할 수 있다.

적외선(IR : Infra-Red) 센서는 [그림 5-71]과 같이 발광센서와 수광센서로 나뉘며 발광 센서는 일반 LED와 같은 구조로 되어 있으나 적외선을 내보내는 것이 다르다. 수광센서는 Transistor 구조를 가지고 있으며 입사되는 빛이 일반 transistor의 base 단자를 대신한다.

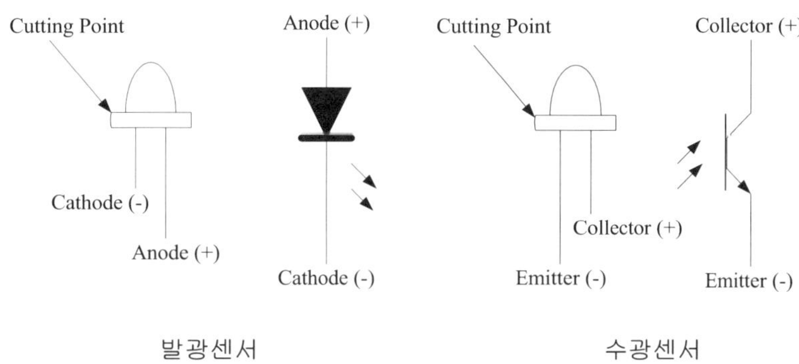

[그림 5-71] 발광센서와 수광센서의 형태와 회로 기호

앞의 예제들과 마찬가지로 Project Navigator를 실행하고 새로운 project를 생성한다. device는 RoV-Lab3000에서 사용하고 있는 Spartan 3의 xc3s200-5 PQ208로 지정한다.

예제에서는 RoV-Lab3000에서 적외선 센서에서 발광되는 불빛은 사람의 눈에 보이지 않는 적외선이므로 이를 눈으로 확인시키기 위해 Sensor Board에는 Blue LED가 발광센서(적외선 LED)와 동일하게 켜지도록 설계했으며 수광센서(Photo TR)에 반사되는 적외선이 검출되면 LED가 꺼지도록 하였다.

핀 할당은 LED에 해당하는 LED0..6은 P2, P3, P4, P5, P7, P9, P10에 할당하고, 적외선 발광센서에 해당하는 SEN_OUT0..6핀은 P106, P107, P108, P109, P111, P113, P114에 할당하고, 적외선 수광센서인 SEN_IN0..6은 P115, P116, P117, P119, P120, P122, P123에 할당한다.

다음 [그림 5-72]는 센서를 구동하는 예제 code이다.

```
library IEEE;
use IEEE.STD_LOGIC_1164.ALL;
use IEEE.STD_LOGIC_ARITH.ALL;
use IEEE.STD_LOGIC_UNSIGNED.ALL;

entity sensor_test is
    port (     FPGA_RSTB : IN std_logic;
          FPGA_CLK  : IN std_logic;
          SEN_IN     : IN std_logic_vector (6 downto 0);
          SEN_OUT   : OUT std_logic_vector (6 downto 0);
          SC_LED     : OUT std_logic;
          SR_LED     : OUT std_logic;
          SL_LED     : OUT std_logic;
          LED        : OUT std_logic_vector (6 downto 0));
end sensor_test;

architecture Behavioral of sensor_test is

signal cnt    : std_logic_vector (15 downto 0);
signal load   : std_logic;
signal clk_1k : std_logic;
signal sclk   : std_logic;
begin
    process(FPGA_RSTB,FPGA_CLK,load,cnt)
    begin
          if FPGA_RSTB = '0' then
               cnt <= (others => '0');
               clk_1k <= '0';
          elsif rising_edge (FPGA_CLK) then
               if load = '1' then
                     cnt <= (others => '0');
                     clk_1k <= not clk_1k;
               else
                     cnt <= cnt + 1;
               end if;
          end if;
```

[그림 5-72] Sensor 구동 VHDL Code (계속)

```
    end process;
    load <= '1' when (cnt = X"2710") else '0';
    process(FPGA_RSTB,clk_1k,sclk)
    begin
          if FPGA_RSTB = '0' then
               sclk <= '0';
          elsif rising_edge (clk_1k) then
               sclk <= not sclk;
          end if;
    end process;
SEN_OUT(0) <= sclk;
SEN_OUT(1) <= sclk;
SEN_OUT(2) <= sclk;
SEN_OUT(3) <= sclk;
SEN_OUT(4) <= sclk;
SEN_OUT(5) <= sclk;
SEN_OUT(6) <= sclk;

LED <= SEN_IN;

SC_LED <= '1' when SEN_IN(3) = '1' else '0';
SL_LED <= '1' when SEN_IN(0) = '1' else '0';
SR_LED <= '1' when SEN_IN(6) = '1' else '0';
end Behavioral;
```

[그림 5-72] Sensor 구동 VHDL Code

앞의 예제들과 마찬가지로 핀 할당을 한 후 합성하고 RoV-Lab3000에 다운로드하여 동작 상황을 확인해 본다.

적외선 센서는 [그림 5-73]과 같이 반사식 배치와 투과식 배치가 있다. 사용하려는 용도에 따라 적절히 배치하여 사용한다.

[그림 5-73] IR 센서의 배치

5-8 FPGA 예제 8 – STEP Motor 구동

RoV-Lab3000에는 2개의 STEP Motor로 만들어진 로봇 Body가 있다. SLA7024라는 Uni-polar Step Motor driver가 2개 장착되어 각각의 모터를 구동하도록 이루어져 있다.

예제에서는 Step Motor를 uni-polar 1상 여자방식으로 구동하고 있다. 아래의 [그림 5-74]는 이 동작 방식의 개념도이며 [그림 5-75]는 driver에 입력되는 각 상의 신호를 표시하고 있다.

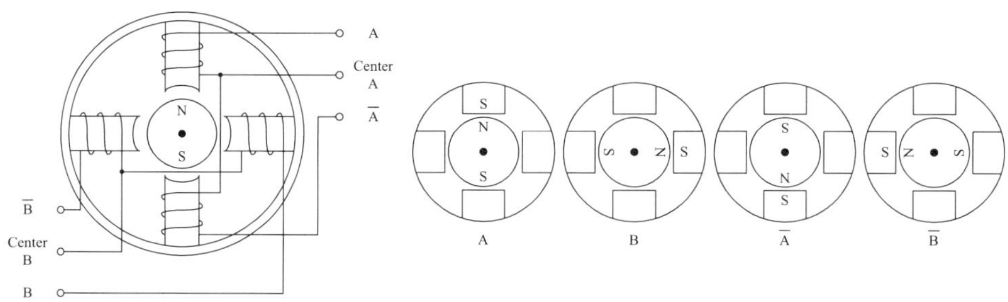

[그림 5-74] 유니폴라 1상 여자 방식의 동작 개념도

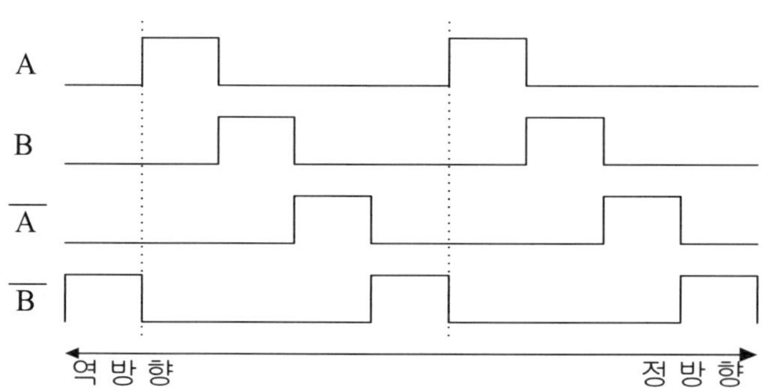

[그림 5-75] 유니폴라 1상 여자 방식의 상신호

Project navigator를 실행하고 새로운 project를 생성하여 앞의 예제에서와 같은 device를 지정한다. Step Motor는 pps(pulse per second)라는 단위로 동작 속도를 표시하며 이는 Step Motor가 하나의 동작 펄스에 정해진 스텝각 만큼 회전하기 때문에 1.8°/step 인 모터의 경우에 200 pulse에 360° 회전을 한다. Step Motor는 초기 동작에 반응 가능한 속도가 있으며 동작을 시작한 이후에 반응 가능한 속도가 정해져 있다.

이는 다음 [그림 5-76]에서 보이는 것과 같이 Step Motor의 동작 영역에 해당하는 속도로 동작을 시켜야 탈조 현상이 발생하지 않는다.

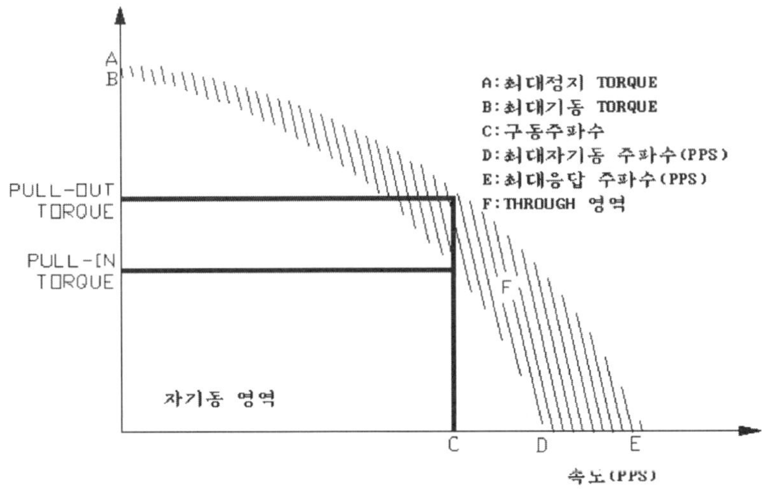

[그림 5-76] 스텝 모터의 동작 영역

Step Motor에 관련된 용어는 다음과 같다.

- pps(pluse per second)

  일반 모터의 회전 속도는 1 분간당 회전수(rpm)를 나타내는데, 스텝모터의 경우는 회전수보다 입력 펄수를 주파수로 나타내는 일이 많고 이것을 pulse rate 혹은 스테핑 rate라고 한다.

- 정지 최대 토크(holding torque)

  각 상에 정격 전류를 흘리고, 모터축에 외력에 의한 각도 변화를 주었을 때 발생하는 최대의 토크. 이 토크보다 작은 외력일 경우는, 외력을 떼면 모터 축은 원래의 정지 위치로 되돌아 간다.

- 자기동 영역

  외부에서 주어진 신호로 동기에서 기동, 정지할 경우 스텝모터의 응답 가능한 영역

- 최대 기동 토크(maximum running torque)

  스텝모터가 움직일 수 있는 최대의 토크

  일반적으로는 10 pps의 주파수로 모터를 구동 시켰을 때의 값으로 정의

- 최대 기동 주파수(maximum starting pulse rate)

무부하 상태에서 모터의 회전이 입력 펄스수와 완전히 1대 1로 대응해서 기동하는 최대 주파수

- 스타팅 특성(starting characteristic)

  모터의 회전이 입력 펄스와 완전히 1대 1로 대응해서 기동할 수 있는, 모터의 최대 발생 토크와 입력 펄스와의 관계

  풀인 토크(pull in torque)라고 표현하는 경우도 있다.

- slew 영역

  자기동 영역을 넘어서 주파수를 서서히 올릴 경우, 또는 부하 토크를 서서히 가할 경우 모터가 동기를 이탈하지 않고 응답 가능한 영역

- 스루잉 특성(slewing characteristic)

  스타팅 특성의 범위 내에서 기동시킨 모터를, 입력 펄스의 주파수를 서서히 증가시켰을 경우 모터의 회전이 입력 펄스와 1대 1로 대응할 수 있는, 최대 발생 토크 입력 펄스의 관계

  풀 아우트 토크(pull out torque)라고 표현하는 경우도 있다.

- 최대 연속 응답 주파수(maximum slewing pulse rate)

  무부하 상태로 slewing 특성으로 들어간 모터를 입력 펄스와 1대 1로 대응해서 회전시킬 수 있는 최대의 입력 주파수

- 탈조

  스타팅 특성 또는 slewing 특성을 벗어난 주파수의 펄스를 주었을 경우, 모터의 회전이 불규칙하게 되거나 정지하게 되는 상태

- 풀인 토크

  동기 인출 토크, 자기동 영역에서 기동할 때 발생하는 토크

- 풀아웃 토크

  자기동 영역을 넘어서 주파수를 서서히 올릴 경우, 또는 부하 토크를 증가시킬 경우 모터가 동기를 이탈하지 않고 발생하는 토크

예제에서는 FPGA에 공급되는 clock을 사용하여 RoV-Lab3000 Training KIT에 있는 Step Motor의 특성에 맞추어 탈조 현상이 발생하지 않는 범위내에서 기동하도록 한다. 따라서 driver에 공급되는 상 신호 외에 clock과 reset 신호를 사용하여 Step Motor가 반응할 수 있는 동작 속도로 구동한다. 핀 할당은 다음과 같이 입력 clock과 reset 및 좌/우 motor에 대해 할당한다.

FPGA_RSTB : P205
FPGA_CLK : P79
MTL_OUT_A : P128
MTL_OUT_B : P130
MTL_OUT_nA : P131
MTL_OUT_nB : P132
MTR_OUT_A : P133
MTR_OUT_B : P135
MTR_OUT_nA : P137
MTR_OUT_nB : P138

Step Motor 구동 source는 [그림 5-77]과 같다.

```
library IEEE;
use IEEE.STD_LOGIC_1164.ALL;
use IEEE.STD_LOGIC_ARITH.ALL;
use IEEE.STD_LOGIC_UNSIGNED.ALL;

entity Motor_test is
    port (     FPGA_RSTB  : IN std_logic;
               FPGA_CLK   : IN std_logic;
               MTL_OUT_A  : OUT std_logic;
               MTL_OUT_B  : OUT std_logic;
               MTL_OUT_nA : OUT std_logic;
               MTL_OUT_nB : OUT std_logic;
               MTR_OUT_A  : OUT std_logic;
               MTR_OUT_B  : OUT std_logic;
               MTR_OUT_nA : OUT std_logic;
               MTR_OUT_nB : OUT std_logic);
end Motor_test;
```

[그림 5-77] STEP Motor 구동 VHDL Code (계속)

```
architecture Behavioral of Motor_test

    signal cnt      : std_logic_vector (11 downto 0);
    signal load     : std_logic;
    signal clk_500  : std_logic;
    signal pwm_cnt  : std_logic_vector (1 downto 0);
    signal pwm_out  : std_logic_vector (3 downto 0);

begin

    process(FPGA_RSTB,FPGA_CLK,load,cnt)
    begin
        if FPGA_RSTB = '0' then
            cnt <= (others => '0');
            clk_500 <= '0';
        elsif rising_edge (FPGA_CLK) then
            if load = '1' then
                cnt <= (others => '0');
                clk_500 <= not clk_500;
            else
                cnt <= cnt + 1;
                clk_500 <= clk_500;
            end if;
        end if;
    end process;
    load <= '1' when (cnt = X"F9F") else '0';
    process(clk_500,FPGA_RSTB)
    begin
        if FPGA_RSTB = '0' then
            pwm_cnt <= (others => '0');
        elsif rising_edge (clk_500) then
            pwm_cnt <= pwm_cnt + 1;
        end if;
    end process;
```

[그림 5-77] STEP Motor 구동 VHDL Code (계속)

```
    process(pwm_cnt)
    begin
        case pwm_cnt is
            when "00"  => pwm_out <= "1000";
            when "01"  => pwm_out <= "0100";
            when "10"  => pwm_out <= "0010";
            when "11"  => pwm_out <= "0001";
            when others => pwm_out <= "0000";
        end case;
    end process;
MTL_OUT_A  <= pwm_out(0);
MTL_OUT_B  <= pwm_out(1);
MTL_OUT_nA <= pwm_out(2);
MTL_OUT_nB <= pwm_out(3);
MTR_OUT_A  <= pwm_out(3);
MTR_OUT_B  <= pwm_out(2);
MTR_OUT_nA <= pwm_out(1);
MTR_OUT_nB <= pwm_out(0);

end Behavioral;
```

[그림 5-77] STEP Motor 구동 VHDL Code

ISE에서 위의 VHDL code를 합성하고 RoV-Lab 3000에 프로그램하여 스텝 모터의 동작 상황을 살펴본다.

5-9 FPGA 예제 9 – RF 수신

RoV-Lab3000 Training KIT에는 RF 수신기가 장착되어 있으며 RF 송신기에 있는 3개의 버튼 중 하나를 누르면 RF Module Board에 이에 해당하는 LED에 불이 들어온다. 예제에서는 이 신호를 FPGA에서 입력받아 LED0..2에 불이 들어오도록 한다.

RF 수신 예제 프로그램을 작성하기 위해서 다음과 같이 핀을 할당한다.

LED<0> : P2

LED<1> : P3

LED<2> : P4

RF_DATA<0> : P40

RF_DATA<1> : P42

RF_DATA<2> : P43

다음 [그림 5-78]은 RF 수신 예제 프로그램이다. RF 송신기의 버튼을 누르면 어느 버튼이 눌렸는지를 RF 보드의 LED에 표시한다.

```
library IEEE;
use IEEE.STD_LOGIC_1164.ALL;
use IEEE.STD_LOGIC_ARITH.ALL;
use IEEE.STD_LOGIC_UNSIGNED.ALL;

entity RF_test is
    port (     RF_DATA : IN std_logic_vector (2 downto 0);
               LED     : OUT std_logic_vector (2 downto 0));
end RF_test;

architecture Behavioral of RF_test is
begin

LED <= RF_DATA;

end Behavioral;
```

[그림 5-78] RF 수신 VHDL Code

다음 예제에서는 RF 입력 데이터를 사용하여 STEP Motor를 구동한다. RF 송신기의 버튼에 의해 모터의 정회전, 역회전 및 오른쪽 바퀴만의 정회전을 하도록 설계하였다. STEP Motor의 동작을 위한 상 신호를 발생하는 부분과 RF 수신기로부터 얻어진 데이터를 사용하여 각각의 동작 모드에 맞는 상 신호를 출력하도록 하였다.

핀 할당은 다음과 같이 한다.

CLK_4M : p79
RSTB : p205
MTL_OUT_A : p128
MTL_OUT_B : p130
MTL_OUT_nA : p131
MTL_OUT_nB : p132
MTR_OUT_A : p133
MTR_OUT_B : p135
MTR_OUT_nA : p137
MTR_OUT_nB : p138
RF_DATA<0> : p40
RF_DATA<1> : p42
RF_DATA<2> : p43

다음의 [그림 5-79]는 RF 신호를 받아 모터를 동작시키는 예제코드이다.

```
library IEEE;
use IEEE.STD_LOGIC_1164.ALL;
use IEEE.STD_LOGIC_ARITH.ALL;
use IEEE.STD_LOGIC_UNSIGNED.ALL;

entity RF_Motor is
    port( CLK_4M, RSTB : IN std_logic;
    MTR_OUT_A, MTR_OUT_B, MTR_OUT_nA, MTR_OUT_nB : OUT std_logic;
    MTL_OUT_A, MTL_OUT_B, MTL_OUT_nA, MTL_OUT_nB : OUT std_logic;
```

[그림 5-79] RF 신호로 STEP motor 구동 예제 (계속)

```
    RF_DATA : IN std_logic_vector (2 downto 0));
end RF_Motor;
architecture Behavioral of RF_Motor is

signal clk_100k      : std_logic;
signal cnt           : std_logic_vector (7 downto 0);
signal load          : std_logic;
signal phase_l       : integer range 0 to 999;
signal phase_r       : integer range 0 to 999;
signal motor_lcnt    : integer range 0 to 999;
signal phase_lclk    : std_logic;
signal motor_rcnt    : integer range 0 to 999;
signal phase_rclk    : std_logic;
signal phase_lcnt    : std_logic_vector (1 downto 0);
signal phase_lout : std_logic_vector (3 downto 0);
signal phase_rcnt : std_logic_vector (1 downto 0);
signal phase_rout : std_logic_vector (3 downto 0);

signal dir : std_logic;
begin
--================== Clock(100kHz) Generator ===============
    process(RSTB,CLK_4M,load,cnt)
    begin
        if RSTB = '0' then
            cnt <= (others => '0');
            clk_100k <= '0';
        elsif rising_edge (CLK_4M) then
            if load = '1' then
                cnt <= (others => '0');
                clk_100k <= not clk_100k;
            else
                cnt <= cnt + 1;
```

[그림 5-79] RF 신호로 STEP motor 구동 예제 (계속)

```
                end if;
            end if;
    end process;
    load <= '1' when (cnt = X"19") else '0';
--================================================================
phase_l <= 399;       -- 250Hz
phase_r <= 399;       -- 250Hz
    process(RSTB,clk_100k,motor_lcnt)
    begin
            if RSTB = '0' then
                motor_lcnt <= 0;
                phase_lclk <= '0';
            elsif rising_edge (clk_100k) then
                if (motor_lcnt >= phase_l) then
                    motor_lcnt <= 0;
                    phase_lclk <= '1';
                else
                    motor_lcnt <= motor_lcnt + 1;
                    phase_lclk <= '0';
                end if;
            end if;
    end process;
    process(RSTB,clk_100k,motor_rcnt)
    begin
            if RSTB = '0' then
                motor_rcnt <= 0;
                phase_rclk <= '0';
            elsif rising_edge (clk_100k) then
                if (motor_rcnt >= phase_r) then
                    motor_rcnt <= 0;
                    phase_rclk <= '1';
                else
                    motor_rcnt <= motor_rcnt + 1;
```

[그림 5-79] RF 신호로 STEP motor 구동 예제 (계속)

```
                    phase_rclk <= '0';
                end if;
            end if;
    end process;
    process(RF_DATA)
    begin
            case RF_DATA is
                when "001" => dir <= '1';
                when "010" => dir <= '1';
                when "100" => dir <= '0';
                when others => dir <= '0';
            end case;
    end process;
    process(phase_rclk,RSTB,phase_rcnt)
    begin
            if RSTB = '0' then
                phase_rcnt <= (others => '0');
            elsif rising_edge (phase_rclk) then
                phase_rcnt <= phase_rcnt + 1;
            end if;
    end process;
    process(phase_rcnt,rstb,dir)
    begin
            if rstb = '0' then
                phase_rout <= (others => '0');
            else
                if dir = '1' then
                case phase_rcnt is
                    when "00"  => phase_rout <= "0001";
                    when "01"  => phase_rout <= "0010";
                    when "10"  => phase_rout <= "0100";
                    when "11"  => phase_rout <= "1000";
```

[그림 5-79] RF 신호로 STEP motor 구동 예제 (계속)

```
                when others => phase_rout <= "0000";
            end case;
            else
            case phase_rcnt is
                when "00"  => phase_rout <= "1000";
                when "01"  => phase_rout <= "0100";
                when "10"  => phase_rout <= "0010";
                when "11"  => phase_rout <= "0001";
                when others => phase_rout <= "0000";
            end case;
            end if;
        end if;
end process;
process(phase_lclk,RSTB,phase_lcnt)
begin
        if RSTB = '0' then
            phase_lcnt <= (others => '0');
        elsif rising_edge (phase_lclk) then
            phase_lcnt <= phase_lcnt + 1;
        end if;
    end process;
process(phase_lcnt,rstb,dir)
begin
        if rstb = '0' then
            phase_lout <= (others => '0');
        else
            if dir = '1' then
            case phase_lcnt is
                when "00"  => phase_lout <= "1000";
                when "01"  => phase_lout <= "0100";
                when "10"  => phase_lout <= "0010";
                when "11"  => phase_lout <= "0001";
                when others => phase lout <= "0000";
```

[그림 5-79] RF 신호로 STEP motor 구동 예제 (계속)

```
                end case;
                else
                case phase_lcnt is
                    when "00"  => phase_lout <= "0001";
                    when "01"  => phase_lout <= "0010";
                    when "10"  => phase_lout <= "0100";
                    when "11"  => phase_lout <= "1000";
                    when others => phase_lout <= "0000";
                end case;
                end if;
            end if;
    end process;
MTL_OUT_A  <= '0' when RF_DATA = "000" or RF_DATA = "010" else
            phase_lout(0);
MTL_OUT_B  <= '0' when RF_DATA = "000" or RF_DATA = "010" else
            phase_lout(1);
MTL_OUT_nA <= '0' when RF_DATA = "000" or RF_DATA = "010" else
            phase_lout(2);
MTL_OUT_nB <= '0' when RF_DATA = "000" or RF_DATA = "010" else
            phase_lout(3);

MTR_OUT_A  <= '0' when RF_DATA = "000" else phase_rout(0);
MTR_OUT_B  <= '0' when RF_DATA = "000" else phase_rout(1);
MTR_OUT_nA <= '0' when RF_DATA = "000" else phase_rout(2);
MTR_OUT_nB <= '0' when RF_DATA = "000" else phase_rout(3);

end Behavioral;
```

[그림 5-79] RF 신호로 STEP motor 구동 예제

합성하고 프로그램한 후 RF 송신기의 버튼을 눌러보며 스텝 모터의 동작을 살펴본다.

5-10 FPGA 예제 10 – AVR Interface

RoV-Lab3000 Training KIT에는 FPGA인 Xilinx의 Spartan 3 제품군의 하나인 xc3s200 칩과 MCU는 ATMEL사의 8-Bit RISC AVR core를 사용한 ATmega128/L을 사용한다. MCU와 FPGA를 연동하여 LED와 7-Segment 및 센서, 스텝모터의 동작을 테스트한다.

AVR과 FPGA는 다음 Block Diagram과 같이 AVR의 8-bit data bus에 연결되어 있으며 외부 메모리를 제어하듯이 사용하기 위해서 FPGA에 이와 같은 동작을 할 수 있도록 프로그램을 한다.

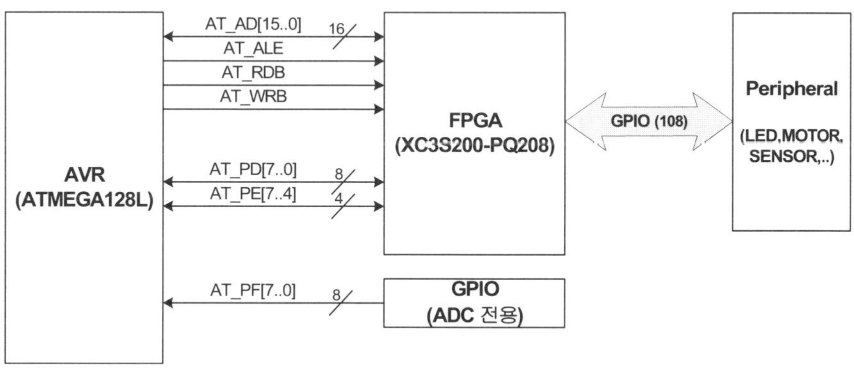

[그림 5-80] ATmega128/L과 XC3S200의 연결 블록도

아래의 [그림 5-81]은 [그림 5-80]에서 FPGA에 연결된 peripheral 블록과 FPGA에서 할당한 어드레스를 자세히 표시한 것이다.

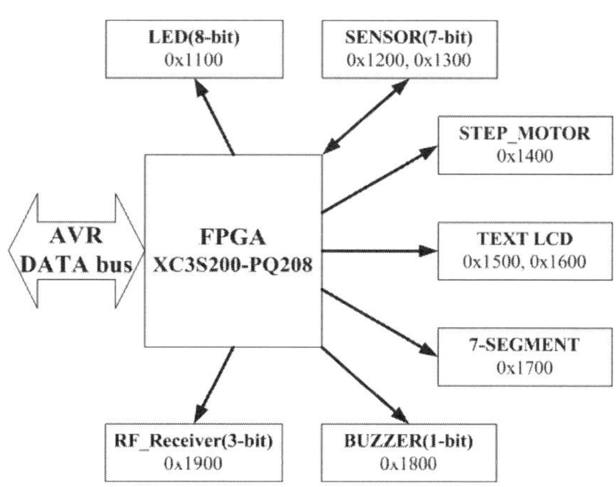

[그림 5-81] XC3S200과 Peripheral과의 인터페이스

FPGA의 0x1100 번지에서 LED를 제어할 수 있고, 0x1200번지에서 Sensor의 출력을, 0x1300번지에서 Sensor의 입력 값을 읽을 수 있도록 하고 있다. 또한 0x1400번지에 모터 제어에 필요한 값을 써 넣을 수 있어 스텝모터를 AVR에서 구동할 수 있도록 하고 있다. Text LCD 제어를 위해서 LCD에 기록할 데이터는 0x1500번지에, LCD를 제어하기 위한 값은 0x1600번지를 사용한다. 0x1700번지의 하위 4-bit에 0~F까지의 값을 기록하면 FPGA 내부에서 Decoding하여 7-segment에 표시된다. 0x1800번지의 하위 1-bit은 buzzer의 구동을 위해 할당되어 있으며 0x1900번지의 값을 읽으면 하위 3-bit의 데이터가 현재 RF 송신기에 어떤 버튼이 눌렸는지 판단할 수 있도록 구성되어 있다. 아래는 C source 파일에서 사용되는 각 주변 장치들의 인터페이스에 사용되는 어드레스를 정리한 것이다.

```
#define LED_ADDRESS (unsigned char *)0x1100
#define SEN_OUT_ADDRESS (unsigned char *)0x1200
#define SEN_IN_ADDRESS (unsigned char *)0x1300
#define MOTOR_ADDRESS (unsigned char *)0x1400
#define LCD_DATA (unsigned char *)0x1500
#define LCD_CTRL (unsigned char *)0x1600
#define SEG_ADDRESS (unsigned char *)0x1700
#define BUZZER_ADDRESS (unsigned char *)0x1800
#define RF_ADDRESS (unsigned char *)0x1900
```

FPGA와 AVR의 data bus를 연결하여 사용하기 위해서는 FPGA의 핀을 /RD, /WR 제어 신호에 따라 출력/입력의 상태를 변환할 수 있도록 INOUT으로 설정해야 한다. 또한 정해진 address에서 반응할 수 있도록 각각의 해당 address에 맞는 register를 만들어야 한다.

다음의 VHDL code는 FPGA에서 AVR과 연결하여 address에 따라 LED, Sensor, STEP Motor, LCD, 7-segment, buzzer를 구동하고 수신된 RF 데이터를 받을 수 있도록 설계한 것이다.

```
library IEEE;
use IEEE.STD_LOGIC_1164.ALL;
use IEEE.STD_LOGIC_ARITH.ALL;
use IEEE.STD_LOGIC_UNSIGNED.ALL;

entity AVR_Interface is
    Port ( CIN : in  STD_LOGIC;
           AD   : inout  STD_LOGIC_VECTOR (7 downto 0);
           ADDR : in  STD_LOGIC_VECTOR (7 downto 0);
           ALE  : in  STD_LOGIC;
           RD   : in  STD_LOGIC;
           WR   : in  STD_LOGIC;
           RF_IN      : in  STD_LOGIC_VECTOR(2 downto 0);
           LED  : out  STD_LOGIC_VECTOR (7 downto 0);
           LCD_DATA   : out  STD_LOGIC_VECTOR (7 downto 0);
           LCD_EN     : out  STD_LOGIC;
           LCD_A      : out  STD_LOGIC_VECTOR (1 downto 0);
           SEN_IN     : in  STD_LOGIC_VECTOR (6 downto 0);
           SEN_OUT    : out  STD_LOGIC_VECTOR (6 downto 0);
           SEG_A, SEG_B, SEG_C, SEG_D, SEG_E, SEG_F, SEG_G,
                  SEG_DP : out  STD_LOGIC;
           BUZZER     :     out  STD_LOGIC;
           MTL_A: out  STD_LOGIC;
           MTL_B : out  STD_LOGIC;
           MTL_nA : out  STD_LOGIC;
           MTL_nB : out  STD_LOGIC;
           MTR_A : out  STD_LOGIC;
           MTR_B : out  STD_LOGIC;
           MTR_nA : out  STD_LOGIC;
           MTR_nB : out  STD_LOGIC);
end AVR_Interface;

architecture Behavioral of AVR_Interface is
```

[그림 5-82] AVR Interface VHDL Code (계속)

```
component BUFG_DFS_FB_SUBM is
    port (
          CLK_IN    : in std_logic;
          RST       : in std_logic;
          CLK1X     : out std_logic;
          CLKFX     : out std_logic;
          CLKFX180  : out std_logic;
          LOCK      : out std_logic
           );
end component;

    signal    i_wr, i_rd :    std_logic;
    signal    ff_wr, ff_rd :  std_logic;
    signal    LED_DATA    :   std_logic_vector(7 downto 0);
    signal    SEN_OUT_DATA:   std_logic_vector(7 downto 0);
    signal    SEN_IN_DATA:    std_logic_vector(7 downto 0);
    signal    MOT_DATA    :   std_logic_vector(7 downto 0);
    signal    LCD_OUT_DATA:   std_logic_vector(7 downto 0);
    signal    LCD_CTRL_DATA : std_logic_vector(7 downto 0);
    signal    SEG         :   std_logic_vector(7 downto 0);
    signal    seg_data    :   std_logic_vector(7 downto 0);
    signal    rf_data     :   std_logic_vector(7 downto 0);
    signaldummy0, dummy1, dummy2, dummy3, CLK:    std_logic;
begin
    dummy0 <= '0';

CLOCK_GEN : BUFG_DFS_FB_SUBM
    port map(
              CLK_IN => CIN,
              RST => dummy0,
              CLK1X => dummy1,
              CLKFX => dummy2,
              CLKFX180 => clk,
              LOCK  =>   dummy3
```

[그림 5-82] AVR Interface VHDL Code (계속)

```
);
process(clk, rd, wr, rf_in)

begin
      if (clk'event and clk='1') then
            ff_wr <= wr;
            ff_rd <= rd;
            rf_data <= "00000" & RF_IN;
      end if;
end process;

i_rd <= ff_rd xor wr when(rd='0') else '0';
i_wr <= ff_wr xor wr when(wr='1') else '0';

process(clk, rf_in)
begin
      if (clk'event and clk='1') then
            rf_data <= "00000" & RF_IN;
      end if;
end process;

process(ALE, AD, ADDR, i_wr, SEN_IN_DATA, RF_DATA, i_rd)
begin
      if ( ALE = '0' ) then
            if ( ADDR = "00010001" and i_wr = '1' ) then
                  LED_DATA <= AD;
            elsif ( ADDR = "00010010" and i_wr = '1' ) then
                  SEN_OUT_DATA <= AD;
            elsif ( ADDR = "00010011" and i_rd = '1' ) then
                  AD <= SEN_IN_DATA;
            elsif ( ADDR = "00010100" and i_wr = '1' ) then
                  MOT_DATA <= AD;
            elsif ( ADDR = "00010101" and i_wr = '1' ) then
                  LCD_OUT_DATA <= AD;
            elsif ( ADDR = "00010110" and i_wr = '1' ) then
                  LCD_CTRL_DATA <= AD;
```

[그림 5-82] AVR Interface VHDL Code (계속)

```
            elsif ( ADDR = "00010111" and i_wr = '1' ) then
                SEG_DATA <= AD;
            elsif ( ADDR = "00011000" and i_wr = '1' ) then
                BUZZER    <=    AD(0);
            elsif ( ADDR = "00011001" and i_rd = '1' ) then
                AD    <=    RF_DATA;
            else
                AD <= "ZZZZZZZZ";
            end if;
        else
            AD <= "ZZZZZZZZ";
        end if;
    end process;

    process(seg_data,cin)
    begin
      if ( cin'event and cin='1' ) then
        case seg_data(3 downto 0)        is
                                                -- abcdefgd
            when X"0" => seg <= "11111101";
            when X"1" => seg <= "01100001";
            when X"2" => seg <= "11011011";
            when X"3" => seg <= "11110011";
            when X"4" => seg <= "01100111";
            when X"5" => seg <= "10110111";
            when X"6" => seg <= "10111111";
            when X"7" => seg <= "11100101";
            when X"8" => seg <= "11111111";
            when X"9" => seg <= "11110111";
            when X"a" => seg <= "11111011";
            when X"b" => seg <= "00111111";
            when X"c" => seg <= "10011101";
            when X"d" => seg <= "01111011";
```

[그림 5-82] AVR Interface VHDL Code (계속)

```
                when X"e" => seg <= "10011111";
                when X"f" => seg <= "10001111";
                when others => seg <= (others => '0');
           end case;
       end if;
     end process;

     LED <= LED_DATA;
     SEN_OUT <= SEN_OUT_DATA(6 downto 0);

     SEN_IN_DATA <= '0' & SEN_IN;
     LCD_DATA <=      LCD_OUT_DATA;
     LCD_A <= LCD_CTRL_DATA(2 downto 1);
     LCD_EN <= LCD_CTRL_DATA(0);

     MTL_A <= MOT_DATA(7);
     MTL_B <= MOT_DATA(6);
     MTL_nA <= MOT_DATA(5);
     MTL_nB <= MOT_DATA(4);
     MTR_A <= MOT_DATA(3);
     MTR_B <= MOT_DATA(2);
     MTR_nA <= MOT_DATA(1);
     MTR_nB <= MOT_DATA(0);
     seg_a <= seg(7);
     seg_b <= seg(6);
     seg_c<= seg(5);
     seg_d <= seg(4);
     seg_e <= seg(3);
     seg_f <= seg(2);
     seg_g <= seg(1);
     seg_dp <= seg(0);
end Behavioral;
```

[그림 5-82] AVR Interface VHDL Code (계속)

AVR과의 Interface하는 예제 코드에서는 Spartan3 칩 내부의 DCM을 사용하여 입력 클럭의 4배된 내부 동작 클럭을 얻기 위해 "BUFG_DFS_FB_SUBM.vhd" 파일을 사용하였으며 이 파일의 내용은 [그림 5-83]과 같다

```
--
-- Module:  BUFG_DFS_FB_SUBM
--
-- Description: VHDL submodule
--  DCM with CLKFX and CLKFX180 outputs in phase with CLK_IN
--
-- Device:  Spartan-3 Family
--
-----------------------------------------------------------------
--
library IEEE;
use IEEE.std_logic_1164.all;
--
-- pragma translate_off
library UNISIM;
use UNISIM.VCOMPONENTS.ALL;
-- pragma translate_on
--
entity BUFG_DFS_FB_SUBM is
    port (
           CLK_IN     : in std_logic;
           RST        : in std_logic;
           CLK1X      : out std_logic;
           CLKFX      : out std_logic;
           CLKFX180   : out std_logic;
           LOCK       : out std_logic
           );
end BUFG_DFS_FB_SUBM;
```

[그림 5-83] Spartan3 칩의 DCM을 사용하기 위한 VHDL code (계속)

```
--
architecture BUFG_DFS_FB_SUBM_arch of BUFG_DFS_FB_SUBM is
--
-- Components Declarations:
--
component BUFG
    port (
         I    : in std_logic;
         O    : out std_logic
         );
end component;
--
component DCM
-- pragma translate_off
    generic (
              DFS_FREQUENCY_MODE : string := "LOW";
              CLKFX_DIVIDE : integer := 1;
              CLKFX_MULTIPLY : integer := 4 ;
              STARTUP_WAIT : boolean := FALSE
             );
-- pragma translate_on

    port ( CLKIN    : in  std_logic;
           CLKFB    : in  std_logic;
           DSSEN    : in  std_logic;
           PSINCDEC : in  std_logic;
           PSEN     : in  std_logic;
           PSCLK    : in  std_logic;
           RST      : in  std_logic;
           CLK0     : out std_logic;
           CLK90    : out std_logic;
           CLK180   : out std_logic;
           CLK270   : out std_logic;
```

[그림 5-83] Spartan3 칩의 DCM을 사용하기 위한 VHDL code (계속)

```
            CLK2X    : out std_logic;
            CLK2X180 : out std_logic;
            CLKDV    : out std_logic;
             CLKFX   : out std_logic;
            CLKFX180 : out std_logic;
             LOCKED  : out std_logic;
            PSDONE   : out std_logic;
            STATUS   : out std_logic_vector(7 downto 0)
           );
end component;
--
-- Attributes

attribute DFS_FREQUENCY_MODE : string;
attribute CLKFX_DIVIDE : integer;
attribute CLKFX_MULTIPLY : integer;
attribute STARTUP_WAIT : string;

attribute DFS_FREQUENCY_MODE of U_DCM: label is "LOW";
attribute CLKFX_DIVIDE of U_DCM: label is 1;
attribute CLKFX_MULTIPLY of U_DCM: label is 4;
attribute STARTUP_WAIT of U_DCM: label is "FALSE";

--
---------------------------------------------------------------
--
-- Signal Declarations:
signal GND : std_logic;
--
signal CLK0_W: std_logic;
signal CLK1X_W: std_logic;
signal CLKFX_W: std_logic;
signal CLKFX180_W: std_logic;
```

[그림 5-83] Spartan3 칩의 DCM을 사용하기 위한 VHDL code (계속)

```
signal CLKF_W: std_logic;
signal CLKF180_W: std_logic;

begin
GND <= '0';
--
CLK1X <= CLK1X_W;
CLKFX <= CLKF_W;
CLKFX180 <= CLKF180_W;
--
-- DCM Instantiation
U_DCM: DCM
    port map (
                CLKIN =>    CLK_IN,
                CLKFB =>    CLK1X_W,
                DSSEN =>    GND,
                PSINCDEC => GND,
                PSEN =>     GND,
                PSCLK =>    GND,
                RST =>      RST,
                CLK0 =>     CLK0_W,
                CLKFX =>    CLKFX_W,
                CLKFX180 => CLKFX180_W,
                LOCKED =>   LOCK
              );
-- BUFG Instantiation for CLKFX
U0_BUFG: BUFG
    port map (
                I => CLKFX_W,
                O => CLKF_W
              );
--
-- BUFG Instantiation for CLKFX180
```

[그림 5-83] Spartan3 칩의 DCM을 사용하기 위한 VHDL code (계속)

```
U1_BUFG: BUFG
    port map (
              I => CLKFX180_W,
              O => CLKF180_W
             );
--

-- BUFG Instantiation
U2_BUFG: BUFG
    port map (
              I => CLK0_W,
              O => CLK1X_W
             );
--

end BUFG_DFS_FB_SUBM_arch;
```

[그림 5-83] Spartan3 칩의 DCM을 사용하기 위한 VHDL code

다음은 핀 할당 파일인 ucf 파일의 내용이다. AVR과 Interface를 위한 FPGA의 VHDL code와 함께 Project Navigator에 등록하여 사용한다.

```
NET "AD<0>"          LOC = "p97"  ;
NET "AD<1>"          LOC = "p96"  ;
NET "AD<2>"          LOC = "p95"  ;
NET "AD<3>"          LOC = "p94"  ;
NET "AD<4>"          LOC = "p93"  ;
NET "AD<5>"          LOC = "p90"  ;
NET "AD<6>"          LOC = "p87"  ;
NET "AD<7>"          LOC = "p86" ;
NET "ADDR<0>"        LOC = "p85" ;
NET "ADDR<1>"        LOC = "p81" ;
NET "ADDR<2>"        LOC = "p80" ;
```

[그림 5-84] AVR Interface Pin 설정 (계속)

```
NET "ADDR<3>"        LOC = "p78" ;
NET "ADDR<4>"        LOC = "p77" ;
NET "ADDR<5>"        LOC = "p76" ;
NET "ADDR<6>"        LOC = "p74" ;
NET "ADDR<7>"        LOC = "p72" ;
NET "ALE"            LOC = "p167";
NET "LED<0>"         LOC = "p2"  ;
NET "LED<1>"         LOC = "p3"  ;
NET "LED<2>"         LOC = "p4"  ;
NET "LED<3>"         LOC = "p5"  ;
NET "LED<4>"         LOC = "p7"  ;
NET "LED<5>"         LOC = "p9"  ;
NET "LED<6>"         LOC = "p10"  ;
NET "LED<7>"         LOC = "p11"  ;
NET "MTL_A"          LOC = "p128"  ;
NET "MTL_B"          LOC = "p130"  ;
NET "MTL_nA"         LOC = "p131"  ;
NET "MTL_nB"         LOC = "p132"  ;
NET "MTR_A"          LOC = "p133"  ;
NET "MTR_B"          LOC = "p135"  ;
NET "MTR_nA"         LOC = "p137"  ;
NET "MTR_nB"         LOC = "p138"  ;
NET "RD"             LOC = "p154"  ;
NET "SEN_IN<0>"      LOC = "p115" ;
NET "SEN_IN<1>"      LOC = "p116" ;
NET "SEN_IN<2>"      LOC = "p117" ;
NET "SEN_IN<3>"      LOC = "p119" ;
NET "SEN_IN<4>"      LOC = "p120" ;
NET "SEN_IN<5>"      LOC = "p122" ;
NET "SEN_IN<6>"      LOC = "p123" ;
NET "SEN_OUT<0>"     LOC = "p106" ;
NET "SEN_OUT<1>"     LOC = "p107" ;
NET "SEN_OUT<2>"     LOC = "p108" ;
```

[그림 5-84] AVR Interface Pin 설정 (계속)

```
NET "SEN_OUT<3>"     LOC = "p109" ;
NET "SEN_OUT<4>"     LOC = "p111" ;
NET "SEN_OUT<5>"     LOC = "p113" ;
NET "SEN_OUT<6>"     LOC = "p114" ;
NET "WR"             LOC = "p139" ;
NET "LCD_DATA<0>"    LOC = "p57"  ;
NET "LCD_DATA<1>"    LOC = "p58"  ;
NET "LCD_DATA<2>"    LOC = "p61"  ;
NET "LCD_DATA<3>"    LOC = "p62"  ;
NET "LCD_DATA<4>"    LOC = "p63"  ;
NET "LCD_DATA<5>"    LOC = "p64"  ;
NET "LCD_DATA<6>"    LOC = "p65"  ;
NET "LCD_DATA<7>"    LOC = "p67"  ;
NET "LCD_A<0>"       LOC = "p50"  ;
NET "LCD_A<1>"       LOC = "p51"  ;
NET "LCD_EN"         LOC = "p52"  ;
NET "CLK"            LOC = "p79"  ;
NET "SEG_A"          LOC = "P31"  ;
NET "SEG_B"          LOC = "P33"  ;
NET "SEG_C"          LOC = "P34"  ;
NET "SEG_D"          LOC = "P35"  ;
NET "SEG_DP"         LOC = "P48"  ;
NET "SEG_E"          LOC = "P36"  ;
NET "SEG_F"          LOC = "P37"  ;
NET "SEG_G"          LOC = "P39"  ;
NET "BUZZER"         LOC = "P21"  ;
NET "RF_IN<0>"       LOC = "P40"  ;
NET "RF_IN<1>"       LOC = "P42"  ;
NET "RF_IN<2>"       LOC = "P43"  ;
```

[그림 5-84] AVR Interface Pin 설정

위의 VHDL code와 핀 할당에 대한 설정이 표기된 ucf 파일을 사용하여 project navigator에서 합성하여 FPGA에 다운로드하고 다음 페이지의 AVR code를 차례대로 실행하여 RoV-Lab3000 Training KIT의 동작을 확인한다.

AVR 제어 예제

6

CHAPTER

6-1 ATmega128/L의 입/출력 Port 제어

AVR의 I/O port는 기본적으로 [그림 6-1]과 같이 등가회로로 나타낼 수 있으며, 일반적인 디지털 I/O는 [그림 6-2]와 같이 되어 있다.

ATmega128/L의 PORT는 다른 특수한 기능을 하는 핀과 공유되어 있어 이들에 대한 레지스터의 설정에 따라 일반 I/O 또는 다른 기능을 하는 핀으로 동작하게 된다. 일반적인 I/O로 동작을 시킬 경우 PORTx, DDRx, PINx 레지스터를 사용한다. x는 A에서 G까지 사용할 수 있다.

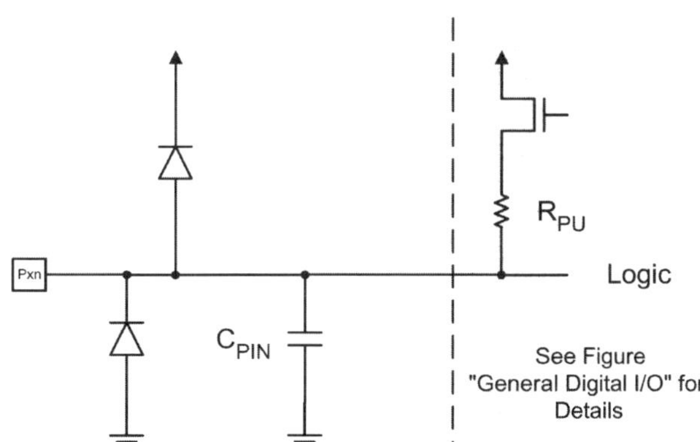

[그림 6-1] I/O의 등가회로

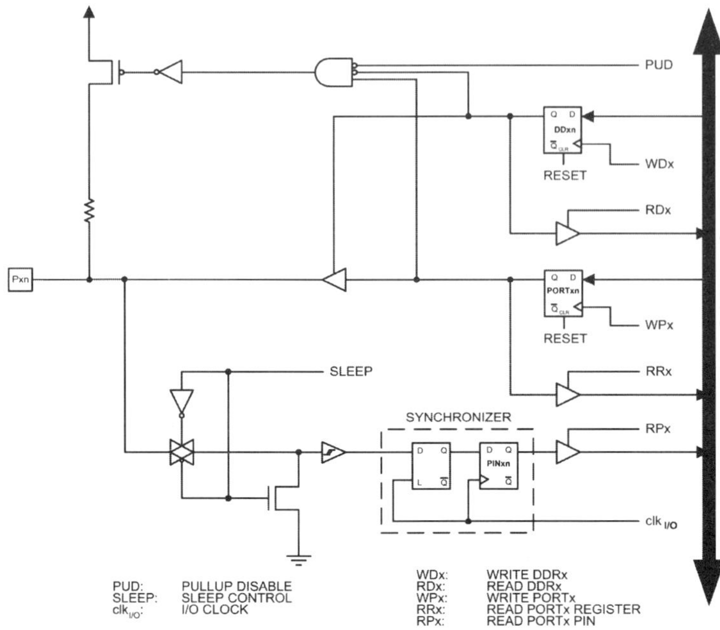

[그림 6-2] 일반 디지털 I/O

[표 6-1] ATmega128/L의 레지스터에 따른 I/O port 설정

DDxn	PORTxn	PUD (in SFIOR)	I/O	Pull-up	Comment
0	0	X	Input	No	Tri-state(Hi-Z)
0	1	0	Input	Yes	Pxn will source current if ext. pulled low
0	1	1	Input	No	Tri-state(Hi-Z)
1	0	X	Output	No	Output Low(Sink)
1	1	X	Output	No	Output High(Source)

- DDRx : Data Direction Register(0 : input, 1 : output)

  해당 비트의 설정에 따라 각 핀을 입력 또는 출력으로 사용할 수 있다.

- PORTx, PINx : 입/출력 데이터 레지스터

  입력일 경우 PINx, 출력일 경우 PORTx 레지스터에 값을 읽거나 쓴다.

ATmega128/L의 I/O Port는 모두 8비트의 크기를 갖는 A~F의 port와 5비트의 크기를 갖는 G port까지 모두 53개의 I/O를 가지고 있다. 이들 port는 I/O 기능 이외에 AVR의 다른 기능을 가지고 있으며 특히 PA7..0과 PC7..0은 외부 메모리 인터페이스에 사용된다.

PORT PIN	Alternate Function
PA7	AD7(External memory interface address and data bit 7)
PA6	AD6(External memory interface address and data bit 6)
PA5	AD5(External memory interface address and data bit 5)
PA4	AD4(External memory interface address and data bit 4)
PA3	AD3(External memory interface address and data bit 3)
PA2	AD2(External memory interface address and data bit 2)
PA1	AD1(External memory interface address and data bit 1)
PA0	AD0(External memory interface address and data bit 0)
PB7	OC2/OC1C(Output Compare and PWM Output for Timer/Counter2 or Output Compare and PWM Output C for Timer/Counter1)
PB6	OC1B(Output Compare and PWM Output B for Timer/Counter1)
PB5	OC1A(Output Compare and PWM Output A for Timer/Counter1)
PB4	OC0(Output Compare and PWM Output for Timer/Counter0)
PB3	MISO(SPI Bus Master Input/Slave Output)
PB2	MOSI(SPI Bus Master Output/Slave Input)
PB1	SCK(SPI Bus Serial Clock)
PB0	/SS(SPI Slave Select Input)
PC7	A15(External memory interface address bit 15)
PC6	A14(External memory interface address bit 14)
PC5	A13(External memory interface address bit 13)
PC4	A12(External memory interface address bit 12)
PC3	A11(External memory interface address bit 11)
PC2	A10(External memory interface address bit 10)
PC1	A9(External memory interface address bit 9)
PC0	A8(External memory interface address bit 8)

PE0과 PE1은 직렬통신 포트0에 연결되어 RXD, TXD의 기능과 함께 ISP(In-System Programmer)를 사용한 칩 내부 플래시 및 EEPROM의 프로그래밍에 사용되는 PDI, PDO의 기능을 함께 가지고 있다.

PORT PIN	Alternate Function
PD7	T2(Timer/Counter2 Clock Input)
PD6	T1(Timer/Counter1 Clock Input)
PD5	XCK1(USART1 External Clock Input/Output)
PD4	IC1(Timer/Counter1 Input Capture Trigger)
PD3	INT3/TXD1(External Interrupt3 Input or UART1 Transmit Pin)
PD2	INT2/RXD1(External Interrupt2 Input or UART1 Receive Pin)
PD1	INT1/SDA(External Interrupt1 Input or TWI Serial DAta)
PD0	INT0/SCL(External Interrupt0 Input or TWI Serial CLock)
PE7	INT7/IC3(External Interrupt7 Input or Timer/Counter3 Input Capture Trigger)
PE6	INT6/T3(External Interrupt6 Input or Timer/Counter3 Clock Input)
PE5	INT5/OC3C((External Interrupt5 Input or Output Compare and PWM Output C for Timer/Counter3)
PE4	INT4/OC3B((External Interrupt4 Input or Output Compare and PWM Output B for Timer/Counter3)
PE3	AIN1/OC3A(Analog Comparator Negative Input or Output Compare and PWM Output A for Timer/Counter3)
PE2	AIN0/XCK0(Analog Comparator Positive Input or USART0 external clock input/output)
PE1	PDO/TXD0(Programming Data Output or UART0 Transmit Pin)
PE0	PDI/RXD0(Programming Data Intput or UART0 Receive Pin)
PF7	ADC7/TDI(ADC input channel 7 or JTAG Test Data Input)
PF6	ADC6/TDO(ADC input channel 6 or JTAG Test Data Output)
PF5	ADC5/TMS(ADC input channel 5 or JTAG Test Mode Select)
PF4	ADC4/TCK(ADC input channel 4 or JTAG Test ClocK)
PF3	ADC3(ADC input channel 3)
PF2	ADC2(ADC input channel 2)
PF1	ADC1(ADC input channel 1)
PF0	ADC0(ADC input channel 0)

ATmega128/L에서는 이전 모델인 ATmega103에 비하여 5개의 포트가 추가되었는데 외부 메모리 인터페이스 전용으로 할당되었던 핀들과 RTC(Real Time Clock)의 입력 클럭 핀으로 사용되는 핀을 I/O 포트로 사용할 수 있도록 할당하였다.

PORT PIN	Alternate Function
PG4	TOSC1(RTC Oscillator Timer/Counter0)
PG3	TOSC2(RTC Oscillator Timer/Counter0)
PG2	ALE(Address Latch Enable to external memory)
PG1	/RD(Read strobe to external memory)
PG0	/WR(Write strobe to external memory)

ATmega128/L의 I/O 포트의 구성은 ATmega103과 호환성을 유지하는 모드로 동작할 때는 제약사항들이 많이 있는데, 특히 ADC와 함께 연결된 PF7..0의 I/O는 ATmeg103 호환모드에서는 입력 전용으로만 동작하며, PG4..0은 I/O 포트로는 사용할 수 없다.

PORT, DDR, PIN 레지스터의 구성은 각각 다음과 같다.

PORT x Data Register - PORTx

Bit	7	6	5	4	3	2	1	0
	PORTx7	PORTx6	PORTx5	PORTx4	PORTx3	PORTx2	PORTx1	PORTx0
Read/Write	R/W	R/W	R/W	R/W	R/W	R/W	R/W	R/W
Initial Value	0	0	0	0	0	0	0	0

PORT x Data Direction Register - DDRx

Bit	7	6	5	4	3	2	1	0
	DDx7	DDx6	DDx5	DDx4	DDx3	DDx2	DDx1	DDx0
Read/Write	R/W	R/W	R/W	R/W	R/W	R/W	R/W	R/W
Initial Value	0	0	0	0	0	0	0	0

PORT x Input Pins Address - PINx

Bit	7	6	5	4	3	2	1	0
	PINx7	PINx6	PINx5	PINx4	PINx3	PINx2	PINx1	PINx0
Read/Write	R/W	R/W	R/W	R/W	R/W	R/W	R/W	R/W
Initial Value	0	0	0	0	0	0	0	0

아래의 예제 프로그램은 PORTA의 8-bit를 모두 출력으로 지정하고(DDRA=0xFF) PORTA에 출력되는 값은 모든 비트가 '1'이 되는(0xFF) 상태와 일정한 시간 지연 후 모든 비트의 값이 '0'이 되는(0x00) 상태를 반복하여 출력한다. 이 예제 프로그램은 ATmega128/L의 PORT 입/출력에 대한 방향 설정과 출력 값을 지정하는 예제를 보인 것으로 RoV-Lab 3000에서 실행하려면 FPGA에 포트 입/출력에 대한 적절한 동작 code를 합성하여 사용해야 한다.

```
#include <avr/io.h>

void main(void)
{
    unsigned int i,j;
    DDRA = 0xFF;      // 모든 포트를 출력으로 설정
    while(1)          // 무한 반복
    {
        PORTA = 0xFF; // PORTA의 모든 비트를 '1'로 출력

        for(i=0;i<2000;i++)          // 일정시간 반복. 시간지연효과
            for(j=0;j<2000;j++)
            {
            }

        PORTA = 0x00;    // PORTA의 모든 비트를 '0'으로 출력

        for(i=0;i<2000;i++)          // 일정시간 반복. 시간지연효과
            for(j=0;j<2000;j++)
            {
            }
    }
}
```

[그림 6-3] ATmega128/L의 port 출력 C code

[그림 6-3]의 port 출력 예제를 사용하기 위해서는 LED와 연결된 FPGA를 먼저 프로그램하여 FPGA를 ATmega128/L의 Port A와 LED를 연결하는 wire와 같은 역할로

동작할 수 있도록 구성해야 한다. 앞의 FPGA 예제와 PART IV 부록를 참조하여 [그림 6-4]의 VHDL code를 ISE를 사용하여 합성한 후 FPGA에 프로그램한다. [그림 6-3]의 C code는 AvrEdit를 사용하여 컴파일하고 PonyProg를 사용하여 ATmega128/L의 내부 Flash 메모리에 기록한다.

```
library IEEE;
use IEEE.STD_LOGIC_1164.ALL;
use IEEE.STD_LOGIC_ARITH.ALL;
use IEEE.STD_LOGIC_UNSIGNED.ALL;


entity AVR_Interface is
    Port (     PORTA : in STD_LOGIC_VECTOR(7 downto 0);
               LED   : out STD_LOCIC_VECTOR(7 downto 0));
end AVR_Interface;

architecture Behavioral of AVR_Interface is

begin

    LED <= PORTA;

end Behavioral;
```

[그림 6-4] Port 출력 VHDL Code

Port 출력 예제에서 각 Net에 대한 핀 설정은 다음과 같이 한다.

앞의 예제에서 볼 수 있듯이 ATmega128/L의 port 제어에는 입/출력 방향 설정하는 레지스터와 입력 데이터 레지스터 및 출력 데이터 레지스터의 3가지 레지스터가 관련된다. 입/출력 방향 설정에는 DDRx 레지스터를 입력 데이터는 PINx 레지스터, 출력 데이터에는 PORTx 레지스터를 사용한다. 예제에서와 같이 Port A를 출력으로 사용하고 싶다면 DDRA 레지스터에 8-bit 모두를 출력으로 지정하는 0xFF를 할당하고, 출력되는 데이터는 PORTA 레지스터에 기록한다.

```
NET "PORTA<0>"  LOC = "p97"  ;
NET "PORTA<1>"  LOC = "p96"  ;
NET "PORTA<2>"  LOC = "p95"  ;
NET "PORTA<3>"  LOC = "p94"  ;
NET "PORTA<4>"  LOC = "p93"  ;
NET "PORTA<5>"  LOC = "p90"  ;
NET "PORTA<6>"  LOC = "p87"  ;
NET "PORTA<7>"  LOC = "p86"  ;
NET "LED<0>"     LOC = "p2"  ;
NET "LED<1>"     LOC = "p3"  ;
NET "LED<2>"     LOC = "p4"  ;
NET "LED<3>"     LOC = "p5"  ;
NET "LED<4>"     LOC = "p7"  ;
NET "LED<5>"     LOC = "p9"  ;
NET "LED<6>"     LOC = "p10" ;
NET "LED<7>"     LOC = "p11" ;
```

[그림 6-5] Port 출력 예제 핀 할당 (*.ucf)

다음은 RoV-Lab 3000 Training KIT에서 동작하는 예제 프로그램으로써 RoV-Lab 3000에는 마이크로컨트롤러 AVR ATmega128/L이 외부회로인 센서, LED, DIP S/W, PUSH S/W, 7-Segment, Text LCD, RF 수신 모듈, STEP Motor Driver가 FPGA인 Spartan3 xc3s200 칩을 통해서 연결되어 있다. 즉, FPGA가 마이크로 컨트롤러의 부족한 입출력 PORT를 확장해주는 역할을 하고 있다. 따라서 FPGA에 이들과 ATmega128/L과 적절한 인터페이스를 위한 VHDL code를 미리 작성해 줄 필요가 있다. 앞에서 설계한 AVR 인터페이스를 위한 FPGA 회로가 이러한 역할을 수행하며 ATmega128/L에서 FPGA를 memory mapped I/O로 address, data bus에 연결하여 사용한다.

다음 페이지의 [그림 6-6], [그림 6-7]은 ATmega128/L에서는 PORTA를 출력으로 지정하고 여기에 일정 시간 간격으로 LED를 이동시켜가며 출력하는 예제이다.

예제에서는 LED에 , , , , 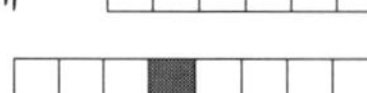, 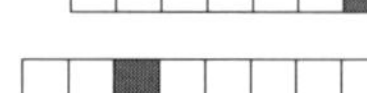, 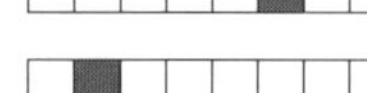, 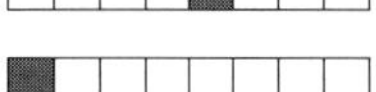의 순서로 LED가 켜지는 동작을 반복한다.

Base Board의 DIP S/W인 SW1의 상태는 스위치가 [스위치 그림]와 같이 "ON" 상태로 되어 있어야 한다. 이 스위치가 OFF되어 있다면 RF Battle Module Board의 LED가 순서대로 켜지는 것을 볼 수 있다.(SW1의 위치와 기능은 RoV-Lab3000 Manual을 참조)

PART IV의 개발환경 설정 부분을 참고하거나 앞의 FPGA 예제를 참고하여 Project Navigator를 실행하고 AVR 인터페이스를 구현하는 VHDL Code와 핀 할당 파일을 사용하여 합성한 후 FPGA에 다운로드하여 FPGA가 ATmega128/L과 LED를 연결해주는 wire와 같이 동작하도록 구현한다. 다음으로 AvrEdit를 실행하여 [그림 6-4]의 C code를 작성하고 편집 완료한 후 컴파일하여 hex 파일을 얻는다. PonyProg 프로그램을 이용하여 생성된 hex 파일을 ATmega128/L의 Flash memory에 기록한다.(ISE, AvrEdit, PonyProg 등의 사용 방법은 PART IV를 참고한다.)

```
#include<avr\io.h>

#define LED_ADDRESS (unsigned char *)0x1100
#define MOTOR_ADDRESS (unsigned char *)0x1400

void EnableXRAM(void);
void delay(unsigned int d1, unsigned int d2);

int main(void)
{
    unsigned char   *led;
          led = LED_ADDRESS;
          EnableXRAM();
    while(1)
    {
               delay(500,200);
               *led=0x01;
               delay(500,200);
               *led=0x02;
               delay(500,200);
```

[그림 6-6] Port A 출력 C Code (계속)

```
            *led=0x04;
            delay(500,200);
            *led=0x08;
             delay(500,200);
            *led=0x10;
            delay(500,200);
            *led=0x20;
            delay(500,200);
            *led=0x40;
            delay(500,200);
        *led=0x80;
    }
        return 0;
}
#define WAIT_STATE  2
#define SRW10   6
void EnableXRAM(void)
{
    unsigned char tmp;
    tmp=inp(MCUCR);
    tmp|=(1<<SRE)|((WAIT_STATE&0x01)<<SRW10);
    outp(tmp,MCUCR);
    tmp=inp(XMCRA);
    tmp|=(1<<SRL2)|(((WAIT_STATE>>1)&0x01)<<SRW11);
    outp(tmp,XMCRA);  /*  0x8000 -> 0xFFFF set to WAIT_STATE
                         wait states */
}

void delay(unsigned int d1, unsigned int d2)
{
    unsigned int    i, j;
    for(i=0;i<d1;i++)
    {
```

[그림 6-6] Port A 출력 C Code (계속)

```
            for(j=0;j<d2;j++)
            {
            }
      }
}
```

[그림 6-6] Port A 출력 C Code

[그림 6-7]과 같이 AvrEdit를 실행하여 [그림 6-6]의 C code를 편집하고 저장한다.

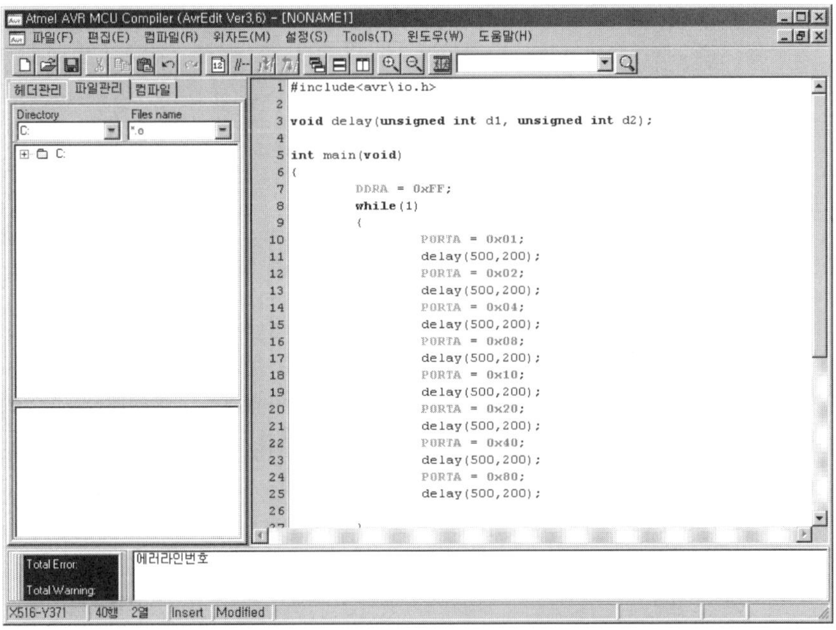

[그림 6-7] AvrEdit의 LED_Test code의 편집 화면

메뉴에서 [설정 → 환경설정]을 선택하여 AVR MCU 종류에 ATmega128/L을 지정하고 hex format 종류에 ihex로 지정한다.

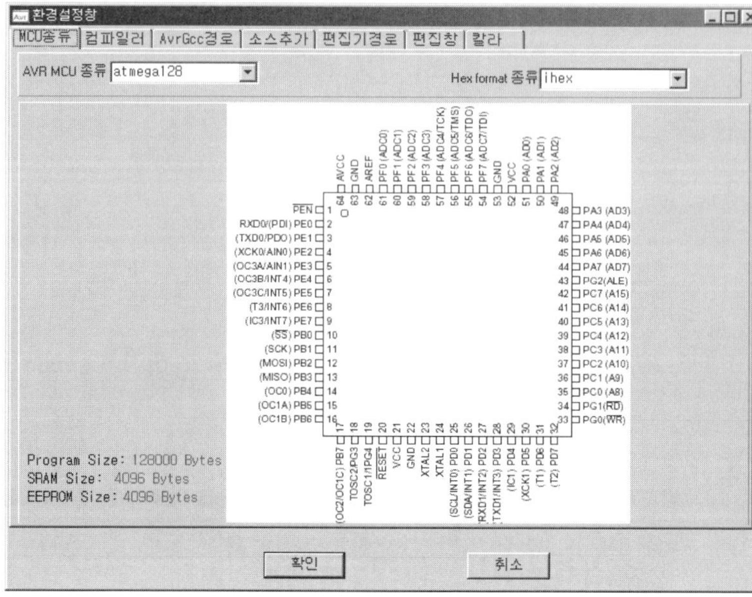

[그림 6-8] AvrEdit의 환경 설정

환경설정창에서 컴파일러 탭을 선택하여 [그림 6-9]와 같이 makefile은 자동생성 makefile로, ROM 혹은 HEX 파일 만들기 선택 항목은 HEX 파일 만들기가 선택되었는지 확인한다.

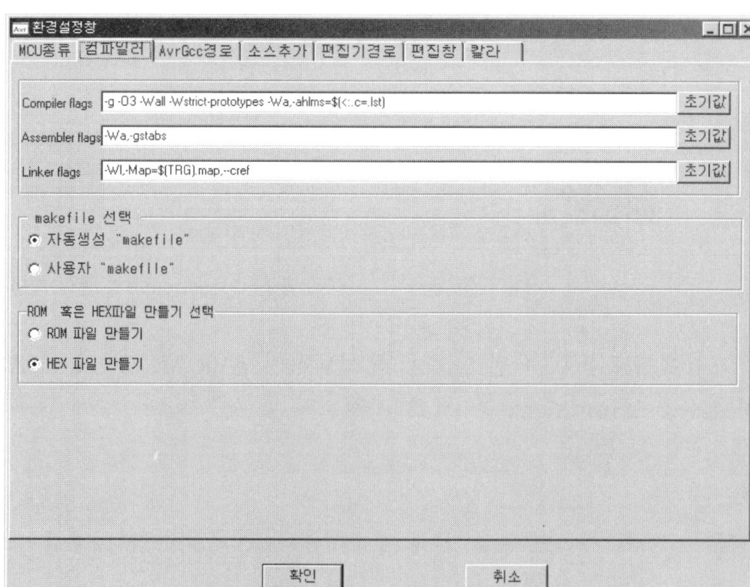

[그림 6-9] 컴파일러 관련 환경 설정

메뉴에서 [컴파일→컴파일]을 선택하여 편집한 C code에 대한 컴파일을 수행하고 작성된 파일에 오류가 없이 정상적으로 컴파일이 되었다면 [그림 6-10]과 같은 화면을 보게 된다. 만약 에러가 있다면 에러 항목이 '0'이 아니라 발생한 에러의 숫자만큼 표시된다. 경고 또한 마찬가지다. [그림 6-7]의 창 아랫부분에 에러라인 번호라고 써있는 곳에 발생한 에러의 줄 번호와 에러의 내용이 표시된다.

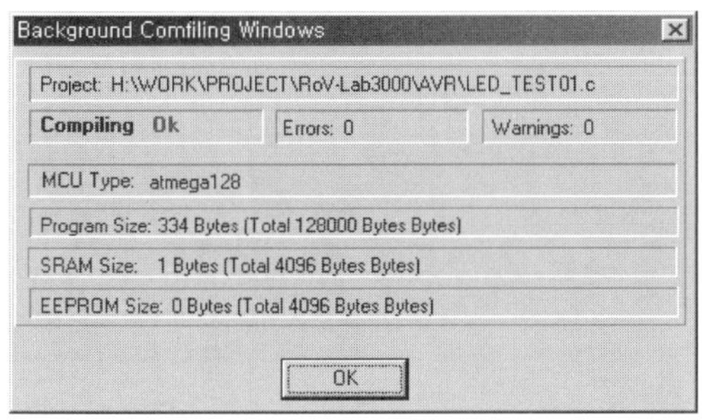

[그림 6-10] 컴파일 완료 대화상자

컴파일이 완료되면 ATmega128/L의 내부 Flash 메모리에 프로그램을 기록하기 위해서 PonyProg 프로그램을 실행시킨다. PonyProg 프로그램을 실행한 후 메뉴의 [File → Open Program(FLASH) File...]을 선택하여 앞에서 컴파일하여 생성한 hex 파일을 지정한다. file open 대화상자에서 파일 확장자를 .hex로 설정한다. 자세한 설정 방법 및 ISP Writer에 대한 설정 등은 부록의 프로그램 개발환경 설정 부분을 참고한다.

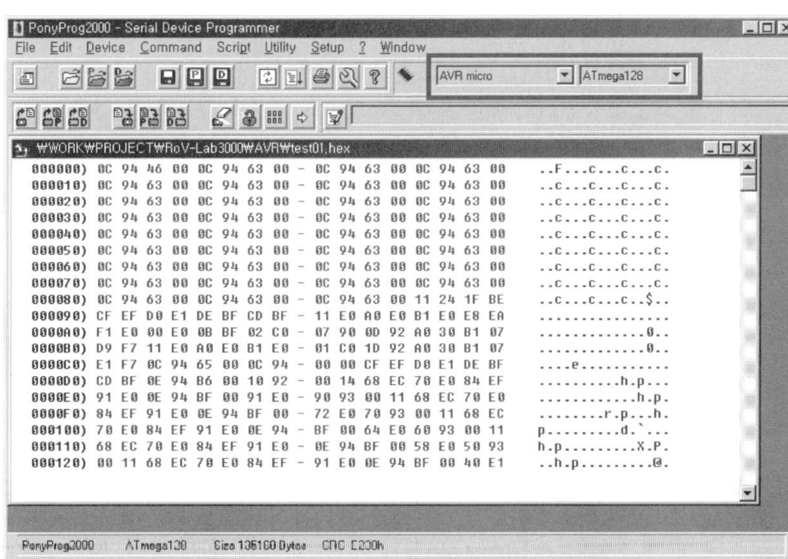

[그림 6-11] PonyProg의 hex 파일 로드 화면

메뉴에서 [Command → Program Option] 항목이 [그림 6-12]와 동일한지 확인한다.

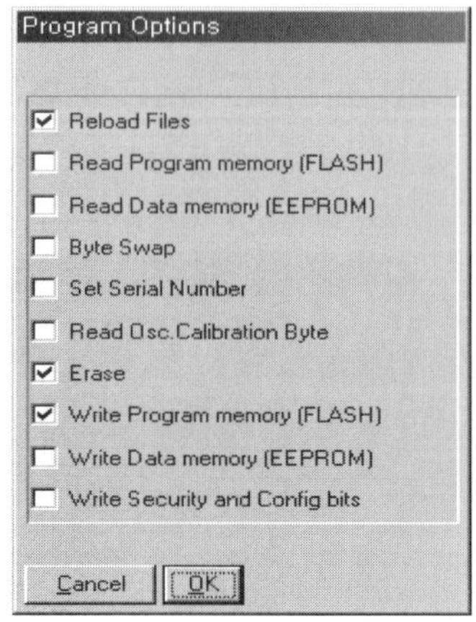

[그림 6-12] Program Option

설정 후 메뉴에서 [Command → Program]을 실행하여 ATmega128/L의 내부 플래시 메모리에 컴파일한 코드를 기록한다.

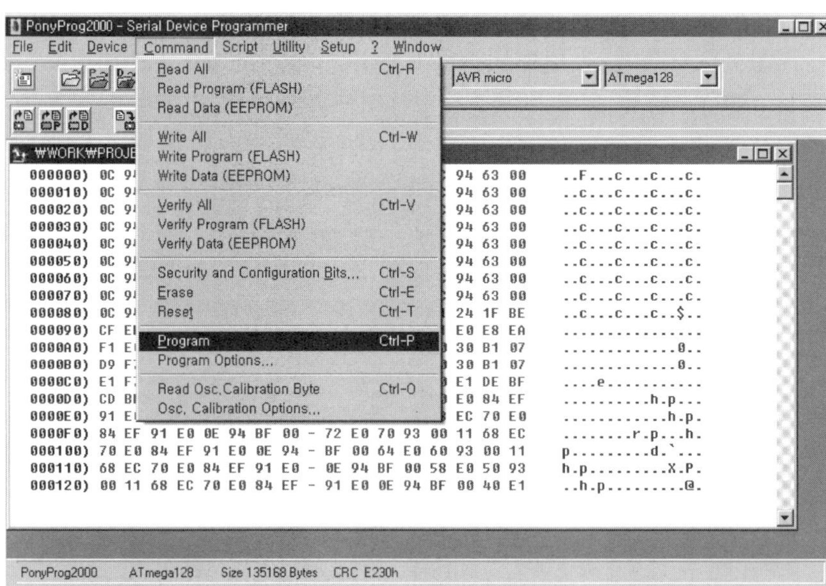

[그림 6-13] PonyProg의 Flash Program 메뉴

앞의 예제에서는 ATmega128/L의 Port 출력을 사용하여 RoV-Lab 3000의 LED에 임의의 값을 표시하였는데, 이 예제에서는 Port 입력과 출력을 동시에 사용하기 위해 [그

림 6-13]의 VHDL code를 사용하여 FPGA에 연결된 IR센서 및 LED와 ATmega128/L의 Port를 연결한다. 예제에서는 IR Sensor의 값을 Port 입력으로 받아 LED에 Port 출력으로 기록한다.

IR 센서가 값을 입력 값을 받기 위해 IR LED를 ON 시켜야 되며 아래의 VHDL code에서 Sensor Out은 모두 '1', 즉 IR LED를 ON 시키기 위한 신호를 출력하도록 설정하였다. IR LED의 발광신호가 출력되면 FPGA에 연결된 수광 센서는 IR LED의 출력이 반사되어 들어온 값을 가지며 이 값은 FPGA를 통해 ATmega128/L의 Port C로 읽어 그 값을 LED에 출력한다.

입력되는 Sensor 값과 출력되는 LED 상태 값이 Active 'L' 또는 Active 'H'에 따라 달라지기 때문에 사용하려는 Sensor Module과 RF module에 따라 각각 반전 또는 비반전 상태로 출력해야 한다. bit 반전을 위해서 C언어에서 bit 반전 연산자인 "~"를 사용한다.

```
library IEEE;
use IEEE.STD_LOGIC_1164.ALL;
use IEEE.STD_LOGIC_ARITH.ALL;
use IEEE.STD_LOGIC_UNSIGNED.ALL;

entity AVR_Interface is
    Port ( PORTA     :    in   STD_LOGIC_VECTOR(7 downto 0);
           SEN_IN    :    in   STD_LOGIC_VECTOR(6 downto 0);
           SEN_OUT   :    out  STD_LOGIC_VECTOR(6 downto 0);
           PORTC     :    out  STD_LOGIC_VECTOR(7 downto 0);
           LED       :    out  STD_LOGIC_VECTOR(7 downto 0));
end AVR_Interface;

architecture Behavioral of AVR_Interface is

begin
    LED         <= PORTA;
    PORTC       <= '1'&SEN_IN;
    SEN_OUT     <= "1111111";
end Behavioral;
```

[그림 6-14] Port 입력 VHDL Code

```
NET "PORTA<0>"    LOC = "p97"  ;
NET "PORTA<1>"    LOC = "p96"  ;
NET "PORTA<2>"    LOC = "p95"  ;
NET "PORTA<3>"    LOC = "p94"  ;
NET "PORTA<4>"    LOC = "p93"  ;
NET "PORTA<5>"    LOC = "p90"  ;
NET "PORTA<6>"    LOC = "p87"  ;
NET "PORTA<7>"    LOC = "p86"  ;
NET "PORTC<0>"    LOC = "p85"  ;
NET "PORTC<1>"    LOC = "p81"  ;
NET "PORTC<2>"    LOC = "p80"  ;
NET "PORTC<3>"    LOC = "p78"  ;
NET "PORTC<4>"    LOC = "p77"  ;
NET "PORTC<5>"    LOC = "p76"  ;
NET "PORTC<6>"    LOC = "p74"  ;
NET "PORTC<7>"    LOC = "p72"  ;
NET "LED<0>"       LOC = "p2"   ;
NET "LED<1>"       LOC = "p3"   ;
NET "LED<2>"       LOC = "p4"   ;
NET "LED<3>"       LOC = "p5"   ;
NET "LED<4>"       LOC = "p7"   ;
NET "LED<5>"       LOC = "p9"   ;
NET "LED<6>"       LOC = "p10"  ;
NET "LED<7>"       LOC = "p11"  ;
NET "SEN_IN<0>"    LOC = "p115" ;
NET "SEN_IN<1>"    LOC = "p116" ;
NET "SEN_IN<2>"    LOC = "p117" ;
NET "SEN_IN<3>"    LOC = "p119" ;
NET "SEN_IN<4>"    LOC = "p120" ;
NET "SEN_IN<5>"    LOC = "p122" ;
NET "SEN_IN<6>"    LOC = "p123" ;
NET "SEN_OUT<0>"  LOC = "p106" ;
NET "SEN_OUT<1>"  LOC = "p107" ;
```

[그림 6-15] Port 입력 예제 핀 할당 (계속)

```
NET "SEN_OUT<2>"  LOC = "p108" ;
NET "SEN_OUT<3>"  LOC = "p109" ;
NET "SEN_OUT<4>"  LOC = "p111" ;
NET "SEN_OUT<5>"  LOC = "p113" ;
NET "SEN_OUT<6>"  LOC = "p114" ;
```

[그림 6-15] Port 입력 예제 핀 할당

```
#include <avr/io.h>

void main(void)
{
    unsigned int i,j;
    unsigned char tmp;

    DDRA = 0xFF;      // Port A의 모든 비트를 출력으로 설정
    DDRC = 0x00;      // Port C의 모든 비트를 입력으로 설정

    while(1)          // 무한 반복
    {
         tmp = PINC;
         PORTA = tmp;

         for(i=0;i<1000;i++)
         {
              for(j=0;j<1000;j++)
              {
                             // 일정 시간 지연
              }
         }
    }
}
```

[그림 6-16] ATmega128/L의 port 입/출력 C code

[그림 6-14], [그림 6-15]의 FPGA 관련 code는 PART IV의 부록과 앞의 FPGA 예제를 참고하여 ISE를 사용해서 합성한 후 FPGA에 프로그램한 후 [그림 6-16]을 AvrEdit로 컴파일하여 PonyProg로 ATmega128/L의 Flash 메모리에 기록한다.

[그림 6-16]은 ATmega128/L의 입/출력을 위한 예제 프로그램으로 Port C로부터 읽은 값을 반전하여 Port A에 출력한다. 앞의 [그림 6-14]의 VHDL code에서 ATmega128/L의 Port A는 RoV-Lab 3000의 RF module의 LED에 연결되며 Port C는 Sensor 입력에 연결되어 있다.

Base Board의 DIP S/W인 SW1의 상태는 스위치가 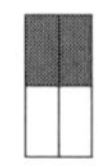와 같이 "ON" 상태로 되어 있어야 한다. 이 스위치가 OFF되어 있다면 RF Battle Module Board의 LED가 순서대로 켜지는 것을 볼 수 있다(SW1의 위치와 기능은 RoV-Lab3000 Manual을 참조). 프로그램에서 PORTA = tmp; 구문을 PORTA = ~tmp; 를 사용하면 앞의 경우와 반대로 LED가 켜지는 것을 볼 수 있다.

아래의 예제는 앞의 FPGA의 마지막 예제인 Avr_Interface를 FPGA에 프로그램 되어있는 상태에서 동작하는 것으로써 Rov-Lab3000 Training KIT의 Sensor Board에 IR LED를 on하고 IR Sensor(Photo TR)로부터 들어오는 값을 LED에 출력하도록 한 프로그램이다. FPGA에 연결된 소자들을 memory mapped I/O 방식으로 사용하고 있어 Sensor는 IR LED 출력은 0x1200에 지정되었고 IR Sensor(Photo TR)의 입력은 FPGA의 0x1300번지를 읽으면 가져올 수 있도록 설계되어 있다. 프로그램에서는 적외선 LED를 켜고 IR Sensor(Photo TR) 값을 LED에 출력한다.

```
#include<avr\io.h>

#define LED_ADDRESS (unsigned char *)0x1100
#define SEN_OUT_ADDRESS (unsigned char *)0x1200
#define SEN_IN_ADDRESS (unsigned char *)0x1300
#define MOTOR_ADDRESS (unsigned char *)0x1400

void EnableXRAM(void);
void delay(unsigned int d1, unsigned int d2);
int main(void)
{
```

[그림 6-17] Sensor Test 예제 (계속)

```
    unsigned char   *led, *sen_in, *sen_out, tmp;
          led = LED_ADDRESS;
          sen_in = SEN_IN_ADDRESS;
          sen_out = SEN_OUT_ADDRESS;

          EnableXRAM();
          delay(10,10);
          while(1)
          {
                *sen_out = 0xff;
               delay(100,100);
               tmp = *sen_in | 0x80;
               delay(100,100);
               *led = ~tmp;
               delay(500,500);
          }
    return 0;
}

#define WAIT_STATE  2
#define SRW10   6

void EnableXRAM(void)
{
    unsigned char tmp;
    tmp=inp(MCUCR);
    tmp|=(1<<SRE)|((WAIT_STATE&0x01)<<SRW10);
    outp(tmp,MCUCR);
    tmp=inp(XMCRA);
    tmp|=(1<<SRL2)|(((WAIT_STATE>>1)&0x01)<<SRW11);
    outp(tmp,XMCRA);  /*  0x8000 -> 0xFFFF set to WAIT_STATE
                            wait states */
}
```

[그림 6-17] Sensor Test 예제 (계속)

```
void delay(unsigned int d1, unsigned int d2)
{
    unsigned int i, j;

    for(i=0;i<d1;i++)
    {
         for(j=0;j<d2;j++)
         {
         }
    }
}
```

[그림 6-17] Sensor Test 예제

아래 그림은 Sensor-Wing 모듈이 흰바닥에 검은선을 감지하였을 경우 동작 상태를 나타내며 RF Main 모듈의 LED로 Sensor의 입력값을 출력 시키는 그림이다.

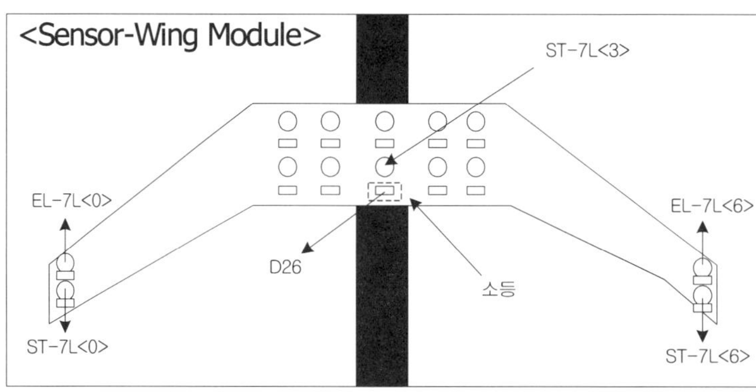

[그림 6-18] RoV-Lab 3000의 Sensor Wing Module

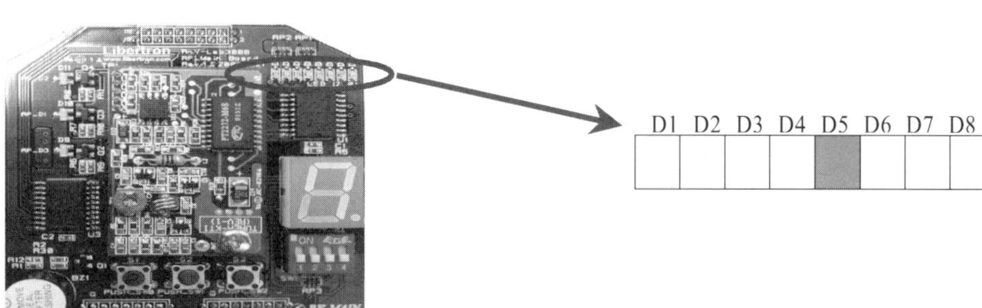

6-2 ATmega128/L의 Memory Mapped I/O를 사용한 7-segment 구동

예제에서는 7-Segment를 동작시키기 위해서 0x1700 번지의 하위 4-bit에 특정한 값을 써 넣도록 구성되어 있다. FPGA가 AVR의 DATA, ADDRESS bus에 연결되어 있고, 확장 I/O의 개념으로 memory mapped I/O 방식을 사용하고 있기 때문에 외부 메모리를 인터페이스하는 것과 같이 프로그램에서 "Enable_XRAM()" 함수를 사용하여 ATmega128/L의 MCUCR 레지스터의 외부 메모리 인터페이스를 가능하도록 제어 비트를 설정하여 사용한다.

예제는 7-Segment에 1, 2, 3, 4, 5, 6, 7, 8을 순서대로 출력하고 LED에 , 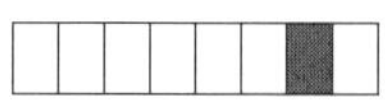, 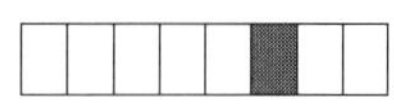, 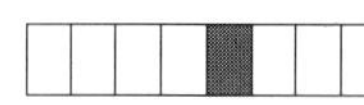, 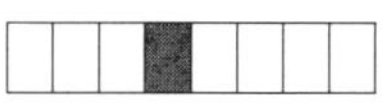, 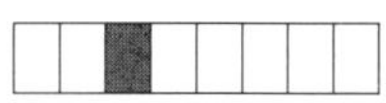, 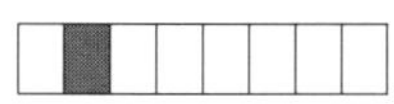, 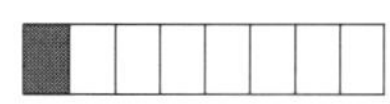의 순서로 반복하여 섬등시킨다.

```
#include<avr\io.h>

#define LED_ADDRESS (unsigned char *)0x1100
#define MOTOR_ADDRESS (unsigned char *)0x1400
#define SEG_ADDRESS (unsigned char *)0x1700

void EnableXRAM(void);
void delay(unsigned int d1, unsigned int d2);

int main(void)
{
    unsigned char   *led, *seg;

          led = LED_ADDRESS;
          seg = SEG_ADDRESS;

          EnableXRAM();
    while(1)
    {
               delay(500,200);
               *led=0x01;
```

[그림 6-19] 7-Segment 예제 (계속)

```
                *seg=0x01;
                delay(500,200);
                *led=0x02;
                *seg=0x02;
                delay(500,200);
                *led=0x04;
                *seg=0x03;
                delay(500,200);
                *led=0x08;
                *seg=0x04;
                delay(500,200);
                *led=0x10;
                *seg=0x05;
                delay(500,200);
                *led=0x20;
                *seg=0x06;
                delay(500,200);
                *led=0x40;
                *seg=0x07;
                delay(500,200);
                *led=0x80;
                *seg=0x08;

    }
         return 0;
}

void delay(unsigned int d1, unsigned int d2)
{
    unsigned int   i, j;

    for(i=0;i<d1;i++)
    {
         for(j=0;j<d2;j++)
         {
```

[그림 6-19] 7-Segment 예제 (계속)

```
            }
        }
}

#define WAIT_STATE  2
#define SRW10   6

void EnableXRAM(void)
{
    unsigned char tmp;

    tmp=inp(MCUCR);
    tmp|=(1<<SRE)|((WAIT_STATE&0x01)<<SRW10);
    outp(tmp,MCUCR);
    tmp=inp(XMCRA);
    tmp|-(1<<SRL2)|(((WAIT_STATE>>1)&0x01)<<SRW11);
    outp(tmp,XMCRA);  /* 0x8000 -> 0xFFFF set to WAIT_STATE
                                wait states */
}
```

[그림 6-19] 7-Segment 예제

예제 프로그램을 동작시키기 위해서는 앞절의 FPGA 예제에서 Avr_Interface의 code를 FPGA에 프로그램 한 후 [그림 6-19]에서의 C code를 AvrEdit를 사용하여 컴파일하고 생성된 hex 파일을 PonyProg를 이용하여 ATmega128/L의 내부 Flash 메모리이 기록한다.

예제 프로그램을 실행하면 RF 모듈의 7-Segment의 숫자가 1, 2, 3, 4, 5, 6, 7, 8의 순서로 표시된다.

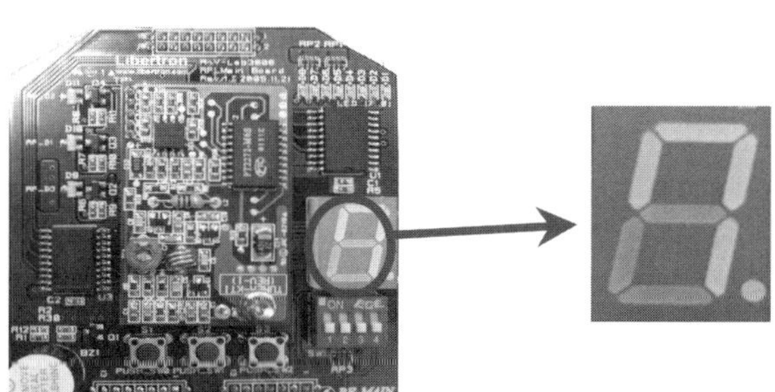

6-3 ATmega128/L의 Memory Mapped I/O를 사용한 Text LCD 제어

앞절의 FPGA 예제에서 AVR과 인터페이스를 목적으로 설계한 Avr_Interface는 0x1500 번지에 LCD에 기록할 데이터 레지스터가 할당되어 있고 0x1600 번지에 LCD를 제어하기 위한 LCD A0 및 LCD Enable 신호가 할당되어 있다.

LCD를 사용하기 위해서는 앞절의 FPGA 예제에서 설명한 것처럼 초기에 LCD 내부의 제어 레지스터에 적절한 초기화 명령을 순서대로 기록하고, 그 후에 사용자가 원하는 데이터를 써주어야 사용자가 의도한 값이 LCD 화면에 출력 된다.

[그림 6-20]은 LCD를 구동하기 위한 테스트 프로그램이다. 이 프로그램에서는 LCD 내부의 제어 레지스터와 데이터 레지스터 각각에 값을 기록해주기 위해 별도의 lcd_ctrl()과 lcd_data() 함수를 만들어 사용하였다.

```
#include<avr\io.h>

#define LED_ADDRESS (unsigned char *)0x1100
#define LCD_DATA (unsigned char *)0x1500
#define LCD_CTRL (unsigned char *)0x1600

#define MOTOR_ADDRESS (unsigned char *)0x1400

void EnableXRAM(void);
void delay(unsigned int d1, unsigned int d2);
void lcd_ctrl(unsigned char data);
void lcd_data(unsigned char data);

int main(void)
{
    unsigned char   *led, *lcd_d, *lcd_c;

        led = LED_ADDRESS;
```

[그림 6-20] LCD 구동 프로그램 (계속)

```
    lcd_d = LCD_DATA;
    lcd_c = LCD_CTRL;

    EnableXRAM();
    lcd_ctrl(0x38);
    lcd_ctrl(0x0E);
    lcd_ctrl(0x06);
    lcd_ctrl(0x02);
    lcd_ctrl(0x01);

    while(1)
        {
        lcd_ctrl(0x80);

        lcd_data(' ');
        lcd_data('T');
        lcd_data('E');
        lcd_data('X');
        lcd_data('T');
        lcd_data(' ');
        lcd_data('L');
        lcd_data('C');
        lcd_data('D');
        lcd_data(' ');
        lcd_data('T');
        lcd_data('e');
        lcd_data('s');
        lcd_data('t');
        lcd_data(' ');
        lcd_data(' ');

        lcd_ctrl(0x80);

        lcd_data(' ');
        lcd_data(' ');
```

[그림 6-21] LCD 구동 프로그램 (계속)

```
                lcd_data(' ');
                lcd_data(' ');
                lcd_data(' ');
                lcd_data(' ');
                lcd_data(' ');
                lcd_data(' ');
                lcd_data(' ');
                lcd_data(' ');
                lcd_data(' ');
                lcd_data(' ');
                lcd_data(' ');
                lcd_data(' ');
                lcd_data(' ');
                lcd_data(' ');
            }
    return 0;
}
void lcd_ctrl(unsigned char data)
{
    unsigned char   *lcd_d, *lcd_c;

          lcd_d = LCD_DATA;
          lcd_c = LCD_CTRL;


       *lcd_c = 0x01;      // control mode
       delay(500,100);
       *lcd_d = data;
       delay(500,200);
       *lcd_c = 0x00;
       delay(500,200);
}
```

[그림 6-21] LCD 구동 프로그램 (계속)

```
void lcd_data(unsigned char data)

{
    unsigned char   *lcd_d, *lcd_c;

         lcd_d = LCD_DATA;
         lcd_c = LCD_CTRL;
         *lcd_c = 0x03;  // data output mode
         delay(200,100);
         *lcd_d = data;
         delay(300,100);
         *lcd_c = 0x00;
         delay(300,100);
}
#define WAIT_STATE  2
#define SRW10   6

void EnableXRAM(void)
{
    unsigned char tmp;

    tmp = inp(MCUCR);
    tmp|=(1<<SRE)|((WAIT_STATE&0x01)<<SRW10);
      outp(tmp,MCUCR);
      tmp = inp(XMCRA);
      tmp| = (1 << SRL2) | (((WAIT_STATE >> 1) & 0x01) << SRW11);
      outp(tmp,XMCRA);  /* 0x8000 -> 0xFFFF set to WAIT_STATE
                             wait states */
}

void delay(unsigned int d1, unsigned int d2)
{
      unsigned int   i, j;
```

[그림 6-21] LCD 구동 프로그램 (계속)

```
        for(i=0;i<d1;i++)
        {
                for(j=0;j<d2;j++)
                {
                }
        }
}
```

[그림 6-21] LCD 구동 프로그램

예제에서는 RoV-Lab 3000에 부착된 16열 × 2행의 Text LCD에 " TEXT LCD Test "의 글자가 한 글자씩 LCD 화면에 출력된 후, 한 글자씩 지워진다. 그리고 다시 한 글자씩 출력되는 동작을 반복한다. 예제 프로그램에서 while(1) { ~ } 구문 안에 원하는 LCD에 출력되기 원하는 문자로 변경하여 사용할 수 있다. Text LCD의 1행 1열의 위치는 0x80으로 while(1) 구문 바로 다음에 "lcd_ctrl(0x80)"으로 표시된 함수의 실행에 의해 매번 반복할 때마다 같은 행에 글자를 출력하고 지우는 동작을 반복하게 된다. 16열 × 2행 Text LCD에서 2번째 줄은 0xC0이며 16열 × 4행 Text LCD의 경우 각 행의 순서대로 0x80, 0x90, 0xC0, 0xD0의 주소가 할당된다.

6-4 ATmega128/L의 외부 Interrupt 실습

ATmega128/L에는 8개의 외부 인터럽트를 사용할 수 있으며, 내부 인터럽트로는 Timer, SPI, USART, UART, ADC, Analog Comparator, TWI 등의 모듈에서 발생되는 인터럽트를 처리할 수 있다. Reset 또한 인터럽트의 하나로 볼 수 있으며 인터럽트들 중 가장 우선순위가 높은 인터럽트이다.

인터럽트가 발생하면 AVR에서는 현재 실행중인 프로그램의 주소를 저장한 후 발생한 인터럽트가 어떤 종류의 인터럽트인지 판단하여 해당되는 인터럽트 벡터의 주소로 이동하여 기록된 명령어를 수행하고 인터럽트 처리에 필요한 작업이 종료되면 인터럽트가 발생하였던 지점으로 되돌아와 인터럽트 발생 이전에 처리하던 프로그램을 정상적으로 실행하게 된다. Reset 또한 우선순위가 가장 높은 외부 인터럽트의 하나로 간주된다. 다만 Reset에 의해 발생되는 인터럽트는 현재 실행중인 프로그램의 주소를 저장하지 않고 무조건 0x0000번지에 있는 명령을 실행하고 실행이 종료되어도 인터럽트 발생 이전으로 되돌아가지 않는다.

AVR의 인터럽트를 사용하기 위해서는 앞에서 설명한 AVR Status Register인 SREG의 7번 비트인 I register의 비트 값을 '1'로 지정하고, 사용하려는 인터럽트에 해당되는 각각의 인터럽트 활성 레지스터를 '1'로 지정해주어야 한다. AVR은 이와 같이 모든 인터럽트를 사용하거나 사용하지 않도록 선택하는 "Global Interrupt Enable" 비트가 있고, 각 인터럽트 종류별로 설정하는 "Interrupt Mask Register"가 별도로 존재하여 개별 인터럽트의 사용 여부를 지정할 수 있도록 구성되어있다.

외부 인터럽트의 경우 "External Interrupt Mask Register - EIMSK"와 현재 발생한 인터럽트가 어떤 종류의 인터럽트인지 판단할 수 있도록 해주는 "External Interrupt Flag Register - EIFR"가 있다. 앞에서도 설명한 것과 같이 SREG의 I 비트는 cli와 sei(assembler) 또는 _CLI()와 _SEI()(C언어)로 해제/설정할 수 있다.

외부 인터럽트를 사용하기 위해서는 "Global Interrupt Enable" 비트가 '1'로 설정되어야하고, 각 외부 인터럽트에 해당되는 "External Interrupt Mask Register - EIMSK"의 비트가 설정되어야 한다. 또한 인터럽트가 발생한 경우 어떤 인터럽트가 발생하였는지 확인할 수 있는 "External Interrupt Flag Register - EIFR" 레지스터가 있으며 EIFR 레지스터는 외부 인터럽트가 발생하면 해당되는 비트가 '1'로 설정되며, 인터럽트 루틴이 종료되면 자동으로 '0'으로 설정된다.

External Interrupt Mask Register - EIMSK

Bit	7	6	5	4	3	2	1	0
	INT7	INT6	INT5	INT4	INT3	INT2	INT1	INT0
Read/Write	R/W	R/W	R/W	R/W	R/W	R/W	R/W	R/W
Initial Value	0	0	0	0	0	0	0	0

External Interrupt Flag Register - EIFR

Bit	7	6	5	4	3	2	1	0
	INTF7	INTF6	INTF5	INTF4	INTF3	INTF2	INTF1	INTF0
Read/Write	R/W	R/W	R/W	R/W	R/W	R/W	R/W	R/W
Initial Value	0	0	0	0	0	0	0	0

ATmega128/L의 외부 인터럽트는 모두 8개가 존재하며 이들은 INT3..0의 4개의 외부 인터럽트와 INT7..4의 4개의 두 그룹으로 나뉘게 되며 제어 레지스터도 "External Interrupt Control Register A - EICRA"와 "EICRB"로 구분된다.

External Interrupt Control Register A - EICRA

Bit	7	6	5	4	3	2	1	0
	ISC31	ISC30	ISC21	ISC20	ISC11	ISC10	ISC01	ISC00
Read/Write	R/W	R/W	R/W	R/W	R/W	R/W	R/W	R/W
Initial Value	0	0	0	0	0	0	0	0

ISCn1	ISCn0	Description
0	0	The low level of INTn generates an interrupt request
0	1	Reserved
1	0	The falling edge of INTn generates asynchronously an interrupt request
1	1	The rising edge of INTn generates asynchronously an interrupt request

외부 인터럽트 3..0에서 발생하는 인터럽트 신호는 AVR의 내부 클럭과는 비동기 방식으로 동작하며 최소 50ns 이상 신호가 유지되어야 정상적으로 AVR에서 인식할 수 있다.

외부 인터럽트 7..4는 AVR의 내부 클럭과 동기되어 인터럽트 발생 신호를 인식하는 방식으로 동작하며, 인터럽트 발생 이전 CPU의 최소 1 cycle 이상의 시간동안 신호가 변하지 않고 유지되어야 발생한 인터럽트를 정상적으로 인식할 수 있다.

External Interrupt Control Register B - EICRB

Bit	7	6	5	4	3	2	1	0
	ISC71	ISC70	ISC61	ISC60	ISC51	ISC50	ISC41	ISC40
Read/Write	R/W	R/W	R/W	R/W	R/W	R/W	R/W	R/W
Initial Value	0	0	0	0	0	0	0	0

ISCn1	ISCn0	Description
0	0	The low level of INTn generates an interrupt request.
0	1	Any logic change on INTn generates an interrupt request.
1	0	The falling edge between two samples of INTn generates an interrupt request.
1	1	The rising edge between two samples of INTn generates an interrupt request.

예제 프로그램에서 ATmega128/L의 INT0를 사용하기 위해서 VHDL Code는 앞의 예제들에서 사용하던 소스에 Interrupt 관련된 연결 부분을 추가하여 작성한다. RoV-Lab 3000의 Base Board에 있는 Push Button과 ATmega128/L의 외부 인터럽트 0에 해당한는 핀을 PUSH1에 연결한다.

```
library IEEE;
use IEEE.STD_LOGIC_1164.ALL;
use IEEE.STD_LOGIC_ARITH.ALL;
use IEEE.STD_LOGIC_UNSIGNED.ALL;
entity AVR_Interface is
    Port (PORTA         : in    STD_LOGIC_VECTOR(7 downto 0);
          PUSH_BUTTON   : in    STD_LOGIC_VECTOR(2 downto 0);
          PORTD         : out   STD_LOGIC_VECTOR(7 downto 0);
          LED           : out   STD_LOGIC_VECTOR(7 downto 0));
end AVR_Interface;
architecture Behavioral of AVR_Interface is
begin
    LED         <= PORTA;
    PORTD      <= "00000"&PUSH_BUTTON;
end Behavioral;
```

[그림 6-22] Interrupt 예제 VHDL Code

다음은 FPGA의 핀 설정 파일의 내용이다.

```
NET "PORTA<0>"        LOC = "p97"  ;
NET "PORTA<1>"        LOC = "p96"  ;
NET "PORTA<2>"        LOC = "p95"  ;
NET "PORTA<3>"        LOC = "p94"  ;
NET "PORTA<4>"        LOC = "p93"  ;
NET "PORTA<5>"        LOC = "p90"  ;
NET "PORTA<6>"        LOC = "p87"  ;
NET "PORTA<7>"        LOC = "p86"  ;
NET "PORTD<0>"        LOC = "p44"  ;
NET "PORTD<1>"        LOC = "p45"  ;
NET "PORTD<2>"        LOC = "p46"  ;
NET "PORTD<3>"        LOC = "p68"  ;
NET "PORTD<4>"        LOC = "p71"  ;
NET "PORTD<5>"        LOC = "p175"  ;
NET "PORTD<6>"        LOC = "p182"  ;
NET "PORTD<7>"        LOC = "p197"  ;
NET "LED<0>"          LOC = "p2"   ;
NET "LED<1>"          LOC = "p3"   ;
NET "LED<2>"          LOC = "p4"   ;
NET "LED<3>"          LOC = "p5"   ;
NET "LED<4>"          LOC = "p7"   ;
NET "LED<5>"          LOC = "p9"   ;
NET "LED<6>"          LOC = "p10"  ;
NET "LED<7>"          LOC = "p11"  ;
NET "PUSH_BUTTON<0>" LOC = "p102" ;
NET "PUSH_BUTTON<1>" LOC = "p101" ;
NET "PUSH_BUTTON<2>" LOC = "p100" ;
```

[그림 6-23] Interrupt 예제 핀 할당

앞의 다른 예제들과 마찬가지로 FPGA에 연결된 LED와 push button을 ATmega128/L의 Port에 연결하기 위해 [그림 6-22]의 VHDL code와 [그림 6-23]의 핀 할당 파일을 ISE를 사용하여 FPGA에 합성하여 프로그램한 후 아래의 C code를 컴파일하여 ATmega128/L 내부의 Flash 메모리에 기록한다.

다음의 [그림 6-24]는 외부 인터럽트 0번에 입력되는 신호를 카운트하여 PORTA에 출력하는 프로그램이다. 입력되는 인터럽트는 '1'에서 '0'으로 신호가 변화하는 falling edge에서 검출한다.

```
#include <avr/io.h>
#include <avr/interrupt.h>
#include <avr/signal.h>

volatile unsigned char    interrupt_count = 0;

void interrupt_initialize(void);

SIGNAL(SIG_INTERRUPT0)
{
    interrupt_count++;
}

void main(void)
{
    interrupt_initialize();     // 인터럽트 초기화
    DDRA = 0xFF;                // 모든 포트를 출력으로 설정
    sei();                      // 인터럽트 사용 가능하도록 설정
    while(1)                    // 무한 반복
    {
         PORTA = interrupt_count;
                                // PORTA에 인터럽트 발생 회수 출력
    }
}
```

[그림 6-24] 외부 인터럽트 예제 (계속)

```
void interrupt_initialize(void)
{
    EICRA = 0x02;    // 외부 인터럽트 0, falling edge에서 인식
    EIMSK = 0x01;    // 외부 인터럽트 0 사용가능하도록 설정.
}
```

[그림 6-24] 외부 인터럽트 예제

ATmega128/L에 사용하는 C code로써 외부 인터럽트를 사용하기 위해서 인터럽트 관련 레지스터를 초기화 시키는 부분이 "interrupt_initialize()" 함수이다. 또한 인터럽트가 발생하였을 때 이를 처리하는 인터럽트 루틴은 "SIGNAL(SIG_INTERRUPT0)"로써 현재 프로그램에서는 외부 인터럽트가 발생하였을 경우 변수 int_count를 하나씩 증가시키는 일을 한다.

인터럽트를 처리하기 위해서는 #include 구문에 "#include <avr/interrupt.h>"과 "#include <avr/signal.h>"을 추가해야 code에서 인터럽트 관련된 "sei()", "SIGNAL (interrupt name)" 등의 함수를 사용할 수 있다.

인터럽트를 처리해주는 인터럽트 처리 루틴은 "SIGNAL(interrupt name)"과 같이 작성하며 interrupt name에는 interrupt를 발생시킨 interrupt source의 이름을 적어준다. 예제에서는 외부 인터럽트를 처리할 것이므로 "SIGNAL(SIG_INTERRUPT0)"로 지정한다. 예제에서는 외부 인터럽트 0번을 사용하기 때문에 "SIG_INTERRUPT0"를 사용하였으며 외부 인터럽트 1, 2 등의 경우에는 "SIG_INTERRUPT1" 또는 "SIG_INTERRUPT2"와 같이 변경한다.

외부 인터럽트를 초기화 시키는 함수로 "void interrupt_initialize(void)"에서 사용하려는 인터럽트에 대한 설정을 한다. 이 함수에서는 EIMSK 레지스터를 0x01로 지정하여 외부 인터럽트 0번을 사용하도록 지정하였으며, EICRA 레지스터를 0x02로 지정하여 외부 인터럽트 0번에 해당하는 신호가 논리 '1'에서 '0'으로 변하는 순간 인터럽트 신호가 발생되도록 지정였다.

ATmega128/L에서 인터럽트를 사용 가능하도록 설정하기 위하여 "sei()" 함수를 호출하였다. "sei()" 함수는 ATmega128/L의 모든 인터럽트를 활성화 시키는 함수로 SREG의 I 비트를 set('1'로 설정)한다. 이 함수는 인터럽트의 초기화가 모두 끝난 후에 호출해야 프로그램의 정상적인 동작을 보장할 수 있다. SREG의 I 비트는 cli와 sei(assembler) 또는 cli()와 sei()(C언어)로 해제/설정할 수 있다.

ATmega128/L에서 인터럽트를 사용하기 위해서는 인터럽트 레지스터를 설정해주

어야 하는데 외부 인터럽트의 경우 "External Interrupt Mask Register - EIMSK"와 현재 발생한 인터럽트가 어떤 종류의 인터럽트인지 판단할 수 있도록 해주는 "External Interrupt Flag Register - EIFR"가 있다.

SREG 레지스터는 sei(), cli() 함수의 호출에 의해 7번 비트인 Global Interrupt Enable이 '1' 또는 '0'으로 설정된다.

외부 인터럽트를 사용하기 위한 EIMSK 레지스터의 설정은 외부 인터럽트 0을 사용하기 위해 이에 해당하는 INT0의 값을 1로 지정한다.

앞에서 설명한 것과 같이 ATmega128/L의 외부 인터럽트는 모두 8개가 존재하며 이들은 INT3..0의 4개의 외부 인터럽트와 INT7..4의 4개의 두 그룹으로 나뉘며 제어 레지스터도 "External Interrupt Control Register A - EICRA"와 "External Interrupt Control Register B - EICRB"로 구분된다. 예제에서는 INT0를 사용하고 falling edge에서 인터럽트를 발생시키기 위해 EICRA의 최하위 두 비트 ISC01, ISC00의 값을 "10"으로 설정하였다.

6-5 ATmega128/L 내부 Timer/Counter 활용 실습

ATmega128/L에는 모두 4개의 Timer/Counter 모듈이 있으며, 두 개의 8-bit (Timer/Counter0, 2)와 두 개의 16-bit(Timer/Counter1, 3)으로 구성된다. 이들은 모두 Pulse Width Modulator(PWM) 모듈과 Auto reload 기능 및 Output Compare(OC) 기능을 가지고 있다.

1) Timer/Counter0(8-bit Timer/Counter with PWM and Asynchronous operation)

Timer/Counter0은 TOSC1, TOSC2에 의해 공급되는 클럭, I/O 클럭 및 외부 비동기 클럭을 입력으로 받아 동작하며, Overflow 및 Compare match에서 인터럽트를 발생 시킬 수 있다. Timer/Counter0은 "Timer/Counter Control Register - TCCR", "Timer/ Counter Register - TCNT0", "Output Compare Register - OCR0", "Timer Interrupt Flag Register - TIFR"과 "Timer Interrupt Mask Register - TIMSK" 레지스터에 의해 제어된다.

[그림 6-25]는 Timer/Counter0에 공급되는 클럭에 대한 prescaler의 블록도이다.

[그림 6-25]에서 보듯이 Timer/Counter0에 공급되는 클럭은 MCU 클럭과 동일한 clkI/O 또는 외부 비동기 클럭을 공급 받을 수 있으며 이는 "ASynchronous Status Register - ASSR"의 AS0 비트에 의해 선택될 수 있다. AS0의 값이 '0'이면 MCU 클럭이, '1'이면 TOSC1과 TOSC2에 연결된 클럭을 공급 받는다.

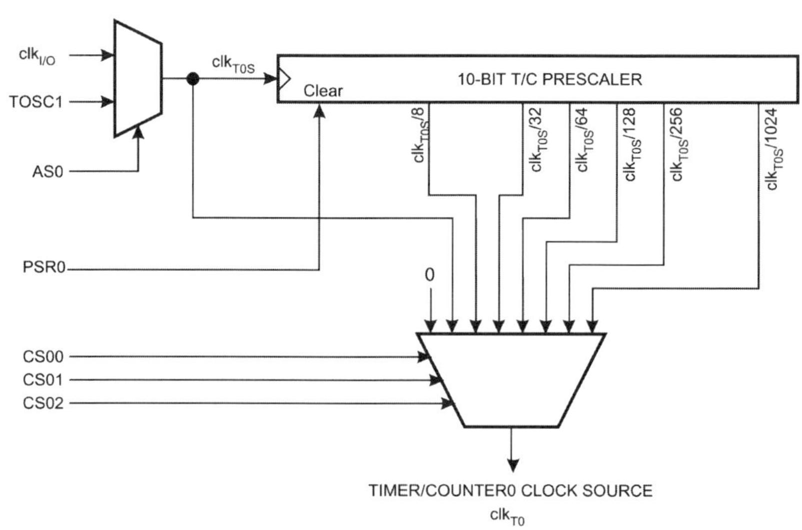

[그림 6-25] Prescaler for Timer/Counter0

10-bit으로 구성된 Prescaler는 "Special Function IO Register - SFIOR" 레지스터의 PSR0 비트의 값이 '1'로 설정되면 모든 값이 초기화(0으로 설정)되며, '0'일 경우 정상적인 prescaler의 동작을 수행한다.

Prescaler에서 분주된 클럭은 "Timer/Counter Control Register - TCCR0"의 CS02, CS01, CS00 비트의 값에 따라 Timer/Counter0에 공급되는 클럭이 선택된다.

CS02	CS01	CS00	Description
0	0	0	No Clock Source(Timer/Counter stopped)
0	0	1	$clk_{T0S}/1$ (No prescaling)
0	1	0	$clk_{T0S}/8$ (From prescaler)
0	1	1	$clk_{T0S}/32$ (From prescaler)
1	0	0	$clk_{T0S}/64$ (From prescaler)
1	0	1	$clk_{T0S}/128$ (From prescaler)
1	1	0	$clk_{T0S}/256$ (From prescaler)
1	1	1	$clk_{T0S}/1024$ (From prescaler)

[그림 6-26]은 counter와 그 주변 회로에 대한 블록도이다. Counter는 동작 모드에 따라 매 timer clock(clkT0)마다 초기화, 증가 또는 감소 되도록 동작한다. Timer clock(clkT0)은 앞의 [그림 6-25]에서와 같이 prescaler를 거쳐 출력된다.

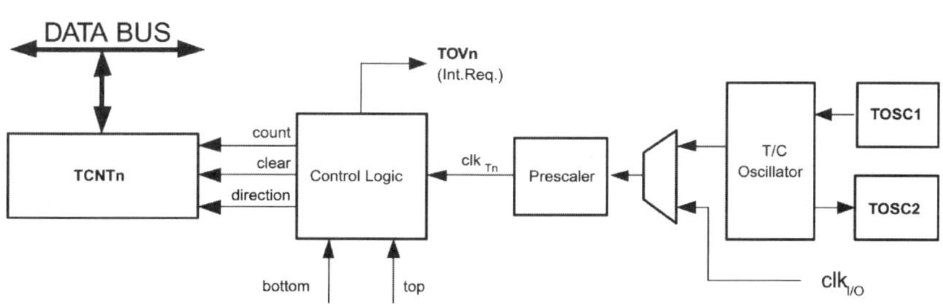

[그림 6-26] Counter Unit Block Diagram

[그림 6-27]의 Output compare unit의 블록도와 같이 8-bit "Timer/Counter Register0 - TCNT0" 레지스터와 "Output Compare Register - OCR0"를 계속 비교하여 TCNT0 레지스터의 값과 OCR0 레지스터의 값이 일치할 때마다 compare match 신호를 발생시킨다. 이 신호는 "output compare flag - OCF0"를 '1'로 설정하며 "output compare interrupt enable0 - OCIE0"가 '1'로 설정되어 있으면 인터럽트 신호를 발생 시킨다. 인터럽트가 실행되면 OCF0는 자동으로 '0'으로 변경된다.

Compare match 신호는 Waveform Generator에 입력으로 인가되며, Waveform Generator는 "waveform generation mode for timer/counter0 - WGM01:0"과 "compare output mode for timer/counter0 - COM01:0" 및 "force output compare0 - FOC0"에 의해 제어되며 이 값이 OCn으로 출력 된다.

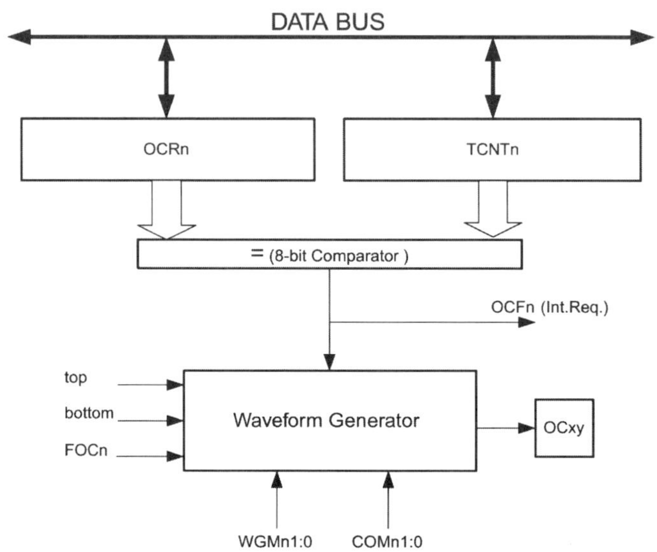

[그림 6-27] Output Compare Unit

"Output Compare n - OCn" 핀은 PORT 레지스터와 DDR 레지스터 및 [그림 6-27]과 같이 "Waveform Generator"에 입력되는 "Compare Output Mode n - COMn1:0"에 영향을 받는다.

[그림 6-28]에는 Compare match output unit의 블록도를 보이고 있으며, COMn1:0의 값이 "00"일 경우 PORT 레지스터에 설정된 값이 출력되며 그 외이의 값을 가질 경우에는 "Waveform Generator"에서 출력되는 OCn의 값이 출력으로 연결된다. 최종 OCn의 핀에 출력되는 결과는 DDR 레지스터에 제어를 받는다. 이 모든 출력은 MCU 클럭인 clkI/O에 의해 동기화 된다.

Compare output mode와 Waveform generation mode는 제어 레지스터인 "Timer/Counter Control Register - TCCR0"에 의해 결정된다.

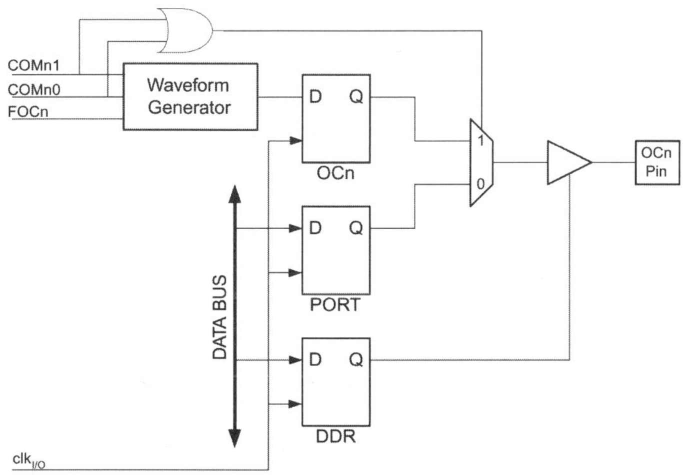

[그림 6-28] Compare Match Output Unit, Schematic

Timer/Counter Control Register - TCCR0

Bit	7	6	5	4	3	2	1	0
	FOC0	WGM00	COM01	COM00	WGM01	CS02	CS01	CS00
Read/Write	W	R/W	R/W	R/W	R/W	R/W	R/W	R/W
Initial Value	0	0	0	0	0	0	0	0

- Bit 7 - FOC0 : Force Output Compare

WGM 비트가 non-PWM 모드일 때만 활성화 된다. PWM 모드에서 TCCR0 레지스터에 기록될 때는 반드시 '0'으로 기록되어야 한다. FOC0가 '1'로 지정되면 waveform generation unit에 compare match가 강제로 지정된다.

FOC0 비트는 쓰기 전용이며, 이 값을 읽으면 항상 '0'으로 읽힌다.

- Bit 6,3 : WGM01..00 : Waveform Generation Mode

WGM01, WGM00 비트의 값에 따라 Normal("00"), PWM - phase correct("01"), CTC("10"), Fast PWM("11")로 Waveform generation mode가 설정된다.

- Bit 5,4 : COM01..00 : Compare Match Output Mode

Compare match output mode 비트는 WGM 비트에 의해 non-PWM, Fast PWM, PWM - phase correct 모드에 따라 각각 다르게 동작한다.

non-PWM Mode

COM01	COM00	Description
0	0	Normal port operation, OC0 disconnected
0	1	Toggle OC0 on compare match
1	0	Clear OC0 on compare match
1	1	Set OC0 on compare match

Fast-PWM Mode

COM01	COM00	Description
0	0	Normal port operation, OC0 disconnected
0	1	Reserved
1	0	Clear OC0 on compare match, set OC0 at TOP
1	1	Set OC0 on compare match, clear OC0 at TOP

PWM-Phase Correct Mode

COM01	COM00	Description
0	0	Normal port operation, OC0 disconnected
0	1	Toggle OC0 on compare match
1	0	Clear OC0 on compare match when upcounting. Set OC0 on compare match when downcounting.
1	1	Set OC0 on compare match when upcounting. Clear OC0 on compare match when downcounting.

* PWM 모드에서 OCR0 레지스터의 값이 TOP과 같고 COM01이 '1'의 값을 가질 경우 compare match는 무시되고 OC0의 값은 COM00의 값에 따라 TOP에서 set 또는 clear 된다.

Bit 2,1,0 - CS02..00 : Clock Select

Timer/Counter0에 공급되는 클럭을 설정하는 비트로써 [그림 6-25]의 Prescaler 부분에서 설명한 것을 참고하기 바란다.

Timer/Counter0의 "Timer/Counter Register - TCNT0", "Output Compare Register - OCR0"는 8-bit의 크기를 가진다. TCNT0 레지스터는 읽기/쓰기 모두 가능하나 타이머의 동작 중 TCNT0 레지스터에 값을 써 넣으면 TCNT0와 OCR0 레지스터사이의 비교 동작이 정상적으로 수행되지 않을 수 있다.

[그림 6-29]는 8-bit Timer/Counter0의 블록도를 나타내고 있으며, 지금까지 설명되었던 Timer/Counter0의 공급 클럭에 대한 부분과 제어 로직, 비교, 파형 발생기와 비동기 클럭에 의한 동작 모드의 상태 레지스터들의 구성을 간략히 보이고 있다.

Timer/Counter의 비동기 클럭에 의한 동작 방식은 "Asynchronous Status Register - ASSR"의 AS0 비트에 의해 지정할 수 있으며, ASSR 레지스터의 하위 3 비트에 의해 Timer/Counter0의 비동기 클럭에 의한 동작 상태를 확인할 수 있다.

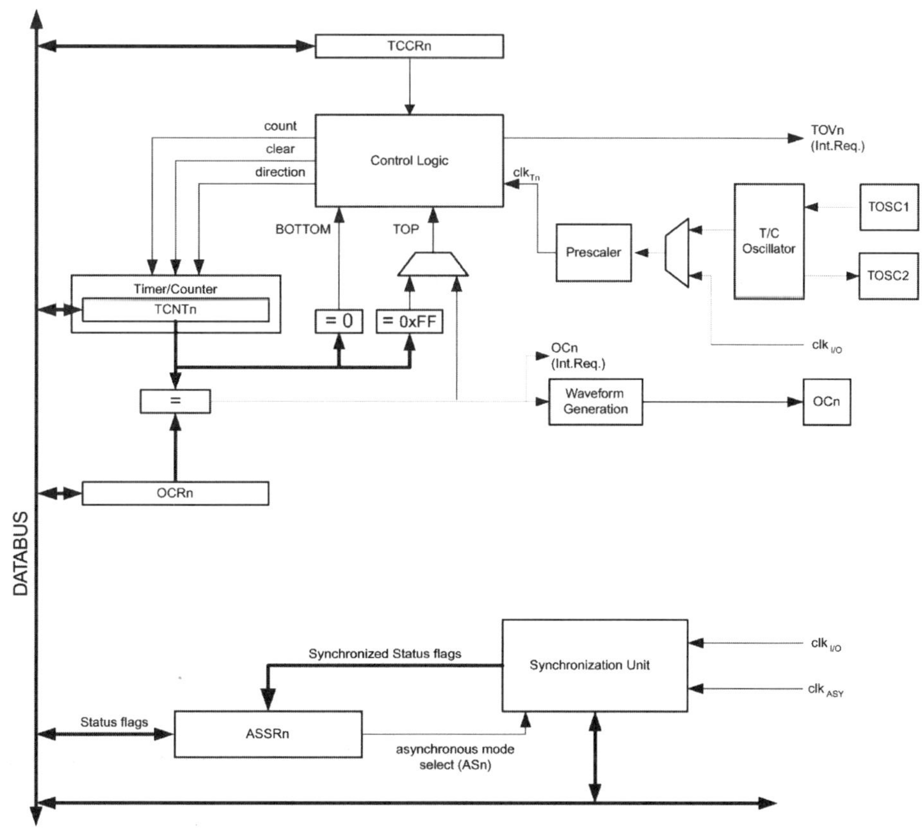

[그림 6-29] Block Diagram of 8-Bit Timer/Counter0

Timer/Counter0에 의해 인터럽트를 발생시키거나 발생된 인터럽트를 확인하기 위해서 "Timer/Counter Interrupt Mask Register - TIMSK" 레지스터와 "Timer/Counter Interrupt Flag Register - TIFR"을 사용한다. TIMSK, TIFR 레지스터의 하위 2 비트만이 Timer/Counter0에 해당된다.

Timer/Counter Interrupt Mask Register - TIMSK

Bit	7	6	5	4	3	2	1	0
	OCIE2	TOIE2	TICIE1	OCIE1A	OCIE1B	TOIE1	OCIE0	TOIE0
Read/Write	W	R/W	R/W	R/W	R/W	R/W	R/W	R/W
Initial Value	0	0	0	0	0	0	0	0

- Bit 1 - OCIE0 : Timer/Counter0 Output Compare Match Interrupt Enable

  OCIE0 비트가 '1'로 설정되고 SREG의 I 비트가 '1'로 설정되면 Timer/Coutner0의 Compare match 인터럽트가 활성화 된다. 인터럽트가 발생하면 TIFR 레지스터의 OCF0 비트를 '1'로 설정한다.

- Bit가 '1'로 설정되고 SREG의 I 비트가 '1'로 설정되면 Timer/Coutner0의 Overfl0 - TOIE0 : Timer/Counter0 Overflow Interrupt Enable

  TOIE0 비ow 인터럽트가 활성화 된다. 인터럽트가 발생하면 TIFR 레지스터의 TOV0 비트를 '1'로 설정한다.

Timer/Counter Interrupt Flag Register - TIFR

Bit	7	6	5	4	3	2	1	0
	OCF2	TOV2	ICF1	OCF1A	OCF1B	TOV1	OCF0	TOV0
Read/Write	W	R/W	R/W	R/W	R/W	R/W	R/W	R/W
Initial Value	0	0	0	0	0	0	0	0

- Bit 1 - OCF0 : Output Compare Flag 0

  Timer/Counter0와 OCR0의 값이 일치할 경우 OCF0가 '1'로 설정되며 이에 해당되는 인터럽트 루틴이 실행되면 하드웨어에 의해 자동으로 '0'으로 설정된다.

- Bit 0 - TOV0 : Timer/Counter0 Overflow Flag

  Timer/Counter0에 overflow가 발생하면 '1'로 설정된다. TOV0는 인터럽트 루틴이 실행되면 하드웨어에 의해 자동으로 '0'으로 설정된다.

2) Timer/Counter1, 3 (16-bit Timer/Counter)

ATmega128/L에는 16-bit의 Timer/Counter1과 Timer/Counter3이 있으며, 16-bit의 PWM과 각 세 개의 독립적인 output compare unit과 하나의 input capture unit을 가지고 있다. 또한 16-bit의 Timer/Counter 모듈은 10개의 독립적인 인터럽트를 발생시킬 수 있으며 PWM의 주기를 가변시킬 수 있으며 외부 이벤트를 카운트 할 수 있다.

[그림 6-30]은 16-bit Timer/Counter의 블록도이다.

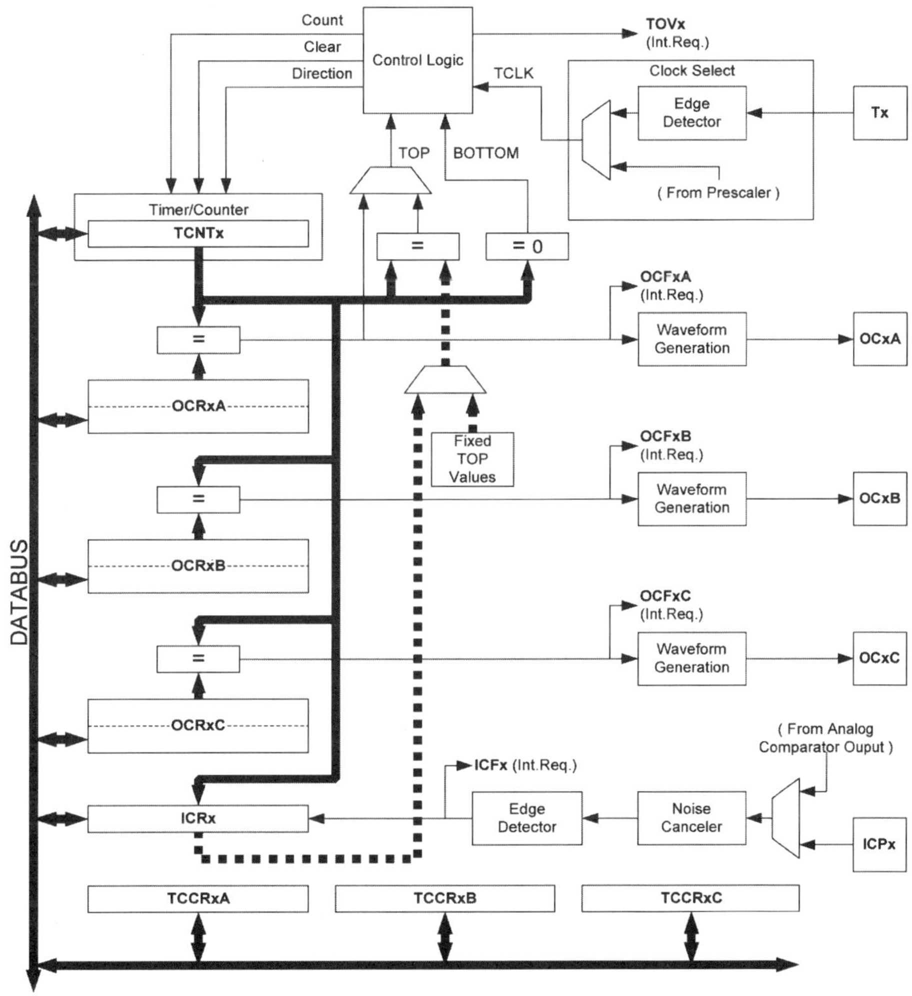

[그림 6-30] 16-bit Timer/Counter Block Diagram

Timer/Counter1, 2, 3은 분주기를 거친 내부 클럭이나 Tx 핀에 의한 외부 클럭을 입력으로 받아 Timer/Counter 클럭인 TCLK로 사용할 수 있다. [그림 6-31]에는 Tx 핀의 입력을 샘플링하는 회로와(그림에서는 Tx를 Tn으로 표시) [그림 6-32]에서는 내부 럭의 prescaler의 블록도를 보이고 있다.

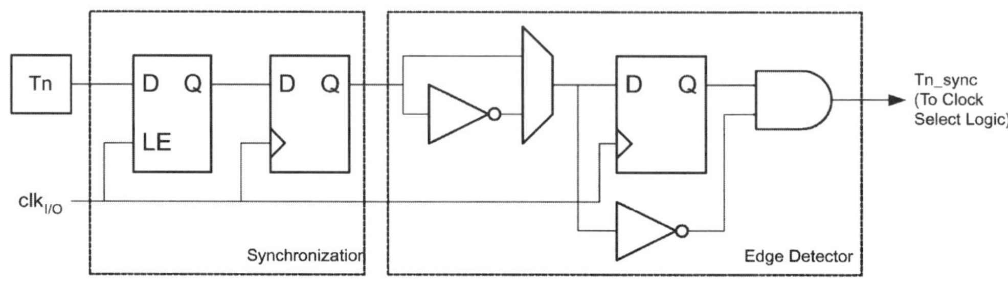

[그림 6-31] 입력 Tx 핀의 sampling

Tx핀으로 들어오는 입력 신호는 MCU 사이클마다 샘플링되고, 이러한 동기 회로를 거친 신호는 Edge detector로 넘어간다. Edge detector는 "Timer/Counter x Control Register B - TCCRxB" 레지스터의 CSn2..0의 값이 "111"이면 positive edge에서, "110"이면 negative edge에서 검출한다.

CSn2..0의 값이 "000"이면 No clock이 선택되고 "001"이면 clkI/O/1, "010"이면 clkI/O/8, "011"이면 clkI/O/64, "100"이면 clkI/O/256, "101"이면 clkI/O/1024의 값이 선택된다.

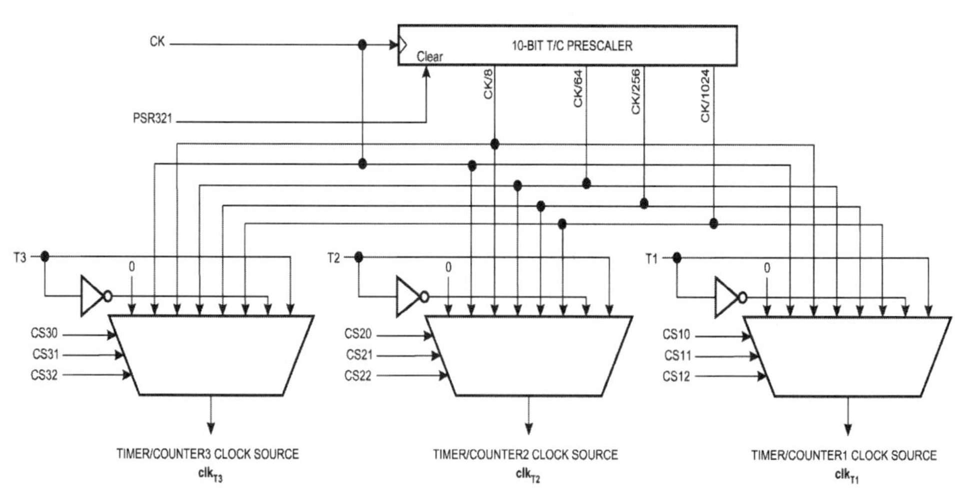

[그림 6-32] Prescaler for Timer/Counter1, Timer/Counter2 and Timer/Counter3

[그림 6-32]와 같은 분주회로를 거쳐 입력으로 선택된 클럭은 [그림 6-33]의 Counter Unit으로 입력된다. 16-bit counter인 TCNTn은 상위 8-bit의 TCNTnH와 하위 8-bit의 TCNTnL로 나뉜다.

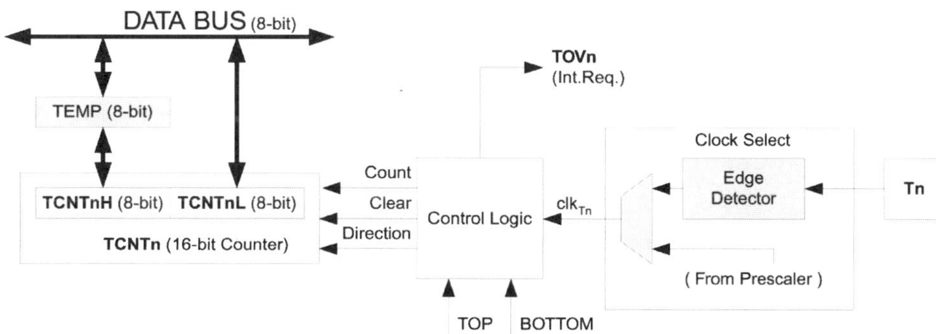

[그림 6-33] Counter Unit Block Diagram

16-bit Timer/Counter에는 Input Capture unit이 존재하며 이는 외부에서 발생한 이벤트에 발생한 시간을 함께 기록하는 것으로 ICPn 핀에 이벤트가 발생하면 이 때의 TCNTn의 값을 읽어 ICRn 레지스터에 기록한다. [그림 6-34]는 Input Capture Unit의 블록도이다.

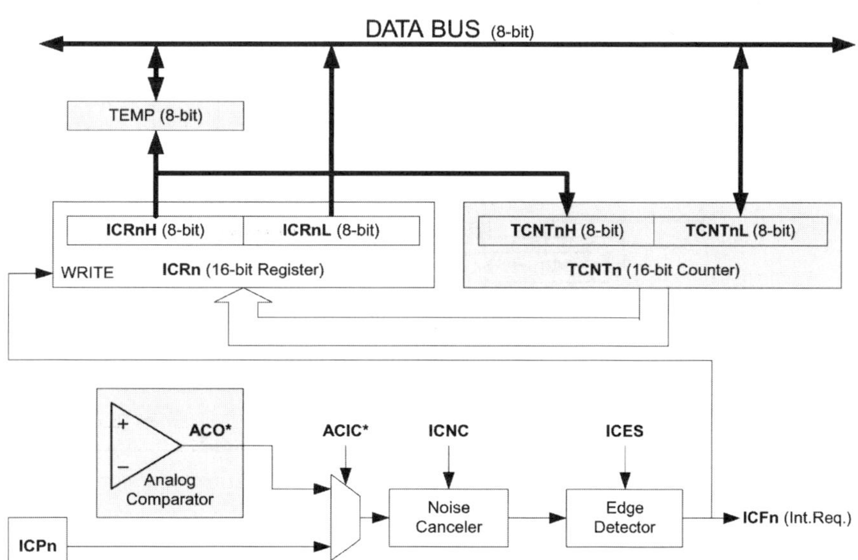

[그림 6-34] Input Capture Unit Block Diagram

Timer/Counter1의 경우 Analog comparator의 출력을 외부 이벤트로 감지할 수 있으며, 이 기능은 Timer/Counter3에는 적용되지 않는다. Input capture는 “Input Capture Pin - ICPn”을 주 신호원으로 하고 Timer/Counter1의 경우 Analog comparator의 출력(“Analog Comparator Output - ACO”)을 사용하기 위해 “Analog Comparator Control and Status Register - ACSR” 레지스터의 “Analog Comparator Input Capture - ACIC”를 설정하면 된다.

ICPn과 ACO는 ACIC에 의해 선택되며, 이 신호는 “Timer/Counter Control Register B - TCCRnB”의 “Input Capture Noise Canceler - ICNCn”에 의해 잡음제거기의 사용 유무를 결정하고, TCCRnB 레지스터의 “Input Capture Edge Select - ICESn”의 설정에 따라 상승/하강 edge가 선택되어 ICRn에 TCNTn의 값이 기록된다.

[그림 6-35]는 Output compare unit의 블록도를 나타내고 있으며, TCNTn의 값이 OCRnx의 값과 비교되어 waveform generator를 거쳐 OCnx로 출력된다. 16-bit Timer/Counter1, 3에는 각각 A, B, C 세 개의 output compare unit이 있으며 OCnx의 ‘x’는 A, B, C 중 하나를 의미한다.

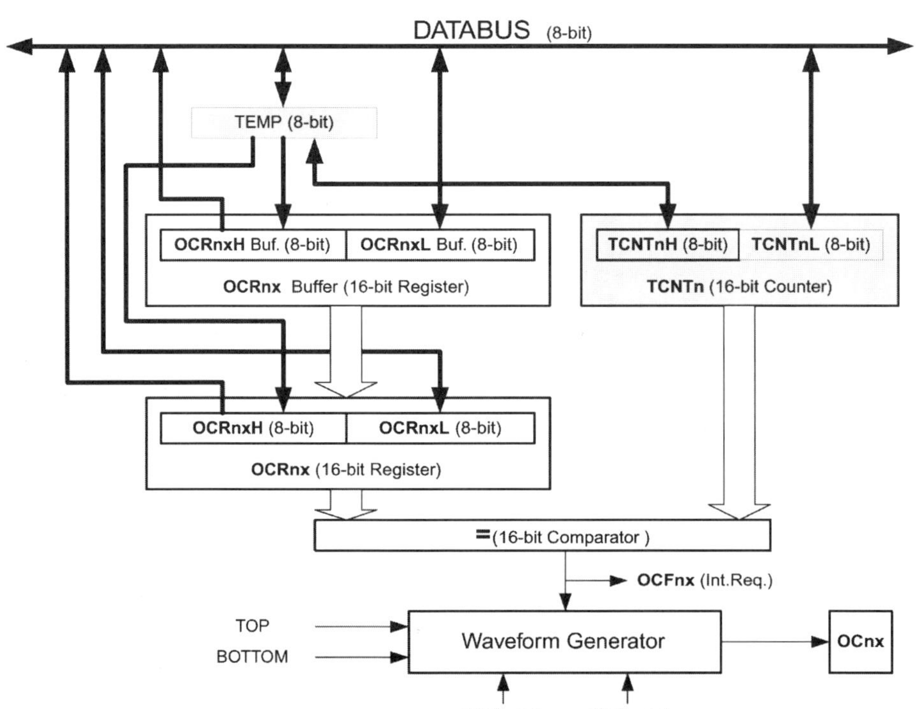

[그림 6-35] Block Diagram of Output Compare Unit

16-bit Timer/Counter control register는 A, B 두 개의 레지스터로 구성되며 A 레지스터는 compare output mode와 waveform generation mode를 선택할 수 있다.

Compare output mode는 waveform generation mode에 따라 non-PWM, Fast PWM, Phase correct and Phase and Frequency correct PWM mode에 따라 각각 다른 동작을 한다. OCnA, OCnB, OCnC의 output compare 출력핀은 각 해당되는 포트의 "Data Direction Register x - DDRx"의 값을 출력으로 설정해야 한다.

Timer/Counter1 Control Register A - TCCR1A

Bit	7	6	5	4	3	2	1	0
	COM1A1	COM1A0	COM1B1	COM1B0	COM1C1	COM1C0	WGM11	WGM10
Read/Write	R/W	R/W	R/W	R/W	R/W	R/W	R/W	R/W
Initial Value	0	0	0	0	0	0	0	0

Timer/Counter3 Control Register A - TCCR3A

Bit	7	6	5	4	3	2	1	0
	COM3A1	COM3A0	COM3B1	COM3B0	COM3C1	COM3C0	WGM31	WGM30
Read/Write	R/W	R/W	R/W	R/W	R/W	R/W	R/W	R/W
Initial Value	0	0	0	0	0	0	0	0

- Bit 7..6 - COMnA1..0 : Compare Output Mode for Channel A
- Bit 5..4 - COMnB1..0 : Compare Output Mode for Channel B
- Bit 3..2 - COMnC1..0 : Compare Output Mode for Channel C

Non-PWM mode

COMnA1 COMnB1 COMnC1	COMnA0 COMnB0 COMnC0	Description
0	0	Normal port operation, OCnA/OCnB/OCnC disconnected.
0	1	Toggle OCnA/OCnB/OCnC on compare match
1	0	Clear OCnA/OCnB/OCnC on compare match (Set output to low level)
1	1	Set OCnA/OCnB/OCnC on compare match (Set output to hogh level)

Fast PWM mode

COMnA1 COMnB1 COMnC1	COMnA0 COMnB0 COMnC0	Description
0	0	Normal port operation, OCnA/OCnB/OCnC disconnected.
0	1	WGMn3=0 : Normal port operation, OCnA/OCnB/OCnC disconnected. WGMn3=1 : Toggle OCnA on compare match, OCnB/ OCnC reserved.
1	0	Clear OCnA/OCnB/OCnC on compare match set OCnA/OCnB/OCnC at TOP
1	1	Set OCnA/OCnB/OCnC on compare match clear OCnA/OCnB/OCnC at TOP

Phase correct and Phase and Frequency correct PWM mode

COMnA1 COMnB1 COMnC1	COMnA0 COMnB0 COMnC0	Description
0	0	Normal port operation, OCnA/OCnB/OCnC disconnected.
0	1	WGMn3=0 : Normal port operation, OCnA/OCnB/OCnC disconnected. WGMn3=1 : Toggle OCnA on compare match, OCnB/ OCnC reserved.
1	0	Clear OCnA/OCnB/OCnC on compare match when up-counting. Set OCnA/OCnB/OCnC on compare match when down-counting.
1	1	Set OCnA/OCnB/OCnC on compare match when up-counting. Clear OCnA/OCnB/OCnC on compare match when down-counting.

- Bit 1..0 - WGM1..0 : Waveform Generation Mode

TCCTnB 레지스터의 WGM3..2 비트와 함께 8가지의 waveform 발생 모드로 동작한다. Normal, PWM, CTC, Fast PWM, Phase and Frequency correct PWM, Phase correct PWM 모드를 선택할 수 있다. 단, WGM3..0이 “1101”은 사용할 수 없다.

Timer/Counter1 Control Register B - TCCR1B

Bit	7	6	5	4	3	2	1	0
	ICNC1	ICES1	-	WGM13	WGM12	CS12	CS11	CS10
Read/Write	R/W	R/W	R	R/W	R/W	R/W	R/W	R/W
Initial Value	0	0	0	0	0	0	0	0

Timer/Counter3 Control Register B - TCCR3B

Bit	7	6	5	4	3	2	1	0
	ICNC3	ICES3	-	WGM33	WGM32	CS32	CS31	CS30
Read/Write	R/W	R/W	R	R/W	R/W	R/W	R/W	R/W
Initial Value	0	0	0	0	0	0	0	0

- Bit 7 - ICNCn : Input Capture Noise Canceler

  '1'로 설정되면 ICPn 핀의 입력이 필터를 통과하게 되며 4개의 MCU 클럭 주기의 지연이 발생한다.

- Bit 6 - ICESn : Input Capture Edge Select

  '0'일 경우 falling edge, '1'로 설정된 경우 rising edge에서 동작한다.

- Bit 5 - Reserved Bit

- Bit 4,3 - WGMn3..2 : Waveform generation mode

  TCCRnA 레지스터의 WGMn1..0 비트와 함께 사용되어 waveform generation mode를 설정한다.

- Bit 2..0 - CSn2..0 : Clock Select

CSn2	CSn1	CSn0	Description
0	0	0	No clock source(Timer/Counter stopped)
0	0	1	clkI/O/1(No prescaling)
0	1	0	clkI/O/8(No prescaling)
0	1	1	clkI/O/64(No prescaling)
1	0	0	clkI/O/256(No prescaling)
1	0	1	clkI/O/1024(No prescaling)
1	1	0	External clock source on Tn pin. Clock on falling edge
1	1	1	External clock source on Tn pin. Clock on rising edge

Timer/Counter1 Control Register C - TCCR1C

Bit	7	6	5	4	3	2	1	0
	FOC1A	FOC1B	FOC1C	-	-	-	-	-
Read/Write	W	W	W	R	R	R	R	R
Initial Value	0	0	0	0	0	0	0	0

Timer/Counter3 Control Register C - TCCR3C

Bit	7	6	5	4	3	2	1	0
	FOC3A	FOC3B	FOC3C	-	-	-	-	-
Read/Write	W	W	W	R	R	R	R	R
Initial Value	0	0	0	0	0	0	0	0

- Bit 7 - FOCnA : Force Output Compare for Channel A
- Bit 6 - FOCnB : Force Output Compare for Channel B
- Bit 5 - FOCnC : Force Output Compare for Channel C

16-bit Timer/Counter1,3 레지스터인 TCNT1, TCNT3은 각각 8-bit의 High, Low로 나뉘어 8-bit 단위로는 TCNT1H, TCNT1L과 TCNT3H, TCNT3L로 접근할 수 있으며, output compare register도 마찬가지로 16-bit 크기의 레지스터인 OCRnA, OCRnB, OCRnC는 8-bit 단위로 OCR1AH, OCR1AL, OCR1BH, OCR1BL, OCR1CH, OCR1CL과 OCR3AH, OCR3AL, OCR3BH, OCR3BL, OCR3CH, OCR3CL로 접근할 수 있다. 또한 Input capture register도 16-bit로는 ICR1, ICR3으로, 8-bit으로는 ICR1H, ICR1L과 ICR3H, ICR3L로 접근할 수 있다.

"Timer/Counter Interrupt Mask Register - TIMSK"는 Timer/Counter0, Timer/Counter1, Timer/Counter2는 TIMSK에서 제어할 수 있으며, Timer/Counter은 "Extended Timer/Counter Interrupt Mask Register - ETIMSK"에서 제어할 수 있다. 발생한 인터럽트는 Flag 레지스터를 통하여 확인할 수 있다.

Timer/Counter Interrupt Mask Register - TIMSK

Bit	7	6	5	4	3	2	1	0
	OCIE2	TOIE2	TICIE1	OCIE1A	OCIE1B	TOIE1	OCIE0	TOIE0
Read/Write	R/W	R/W	R/W	R/W	R/W	R/W	R/W	R/W
Initial Value	0	0	0	0	0	0	0	0

- Bit 5 - TICIE1 : Timer/Counter1, Input Capture Interrupt Enable
- Bit 4 - OCIE1A : Timer/Counter1, Output Compare A Match Interrupt Enable
- Bit 3 - OCIE1B : Timer/Counter1, Output Compare B Match Interrupt Enable
- Bit 2 - TOIE1 : Timer/Counter1, Overflow Interrupt Enable

Extended Timer/Counter Interrupt Mask Register - ETIMSK

Bit	7	6	5	4	3	2	1	0
	-	-	TICIE3	OCIE3A	OCIE3B	TOIE3	OCIE3C	OCIE1C
Read/Write	R	R	R/W	R/W	R/W	R/W	R/W	R/W
Initial Value	0	0	0	0	0	0	0	0

- Bit 7..6 : Reserved
- Bit 5 - TICIE3 : Timer/Counter3, Input Capture Interrupt Enable.
- Bit 4 - OCIE3A : Timer/Counter3, Output Compare A Match Interrupt Enable
- Bit 3 - OCIE3B : Timer/Counter3, Output Compare B Match Interrupt Enable
- Bit 2 - TOIE3 : Timer/Counter3, Overflow Interrupt Enable
- Bit 1 - OCIE3C : Timer/Counter3, Output Compare C Match Interrupt Enable
- Bit 0 - OCIE1C : Timer/Counter1, Output Compare C Match Interrupt Enable

Timer/Counter Interrupt Flag Register - TIFR

Bit	7	6	5	4	3	2	1	0
	OCF3	TOV2	ICF1	OCF1A	OCF1B	TOV1	OCF0	TOV0
Read/Write	R/W	R/W	R/W	R/W	R/W	R/W	R/W	R/W
Initial Value	0	0	0	0	0	0	0	0

Extended Timer/Counter Interrupt Flag Register - ETIMSK

Bit	7	6	5	4	3	2	1	0
	-	-	ICF3	OCF1A	OCF3B	TOV3	OCF3C	OCF1C
Read/Write	R/W	R/W	R/W	R/W	R/W	R/W	R/W	R/W
Initial Value	0	0	0	0	0	0	0	0

3) Timer/Counter2 (8-bit Timer/Counter)

[그림 6-36]은 Timer/Counter2는 8-bit Timer/Counter로 Timer/Counter0에 비하여 비동기 클럭에 의한 입력에 관련된 부분이 다르며 외부 Tn 핀으로부터 입력되는 신호와 내부 MCU 클럭을 분주한 신호를 선택하는 부분은 Timer/Counter1,3과 같이 구성되어 있다.

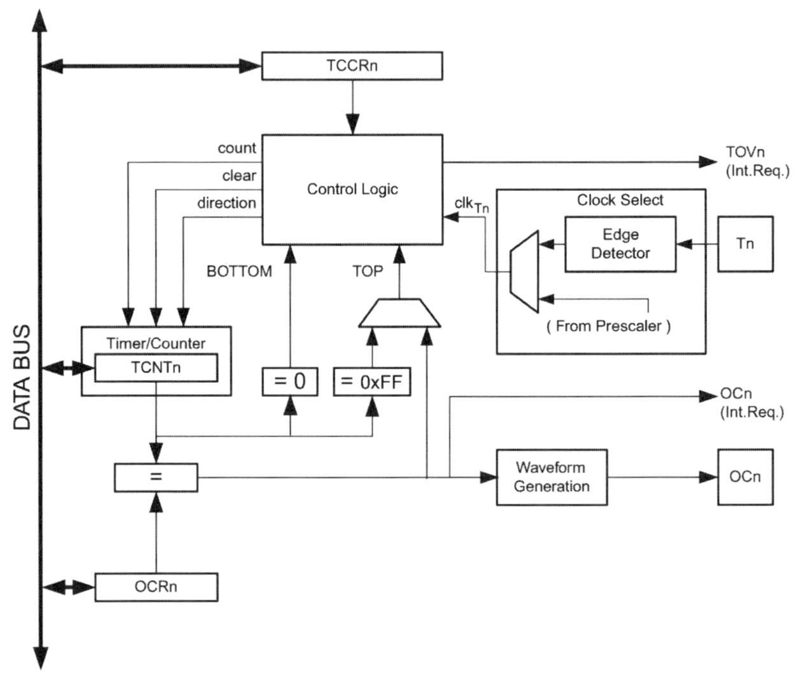

[그림 6-36] Timer/Counter1 Block Diagram

[그림 6-37]은 Counter unit에 대한 블록도이다.

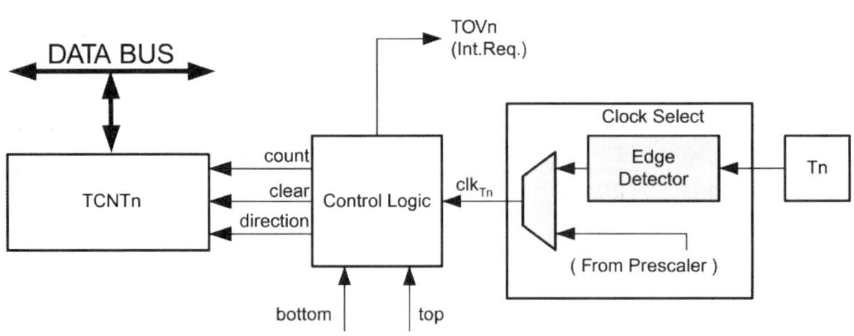

[그림 6-37] Counter Unit Block Diagram

Output compare unit은 [그림 6-38]과 같이 구성되어 있으며 TCNTn 레지스터의 값이 OCRn 레지스터의 값과 일치하면 OCFn 인터럽트 요청 신호를 발생하며 waveform generation unit에서 WGMn1..0과 COMn1..0 신호에 의해 OCn 핀에 출력된다. 모든 동작은 Timer/Counter0와 동일하다.

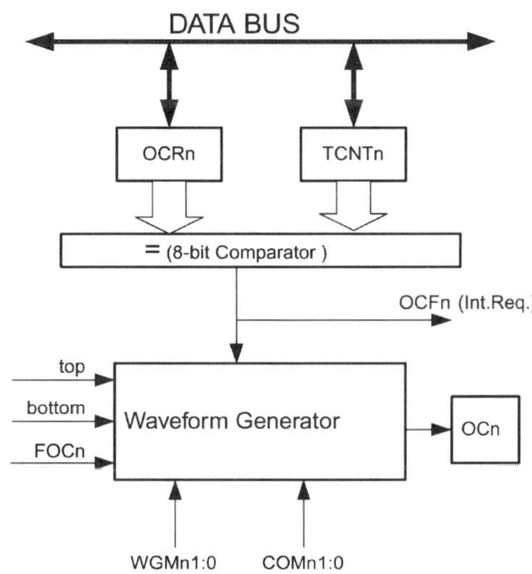

[그림 6-38] Output Compare Unit.

Timer/Counter2에는 "Timer/Counter Control Register - TCCR2" 레지스터와 "Timer/Counter Register - TCNT2", "Output Compare Register - OCR2" 레지스터 및 "Timer/Counter Interrupt Mask Register - TIMSK", "Timer/Counter Interrupt Flag Register - TIFR" 레지스터가 사용되며 이들에 대한 설명은 앞에서 Timer/Counter0, 1, 3에 대한 설명을 참고하기 바란다.

4) Output Compare Modulator(OCM1C2)

Output Compare Modulator(OCM)은 [그림 6-39]와 같이 OC1C와 OC2 두 개의 output compare 출력을 함께 변조하여 출력한다.

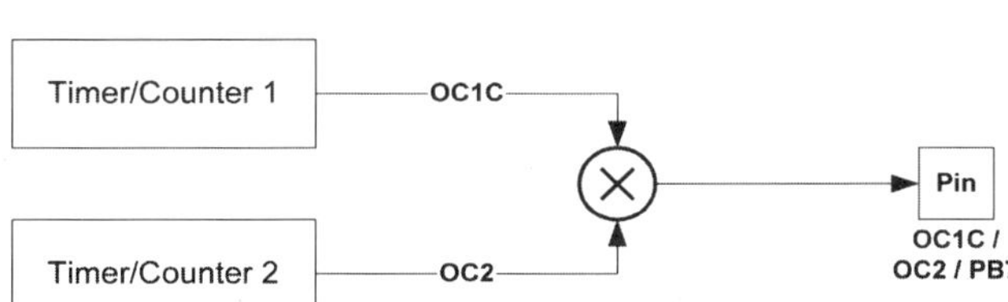

[그림 6-39] Output Compare Modulator, Block Diagram

Output compare modulator는 COM21, COM20과 COM1C1, COM1C0 제어 비트와 PORTB7, DDRB7 비트에 의해 OC1C와 OC2의 output compare 출력을 변조하게 된다. [그림 6-40]은 output compare modulator의 schematic diagram이다.

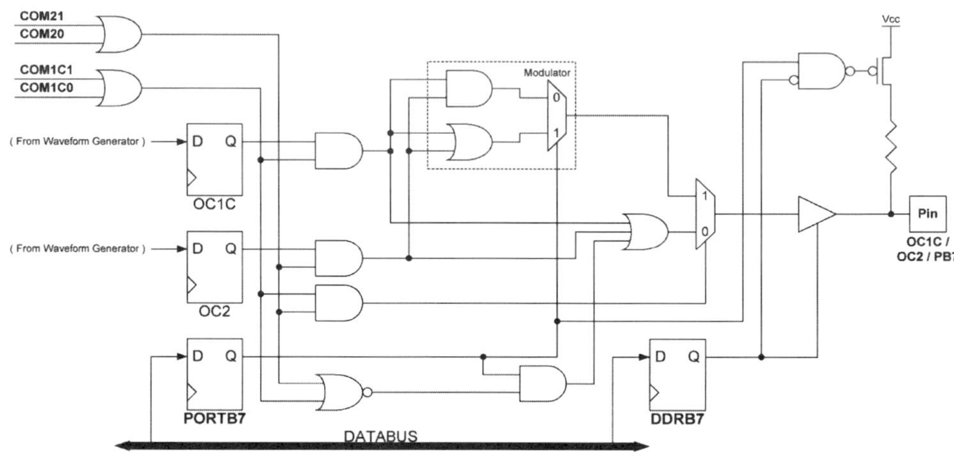

[그림 6-40] Schematic Diagram of Output Compare Modulator

[그림 6-41]은 Timer/Counter1이 fast PWM mode로 동작하고 Timer/Counter2는 CTC mode에서 toggle compare output mode로 출력되고 있을 때 OC1C/OC2/PB7 핀에 출력되는 파형이다.

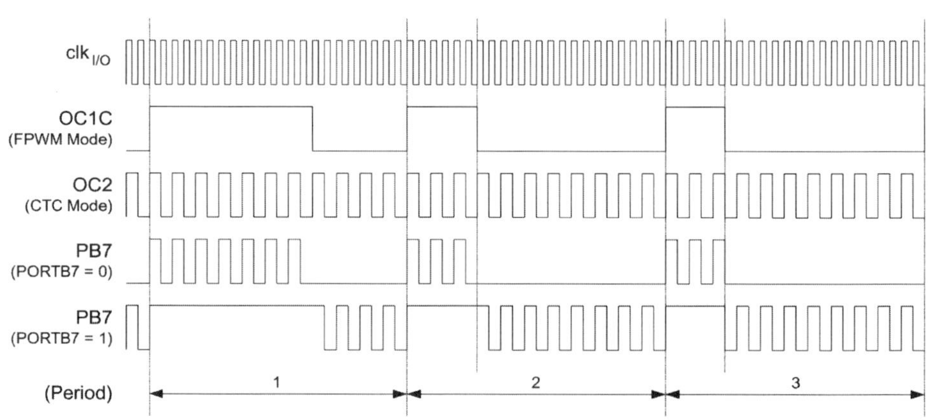

[그림 6-41] Timing Diagram of Output Compare Modulator

다음의 예제 프로그램은 ATmega128/L의 Timer 1을 사용하여 시스템 클럭에 대해 1초마다 Timer 인터럽트가 발생되도록 설정하여 매 1초마다 LED의 값이 하나씩 증가하도록 구성하였다. 특정한 시간 지연을 얻기 위해 앞의 예제들에서 사용한 방식은 delay(i, j) 함수를 사용하는 방법을 택하였으나 이 방법은 ATmega128/L의 기계어 코드 중 NOP라는 명령어를 일정 수 만큼 반복하여 시간 지연을 만드는 것으로써 NOP 명령 하나의 수행 시간은 시스템 공급 클럭의 1 주기이며(RoV-Lab 3000의 경우 1초 / 3.6864M ≒ 271.27ns가 된다) 반복 회수에 대한 증가, 비교, 판단 명령어의 처리 시간이 더해진다. 따라서 delay(i, j)를 사용한 방법은 정확한 시간 지연 값을 계산하기가 까다롭다. 예제와 같이 Timer를 사용한 시간 지연 방법은 Timer의 설정 값에 따라 정확한 시간 간격으로 ATmega128/L에 인터럽트를 발생시켜 인터럽트 처리 함수에서 정확히 원하는 시간에 지정된 일을 할 수 있다.

예제 프로그램을 사용해서 ATmega128/L의 Timer 설명 방법과 인터럽트를 사용하는 방법을 학습한다. 앞절의 FPGA 예제에서 작성한 Avr_Interface를 FPGA에 프로그램 한 상태에서 아래의 예제 프로그램을 컴파일하여 ATmega128/L 내부 Flash 메모리에 기록한다.

[그림 6-42]는 Timer Interrupt를 사용한 ATmega128/L의 C code이다.

```
#include <avr/io.h>
#include <avr/interrupt.h>
#include <avr/signal.h>

#define SYSTEM_CLOCK 3686400L
#define PRESCALED_CLOCK_1024  (unsigned long)(SYSTEM_CLOCK / 1024)
#define SAMPLING_RATE  1 // Sampling Rate of This system is 1 Hz

volatile unsigned char timer_count = 0;

void initialize_timer(void);

void initialize_timer(void)
{
    TCCR1A = 0x00;
    // bit7,6   COM1A1, COM1A0    : 00(normal port operation)
    // bit1,0   WGM11, WGM10      : 00(CTC OCR1A)
    TCCR1B = 0x0D;  // bit4,3  WGM13, WGM12     : 01(CTC OCR1A)
    // bit2,1,0  CS12, CS11, CS10 : 101(1024 prescaler)
```

[그림 5-42] Timer Interrupt 예제 C code (계속)

```
    TCCR1C = 0x00;  // bit7     FOC1A           : 0
    TIMSK = 0x10;
    // bit4  OCIE1A  :  timer1 output compare A match interrupt enable
    OCR1A = (unsigned int)(PRESCALED_CLOCK_1024 /
SAMPLING_RATE - 1 + 0.5);
}
SIGNAL(SIG_OUTPUT_COMPARE1A)
{
    timer_count++;
}
int main(void)
{
    initialize_timer();  // Timer 초기화 함수 호출
    DDRA = 0xFF;         // PORTA의 모든 비트를 출력으로 지정
    sei();               // 인터러트 활성화
    while(1)             // 무한 루프
    {
        PORTA = timer_count; // 인터럽트 vector 0에서 발생된 외부
    }                        // 인터럽트 마다 증가된 값을 PORTA에 출력
    return(0);
}
```

[그림 6-42] Timer Interrupt 예제 C code

위의 프로그램에서는 ATmega128/L 내부의 Timer 1을 사용하며 매 1초가 될 때마다 인터럽트가 발생되도록 초기화를 하였다. 이를 위해서 OCR1A 레지스터를 설정해야 하는데, 일반적으로 Timer 인터럽트를 사용할 때 OCR 레지스터는 사용하는 Timer에 공급되는 클럭을 사용자가 원하는 인터럽트 발생 주기로 나눈 값에서 1을 뺀 숫자를 저장한다. 일반적으로 MCU에서 계수하려는 값이 5라면 0부터 4까지 5개의 숫자를 사용해야 5번의 값을 계수할 수 있다. 따라서 일반적으로 계수하려는 값에서 1을 뺀 값을 레지스터에 저장한다.

$$\mathrm{OCRnX} = \frac{Prescaled\ \ Clock\ \ of\ \ TimerN}{Sampling\ \ Rate} - 1$$

예제에서는 시스템 클럭인 3.6864MHz를 1024 분주한 3.6kHz의 클럭을 Timer의 공급 클럭으로 사용하도록 Timer 초기화 함수인 initialize_timer() 함수에서 설정하였다. 따라서 3.6kHz를 .1초라는 샘플링 값으로 나누고 1을 뺀 값을 OCR1A 레지스터에 저장한다. 이와 같이 지정하면 Timer가 동작하여 3,600번의 카운트를 하여 이 값에 도달할 때마다 인터럽트가 발생한다.

[그림 6-42]의 예제에서 사용한 "PRESCALED_CLOCK_1024 / SAMPLING_RATE - 1 + 0.5"의 수식의 마지막 0.5를 더하는 것은 C 프로그램에서 소수점 이하는 버림을 하기 때문에 계산된 값이 소수가 나왔을 경우 반올림을 하기 위해 마지막에 0.5를 더한다.

ATmega128/L의 Timer 1에서 발생시키는 인터럽트를 사용하기 위해 예제 프로그램에서는 TCCR1A, TCCR1B에 OCR1A를 CTC 모드로 동작시키기 위해 WGM bit를 설정하고 TCCR1B의 하위 3-bit은 Timer 1에 공급되는 클럭에 대한 설정으로 예제에서는 1024 분주된 클럭을 사용하기 위한 값을 지정한다. 각 레지스터의 기능별 자세한 설명은 앞의 Timer 1에 대한 설명 부분을 참조한다. Timcr 인터럽트를 사용하기 위해 TIMSK 레지스터에는 Timer 1과 OCR1A에 지정한 값이 일치되었을 때 인터럽트가 발생되도록 지정하였다.

예제 프로그램을 AvrEdit에서 컴파일하고 PonyProg를 사용하여 ATmega128/L의 Flash 메모리에 기록한다. RoV-Lab 3000에서 LED의 변화를 관찰한다.

6-6 ATmega128/L 내부 Timer/Counter를 사용한 STEP Motor 구동 실습

STEP Motor는 [그림 6-43]과 같은 동작 영역 내에서 구동해야 되며 이 특성값은 STEP Motor마다 각각 다르다. 사용하려는 STEP Motor에 대한 정확한 Spec.을 참조한다.

RoV-Lab3000 Training KIT의 Robot Module에 장착된 STEP Motor는 기동시 약 150~500Hz의 주파수로 구동하면 무리 없이 동작 한다. 앞의 예제에서 사용한 Timer Interrupt를 이용하여 STEP Motor의 상 신호를 출력함으로써 일정 속도로 STEP Motor가 동작할 수 있도록 한다. 이 예제에서는 1-phase excitation으로 STEP Motor를 구동한다.

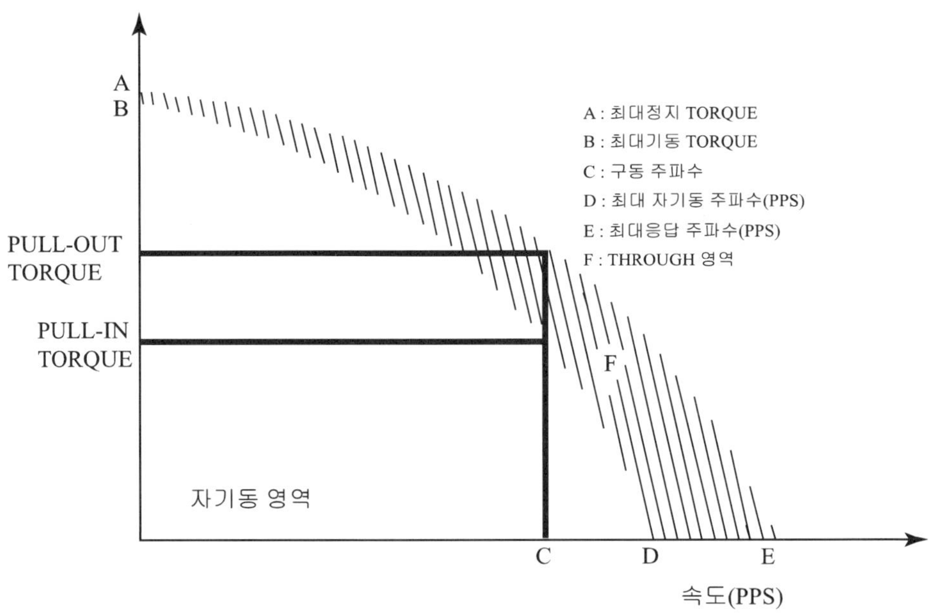

[그림 6-43] 스텝 모터의 동작 영역

[그림 6-44]는 FPGA에 연결된 STEP motor driver의 핀과 ATmega128/L의 포트 출력이 연결되도록 FPGA를 구성하는 VHDL code이다. 앞절의 FPGA 예제와 PART IV의 부록을 참조하여 ISE를 사용해서 합성하고 FPGA에 프로그램한 후 예제 프로그램을 동작시킨다.

```
library IEEE;
use IEEE.STD_LOGIC_1164.ALL;
use IEEE.STD_LOGIC_ARITH.ALL;
use IEEE.STD_LOGIC_UNSIGNED.ALL;
entity AVR_Interface is
    Port ( PORTA        : in    STD_LOGIC_VECTOR(7 downto 0);
           PORTF        : in    STD_LOGIC_VECTOR(7 downto 0);
           SEN_IN       : in    STD_LOGIC_VECTOR(6 downto 0);
           PUSH_BUTTON  : in    STD_LOGIC_VECTOR(2 downto 0);
           SEN_OUT      : out   STD_LOGIC_VECTOR(6 downto 0);
           STEP_MOTOR   : out   STD_LOGIC_VECTOR(7 downto 0);
           PORTC        : out   STD_LOGIC_VECTOR(7 downto 0);
           PORTD        : out   STD_LOGIC_VECTOR(7 downto 0);
           LED          : out   STD_LOGIC_VECTOR(7 downto 0));
end AVR_Interface;

architecture Behavioral of AVR_Interface is

begin

    LED             <= PORTA;
    PORTC           <= '1'&SEN_IN;
    SEN_OUT         <= "1111111";
    PORTD           <= "00000"&PUSH_BUTTON;
    STEP_MOTOR      <= PORTF;

end Behavioral;
```

[그림 6-44] Timer Interrupt 기반 STEP Motor 구동 VHDL code

[그림 6-45]는 핀 할당 파일이다.

```
NET "PORTA<0>"  LOC = "p97"  ;
NET "PORTA<1>"  LOC = "p96"  ;
NET "PORTA<2>"  LOC = "p95"  ;
NET "PORTA<3>"  LOC = "p94"  ;
NET "PORTA<4>"  LOC = "p93"  ;
NET "PORTA<5>"  LOC = "p90"  ;
NET "PORTA<6>"  LOC = "p87"  ;
NET "PORTA<7>"  LOC = "p86"  ;
NET "PORTC<0>"  LOC = "p85"  ;
NET "PORTC<1>"  LOC = "p81"  ;
NET "PORTC<2>"  LOC = "p80"  ;
NET "PORTC<3>"  LOC = "p78"  ;
NET "PORTC<4>"  LOC = "p77"  ;
NET "PORTC<5>"  LOC = "p76"  ;
NET "PORTC<6>"  LOC = "p74"  ;
NET "PORTC<7>"    LOC = "p72"  ;
NET "PORTD<0>"    LOC = "p44"  ;
NET "PORTD<1>"    LOC = "p45"  ;
NET "PORTD<2>"    LOC = "p46"  ;
NET "PORTD<3>"    LOC = "p68"  ;
NET "PORTD<4>"    LOC = "p71"  ;
NET "PORTD<5>"    LOC = "p175" ;
NET "PORTD<6>"    LOC = "p182" ;
NET "PORTD<7>"    LOC = "p197" ;
NET "PORTF<0>"    LOC = "p141" ;
NET "PORTF<1>"    LOC = "p144" ;
NET "PORTF<2>"    LOC = "p147" ;
NET "PORTF<3>"    LOC = "p149" ;
NET "PORTF<4>"    LOC = "p152" ;
NET "PORTF<5>"    LOC = "p156" ;
NET "PORTF<6>"    LOC = "p162" ;
NET "PORTF<7>"    LOC = "p166" ;
```

[그림 6-45] Timer Interrupt 기반 STEP Motor 구동 핀 할당 파일 (계속)

```
NET "LED<0>"        LOC = "p2"   ;
NET "LED<1>"        LOC = "p3"   ;
NET "LED<2>"        LOC = "p4"   ;
NET "LED<3>"        LOC = "p5"   ;
NET "LED<4>"        LOC = "p7"   ;
NET "LED<5>"        LOC = "p9"   ;
NET "LED<6>"        LOC = "p10"  ;
NET "LED<7>"        LOC = "p11"  ;
NET "SEN_IN<0>"   LOC = "p115" ;
NET "SEN_IN<1>"   LOC = "p116" ;
NET "SEN_IN<2>"   LOC = "p117" ;
NET "SEN_IN<3>"   LOC = "p119" ;
NET "SEN_IN<4>"   LOC = "p120" ;
NET "SEN_IN<5>"   LOC = "p122" ;
NET "SEN_IN<6>"   LOC = "p123" ;
NET "SEN_OUT<0>"  LOC = "p106" ;
NET "SEN_OUT<1>"  LOC = "p107" ;
NET "SEN_OUT<2>"  LOC = "p108" ;
NET "SEN_OUT<3>"  LOC = "p109" ;
NET "SEN_OUT<4>"  LOC = "p111" ;
NET "SEN_OUT<5>"  LOC = "p113" ;
NET "SEN_OUT<6>"  LOC = "p114" ;
NET "PUSH_BUTTON<0>"  LOC = "p102"  ;
NET "PUSH_BUTTON<1>"  LOC = "p101"  ;
NET "PUSH_BUTTON<2>"  LOC = "p100"  ;
NET "STEP_MOTOR<0>"   LOC = "p128"  ;
NET "STEP_MOTOR<1>"   LOC = "p130"  ;
NET "STEP_MOTOR<2>"   LOC = "p131"  ;
NET "STEP_MOTOR<3>"   LOC = "p132"  ;
NET "STEP_MOTOR<4>"   LOC = "p133"  ;
NET "STEP_MOTOR<5>"   LOC = "p135"  ;
NET "STEP_MOTOR<6>"   LOC = "p137"  ;
NET "STEP_MOTOR<7>"   LOC = "p138"  ;
```

[그림 6-45] Timer Interrupt 기반 STEP Motor 구동 핀 할당 파일

다음 [그림 6-46]은 ATmega128/L의 Timer 1을 사용하여 150Hz마다 인터럽트가 발생되도록 하여 각 인터럽트 발생때 마다 STEP Motor의 동작 펄스를 출력한다. LED는 그 변화를 눈으로 감지할 수 있도록 150Hz의 변화를 8로 나누어 18.75Hz마다 하나씩 증가되는 값을 출력한다. 예제 프로그램에서는 8로 나눈 것과 동일한 효과를 주는 오른쪽 3비트 쉬프트 연산을 이용한다.

예제 프로그램의 Timer 1을 사용하여 150Hz 마다 인터럽트를 발생시키도록 설정하는 부분은 앞에서 설명한 예제와 동일하다. 사용자가 다른 프로그램에서 Timer 1을 사용하여 원하는 시간 간격으로 인터럽트를 발생 시키기를 원한다면 예제 프로그램에서 initialize_timer() 함수와 #define으로 설정한 Timer 1 관련 매크로 상수를 이용하면 된다.

```
#include <avr/io.h>
#include <avr/interrupt.h>
#include <avr/signal.h>

#define SYSTEM_CLOCK 3686400L
#define PRESCALED_CLOCK_1024   (unsigned long)(SYSTEM_CLOCK / 1024)
#define SAMPLING_RATE          150 // Sampling Rate of This
                                   // system is 150 Hz

volatile unsigned int timer_count = 0;
volatile unsigned char motor_l[]={0x01,0x02,0x04,0x08},
motor_r[]={0x08,0x04,0x02,0x01}, mot_cnt=0;

void initialize_timer(void);
void initialize_timer(void)
{
    TCCR1A = 0x00; // bit7,6  COM1A1, COM1A0  : 00(normal port operation)
                   // bit1,0  WGM11, WGM10      : 00(CTC OCR1A)
    TCCR1B = 0x0D; // bit4,3  WGM13, WGM12      : 01(CTC OCR1A)
                   // bit2,1,0 CS12, CS11, CS10 : 101(1024
                   // prescaler)
    TCCR1C = 0x00; // bit7    FOC1A             : 0
```

[그림 6-46] Timer Interrupt 기반 STEP Motor 구동 C code (계속)

```
    TIMSK = 0x10;    // bit4  OCIE1A : timer1 output compare A
                     // match interrupt enable
    OCR1A = (unsigned int)(PRESCALED_CLOCK_1024 /
SAMPLING_RATE - 1 + 0.5);
}

SIGNAL(SIG_OUTPUT_COMPARE1A)
{
    timer_count++;
        if( timer_count == 0x03FF )
            timer_count = 0;
        mot_cnt++;
        if( mot_cnt == 0x04 )
            mot_cnt = 0;
}

int main(void)
{
        DDRA = 0xFF;
        DDRF = 0xFF;

initialize_timer();
    sei();

    while(1)
    {
        PORTA = timer_count>>3;
        PORTF = (motor_l[mot_cnt])<<4 | (motor_r[mot_cnt]);
    }
    return 0;
}
```

[그림 6-46] Timer Interrupt 기반 STEP Motor 구동 C code

예제 코드를 컴파일하여 ATmega128/L에 PonyProg를 사용하여 다운로드하고 동작시키면 스텝 모터가 장착된 로봇의 바퀴가 회전하는 것을 볼 수 있다.

다음 예제는 STEP Motor를 구동하기 위해 ATmega128/L의 출력 포트를 사용하는 대신 memory mapped I/O로 지정한 앞절의 FPGA 예제에서 Avr_Interfcae를 사용하여 STEP Motor 구동에 관련된 레지스터에 구동 펄스에 대한 값을 지정한다.

앞절의 FPGA 예제에서 Avr_interface는 0x1400 번지에 할당된 STEP Motor 상 신호 레지스터에 AVR에서 적절한 신호를 일정한 시간 간격으로 내보내주면 이에 따라 STEP Motor가 정방향 또는 역방향으로 회전하도록 구성되어 있다.FPGA의 0x1400의 레지스터 상/하위 nibble(4-bit 단위)에 각각 좌/우 모터의 A, B, $\overline{A}$, $\overline{B}$의 상 신호가 할당되어 있으며 이들 상신호에 맞는 '0', '1'을 ATmega128/L에서 0x1400 번지에 기록한다.

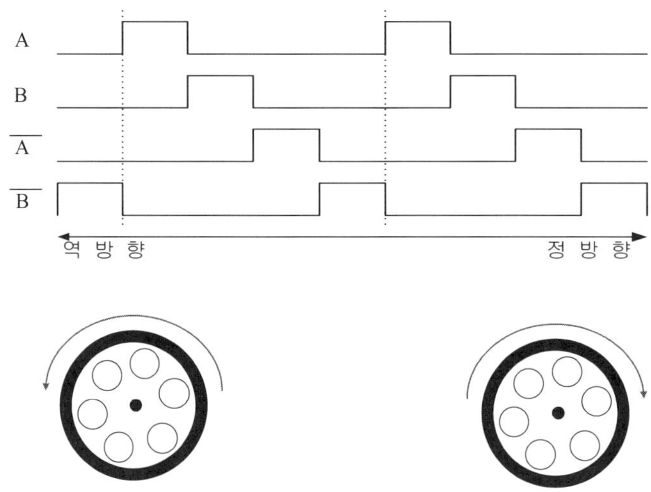

예제 프로그램에서는 스텝모터의 동작 주파수를 일치시키기 위하여 ATmega128/L 내부 타이머 대신 단순히 시간 지연시키는 delay() 함수를 사용하고 있다. [그림 6-47]은 STEP Motor를 동작시키는 예제 프로그램이다.

```
#include<avr\io.h>

#define LED_ADDRESS (unsigned char *)0x1100
#define MOTOR_ADDRESS (unsigned char *)0x1400

#include<avr\io.h>

#define LED_ADDRESS (unsigned char *)0x1100
```

[그림 6-47] STEP Motor 동작 프로그램 (계속)

```
#define MOTOR_ADDRESS (unsigned char *)0x1400

void EnableXRAM(void);
void delay(unsigned int d1, unsigned int d2);

int main(void)
{
    unsigned char   *led, *mot;

        led = LED_ADDRESS;
        mot = MOTOR_ADDRESS;

        EnableXRAM();
        while(1)
        {
            *mot = 0x11;
            *led = 0x11;
            delay(30,50);
             *mot = 0x82;
            *led = 0x82;
            delay(30,50);
            *mot = 0x44;
            *led = 0x44;
            delay(30,50);
            *mot = 0x28;
            *led = 0x28;
            delay(30,50);
        }
        return 0;
}

#define WAIT_STATE  3
#define SRW10   6
```

[그림 6-47] STEP Motor 동작 프로그램 (계속)

```
void EnableXRAM(void)
{
    unsigned char tmp;

    tmp=inp(MCUCR);
    tmp|=(1<<SRE)|((WAIT_STATE&0x01)<<SRW10);
    outp(tmp,MCUCR);
    tmp=inp(XMCRA);
    tmp|=(1<<SRL2)|(((WAIT_STATE>>1)&0x01)<<SRW11);
    outp(tmp,XMCRA); /* 0x8000 -> 0xFFFF set to WAIT_STATE
                        wait states */
}

void delay(unsigned int d1, unsigned int d2)
{
    unsigned int    i, j;

    for(i=0;i<d1;i++)
    {
        for(j=0;j<d2;j++)
        {
        }
    }
}
```

[그림 6-47] STEP Motor 동작 프로그램 (계속)

앞의 STEP Motor를 동작시키는 예제 프로그램에서는 좌/우 두 개의 STEP Motor를 0x1400 번지에 할당된 8-bit 레지스터를 반으로 나누어 상/하위 nibble 에 각각 모터의 상신호 $A, B, \overline{A}, \overline{B}$가 할당되어 있으며 두 개의 모터가 양 옆으로 붙어 있기 때문에 모터 하나는 정방향으로, 다른 하나는 역방향으로 회전되도록 구동해야 로봇 모듈이 정방향 또는 역방향으로 구동 할 수 있다. 만약 양쪽 모터 모두 프로그램에서 동일한 방향으로 회전하도록 상(Phase)신호를 출력할 경우 모터 하나는 정방향으로 회전하고 다른 하나는 역방향으로 회전하여 로봇은 좌 또는 우측의 한 방향으로 회전하게 된다.

앞의 예제와 마찬가지로 AvrEdit에서 소스 파일을 편집하고 설정 사항을 확인한 후 컴파일하여 hex 파일을 얻는다. hex 파일이 생성되면 PonyProg에서 이를 읽어 ATmega128/L 내부 Flash 메모리에 기록한다.

앞의 Timer 인터럽트를 사용한 예제와 이번 예제를 통합하여 FPGA를 memory mapped I/O로 사용하면서 Timer 1을 사용하여 특정한 시간 간격으로 STEP Motor에 구동 펄스를 발생하는 프로그램을 직접 작성해 본다.

6-7 ATmega128/L의 Analog 비교기

Analog comparator는 positive 입력 AIN0와 negative 입력 AIN1을 비교한다. 비교기의 출력은 Timer/Counter1의 Input capture에 입력으로 사용할 수 있다. negative 입력은 AIN1 외에 ADC MUX의 출력을 사용할 수 있다. [그림 6-48]은 analog comparator의 블록도로 AIN0과 AIN1의 입력을 비교기의 입력으로 사용하며 이 비교기의 출력은 Timer/Counter1의 Input Capture에 입력으로 사용된다. "Analog Comparator Control and Status Register - ACSR"의 ACIS1, ACIS0 비트에 따라 인터럽트 모드를 선택할 수 있다.

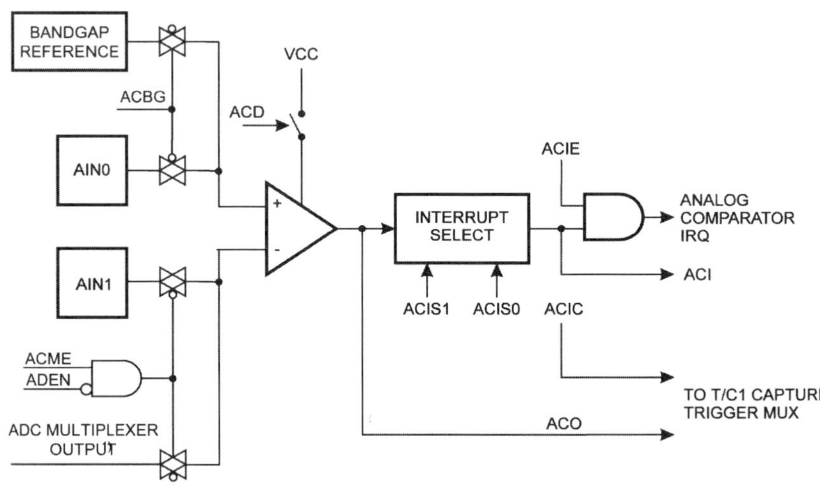

[그림 6-48] Analog Comparator Block Diagram

Special Function IO Register - SFIOR

Bit	7	6	5	4	3	2	1	0
	TSM	-	-	ADHSM	ACME	PUD	PSR2	PSR10
Read/Write	R/W	R	R	R/W	R/W	R/W	R/W	R/W
Initial Value	0	0	0	0	0	0	0	0

- Bit 3 - ACME : Analog Comparator Multiplexer Enable

  ADCSRA 레지스터의 ADEN 비트가 '0'으로 설정되고 ACME 비트가 '1'로 설정되면 negative 입력 AIN1 대신 ADC mux의 출력을 사용한다.

Analog Comparator Control and Status Register - ACSR

Bit	7	6	5	4	3	2	1	0
	ACD	ACBG	ACO	ACI	ACIE	ACIC	ACIS1	ACIS0
Read/Write	R/W	R/W	R	R/W	R/W	R/W	R/W	R/W
Initial Value	0	0	N/A	0	0	0	0	0

- Bit 7 - ACD : Analog Comparator Disable

'1'로 설정되면 Analog comparator가 동작하지 않는다.

- Bit 6 - ACBG : Analog Comparator Bandgap Select

'1'로 설정되면 고정된 bandgap 비교 전압이 AIN0 입력 대신 비교기의 입력으로 사용된다. '0'으로 설정되면 AIN0 입력이 비교기의 입력으로 사용된다.

- Bit 5 - ACO : Analog Comparator Output

동기화된 아날로그 비교기의 출력으로, 동기화를 위해 1~2 클럭 주기 동안 지연되어 나타난다.

- Bit 4 - ACI : Analog Comparator Interrupt Flag

ACIS1, ACIS0에 지정한 인터럽트 모드에 해당하는 신호가 아날로그 비교기의 출력으로 발생하면 하드웨어에 의해 '1'로 설정되며, 해당되는 인터럽트 루틴이 실행되면 '0'으로 설정된다.

- Bit 3 - ACIE : Analog Comparator Interrupt Enable

아날로그 비교기 인터럽트를 활성화 시킨다

- Bit 2 - ACIC : Analog Comparator Input Capture Enable

아날로그 비교기 출력을 Timer/Counter1의 Input capture의 입력으로 사용가능하도록 설정한다.

- Bit 1,0 - ACIS1, ACIS0 : Analog Comparator Interrupt Mode Select

ACIS1	ACIS0	Description
0	0	Comparator Interrupt on Output Toggle
0	1	Reserved
1	0	Comparator Interrupt on Falling Output Edge
1	1	Comparator Interrupt on Rising Output Edge

6-8 ATmega128/L의 A/D 변환기 (Analog to Digital Converter)

ATmega128/L에는 10-bit의 ADC가 있으며 8개의 입력을 mux하여 받을 수 있다. [그림 6-49]는 ADC의 블록도이다.

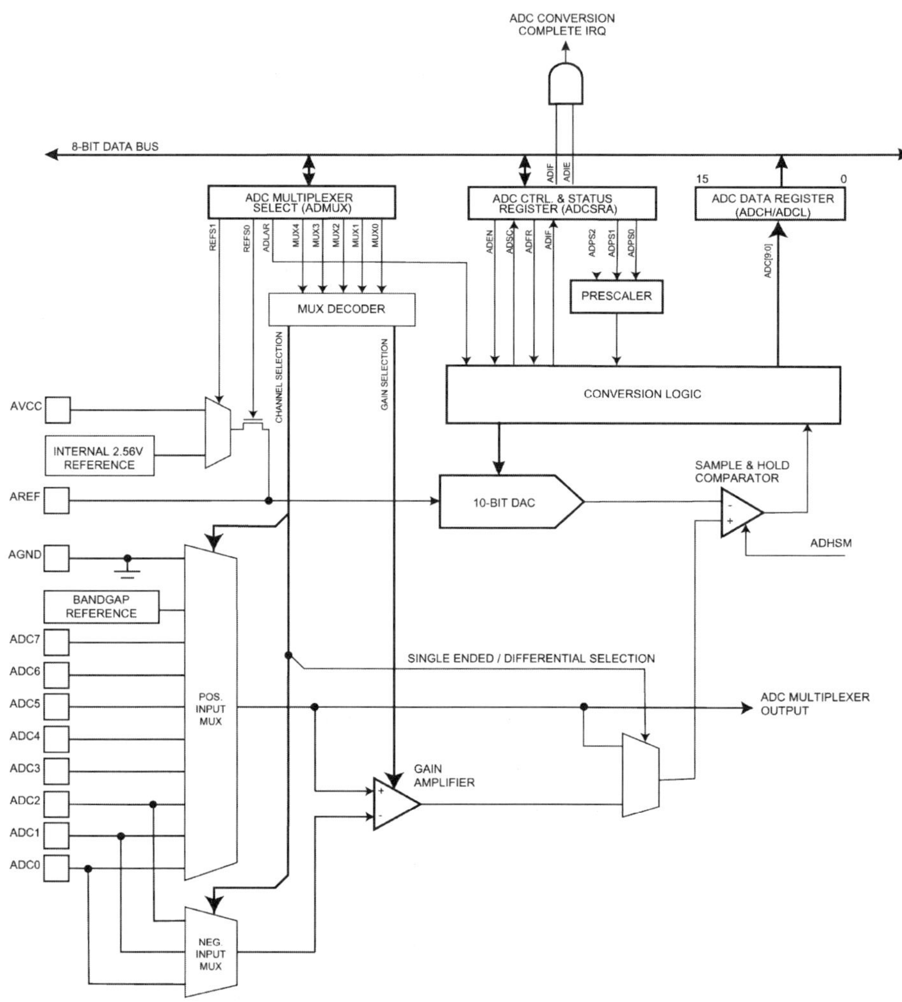

[그림 6-49] Analog to Digital Converter Clock Schematic

ATmega128/L의 ADC는 8개의 입력을 mux하여 받을 수 있으며 기준 전압으로 아날로그 공급전압, 외부 AREF 핀 입력 또는 내부의 2.56V의 기준 전압을 선택할 수 있도록 구성되어 있다. [그림 6-49]와 같이 일부 입력은 이득 증폭기를 거쳐 디지털 데이터로 변환될 수 있다. ADC를 사용하기 위해서는 "ADC Multiplexer Select - ADMUX", "ADC Control and Status Register - ADCSRA" 레지스터를 설정하며 변환된 결과는 "ADC Data Register - ADCH/ADCL"에서 읽을 수 있다.

ADC에 사용되는 클럭은 ADC Prescaler를 통해 공급되며 [그림 6-50]과 같이 구성되어 있다. Prescaler에서 분주된 클럭은 "ADC Control and Status Register A - ADCSRA"의 ADPS2..0 비트의 값에 의해 설정된다.

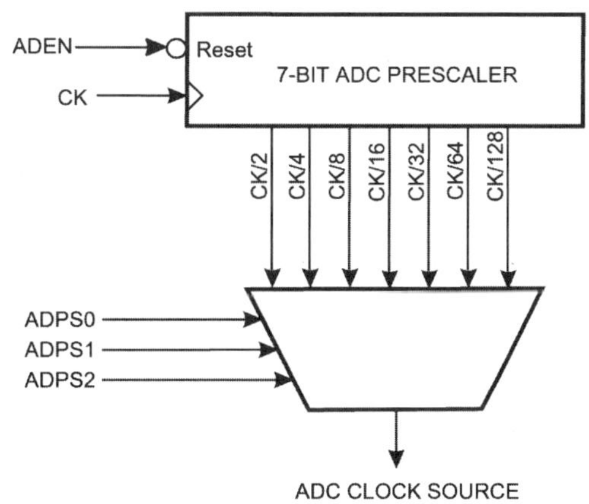

[그림 6-50] ADC Prescaler

ADC에 의해 변환된 데이터는 다음 수식과 같은 값으로 변환된다.

$$ADC = \frac{V_{IN} \times 1024}{V_{REF}}$$

ADC Multiplexer Selection Register - ADMUX

Bit	7	6	5	4	3	2	1	0
	REFS1	REFS0	ADLAR	MUX4	MUX3	MUX2	MUX1	MUX0
Read/Write	R/W	R/W	R/W	R/W	R/W	R/W	R/W	R/W
Initial Value	0	0	0	0	0	0	0	0

- Bit 7..6 - REFS1..0 : Reference Selection Bits

ADC의 변환 비교 값을 선택하는 비트이다. "00"으로 설정되면 외부 VREF 핀의 입력을 비교 기준으로 선택하고, "01"이면 capacitor가 연결된 VREF와 연결된 아날로그 공급전압 AVCC를 사용하고, "10"은 지정할 수 없으며,

"11"은 capacitor가 연결된 VREF 핀과 내부 2.56V의 전압을 사용한다.

- Bit 5 - ADLAR : ADC Left Adjust Result

ADC 데이터 레지스터의 데이터 정열 방식을 설정한다. '1'로 설정되면 왼쪽으로, '0'이면 오른쪽으로 배열된 결과를 얻는다.

- Bit 4..0 - MUX4..0 : Analog Channel and Gain Selection Bits

"00000"에서 "00111" 까지는 ADC0에서 ADC7의 입력을 선택하여 이득 조절 없이 AD 변환에 사용하며, "01000"에서 "01111"은 설정에 따라 10배, 200배의 이득이 주어진다. "11110"은 1.22V의 입력이 설정되며, "11111"은 0V(GND)로 지정된다. 보다 자세한 내용은 ATmega128/L의 매뉴얼을 참고하기 바란다.

ADC Control and Status Register A - ADCSRA

Bit	7	6	5	4	3	2	1	0
	ADEN	ADSC	ADIFR	ADIF	ADIE	ADPS2	ADPS1	ADPS0
Read/Write	R/W	R/W	R/W	R/W	R/W	R/W	R/W	R/W
Initial Value	0	0	0	0	0	0	0	0

- Bit 7 - ADEN : ADC Enable

ADC 동작을 활성화 시킨다. '1'이 기록되면 ADC가 동작한다.

- Bit 6 - ADSC : ADC Start Conversion

각 변환마다 이 비트가 '1'로 설정되면 AD 변환을 시작한다. AD 변환이 완료되면 ADSC 비트는 '0'으로 설정된다.

- Bit 5 - ADIFR : ADC Free Running Select

'1'로 설정되면 ADC가 free running mode로 동작하여 연속적으로 sampling 하고 변환을 수행한다.

- Bit 4 - ADIF : ADC Interrupt Flag

ADC 인터럽트가 활성화되어 있는 상태에서 AD 변환이 끝나면 '1'로 설정된다. ADC에 대한 인터럽트 루틴이 실행되면 '0'으로 설정된다.

- Bit 3 - ADIE : ADC Interrupt Enable

ADC 인터럽트를 활성화 시킨다.

- Bit 2..0 - ADPS2..0 : ADC Prescaler Select Bit

"000"일 때는 XTAL 클럭의 1/2, "001"~"111" 까지는 순서대로 1/2, 1/4, 1/8, 1/16, 1/32, 1/64, 1/128의 비율로 클럭이 분주되어 공급된다.

Special Function IO Register - SFIOR

Bit	7	6	5	4	3	2	1	0
	TSM	-	-	ADHSM	ACME	PUD	PSR2	PSR10
Read/Write	R/W	R	R	R/W	R/W	R/W	R/W	R/W
Initial Value	0	0	0	0	0	0	0	0

SFIOR 레지스터의 ADHSM 비트는 "ADC High Speed Mode"를 의미하며 '1'로 설정되면 보다 많은 전력을 소모하지만 ADC를 high speed mode로 동작시킨다.

아래의 예제는 ATmega128/L의 Analog Input Port인 PF7에 입력되는 Analog 신호를 Digital로 변환하여 PORTA에 출력하기 위한 프로그램이다. 여기에서는 ATmega128/L의 ch# 6에 연결된 아날로그 입력을 10-bit의 디지털 값으로 변환하여 그 중 하위 2-bit를 버리고 상위 8-bit만을 취해 Port A에 연결된 LED에 출력할 수 있도록 구현되었다.

그러나 RoV-Lab3000 Training KIT에는 FPGA가 Digital 입/출력만을 처리하기 때문에, ATmega128/L의 ADC를 사용하기 위한 응용 장치는 부착되어 있지 않으나 확장 포트를 사용하여 Analog Input Port인 Port F에 연결할 수 있다.

```
#include <avr/io.h>
#include <avr/interrupt.h>
#include <avr/signal.h>

// Definition for Timer
#define SYSTEM_CLOCK       14745600L

// Definition for ADC
#define ADC_VREF_TYPE       0x40
    // bit 7,6 :     01 - AVCC w/ External cap. at AREF pin
#define SET_AD6            ADMUX = 6 | ADC_VREF_TYPE | (1<<ADLAR)
    // bit 5   :     ADLAR - ADC Left Adujust Result
#define START_ADC           0xEF    // ADCSRA
                // bit7     ADEN        :  1
                // bit6     ADSC        :  1(start conversion)
```

[그림 6-51] ATmega128/L의 ADC 응용 C code (계속)

```
                // bit5     ADFR         :   1(free running mode)
                // bit4     ADIF         :   0(interrupt flag)
                // bit3     ADIE         :   1(interrupt enable)
                // bit2,1,0 ADPS2-0      :   111(64 prescaler)
                // ADC CLOCK = system clock / 128 = 115.2kHz
volatile unsigned char  adc_result=0;
void initialize_adc(void);
void delay(int d1, int d2);
SIGNAL(SIG_ADC)
{
    cli();
    adc_result = ADCH;
    sei();
}
int main(void)
{
    DDRA = 0xFF;
    initialize_adc();
    sei();              /* enable interrupts */

    while(1)
    {
        PORTA = adc_result;
    }
    return(0);
}

void initialize_adc(void)
{
    ADMUX = SET_AD6;        // ADC ch# 6.
    ADCSR = START_ADC;
    SFIOR = 0x00;           // bit 4  :  ADHSM - ADC High Speed Mode
}
```

[그림 6-51] ATmega128/L의 ADC 응용 C code

이 프로그램은 ADC를 free running mode로 동작시켜 입력되는 Analog 신호를 Digital 값으로의 변환이 끝나는 즉시 또 다른 입력 신호에 대해서 Analog to Digital Conversion을 행하도록 되어 있다. 따라서 변화되는 입력 값이 그 즉시 LED에 표시되는 것을 눈으로 확인할 수 있다. ATmega128/L의 Port F의 6번 핀이 ADC의 ch# 6이므로 가변저항을 Vcc와 Gnd 사이에 연결하고 중간 탭을 ch# 6에 연결하면 가변저항에 의해 분압되어 출력되는 전압이 Analog 입력으로 ATmega128/L의 ADC에 가해진다. 가변 저항을 돌려가며 전압을 변화시키고 이 때 출력되는 LED의 값을 확인할 수 있다.

6-9 ATmega128/L의 Watchdog Timer

Watchdog Timer는 별도로 분리된 1MHz의(공급 전원이 5V일 경우) 클럭을 공급 받아 동작하며, 이 watchdog 클럭은 watchdog prescaler에 의해 분주되어 watchdog 타이머에 공급된다. [그림 6-52]는 Watchdog 타이머를 보이고 있으며 공급 클럭과 watchdog timer control register인 WDTCR 레지스터의 각 비트들의 의미를 보이고 있다.

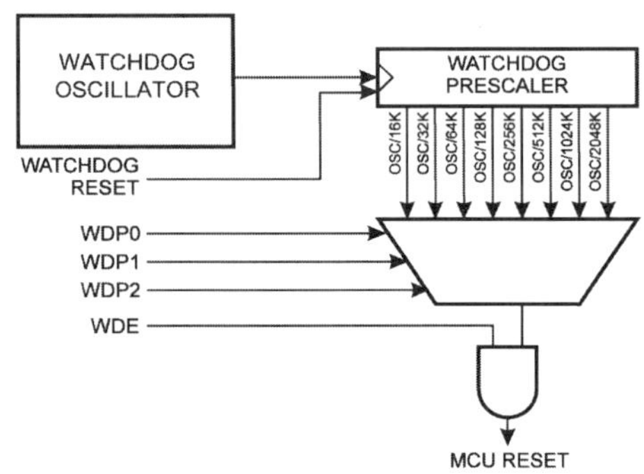

[그림 6-52] Watchdog Timer

Watchdog Timer Control Register - WDTCR

Bit	7	6	5	4	3	2	1	0
	-	-	-	WDCE	WDE	WDP2	WDP1	WDP0
Read/Write	R	R	R	R/W	R/W	R/W	R/W	R/W
Initial Value	0	0	0	0	0	0	0	0

- WDCE : Watchdog Change Enable

  WDE를 '0'(Watchdog disable)으로 설정한 경우, WDCE는 반드시 '1'로 설정해야 한다.

- WDE : Watchdog Enable

  '1'일 경우 Watchdog 기능이 활성화되며 '0'일 경우 비활성화 된다.

- WDP2, WDP1, WDP0 : Watchdog Timer Prescaler

  WDP2..0의 각 값에 따라 Watchdog Timer에 공급되는 클럭의 분주비가 결정되며, "000"~"111" 사이의 값을 가질 수 있고 각각 16k, 32k, 64k, 128k, 256k, 512k, 1024k, 2048k의 WDT oscillator cycle에 동작한다. Watchdog 타이머는 5V의 공급 전원에서 각 16ms, 32ms, 64ms, 0.13s, 0.26s, 0.5s, 1.0s, 2.0s의 주기로 Time-out이 발생한다.

ATmega128/L에서는 Fuse Bit에 "WDTON" 이라는 watchdog을 항상 활성화 상태로 설정해 주는 bit이 있다. 이 bit를 program하면 (논리 '0'의 값으로 기록, Fuse Bit을 체크한 상태) ATmega128/L의 watchdog timer은 항상 활성화되며, 사용자는 일정 주기마다 이를 clear하여 watchdog overflow가 발생하는 것을 방지한다. 만약 프로그램이 어떠한 이유에 의하여 오동작 하거나 시스템에 이상이 생겨 정상적인 프로그램의 수행이 불가능한 경우 watchdog timer 역시 초기화 되지 아니함으로 시스템에 reset 신호를 발생시키고 이로 인하여 사용자의 시스템은 reset 되어 처음 상태부터 다시 시작하여 장시간 시스템이 이상 상태에 놓여 있는 것을 방지할 수 있다. 아래와 같이 C code에서 watchdog을 off 시킬 수 있다.

```
void WDT_off(void)
{
    /* Write logical one to WDCE and WDE */
    WDTCR = (1<<WDCE) | (1<<WDE);
    /* Turn off WDT */
    WDTCR = 0x00;
}
```

[그림 6-53] Watchdog off code

[그림 6-55]는 ATmega128/L의 Fuse Bit에 있는 "WDTON"을 기록한 상태에서 사용자의 프로그램에서 일정 주기마다 watchdog timer를 초기화 해주는 예제이다.

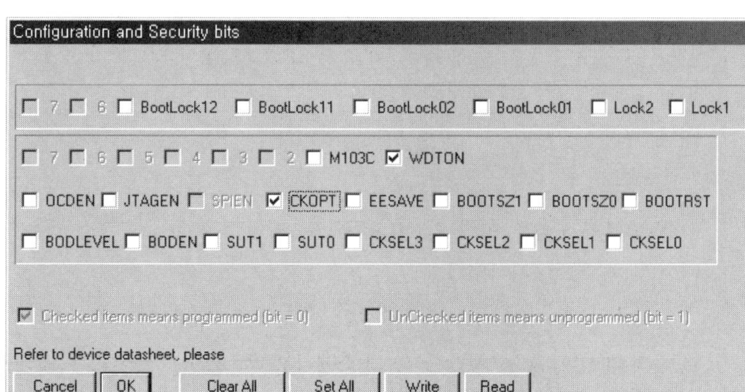

[그림 6-54] Fuse bit 설정 - WDTON

일정 시간마다 watchdog을 clear 시켜주기 위해서 timer 인터럽트를 사용하였다. gcc에서 제공하는 "wdt_reset()"함수를 사용하며, 이를 사용하기 위해 "avr/wdt.h" 헤더 파일을 include 시켰다.

```
#include <avr/io.h>
#include <avr/interrupt.h>
#include <avr/signal.h>
#include <avr/wdt.h>

#define SYSTEM_CLOCK 14745600L
#define PRESCALED_CLOCK_1024   (unsigned long)(SYSTEM_CLOCK / 1024)
#define SAMPLING_RATE      1 // Sampling Rate of This system is 1 Hz

volatile unsigned char    timer_count = 0;

void initialize_timer(void)
{
    TCCR1A = 0x00;   // bit7,6   COM1A1, COM1A0   : 00(normal port
                     // operation)
                     // bit1,0   WGM11, WGM10     : 00(CTC OCR1A)
    TCCR1B = 0x0A;   // bit4,3   WGM13, WGM12   : 01(CTC OCR1A)
                     // bit2,1,0 CS12, CS11, CS10  : 010(8 prescaler)
    TCCR1C = 0x00;   // bit7     FOC1A           : 0
    TIMSK = 0x10;    // bit4 OCIE1A :  timer1 output compare A
                     // match interrupt enable
    OCR1A = (unsigned int)(PRESCALED_CLOCK_1024 / SAMPLING_RATE
         - 1 + 0.5);
}

SIGNAL(SIG_OUTPUT_COMPARE1A)
{
    wdt_reset();     // watchdog 초기화
    timer_count++;   // 1초에 1번씩 timer 인터럽트 발생할 때 마다 1씩 증가
}
```

[그림 6-55] Timer 인터럽트를 사용한 watchdog off code (계속)

```
void main(void)
{
    DDRA = 0xFF;    /    / PORTA의 모든 비트를 출력으로 지정

    initialize_timer();  // Timer 초기화

    sei();               // 인터럽트 발생 활성화

    PORTA = timer_count; // Timer 인터럽트 발생시 증가된 값 PORTA에 출력
}
```

[그림 6-55] Timer 인터럽트를 사용한 watchdog off code

6-10 ATmega128/L의 동기 시리얼(SPI) 통신

Serial peripheral interface(SPI)는 ATmega128/L과 다른 주변 장치들 또는 AVR 제품들과 고속 데이터 통신에 사용된다. ATmega128/L의 SPI는 다음과 같은 특징을 가지고 있다.

- 전이중, 3-wire 동기 데이터 전송
- master/slave 동작
- LSB 우선/MSB 우선 전송 방식 선택 가능
- 7 종류의 프로그램 가능한 전송률
- 전송완료 인터럽트
- master SPI 모드의 더블스피드

[그림 6-56]은 ATmega128/L의 SPI의 블록도로 크게 두 개의 쉬프트 레지스터와 master 클럭 발생기로 구성되어 있다.

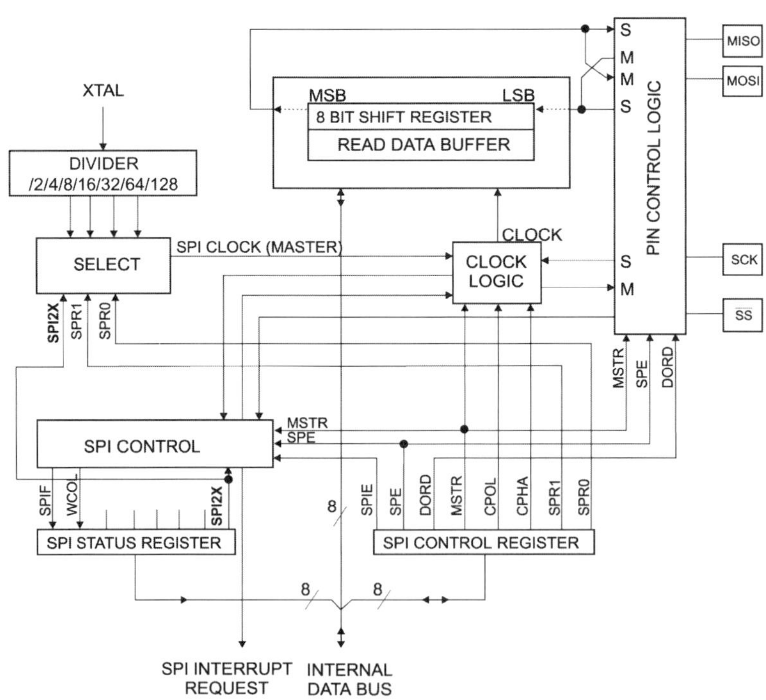

[그림 6-56] SPI Block Diagram

PORT B와 SPI가 핀을 공유하고 있으므로 SPI의 동작 모드에 따라 적절히 핀을 구성해주어야 한다. Slave로 SPI가 동작할 경우에는 MISO를 제외한 MOSI, SCK, /SS는 입력으로 설정되며, MISO는 DDRB 레지스터의 MISO에 해당되는 비트의 설정에 따라 입/출력을 지정할 수 있다. Master로 SPI가 동작하는 경우에는 MISO는 입력으로 설정되며, MOSI, SCK, /SS는 소프트웨어에서 DDRB 레지스터의 해당 비트를 설정함으로 입력과 출력을 지정할 수 있다. 따라서 SPI를 사용할 경우 소프트웨어의 SPI의 초기화 부분에서 master인 경우에는 MOSI와 SCK를 출력으로, slave인 경우에는 MISO를 출력으로 지정한다.

Slave로 동작하는 경우 /SS핀은 입력으로 구성되며 '0'인 경우 SPI가 활성화되어 정상적인 동작을 수행하며 '1'이 되면 SPI는 reset되며 동작하지 않는다. Master로 동작하는 경우에는 /SS핀을 출력으로 구성할 경우 SPI에는 아무런 영향을 미치지 않으며, 입력으로 구성한 경우에는 master 동작을 정상적으로 수행하기 위해서는 반드시 '1'의 값을 유지해야 한다. 만약 '0'이 되면 다른 master에 의해 SPI 버스를 사용하려는 것으로 간주하여 "SPI Control Register - SPCR"의 MSTR이 '0'으로 만들어 slave 모드로 동작하도록 하여 MOSI, SCK가 입력으로 바뀌게 된다. 또한 "SPI Status Register - SPSR"의 SPIF가 '1'이 되어 SPI 인터럽트 발생이 가능하도록 한다.

SPI는 "SPI Control Register - SPCR", "SPI Status Register - SPSR"과 "SPI Data Register - SPDR" 레지스터를 사용한다.

SPI Control Register - SPCR

Bit	7	6	5	4	3	2	1	0
	SPIE	SPE	DODR	MSTR	CPOL	CPHA	SPR1	SPR0
Read/Write	R/W	R/W	R/W	R/W	R/W	R/W	R/W	R/W
Initial Value	0	0	0	0	0	0	0	0

- Bit 7 - SPIE : SPI Interrupt Enable

  SREG의 global interrupt enable이 설정되고, SPSR 레지스터의 SPIF가 설정된 경우 SPI 인터럽트가 실행되도록 한다.

- Bit 6 - SPE : SPI Enable

  '1'의 값으로 설정되면 SPI 동작이 활성화된다. SPI 동작을 위해서는 반드시 '1'로 지정해야 한다.

- Bit 5 - DODR : Data Order

  SPI를 통해 전송되는 데이터의 순서를 지정한다. '1'인 경우 LSB가 먼저 전송되며, '0'인 경우 MSB가 먼저 전송된다.

- Bit 4 - MSTR : Master/Slave

SPI의 master/slave 동작을 지정한다. '1'로 지정된 경우 master로 동작하며 '0'인 경우 slave로 동작한다.

- Bit 3 - CPOL : Clock Polarity

'1'로 지정한 경우 SPI로 데이터 전송을 하지 않는 동안 SCK가 '1'을 유지하며, '0'인 경우 SCK가 '0'의 상태를 가진다. 데이터 전송 구간에서는 Bit 2의 CPHA와 함께 SPI mode를 결정하여 데이터의 샘플링 시점을 결정한다.

CPOL	Leading edge	Trailing edge
0	Rising	Falling
1	Falling	Rising

- Bit 2 - CPHA : Clock Phase

CPOL 비트와 함께 SPI 동작 모드를 결정하는데 사용된다. [그림 6-57]과 [그림 6-58]은 SPI 모드에 따른 전송 포맷을 보이고 있다.

CPOL	CPHA	Leading edge	Trailing edge	SPI mode
0	0	Sample(Rising)	Setup(Falling)	0
0	1	Setup(Rising)	Sample(Falling)	1
1	0	Sample(Falling)	Setup(Rising)	2
1	1	Setup(Falling)	Sample(Rising)	3

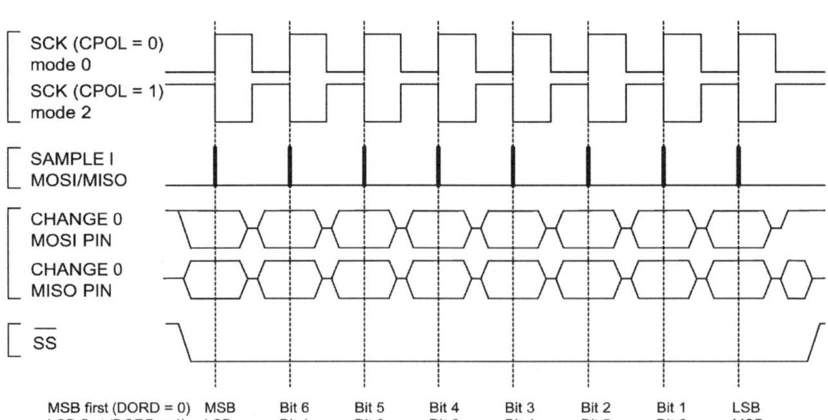

[그림 6-57] SPI Transfer Format with CPHA=0

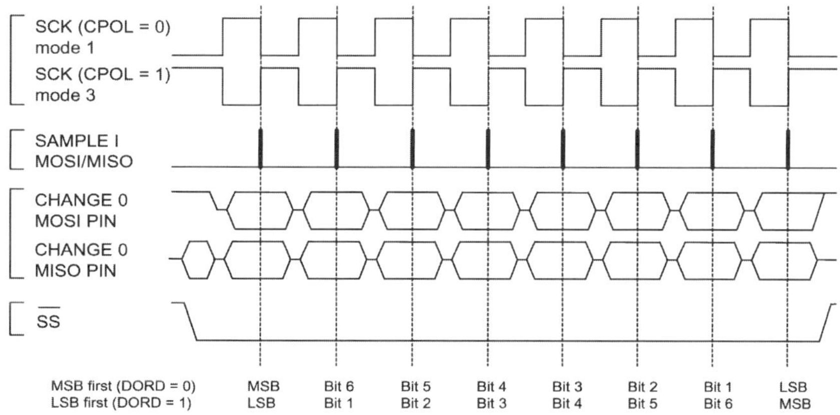

[그림 6-58] SPI Transfer Format with CPHA=1

- Bit 1,0 - SPR1, SPR0 : SPI Clock Rate Select 1 and 0

SPI 동작 클럭을 설정하는 비트로 "00 - fOSC/4", "01 - fOSC/16", "10 - fOSC/64", "11 - fOSC/128"로 되며, SPSR의 SPI2X 비트가 '1'로 설정되면 각 2배의 클럭으로 지정되어 fOSC/2, fOSC/8, fOSC/32, fOSC/64로 설정된다.

SPI Status Register - SPSR

Bit	7	6	5	4	3	2	1	0
	SPIF	WCOL	-	-	-	-	-	SPI2X
Read/Write	R	R	R	R	R	R	R	R/W
Initial Value	0	0	0	0	0	0	0	0

- Bit 7 - SPIF : SPI Interrupt Flag

SPI 전송이 끝나면 SPIF는 '1'로 설정된다. SPI 인터럽트에 해당되는 인터럽트 루틴이 실행되면 하드웨어적으로 '0'으로 지정된다.

- Bit 6 - WCOL : Write COLlision flag

데이터 전송중에 SPDR 레지스터에 값을 기록하면 '1'로 설정된다. WCOL 비트가 '1'로 설정된 상태에서 SPSR 레지스터의 WCOL 비트를 읽고 SPDR에 접근하면 '0'으로 초기화 된다.

- Bit 5..1 - Res : Reserved Bit

이 비트의 값은 항상 '0'으로 읽힌다

- Bit 0 - SPI2X : Double SPI Speed Bit

SPCR 레지스터의 SPI Clock Rate Select 1 and 0과 함께 사용되어 SPI2X가 '1'인 경우 기본 클럭의 2배로 동작한다.

SPI Data Register - SPDR

Bit	7	6	5	4	3	2	1	0
	MSB							LSB
Read/Write	R/W	R/W	R/W	R/W	R/W	R/W	R/W	R/W
Initial Value	X	X	X	X	X	X	X	X

다음 예제 코드는 SPI 통신에 사용할 수 있는 함수들이다.

```
void SPI_MasterInit(void)
{
    /* Set MOSI and SCK output, all others input */
    DDRB = (1<<DDB2)|(1<<DDB0);
    /* Enable SPI, Master, set clock rate fck/16 */
    SPCR = (1<<SPE)|(1<<MSTR)|(1<<SPR0);
}
void SPI_MasterTransmit(char cData)
{
    SPDR = cData;                  // Start transmission
    while(!(SPSR & (1<<SPIF))) // Wait for transmission
complete
}
```

[그림 6-59] SPI Master 초기화 및 데이터 송신 함수

[그림 6-59]의 함수는 SPI를 사용하기 위해 SPI를 Master 모드로 초기화하고 cData에 저장된 8-bit 값을 SPDR 레지스터에 기록하여 SPI를 통하여 전송할 수 있도록 해주는 함수이다.

다음 [그림 6-60]의 함수는 SPI를 Slave 모드로 초기화하고 SPI를 통하여 수신된 데이터를 리턴해주는 함수로써 SPI 통신에서 이 함수를 사용할 수 있다.

```
void SPI_SlaveInit(void)
{
    /* Set MISO output, all others input */
    DDRB = (1<<DDB3);
    /* Enable SPI */
    SPCR = (1<<SPE);
}
char SPI_SlaveReceive(void)
{
    /* Wait for reception complete */
    while(!(SPSR & (1<<SPIF)))

    /* Return data register */
    return SPDR;
}
```

[그림 6-60] SPI Slace 초기화 및 데이터 수신 함수

6-11 ATmega128/L의 직렬 통신(USART)

ATmega128/L에는 두 개의 "Universal Synchronous and Asynchronous serial Receiver and Transmitter - USART"가 있으며 각각 독립적인 레지스터를 가지고 있다. ATmega103 호환모드에서는 하나의 USART만을 사용할 수 있다. [그림 6-61]은 USART의 블록도이다. USART는 "Clock Generator", "Transmitter", "Receiver"로 나뉘며 "USART Control and Status Register A, B, C - UCSRA, UCSRB, UCSRC"의 세 개의 제어 레지스터로 구성되어 있다.

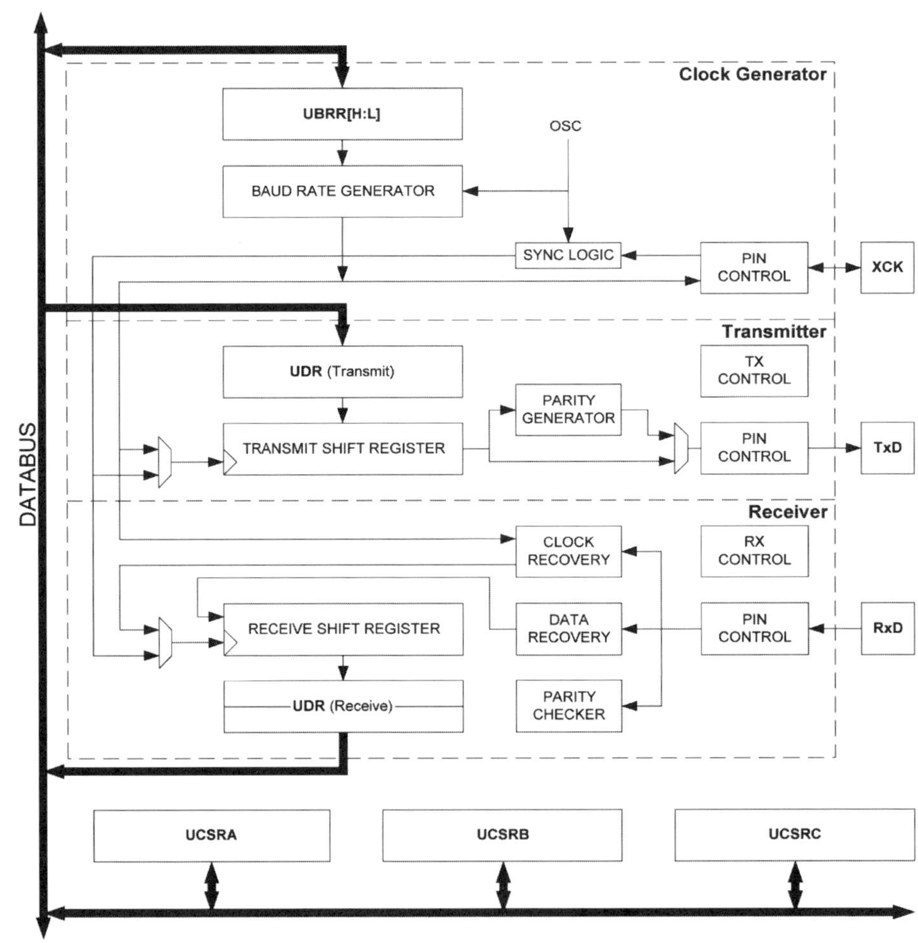

[그림 6-61] USART Block Diagram

[그림 6-62]의 "Clock Generator"는 USART의 동작에 필요한 클럭을 발생시키며 외부 입력 XCK(Transfer Clock) 핀은 USART를 동기 전송 모드로 사용할 경우에만 사용된다.

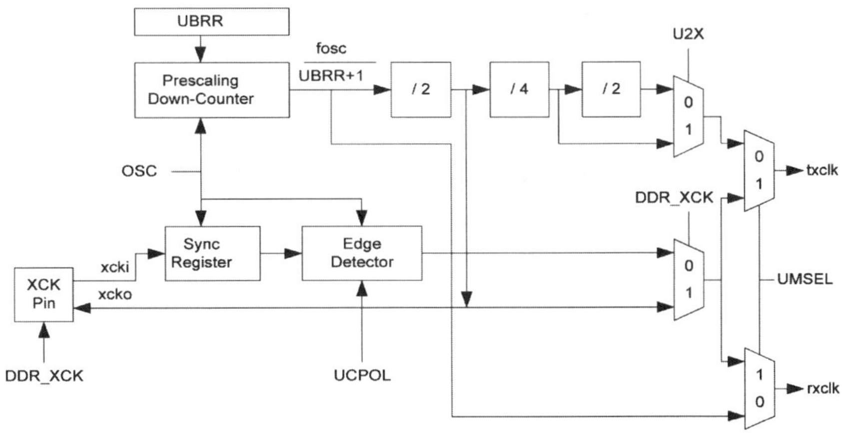

[그림 6-62] Clock Generation Logic

USART는 네 가지 동작 모드로 클럭을 발생시키며, Normal Asynchronous, Double Speed Asynchronous, Master Synchronous와 Slave Synchronous 모드로 동작 한다. "USART Control and Status Register C - UCSRC" 레지스터의 UMSEL 비트에 의해 동기, 비동기 동작 모드를 선택할 수 있으며, UCSRA 레지스터의 U2X 비트의 값에 따라 Normal 및 Double Speed로 동작한다. 전송 속도는 "USART Baud Rate Register - UBRR" 레지스터에 의해 결정된다.

Operating Mode	Equation for Calculating Baud Rate	Equation for Calculating UBRR Value
Asynchronous Normal Mode (U2X=0)	$BAUD = \frac{f_{OSC}}{16(UBRR+1)}$	$UBRR = \frac{f_{OSC}}{16BAUD} - 1$
Asynchronous Double Speed (U2X=1)	$BAUD = \frac{f_{OSC}}{8(UBRR+1)}$	$UBRR = \frac{f_{OSC}}{8BAUD} - 1$
Synchronous Master Mode	$BAUD = \frac{f_{OSC}}{2(UBRR+1)}$	$UBRR = \frac{f_{OSC}}{2BAUD} - 1$

USART의 동기 시리얼의 slave 모드를 사용할 경우 XCK에 입력되는 클럭은 CPU 클럭의 1/4 보다 작은 값을 가져야 한다.

USART의 송/수신 데이터는 "USART I/O Data Register - UDR" 레지스터를 통하여 전송되며 8-bit의 크기를 가지고 있으며 수신 RXB[7..0], 송신 TXB[7..0]으로 나뉘며, UDR 레지스터의 송신 버퍼인 TXB에는 UCSRA 레지스터의 UDRE 비트가 '1'로 설정되어야 기록이 가능하며, 만약 '0'인 경우 기록을 하면 이 값은 무시된다.

USART의 제어 레지스터는 UCSRA, UCSRB, UCSRC의 세 개의 레지스터로 구성되며 세부적인 사항은 다음과 같다.

USART Control and Status Register A - UCSRA

Bit	7	6	5	4	3	2	1	0
	RXC	TXC	UDRE	FE	DOR	UPE	U2X	MPCM
Read/Write	R	R/W	R	R	R	R	R/W	R/W
Initial Value	0	0	0	0	0	0	0	0

- Bit 7 - RXC : USART Receive Complete

  수신 데이터 버퍼에 읽지 않은 데이터가 존재하면 '1'로 설정되며, 수신 데이터 버퍼가 비워지면 '0'으로 설정된다.

- Bit 6 - TXC : USART Transmit Complete

  송신 버퍼의 데이터가 모두 전송되고 더 이상 송신 버퍼에 데이터가 존재하지 않으면 '1'로 설정된다. 전송 완료 인터럽트가 수행되면 '0'으로 설정된다.

- Bit 5 - UDRE : USART Data Register Empty

  송신 버퍼가 새로운 데이터를 입력 받을 준비가 되면 '1'로 설정된다. UDRE 비트는 Data Register Empty 인터럽트를 발생시킬 수 있다.

- Bit 4 - FE : Frame Error

  수신 버퍼의 데이터에 frame error가 발생하면 '1'로 설정된다.

- Bit 3 - DOR : Data OverRun

  수신 버퍼에 더 이상의 데이터를 수신할 수 없는 상태에서 데이터가 입력될 경우 '1'로 설정된다.

- Bit 2 - UPE : Parity Error

  수신 데이터의 parity에 에러가 발생하면 '1'로 설정된다. UCSRC 레지스터의 UPM1 비트가 '1'로 설정되어 parity를 사용하는 경우에 유효하다.

- Bit 1 - U2X : Double the USART Transmission Speed

USART의 송신 속도를 두 배로 설정하는 비트이다.

- Bit 0 - MPCM : Multi-Processor Communication Mode

다중 프로세서간의 통신을 지원하기 위해 사용된다.

USART Control and Status Register B - UCSRB

Bit	7	6	5	4	3	2	1	0
	RXCIE	TXCIE	UDRIE	RXEN	TXEN	UCSZ2	RXB8	TXB8
Read/Write	R/W	R/W	R/W	R/W	R/W	R/W	R	R/W
Initial Value	0	0	0	0	0	0	0	0

- Bit 7 - RXCIE : RX Complete Interrupt Enable

수신 완료시 인터럽트를 발생시킬 수 있다.

- Bit 6 - TXCIE : TX Complete Interrupt Enable

송신 완료시 인터럽트를 발생시킬 수 있다.

- Bit 5 - UDRIE : USART Data Register Empty Interrupt Enable

USART의 데이터 레지스터에 데이터가 존재하지 않으면 인터럽트를 발생시킬 수 있다.

- Bit 4 - RXEN : Receiver Enable

USART의 수신기를 활성화 시킨다.

- Bit 3 - TXEN : Transmitter Enable

USART의 송신기를 활성화 시킨다.

- Bit 2 - UCSZ2 : Character Size

UCSRC 레지스터의 UCSZ1..0 비트와 함께 USART의 송/수신 비트의 크기를 설정한다.

- Bit 1 - RXB8 : Receive Data Bit 8

9-bit 동작 모드에서 마지막 9번째 비트에 해당된다.

- Bit 0 - TXB8 : Transmit Data Bit 8

9-bit 동작 모드에서 마지막 9번째 비트에 해당된다.

USART Control and Status Register C - UCSRC

Bit	7	6	5	4	3	2	1	0
	-	UMSEL	UPM1	UPM0	USBS	UCSZ1	UCSZ0	UCPOL
Read/Write	R/W	R/W	R/W	R/W	R/W	R/W	R/W	R/W
Initial Value	0	0	0	0	0	0	0	0

- Bit 7 - Reserved Bit
- Bit 6 - UMSEL : USART Mode Select

  '1'로 설정된 경우 USART는 동기모드로, '0'으로 설정된 경우 비동기 모드로 동작한다.
- Bit 5..4 - UPM1..0 : Parity Mode

UPM1	UPM0	Parity Mode
0	0	Disabled
0	1	(Reserved)
1	0	Enabled, Even Parity
1	1	Enabled, Odd Parity

- Bit 3 - USBS : Stop Bit Select

  '0'일 경우 1-bit, '1'일 경우 2-bit의 stop bit을 사용한다.
- Bit 2..1 - UCSZ1..0 : Character Size

UCSZ2	UCSZ1	UCSZ0	Character Size
0	0	0	5-bit
0	0	1	6-bit
0	1	0	7-bit
0	1	1	8-bit
1	0	0	Reserved
1	0	1	Reserved
1	1	0	Reserved
1	1	1	9-bit

- Bit 0 - UCPOL : Clock Polarity

  동기 전송 모드에서만 사용되며, '0'으로 설정된 경우 송신은 XCK의 Falling edge에서 수신은 Rising edge에서, '1'로 설정된 경우에는 송신은 Rising edge에서 수신은 Falling edge에서 실행된다.

USART Baud Rate Register - UBRR(UBRRH, UBRRL)

Baud rate 레지스터는 12-bit으로 구성되며 UBRRH의 상위 4-bit는 사용하지 않는다. Baud rate는 UBRR 레지스터의 값과 동작 모드에 따라 결정된다.

다음의 예제 코드는 USART1을 사용하여 14.745600MHZ의 시스템 클럭에서 115,200 bps로 시리얼 데이터를 송/수신하는 것으로써 프로그램이 처음 시작되면 "AVR-ATmega128/L"을 전송하고 그 이후에는 시리얼 통신 프로그램에서 입력된 값을 다시 PC로 되돌려 보낸다.

```
#include <avr/io.h>
#include <avr/interrupt.h>
#include <avr/signal.h>
#define SYNC  0x40
#define PARITY_EVEN 0x20
#define PARITY_ODD  0x30
#define STOP_2  0x04
#define DATA_5  0x00
#define DATA_6  0x02
#define DATA_7  0x04
#define DATA_8  0x06
#define DATA_9  0x0C

#define SYSTEM_CLOCK 14745600L
#define BAUD_RATE 115200L

#define UART_RX_BUFFER_SIZE 128
#define UART_RX_BUFFER_MASK ( UART_RX_BUFFER_SIZE - 1 )
#if ( UART_RX_BUFFER_SIZE & UART_RX_BUFFER_MASK )
#error RX buffer size is not a power of 2
```

[그림 6-63] USART 예제 (계속)

```
#endif

#define UART_TX_BUFFER_SIZE 128
#define UART_TX_BUFFER_MASK ( UART_TX_BUFFER_SIZE - 1 )
#if ( UART_TX_BUFFER_SIZE & UART_TX_BUFFER_MASK )
#error TX buffer size is not a power of 2
#endif

volatile static unsigned char
UART_RxBuf[UART_RX_BUFFER_SIZE];
volatile static unsigned char UART_RxHead;
volatile static unsigned char UART_RxTail;

volatile static unsigned char
UART_TxBuf[UART_TX_BUFFER_SIZE];
volatile static unsigned char UART_TxHead;
volatile static unsigned char UART_TxTail;
void Initialize(void);
void Serial_Initialize(unsigned long int baud);
unsigned char ReceiveByte(void);
void TransmitByte(unsigned char data);

void Initialize(void)
{
    MCUCR = 0x00;
    Serial_Initialize(BAUD_RATE);
}
void Serial_Initialize(unsigned long int baud)
{
    unsigned short int ubrr1;
    ubrr1 = ( ( SYSTEM_CLOCK / (16L * baud) ) - 1) ;
    UBRR1H = (unsigned char)(ubrr1 >> 8);
    UBRR1L = (unsigned char)ubrr1;
    UCSR1B = ( (1<<RXCIE) | (1<<RXEN) | (1<<TXEN) );
```

[그림 6-63] USART 예제 (계속)

```
    UCSR1C = DATA_8;
    UART_RxTail = 0;
    UART_RxHead = 0;
    UART_TxTail = 0;
    UART_TxHead = 0;
}

SIGNAL(SIG_UART1_RECV)
{
    unsigned char data;
    unsigned char tmphead;

    data = UDR1;
    tmphead = (UART_RxHead + 1 ) & UART_RX_BUFFER_MASK;
    UART_RxHead = tmphead;
    if( tmphead == UART_RxTail)
    {
    }

    UART_RxBuf[tmphead] = data;
}
SIGNAL(SIG_UART1_DATA)
{
    unsigned char tmptail;

    if( UART_TxHead != UART_TxTail )
    {
         tmptail = ( UART_TxTail + 1 ) & UART_TX_BUFFER_MASK;
         UART_TxTail = tmptail;

         UDR1 = UART_TxBuf[tmptail];
    }
```

[그림 6-63] USART 예제 (계속)

```
    else
    {
        UCSR1B &= ~(1<<UDRIE);
    }
}

unsigned char ReceiveByte(void)
{
    unsigned char tmptail;
    while( UART_RxHead == UART_RxTail );

    tmptail = ( UART_RxTail + 1 ) & UART_RX_BUFFER_MASK;
    UART_RxTail = tmptail;

    return UART_RxBuf[tmptail];
}

void TransmitByte(unsigned char data)
{
    unsigned char tmphead;

    tmphead = ( UART_TxHead + 1 ) & UART_TX_BUFFER_MASK;
    while( tmphead == UART_TxTail);

    UART_TxBuf[tmphead] = data;
    UART_TxHead = tmphead;
    UCSR1B |= (1<<UDRIE);
}
int main(void)
{
    unsigned char data;

    Initialize();
    sei();
    TransmitByte('A');
```

[그림 6-63] USART 예제 (계속)

```
    TransmitByte('V');
    TransmitByte('R');
    TransmitByte('-');
    TransmitByte('A');
    TransmitByte('T');
    TransmitByte('m');
    TransmitByte('e');
    TransmitByte('g');
    TransmitByte('a');
    TransmitByte('1');
    TransmitByte('2');
    TransmitByte('8');
    TransmitByte('/');
    TransmitByte('L');
    TransmitByte('\r');
    TransmitByte('\n');

    while(1)
    {
        data=ReceiveByte();
        switch(data)
        {
        case '\r' : TransmitByte('\r');
            TransmitByte('\n');
            break;
        case '\n' : TransmitByte('\r');
            TransmitByte('\n');
            break;
        default :  TransmitByte(data);
        }
    }
}
```

[그림 6-63] USART 예제

[그림 6-63]의 예제 프로그램은 ATmega128/L의 USART를 사용하기 위해 void Serial_Initialize(unsigned long int baud) 함수에서 UCSRA, UCSRB, UCSRC(USART Control and Status Register A, B, C) 레지스터와 통신 속도를 지정하는 UBRR 레지스터에 적절한 값을 지정한다.

예제 프로그램은 인터럽트를 사용하여 데이터의 송/수신을 구현하였으며 사용자가 전송하려는 데이터는 우선 프로그램상의 송신 버퍼에 저장되고 USART에서 전송이 가능해졌을 때 발생되는 인터럽트에 의해 실질적인 전송이 이루어진다. 데이터가 수신되면 USART로부터 데이터 수신 인터럽트가 발생하고 이때 수신된 데이터를 읽어 프로그램상의 수신 버퍼에 저장하고 프로그램에서는 이 버퍼로부터 수신 데이터를 꺼내오는 구조로 구성되어 있다.

프로그램이 실행되면 연결된 하이퍼터미널TM등의 시리얼 통신 프로그램의 화면에 “AVR-ATmega128/L” 메시지가 출력되고 이 후부터는 사용자가 입력한 내용이 ATmega128/L에 전송되고 ATmega128/L에서는 이를 다시 PC로 전송하여 PC의 시리얼 통신 프로그램에서 입력한 키를 확인할 수 있다.

6-12 TWI(Two-Wire Serial Interface) 통신 인터페이스

TWI는 일반적인 마이크로컨트롤러 응용에 사용되며, SCL, SDA 두개의 양방향 버스를 사용하여 최대 128개의 디바이스와 통신을 할 수 있는 프로토콜이다. TWI 버스는 [그림 6-64]와 같이 구성된다. TWI는 다른 이름으로는 IIC(Inter IC Communication) 또는 I2C로 불린다.

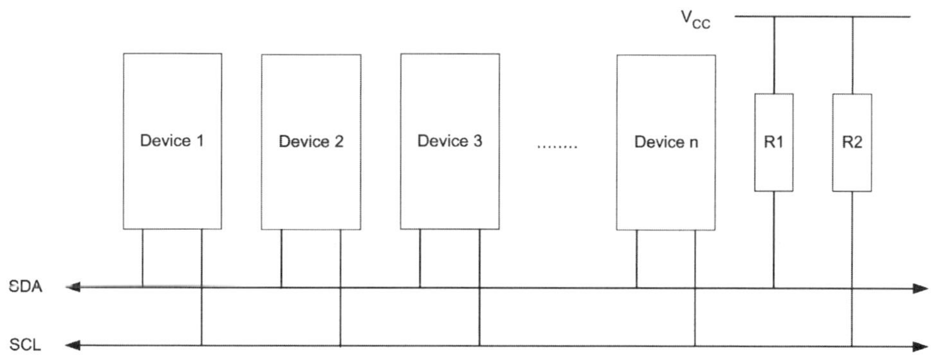

[그림 6-64] TWI Bus Interconnection

ATmega128/L은 TWI 통신 방식의 master/slave 모두 지원하며 최대 128개의 디바이스를 선택할 수 있는 7-bit의 address를 가진다. Multi-master 방식을 지원하며 최대 400kHz의 데이터 전송률을 가진다.

Two-Wire Interface(TWI)는 Inter-IC Communication - I2C로 알려진 통신 프로토콜로 [그림 6-65]와 같이 Start, Repeated Start, Stop에 대한 조건을 만족해야 한다.

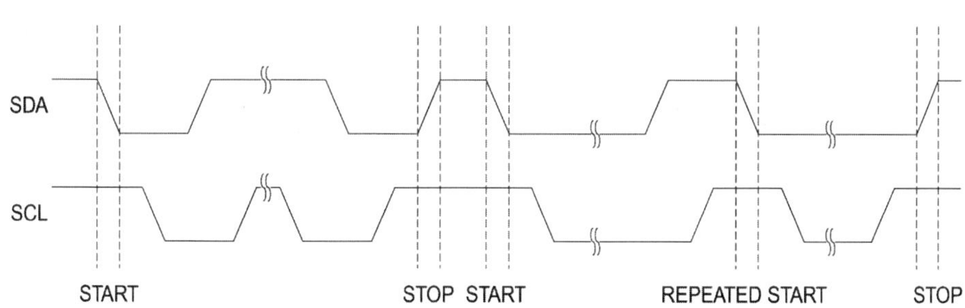

[그림 6-65] START, REPEAT START and STOP Conditions.

[그림 6-65]와 같이 전송을 시작할 때 SCL이 '1'이며 SDA가 '1'에서 '0'으로 변해야 하며 전송을 멈출 때는 SCL이 '1'이며 SDA가 '0'에서 '1'로 변해야 한다.

[그림 6-66]은 TWI를 사용하여 데이터를 전송할 때의 타이밍도로 데이터의 전송을 위해서 먼저 START 조건을 만족시키고 slave 장치의 address를 전송한 후, 데이터의 MSB부터 순서대로 전송한다. Address와 데이터를 전송한 후에는 반드시 ACK를 체크하여 정상적으로 전송되었는지 확인한다.

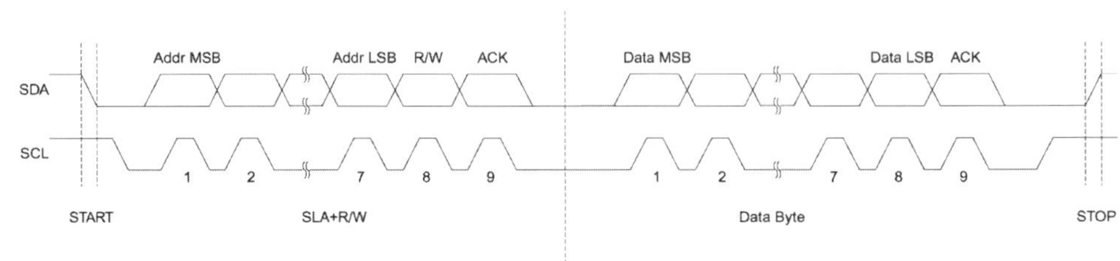

[그림 6-66] Typical Data Transmission

ATmega128/L의 TWI 모듈은 [그림 6-67]과 같이 구성되어 있다.

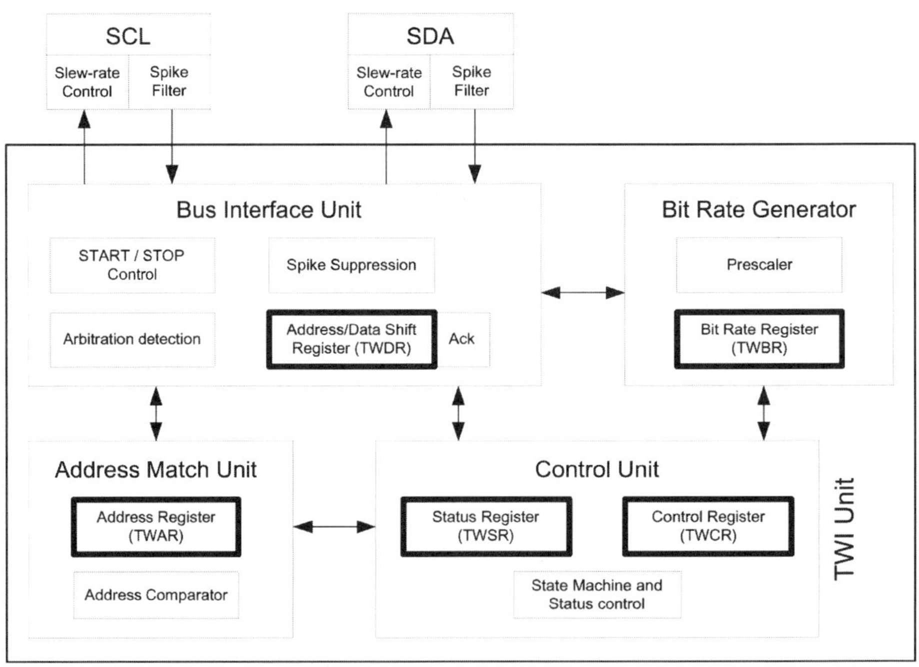

[그림 6-67] Overview of the TWI Module

TWI Bit Rate Register - TWBR

Bit	7	6	5	4	3	2	1	0
	TWBR7	TWBR6	TWBR5	TWBR4	TWBR3	TWBR2	TWBR1	TWBR0
Read/Write	R/W	R/W	R/W	R/W	R/W	R/W	R/W	R/W
Initial Value	0	0	0	0	0	0	0	0

TWBR 레지스터의 8-bit의 값과 "TWI Status Resiger - TWSR" 레지스터의 TWPS1..0의 값과 함께 SCL 클럭의 동작 속도를 결정하는데 사용된다. 다음 수식은 SCL 클럭의 동작 속도 계산식이다.

$$\text{SCL frequency} = \frac{\text{CPU Clock Frequency}}{16 + 2(\text{TBWR}) \times 4^{\text{TWPS}}}$$

TWI Control Register - TWCR

Bit	7	6	5	4	3	2	1	0
	TWINT	TWEA	TWSTA	TWSTO	TWWC	TWEN	-	TWIE
Read/Write	R/W	R/W	R/W	R/W	R	R/W	R	R/W
Initial Value	0	0	0	0	0	0	0	0

- Bit 7 - TWINT : TWI Interrupt Flag

TWI의 동작이 완료되면 '1'로 설정되며, 소프트웨어에 의해 TWINT 비트에 '1'을 기록하면 '0'으로 초기화 된다. TWINT 비트는 인터럽트 루틴의 수행에 의해 자동으로 '0'으로 설정되지 않으므로 반드시 프로그램에서 '0'으로 설정해주어야 한다.

-Bit 6 - TWEA : TWI Enable Acknowledge Bit

TWI의 ACK 펄스를 만들어주는 비트이다. '1'로 설정되면 자동으로 ACK 신호를 발생시킨다.

- Bit 5 - TWSTA : TWI START Condition Bit

TWSTA 비트가 '1'로 설정되면 START 조건에 맞는 펄스를 생성한다.

- Bit 4 - TWSTO : TWI STOP Condigtion Bit

TWSTO 비트가 '1'로 설정되면 STOP 조건에 맞는 펄스를 생성한다.

- Bit 3 - TWWC : TWI Write Collision Flag

TWI 데이터 레지스터가 완전히 전송되지않은 상태에서 또 다른 데이터를 기록하는 경우 발생한다

- Bit 2 - TWEN : TWI Enable Bit

  TWI 동작을 활성화 시킨다.

- Bit 1 - Res : Reserved
- Bit 0 - TWIE : TWI Interrupt Enable

  TWI의 인터럽트를 활성화 시킨다.

TWI Status Register - TWSR

Bit	7	6	5	4	3	2	1	0
	TWS7	TWS6	TWS5	TWS4	TWS3	-	TWPS1	TWPS0
Read/Write	R	R	R	R	R	R	R/W	R/W
Initial Value	0	0	0	0	0	0	0	0

- Bit 7..3 - TWS : TWI Status

  TWI의 상태를 나타내는 비트들이다.

- Bit 2 - Res : Reserved
- Bit 1..0 - TWPS : TWI Prescaler Bits

  SCL 클럭의 동작속도 설정에 사용되는 bit로 다음 수식에 사용된다.

$$\text{SCL frequency} = \frac{\text{CPU Clock Frequency}}{16 + 2(\text{TBWR}) \times 4^{\text{TWPS}}}$$

TWI Data Register - TWDR

Bit	7	6	5	4	3	2	1	0
	TWD7	TWD6	TWD5	TWD4	TWD3	TWD2	TWD1	TWD0
Read/Write	R/W	R/W	R/W	R/W	R/W	R/W	R/W	R/W
Initial Value	0	0	0	0	0	0	0	0

TWDR 레지스터에는 전송 모드에서는 다음에 전송될 데이터가, 수신 모드에서는 마지막에 수신된 데이터가 저장된다.

TWI(Slave) Address Register - TWAR

Bit	7	6	5	4	3	2	1	0
	TWA6	TWA5	TWA4	TWA3	TWA2	TWA1	TWA0	TWGCE
Read/Write	R/W	R/W	R/W	R/W	R/W	R/W	R/W	R/W
Initial Value	0	0	0	0	0	0	0	0

TWAR 레지스터에는 TWI의 slave 동작할 때 주소가 저장되며, TWGCE 비트가 '1'로 설정되면 "General Call"을 인식할 수 있도록 한다.

6-13 AVR ATmega128/L의 RF 수신 실습

RoV-Lab3000 Training KIT에는 RF 수신 모듈이 장착되어 있어 송신기로부터 무선으로 전송되는 데이터를 받아 특정한 동작을 할 수 있도록 구성할 수 있다. RF 송신기에는 3개의 버튼이 있으며 이들 버튼을 누르면 해당되는 버튼에 대한 데이터가 전송되어 RF 수신 모듈에서 이 값을 받아 사용자가 원하는 동작을 하도록 설계되었다.

예제 프로그램에서는 RF 송신기의 버튼의 눌림 상태를 LED에 표시하고 2번째 버튼이 눌리면 7-Segment에 값을 하나씩 증가하여 출력할 수 있도록 하였다. 아래의 예제를 사용하기 위해서는 앞절의 FPGA에서 설계한 Avr_Interface가 프로그램되어 있어야 한다.

```
#include<avr/io.h>

#define LED_ADDRESS (unsigned char *)0x1100
#define SEG_ADDRESS (unsigned char *)0x1700
#define RF_ADDRESS (unsigned char *)0x1900

void EnableXRAM(void);

int main(void)
{
    unsigned char   *led, *seg, *rf, count = 0;
    led = LED_ADDRESS;
    seg = SEG_ADDRESS;
    rf = RF_ADDRESS;
    EnableXRAM();
    while(1)
    {
          *led = *rf;
          *seg = count;

          if( *rf == 0x02 )
               count++;
    }
}
```

[그림 6-68] RF 수신 예제 (계속)

```
#define WAIT_STATE  2
#define SRW10   6

void EnableXRAM(void)
{
    unsigned char tmp;

    tmp=inp(MCUCR);
    tmp|=(1<<SRE)|((WAIT_STATE&0x01)<<SRW10);
    outp(tmp,MCUCR);
    tmp=inp(XMCRA);
    tmp|=(1<<SRL2)|(((WAIT_STATE>>1)&0x01)<<SRW11);
    outp(tmp,XMCRA);  /*  0x8000 -> 0xFFFF set to WAIT_STATE
wait states */
}
```

[그림 6-68] RF 수신 예제

6-14 통합 시스템 구동 예제

아래의 예제 프로그램은 앞에서 ATmeag128/L의 각각의 구성 요소들을 살펴보면서 작성한 프로그램을 통합하여 RoV-Lab 3000에서 동시에 동작시킨다. 예제 프로그램은 Sensor를 구동시켜서 7개의 Sensor로부터 들어오는 입력을 8개의 LED의 하위 7-bit에 표시하고 남은 상위 1-bit는 일정 시간 간격으로 점멸하도록 하였다. 7-Segment는 RF 송신기의 2번째 버튼이 눌릴 때 마다 값이 하나씩 증가하도록 하였다. Buzzer는 일정 시간 간격으로 beep 음을 내도록 프로그램되어 있으며, STEP Motor는 RF 송신기의 1번 버튼을 누르면 정방향으로 회전하고 3번 버튼을 누르면 반대로 역방향으로 회전한다. RF 송신기의 1번과 3번 버튼을 동시에 누를 경우 STEP Motor는 정지한다. Text LCD에는 한 문자씩 출력되고 다시 한 문자씩 지우는 동작을 반복한다.

```
#include<avr/io.h>
#include <avr/interrupt.h>
#include <avr/signal.h>

#define LED_ADDRESS (unsigned char *)0x1100
#define SEN_OUT_ADDRESS (unsigned char *)0x1200
#define SEN_IN_ADDRESS (unsigned char *)0x1300
#define MOTOR_ADDRESS (unsigned char *)0x1400
#define LCD_DATA (unsigned char *)0x1500
#define LCD_CTRL (unsigned char *)0x1600
#define SEG_ADDRESS (unsigned char *)0x1700
#define BUZZER_ADDRESS (unsigned char *)0x1800
#define RF_ADDRESS (unsigned char *)0x1900

#define SYSTEM_CLOCK 3686400L
#define PRESCALED_CLOCK_1024 (unsigned long)(SYSTEM_CLOCK / 1024)
#define PRESCALED_CLOCK_256 (unsigned long)(SYSTEM_CLOCK / 256)
#define PRESCALED_CLOCK_64 (unsigned long)(SYSTEM_CLOCK / 64)
#define PRESCALED_CLOCK_8  (unsigned long)(SYSTEM_CLOCK / 8)
```

[그림 6-69] 통합 예제 (계속)

```
#define SAMPLING_RATE   400
volatile unsigned int  timer_cnt = 0, rf_cnt = 0;
volatile unsigned char  buz_data = 0xFF, tmp;
volatile unsigned char
                         motor_l[]={0x01,0x02,0x04,0x08},moto
                         r_r[]={0x08,0x04,0x02,0x01},mot_cnt=
                         0,mot_dir=0;

void EnableXRAM(void);
void delay(unsigned int d1, unsigned int d2);
void lcd_ctrl(unsigned char data);
void lcd_data(unsigned char data);
void initialize_timer(void)
{
    TCCR1A = 0x00;  // bit7,6   COM1A1, COM1A0  : 00(normal
                         port operation)
                    // bit1,0   WGM11, WGM10    : 00(CTC OCR1A)
    TCCR1B = 0x0A;  // bit4,3   WGM13, WGM12    : 01(CTC OCR1A)
                    // bit2,1,0 CS12, CS11, CS10 : 010(8 prescaler)
    TCCR1C = 0x00;  // bit7     FOC1A           : 0
    TIMSK = 0x10;   // bit4    OCIE1A   : timer1 output compare A
                                          match interrupt enable
    OCR1A = (unsigned int)(PRESCALED_CLOCK_8 / SAMPLING_RATE -
                           1 + 0.5);
}
SIGNAL(SIG_OUTPUT_COMPARE1A)
{
    unsigned char   *led, *seg, *sen_in, *rf, *mot, *buz;

    led = LED_ADDRESS;
    sen_in = SEN_IN_ADDRESS;
    seg = SEG_ADDRESS;
    buz = BUZZER_ADDRESS;
```

[그림 6-69] 통합 예제 (계속)

```
    rf = RF_ADDRESS;
    mot = MOTOR_ADDRESS;

    timer_cnt++;

    if( ( timer_cnt & 0x001f ) == 0x001f )
    {
        if( *rf == 0x04 )
            mot_dir = 0x02;
        else if( *rf == 0x01 )
            mot_dir = 0x01;
        else if( *rf == 0x05 )
            mot_dir = 0x00;
        else if( *rf == 0x03 )
            mot_dir = 0x03;
        else if( *rf == 0x06 )
            mot_dir = 0x04;

        buz_data = ~buz_data;

        *buz = buz_data;

        if( *rf == 0x02 )
            rf_cnt++;
    }

    if( ( rf_cnt & 0x0F ) == 0x0F )
        rf_cnt = 0x00;
    tmp = ((*sen_in) & 0x7F ) | ( buz_data << 7 );
    *led = tmp;

    *seg = rf_cnt;

    if( mot_dir == 0x01 )
    {
        mot_cnt--;
```

[그림 6-69] 통합 예제 (계속)

```
    }
        else if( (mot_dir == 0x02) || (mot_dir == 0x03) ||
                                      (mot_dir == 0x04) )
    {
        mot_cnt++;
    }

        if ( mot_dir == 0x00 )
        {
            *mot = 0x00;
        }
        else
        {
            if(mot_cnt==0x04)
                mot_cnt = 0x00;
            else if(mot_cnt==0xFF)
                mot_cnt = 0x03;

            if( (mot_dir == 0x01) || (mot_dir == 0x02) )
            {
                *mot = ( ( motor_l[mot_cnt]<<4 ) |
                           ( motor_r[mot_cnt] ) );
            }
            else if( mot_dir == 0x03 )
            {
                *mot = ( 0x0f & ( motor_r[mot_cnt] ) );
            }
            else if( mot_dir == 0x04 )
            {
                *mot = ( ( motor_l[mot_cnt] << 4 ) & 0xf0 );
            }
        }
}
```

[그림 6-69] 통합 예제 (계속)

```
void lcd_initialize(void)
{
    lcd_ctrl(0x38);
    lcd_ctrl(0x0E);
    lcd_ctrl(0x06);
    lcd_ctrl(0x02);
    lcd_ctrl(0x01);
}

int main(void)
{
    unsigned char   *sen_out;
    unsigned char cnt=0, tmp, lcd_out_data[]=" TEXT LCD Test
                                                Libertron Co Ltd ";

    sen_out = SEN_OUT_ADDRESS;

    delay(1000,200);

    EnableXRAM();
    initialize_timer();
    sei();
    lcd_initialize();

        *sen_out = 0xff;

        lcd_ctrl(0x80);

    while(1)
    {
        tmp = lcd_out_data[cnt];

            lcd_data(tmp);

            cnt++;
```

[그림 6-69] 통합 예제 (계속)

```
        if ( cnt == 16 )
            lcd_ctrl(0xC0);
        else if ( cnt == 32 )
            lcd_ctrl(0x80);
        else if ( cnt == 48 )
            lcd_ctrl(0xC0);
        else if ( cnt == 64 )
        {
            lcd_ctrl(0x80);
            cnt = 0;
        }
        delay(100,50);
    }
    return 0;
}

#define WAIT_STATE  3
#define SRW10   6
void EnableXRAM(void)
{

void delay(unsigned int d1, unsigned int d2)
{
    unsigned int i, j;

    for(i=0;i<d1;i++)
    {
        for(j=0;j<d2;j++)
        {
        }
    }
}
```

[그림 6-69] 통합 예제 (계속)

```
void lcd_ctrl(unsigned char data)
{
    unsigned char   *lcd_d, *lcd_c;

    lcd_d = LCD_DATA;
    lcd_c = LCD_CTRL;

    *lcd_c = 0x01;  // control mode
    delay(10,5);
    *lcd_d = data;
    delay(300,100);
    *lcd_c = 0x00;
    delay(10,5);

}
void lcd_data(unsigned char data)
{
    unsigned char   *lcd_d, *lcd_c;

    lcd_d = LCD_DATA;
    lcd_c = LCD_CTRL;

    *lcd_c = 0x03;  // data output mode
    delay(10,5);
    *lcd_d = data;
    delay(100,50);
    *lcd_c = 0x00;
    delay(10,5);

}
```

[그림 6-69] 통합 예제

Line Tracer 예제

7

CHAPTER

7-1 FPGA를 사용한 Line Tracer

예제에서는 FPGA인 Spartan3 xc3s200-5 PQ-208칩을 사용하여 Line Tracer를 구현한다. 센서 보드로부터 들어오는 입력을 이용하여 현재 로봇이 라인에 위치한 상태를 판단하여 센서 보드 가운데 라인이 있으면 STEP Motor를 양쪽 모두 동일하게 구동하고, 라인이 왼쪽에 있을 경우에는 오른쪽 모터는 정지시키고 왼쪽 모터를 동작시키고 오른쪽에 라인이 위치한 경우 반대의 동작을 하도록 제어하여 로봇이 라인을 따라갈 수 있도록 제어한다.

예제에서 VHDL는 모두 3개의 파일로 구성되며 최상위 파일인 "line_tracer.vhd"는 Structural Modeling과 Behavioral Modeling을 혼합하여 사용하며 센서 입력인 "sensor_test.vhd"와 모터 구동인 "motor_driver.vhd"를 component로 불러 port map 구문을 사용하여 연결하고 sensor 입력을 바탕으로 좌/우 모터의 구동에 대한 제어 명령을 출력한다.

다음의 [그림 7-1]은 sensor 입력을 처리하는 "sensor_test.vhd" 파일이다.

```
library IEEE;
use IEEE.STD_LOGIC_1164.ALL;
use IEEE.STD_LOGIC_ARITH.ALL;
use IEEE.STD_LOGIC_UNSIGNED.ALL;
```

[그림 7-1] 센서 처리부 VHDL code (계속)

```
entity sensor_test is
    port ( RSTB     : IN std_logic;              -- Active 'L'
           CLK_20M : IN std_logic;
           SEN_IN   : IN std_logic_vector (6 downto 0);
           EL_7L    : OUT std_logic_vector (6 downto 0);
           LED      : OUT std_logic_vector (6 downto 0));
end sensor_test;

architecture Behavioral of sensor_test is
signal cnt    : std_logic_vector (15 downto 0);
signal load   : std_logic;
signal clk_1k : std_logic;
signal sclk    : std_logic;
signal sen_int : std_logic_vector (6 downto 0);
signal dclk   : std_logic;

begin
--=============== Clock(1kHz) Generator ====================
    process(RSTB,CLK_20M,load,cnt)
    begin
          if RSTB = '0' then
               cnt <= (others => '0');
               clk_1k <= '0';
          elsif rising_edge (CLK_20M) then
               if load = '1' then
                     cnt <= (others => '0');
                     clk_1k <= not clk_1k;
               else
                     cnt <= cnt + 1;
               end if;
          end if;
    end process;
    load <= '1' when (cnt = X"2710") else '0';
```

[그림 7-1] 센서 처리부 VHDL code (계속)

```
--============== Sensor Clock(500Hz) Generator =============
    process(RSTB,clk_1k,sclk)
    begin
        if RSTB = '0' then
            sclk <= '0';
        elsif rising_edge (clk_1k) then
            sclk <= not sclk;
        end if;
    end process;
--==========================================================
    EL_7L(0) <= sclk;
    EL_7L(1) <= sclk;
    EL_7L(2) <= sclk;
    EL_7L(3) <= sclk;
    EL_7L(4) <= sclk;
    EL_7L(5) <= sclk;
    EL_7L(6) <= sclk;
    dclk <= sclk and (not clk_1k);

    process(RSTB,dclk,SEN_IN)
    begin
        if RSTB = '0' then
            sen_int <= (others => '0');
        elsif rising_edge (dclk) then
            sen_int <= SEN_IN;
        end if;
    end process;

    LED <= sen_int;

end Behavioral;
```

[그림 7-1] 센서 처리부 VHDL code (계속)

다음의 [그림 7-2]의 예제 코드는 모터를 구동하는 VHDL Code로써 1-phase excitation을 사용한다.

```
library IEEE;
use IEEE.STD_LOGIC_1164.ALL;
use IEEE.STD_LOGIC_ARITH.ALL;
use IEEE.STD_LOGIC_UNSIGNED.ALL;
entity motor_driver is
    port (     RSTB         : IN std_logic; -- Active 'L'
               PWM_CLK      : IN std_logic;
               DIR          : IN std_logic;
               MT_OUT_A     : OUT std_logic;
               MT_OUT_B     : OUT std_logic;
               MT_OUT_nA    : OUT std_logic;
               MT_OUT_nB    : OUT std_logic);
end motor_driver;

architecture Behavioral of motor_driver is
signal pwm_cnt : std_logic_vector (1 downto 0);
signal pwm_out : std_logic_vector (3 downto 0);
begin

--================= PWM Output(1상 여자방식) =================
    process(PWM_CLK,RSTB)
    begin
        if RSTB = '0' then
            pwm_cnt <= (others => '0');
        elsif rising_edge (PWM_CLK) then
            pwm_cnt <= pwm_cnt + 1;
        end if;
    end process;
    process(DIR,pwm_cnt)
    begin
```

[그림 7-2] 모터 처리부 VHDL code (계속)

```
            if DIR = '1' then
                if pwm_cnt = "00" then
                    pwm_out <= "0001";
                elsif pwm_cnt = "01" then
                    pwm_out <= "0010";
                elsif pwm_cnt = "10" then
                    pwm_out <= "0100";
                elsif pwm_cnt = "11" then
                    pwm_out <= "1000";
                end if;
            else
                if pwm_cnt = "00" then
                    pwm_out <= "1000";
                elsif pwm_cnt = "01" then
                    pwm_out <= "0100";
                elsif pwm_cnt = "10" then
                    pwm_out <= "0010";
                elsif pwm_cnt = "11" then
                    pwm_out <= "0001";
                end if;
            end if;
        end process;

MT_OUT_A  <= pwm_out(0);
MT_OUT_B  <= pwm_out(1);
MT_OUT_nA <= pwm_out(2);
MT_OUT_nB <= pwm_out(3);

end Behavioral;
```

[그림 7-2] 모터 처리부 VHDL code

다음의 [그림 7-3]은 Line Tracer의 예제 코드이다.

```
library IEEE;
use IEEE.STD_LOGIC_1164.ALL;
use IEEE.STD_LOGIC_ARITH.ALL;
use IEEE.STD_LOGIC_UNSIGNED.ALL;

entity line_tracer is
    port (RSTB           : IN std_logic; -- Active 'L'
          CLK_20M        : IN std_logic;
          SEN_IN         : IN std_logic_vector (6 downto 0);
          EL_7L          : OUT std_logic_vector (6 downto 0);
          LED            : OUT std_logic_vector (6 downto 0);
          SC_LED         : OUT std_logic;
          SR_LED         : OUT std_logic;
          SL_LED         : OUT std_logic;
          MTR_OUT_A      : OUT std_logic;
          MTR_OUT_B      : OUT std_logic;
          MTR_OUT_nA     : OUT std_logic;
          MTR_OUT_nB     : OUT std_logic;
          MTL_OUT_A      : OUT std_logic;
          MTL_OUT_B      : OUT std_logic;
          MTL_OUT_nA     : OUT std_logic;
          MTL_OUT_nB     : OUT std_logic;
          test_pin_1     : out std_logic;      -- Right pwm clock
          test_pin       : out std_logic);     -- Left pwm clock
end line_tracer;

architecture Behavioral of line_tracer is

component sensor_test is
    port (RSTB      : IN std_logic;       -- Active 'L'
          CLK_20M   : IN std_logic;
          SEN_IN    : IN std_logic_vector (6 downto 0);
          EL_7L     : OUT std_logic_vector (6 downto 0);
```

[그림 7-3] Line Tracer VHDL code (계속)

```
        LED       : OUT std_logic_vector (6 downto 0));
end component;
component motor_driver is
    port (RSTB       : IN std_logic;  -- Active 'L'
        PWM_CLK    : IN std_logic;
        DIR        : IN std_logic;
        MT_OUT_A   : OUT std_logic;
        MT_OUT_B   : OUT std_logic;
        MT_OUT_nA  : OUT std_logic;
        MT_OUT_nB  : OUT std_logic);
end component;

signal sensor       : std_logic_vector (6 downto 0);
signal sen_int      : std_logic_vector (6 downto 0);

signal cnt          : std_logic_vector (7 downto 0);
signal load         : std_logic;
signal clk_100k     : std_logic;

signal pwm_l        : integer range 0 to 557;
signal pwm_r        : integer range 0 to 557;
signal pwm_lcnt     : integer range 0 to 557;
signal pwm_rcnt     : integer range 0 to 557;
signal pwm_lclk     : std_logic;
signal pwm_rclk     : std_logic;

begin
u1 : sensor_test port map ( RSTB    => RSTB,
                           CLK_20M => CLK_20M,
                           SEN_IN  => SEN_IN,
                           EL_7L   => EL_7L,
                           LED     => sensor);

u2 : motor_driver port map ( RSTB      => RSTB,
                            PWM_CLK   => pwm_lclk,
```

[그림 7-3] Line Tracer VHDL code (계속)

```
                                        DIR        => '0',
                                        MT_OUT_A   => MTL_OUT_A,
                                        MT_OUT_B   => MTL_OUT_B,
                                        MT_OUT_nA => MTL_OUT_nA,
                                        MT_OUT_nB => MTL_OUT_nB);
u3 : motor_driver port map ( RSTB       => RSTB,
                                        PWM_CLK    => pwm_rclk,
                                        DIR        => '1',
                                        MT_OUT_A   => MTR_OUT_A,
                                        MT_OUT_B   => MTR_OUT_B,
                                        MT_OUT_nA => MTR_OUT_nA,
                                        MT_OUT_nB => MTR_OUT_nB);
sen_int <= not sensor;     -- (검은선을 인식)
LED <= sen_int;
--================ Clock(100kHz) Generator =================
     process(RSTB,CLK_20M,load,cnt)
     begin
          if RSTB = '0' then
               cnt <= (others => '0');
               clk_100k <= '0';
          elsif rising_edge (CLK_20M) then
               if load = '1' then
                    cnt <= (others => '0');
                    clk_100k <= not clk_100k;
               else
                    cnt <= cnt + 1;
               end if;
          end if;
     end process;
     load <= '1' when (cnt = X"7D") else '0';
--==========================================================
     process(sen_int)
     begin
          case sen_int is
```

[그림 7-3] Line Tracer VHDL code (계속)

```
                when "0001100" => pwm_l <= 207; -- 500Hz
                                  pwm_r <= 179; -- 550Hz
                when "0001110" => pwm_l <= 230; -- 450Hz
                                  pwm_r <= 179; -- 550Hz
                when "0001010" => pwm_l <= 230; -- 450Hz
                                  pwm_r <= 179; -- 550Hz
                when "0000100" => pwm_l <= 258; -- 400Hz
                                  pwm_r <= 179; -- 550Hz
                when "0000110" => pwm_l <= 306; -- 400Hz
                                  pwm_r <= 179; -- 550Hz
                when "0000101" => pwm_l <= 347; -- 400Hz
                                  pwm_r <= 179; -- 550Hz
                when "0000111" => pwm_l <= 347; -- 350Hz
                                  pwm_r <= 179; -- 550Hz
                when "0000010" => pwm_l <= 419; -- 300Hz
                                  pwm_r <= 179; -- 550Hz
                when "0000011" => pwm_l <= 488; -- 300Hz
                                  pwm_r <= 179; -- 550Hz
                when "0001111" => pwm_l <= 488; -- 300Hz
                                  pwm_r <= 179; -- 550Hz
                when "0000001" => pwm_l <= 557; -- 250Hz
                                  pwm_r <= 179; -- 550Hz
--=============================================================
                when "0011000" => pwm_l <= 179; -- 550Hz
                                  pwm_r <= 207; -- 500Hz
                when "0111000" => pwm_l <= 179; -- 550Hz
                                  pwm_r <= 230; -- 450Hz
                when "0101000" => pwm_l <= 179; -- 550Hz
                                  pwm_r <= 230; -- 450Hz
                when "0010000" => pwm_l <= 179; -- 550Hz
                                  pwm_r <= 258; -- 450Hz
                when "0110000" => pwm_l <= 179; -- 550Hz
                                  pwm_r <= 301; -- 400Hz
```

[그림 7-3] Line Tracer VHDL code (계속)

```
                when "1010000" => pwm_l <= 179; -- 550Hz
                                  pwm_r <= 347; -- 350Hz
                when "1110000" => pwm_l <= 179; -- 550Hz
                                  pwm_r <= 347; -- 350Hz
                when "0100000" => pwm_l <= 179; -- 550Hz
                                  pwm_r <= 419; -- 350Hz
                when "1100000" => pwm_l <= 179; -- 550Hz
                                  pwm_r <= 488; -- 300Hz
                when "1111000" => pwm_l <= 179; -- 550Hz
                                  pwm_r <= 488; -- 300Hz
                when "1000000" => pwm_l <= 179; -- 550Hz
                                  pwm_r <= 557; -- 250Hz
                when others     => pwm_l <= 179; -- 550Hz
                                  pwm_r <= 179; -- 550Hz
           end case;
     end process;
--==================================================================

     process(RSTB,clk_100k,pwm_lcnt)
     begin
           if RSTB = '0' then
                pwm_lcnt <= 0;
                pwm_lclk <= '0';
           elsif rising_edge (clk_100k) then
                if (pwm_lcnt >= pwm_l) then
                     pwm_lcnt <= 0;
                     pwm_lclk <= '1';
                else
                     pwm_lcnt <= pwm_lcnt + 1;
                     pwm_lclk <= '0';
                end if;
           end if;
     end process;
```

[그림 7-3] Line Tracer VHDL code (계속)

```
--===========================================================
    process(RSTB,clk_100k,pwm_rcnt)
    begin
          if RSTB = '0' then
                   pwm_rcnt <= 0;
                   pwm_rclk <= '0';
          elsif rising_edge (clk_100k) then
               if (pwm_rcnt >= pwm_r) then
                   pwm_rcnt <= 0;
                   pwm_rclk <= '1';
               else
                   pwm_rcnt <= pwm_rcnt + 1;
                   pwm_rclk <= '0';
               end if;
          end if;
    end process;
--===========================================================
SC_LED <= '1' when sen_int = "0001000" else '0';
SL_LED <= '1' when sen_int = "0000001" else '0';
SR_LED <= '1' when sen_int = "1000000" else '0';

test_pin   <= pwm_lclk;
test_pin_1 <= pwm_rclk;

end Behavioral;
```

[그림 7-3] Line Tracer VHDL code

```
NET "RSTB"          LOC = "P205";
NET "CLK_20M"       LOC = "P79";
NET "SEN_IN<0>"     LOC = "p115";
NET "SEN_IN<1>"     LOC = "p116";
NET "SEN_IN<2>"     LOC = "p117";
```

[그림 7-4] Line Tracer Pin out (계속)

```
NET "SEN_IN<3>"      LOC = "p119";
NET "SEN_IN<4>"      LOC = "p120";
NET "SEN_IN<5>"      LOC = "p122";
NET "SEN_IN<6>"      LOC = "p123";
NET "EL_7L<0>"       LOC = "p106";
NET "EL_7L<1>"       LOC = "p107";
NET "EL_7L<2>"       LOC = "p108";
NET "EL_7L<3>"       LOC = "p109";
NET "EL_7L<4>"       LOC = "p111";
NET "EL_7L<5>"       LOC = "p113";
NET "EL_7L<6>"       LOC = "p114";
NET "LED<0>"         LOC = "p2";
NET "LED<1>"         LOC = "p3";
NET "LED<2>"         LOC = "p4";
NET "LED<3>"         LOC = "p5";
NET "LED<4>"         LOC = "p7";
NET "LED<5>"         LOC = "p9";
NET "LED<6>"         LOC = "p10";
NET "SC_LED"         LOC = "P124";
NET "SR_LED"         LOC = "P125";
NET "SL_LED"         LOC = "P126";
NET "MTL_A"          LOC = "p128";
NET "MTL_B"          LOC = "p130";
NET "MTL_nA"         LOC = "p131";
NET "MTL_nB"         LOC = "p132";
NET "MTR_A"          LOC = "p133";
NET "MTR_B"          LOC = "p135";
NET "MTR_nA"         LOC = "p137";
NET "MTR_nB"         LOC = "p138";
NET "test_pin_1"     LOC = "P94";
NET "test_pin"       LOC = "P95";
```

[그림 7-4] Line Tracer Pin out

RoV-Lab3000에는 FPGA인 Spartan3(xc3s200)칩과 PROM인 xcf01(02)s가 장착되어 있다. 지금까지는 JTAG 방식으로 FPGA인 xc3s200에 직접 프로그램을 하였으나 FPGA의 내부는 SRAM 방식이기 때문에 전원을 끊으면 그 내용이 삭제된다. 그래서 외부에 ISP용 PROM을 적용하여 KIT의 전원을 인가하면 PROM에서 설정 내용을 읽어 FPGA를 동작 시킬 수 있도록 구성되어 있다. Line Tracer는 Training KIT에서 모터와 AVR + FPGA Module, Sensor Module을 조립하여 독립 Robot으로 동작시킨다.

"Configure Device (iMPACT)"를 실행한다. [그림 7-5]에서와 같이 두 번째 항목인 "Prepare a PROM File"을 선택한다. 그 다음에 나타나는 대화상자에서는 설정을 변경하지 않고 그대로 사용한다. [그림 7-6]의 "PROM File Name"에 적절한 이름을 지정한다.

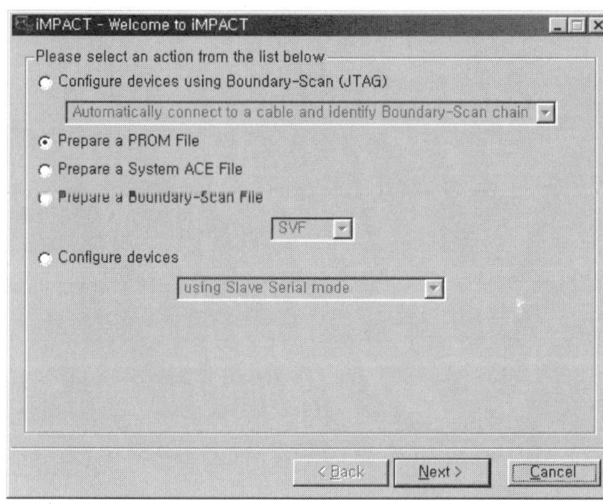

[그림 7-5] PROM 생성 1단계

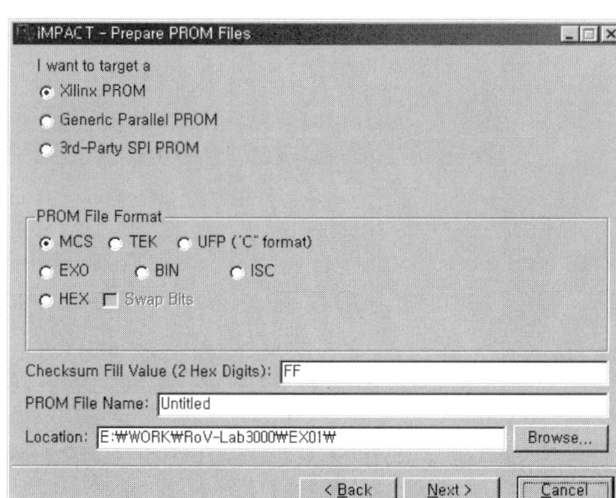

[그림 7-6] PROM 생성 2단계

FPGA 프로그램 용도로 만들어진 bit 파일을 PROM 파일로 변경하는데 사용할 PROM을 지정해 주어야 한다. [그림 7-7]에서 "Add" 버튼을 사용해서 목록에 xcf01(02)s를 등록하고 이를 선택한 후 다음 단계로 진행한다.

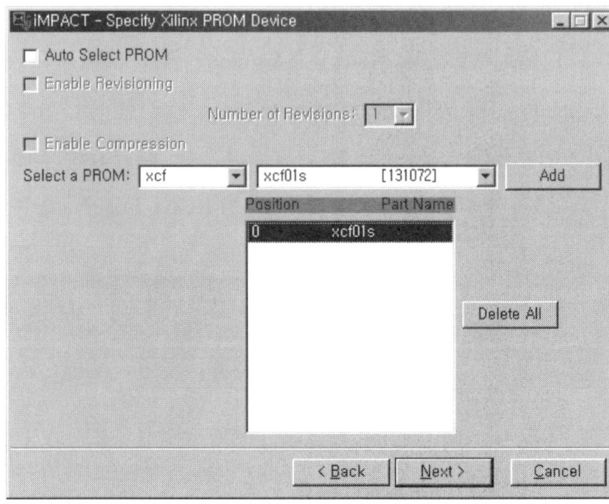

[그림 7-7] PROM 지정 화면

[그림 7-8]은 설정된 내용을 요약하여 출력한 화면으로 이상이 없다면 "Finish"를 눌러 다음 단계로 진행한다.

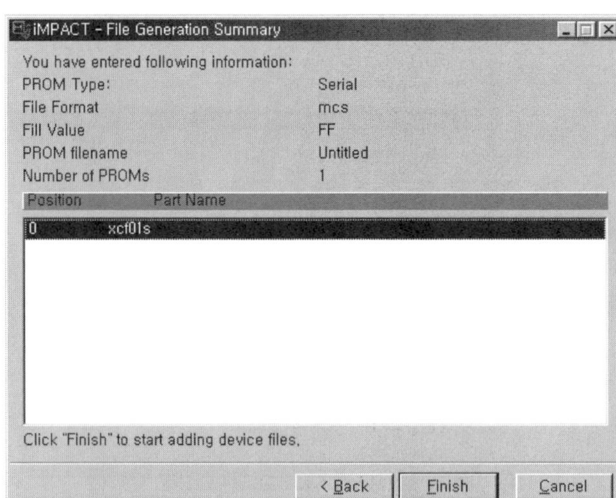

[그림 7-8] PROM 지정 화면 - 2

앞에서의 설정이 끝나면 [그림 7-9]와 같은 화면이 나타난다. xcf01(02)s PROM에 대해 현재 사용량을 표시하고 있는데 현재는 프로그램이 변환되지 않았기 때문에 0%로 나타난다. 화면에 타나난 “Add Device”에 OK를 누르고 파일선택 대화상자에서 앞에서 생성한 ex01.bit를 지정한다.

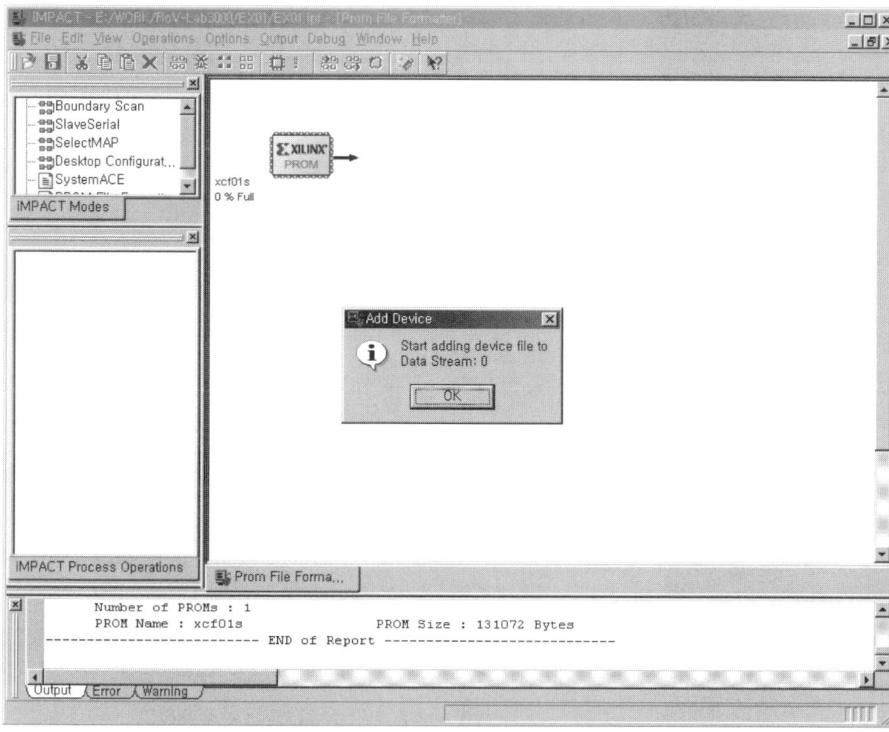

[그림 7-9] PROM 설정 파일 생성

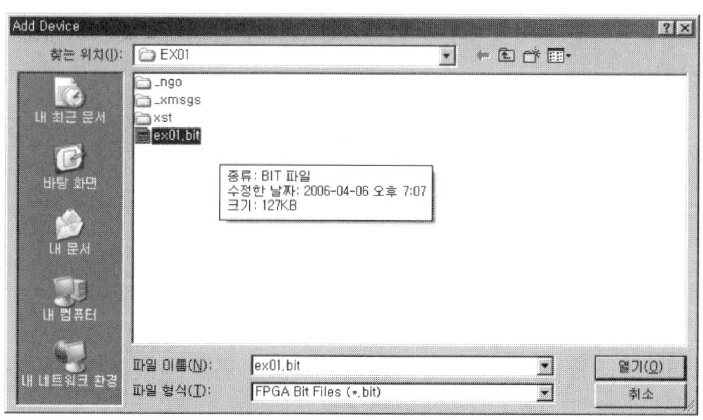

[그림 7-10] bit file 선택 대화 상자

또 다른 디바이스를 추가할 것인지 묻는 대화상자가 나타나는데 특별히 추가할 것이 없으면 NO를 선택한다. PROM으로 변환할 파일이 선택되면 XILINX PROM을 클릭하여 선택하고 메뉴의 [Operations → Generate File]을 선택한다. [그림 7-11]은 PROM으로 변환이 완료된 화면이다.

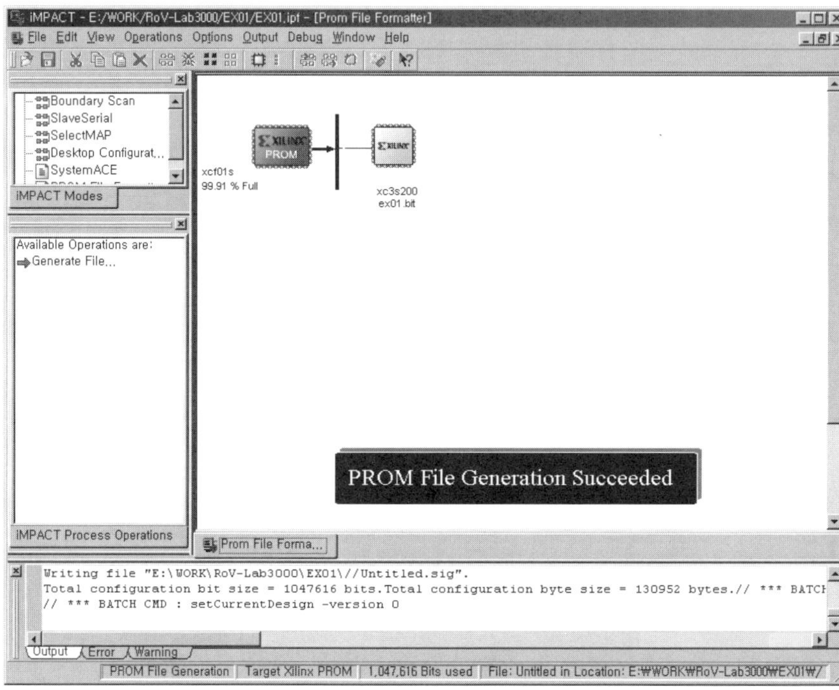

[그림 7-11] PROM 변환 완료 화면

RoV-Lab3000이 전원을 켜면 바로 사용자가 프로그램한 파일로 동작시키고 싶으면 iMPACT에서 [File → New]를 선택하여 나타난 대화상자에서 [그림 7-12]와 같이 지정한다.

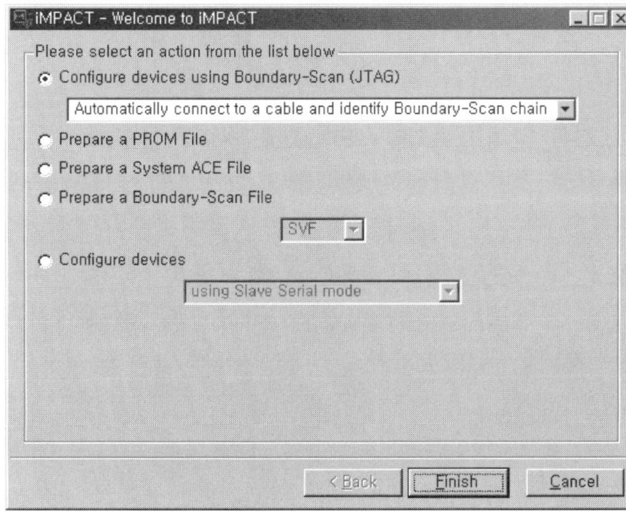

[그림 7-12] iMPACT 설정

iMPACT에서 FPGA인 xc3s200에 .bit 파일을 지정하고 PROM인 xaf01(02)s에는 *.mcs 파일을 지정한다. 설정이 완료되면 [그림 7-13]과 같이 xaf01(02)s를 지정하고 마우스 오른쪽 버튼을 눌러 "program"을 실행한다.

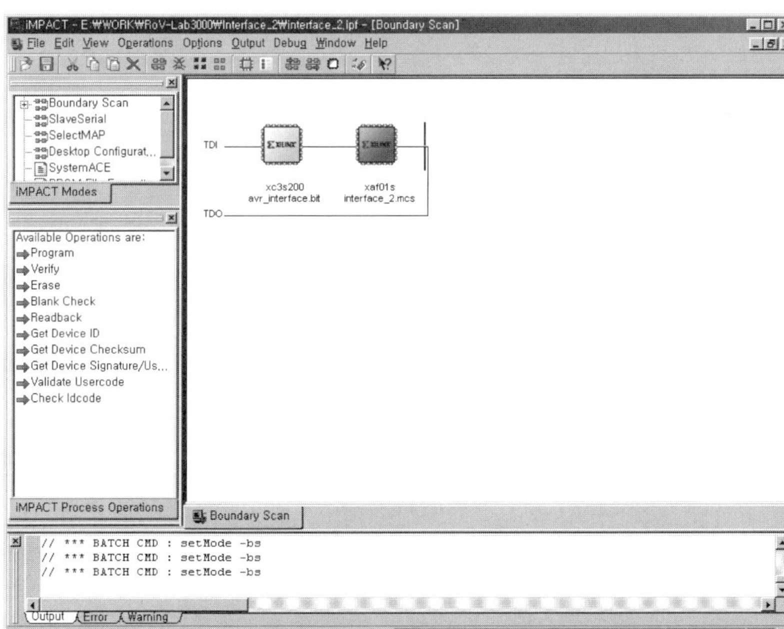

[그림 7-13] iMPACT 화면

7-2 AVR + FPGA를 사용한 Line Tracer

예제에서는 앞에서 AVR + FPGA에 사용했던 3-B-10의 통합예제 프로그램을 바탕으로 센서 보드의 입력을 판단 근거로 하여 STEP Motor의 동작을 제어한다. 7조의 IR 센서에 반사되어 들어오는 값을 근거로하여 센서 7개 중 한 가운데의 센서의 값이 들어온 경우 좌/우 STEP Motor를 동일하게 구동하고 오른쪽의 센서에 값이 들어오는 경우 왼쪽 모터는 정지시키고 오른쪽 모터를 동작시켜 가운데 센서에 값이 들어오도록 제어한다. 마찬가지로 왼쪽 센서에 값이 들어오는 경우에는 오른쪽 모터는 정지시키고 왼쪽 모터를 구동한다. 이와 같은 방식으로 로봇의 위치를 제어하면 라인으로부터 벗어나 있는 경우 로봇이 오른쪽과 왼쪽을 번갈아가며 이동하며 라인이 로봇의 가운데에 위치하는 상태가 되면 직선 운동을 하게 된다.

FPGA인 Spartan 3 xc3s200와 ATmega128/L MCU와 인터페이스를 위해 FPGA에는 다음과 같은 AVR_interface.vhd 파일을 합성하여 다운로드한다.

```
brary IEEE;
use IEEE.STD_LOGIC_1164.ALL;
use IEEE.STD_LOGIC_ARITH.ALL;
use IEEE.STD_LOGIC_UNSIGNED.ALL;
entity AVR_Interface is
    Port( CLK           :  in  STD_LOGIC;
          AD            :  inout  STD_LOGIC_VECTOR (7 downto 0);
          ADDR          :  in  STD_LOGIC_VECTOR (7 downto 0);
          ALE, RD, WR   :  in  STD_LOGIC;
          RF_IN         :  in  STD_LOGIC_VECTOR(2 downto 0);
          LED           :  out  STD_LOGIC_VECTOR (7 downto 0);
          LCD_DATA      :  out  STD_LOGIC_VECTOR (7 downto 0);
          LCD_EN        :  out  STD_LOGIC;
          LCD_A         :  out  STD_LOGIC_VECTOR (1 downto 0);
          SEN_IN        :  in  STD_LOGIC_VECTOR (6 downto 0);
          SEN_OUT       :  out  STD_LOGIC_VECTOR (6 downto 0);
          BUZZER        :  out  STD_LOGIC;
          SEG_A, SEG_B, SEG_C, SEG_D   : out  STD_LOGIC;
```

[그림 7-14] AVR Interface VHDL Code (계속)

```
        SEG_E, SEG_F, SEG_G, SEG_DP       : out  STD_LOGIC;
        MTL_A, MTL_B, MTL_nA, MTL_nB      : out  STD_LOGIC;
        MTR_A, MTR_B, MTR_nA, MTR_nB      : out  STD_LOGIC);
end AVR_Interface;
architecture Behavioral of AVR_Interface is
    signal    i_wr, i_rd         : std_logic;
    signal    ff_wr, ff_rd       : std_logic;
    signal    LED_DATA           : std_logic_vector(7 downto 0);
    signal    SEN_OUT_DATA       : std_logic_vector(7 downto 0);
    signal    SEN_IN_DATA        : std_logic_vector(7 downto 0);
    signal    MOT_DATA           : std_logic_vector(7 downto 0);
    signal    LCD_OUT_DATA       : std_logic_vector(7 downto 0);
    signal    LCD_CTRL_DATA      : std_logic_vector(7 downto 0);
    signal    SEG                : std_logic_vector(7 downto 0);
    signal    seg_data           : std_logic_vector(7 downto 0);
    signal    rf_data            : std_logic_vector(7 downto 0);
begin
    process(clk, rd, wr, rf_in)
    begin
         if (clk'event and clk='1') then
              ff_wr  <= wr;
              ff_rd   <= rd;
              rf_data <= "00000" & RF_IN;
         end if;
    end process;
    i_rd  <= ff_rd xor wr when(rd='0') else '0';
    i_wr  <= ff_wr xor wr when(wr='1') else '0';
    process(clk, rf_in)
    begin
         if (clk'event and clk='1') then
              rf_data <= "00000" & RF_IN;
         end if;
    end process;
```

[그림 7-14] AVR Interface VHDL Code (계속)

```
process(ALE, AD, ADDR, i_wr, SEN_IN_DATA, RF_DATA, i_rd)
begin
     if ( ALE = '0' ) then
          if ( ADDR = "00010001" and i_wr = '1' ) then
               LED_DATA <= AD;
          elsif ( ADDR = "00010010" and i_wr = '1' ) then
               SEN_OUT_DATA <= AD;
          elsif ( ADDR = "00010011" and i_rd = '1' ) then
               AD <= SEN_IN_DATA;
          elsif ( ADDR = "00010100" and i_wr = '1' ) then
               MOT_DATA <= AD;
          elsif ( ADDR = "00010101" and i_wr = '1' ) then
               LCD_OUT_DATA <= AD;
          elsif ( ADDR = "00010110" and i_wr = '1' ) then
               LCD_CTRL_DATA <= AD;
          elsif ( ADDR = "00010111" and i_wr = '1' ) then
               SEG_DATA <= AD;
          elsif ( ADDR = "00011000" and i_wr = '1' ) then
               BUZZER     <=    AD(0);
          elsif ( ADDR = "00011001" and i_rd = '1' ) then
               AD    <=    RF_DATA;
          else
               AD    <= "ZZZZZZZZ";
          end if;
     else
               AD    <= "ZZZZZZZZ";
     end if;
end process;
LED            <= LED_DATA;
SEN_OUT        <= SEN_OUT_DATA(6 downto 0);
SEN_IN_DATA    <= '0' & SEN_IN;
LCD_DATA       <= LCD_OUT_DATA;
LCD_A          <= LCD_CTRL_DATA(2 downto 1);
```

[그림 7-14] AVR Interface VHDL Code (계속)

```
LCD_EN          <= LCD_CTRL_DATA(0);
MTL_A           <= MOT_DATA(7);
MTL_B           <= MOT_DATA(6);
MTL_nA          <= MOT_DATA(5);
MTL_nB          <= MOT_DATA(4);
MTR_A           <= MOT_DATA(3);
MTR_B           <= MOT_DATA(2);
MTR_nA          <= MOT_DATA(1);
MTR_nB          <= MOT_DATA(0);
seg_a  <= seg(7);
seg_b  <= seg(6);
seg_c  <= seg(5);
seg_d  <= seg(4);
seg_e  <= seg(3);
seg_f  <= seg(2);
seg_g  <= seg(1);
seg_dp <= seg(0);
process(seg_data,clk)
begin
     if ( clk'event and clk='1' ) then
          case seg_data(3 downto 0) is
                                         -- abcdefgdp
               when X"0"  => seg <= "11111101";
               when X"1"  => seg <= "01100001";
               when X"2"  => seg <= "11011011";
               when X"3"  => seg <= "11110011";
               when X"4"  => seg <= "01100111";
               when X"5"  => seg <= "10110111";
               when X"6"  => seg <= "10111111";
               when X"7"  => seg <= "11100101";
               when X"8"  => seg <= "11111111";
               when X"9"  => seg <= "11110111";
               when X"a"  => seg <= "11111011";
```

[그림 7-14] AVR Interface VHDL Code (계속)

```
            when X"b"  => seg <= "00111111";
            when X"c"  => seg <= "10011101";
            when X"d"  => seg <= "01111011";
            when X"e"  => seg <= "10011111";
            when X"f"  => seg <= "10001111";
            when others => seg <= (others => '0');
        end case;
    end if;
  end process;

end Behavioral;
```

[그림 7-14] AVR Interface VHDL Code

다음의 [그림 7-15]는 Line Tracer 동작 프로그램이다. AvrEdit에 프로그램을 로드하여 컴파일하고 PonyProg를 사용하여 ATmega128/L에 다운로드한다.

```
#include<avr/io.h>
#include <avr/interrupt.h>
#include <avr/signal.h>

#define LED_ADDRESS (unsigned char *)0x1100
#define SEN_OUT_ADDRESS (unsigned char *)0x1200
#define SEN_IN_ADDRESS (unsigned char *)0x1300
#define MOTOR_ADDRESS (unsigned char *)0x1400
#define LCD_DATA (unsigned char *)0x1500
#define LCD_CTRL (unsigned char *)0x1600
#define SEG_ADDRESS (unsigned char *)0x1700
#define BUZZER_ADDRESS (unsigned char *)0x1800
#define RF_ADDRESS (unsigned char *)0x1900
#define SYSTEM_CLOCK 3686400L
#define PRESCALED_CLOCK_1024  (unsigned long)(SYSTEM_CLOCK / 1024)
#define PRESCALED_CLOCK_256  (unsigned long)(SYSTEM_CLOCK / 256)
```

[그림 7-15] Line Tracer 동작 프로그램 (계속)

```
#define PRESCALED_CLOCK_64  (unsigned long)(SYSTEM_CLOCK / 64)
#define PRESCALED_CLOCK_8  (unsigned long)(SYSTEM_CLOCK / 8)
#define SAMPLING_RATE           384

volatile unsigned int  timer_cnt = 0, rf_cnt = 0;
volatile unsigned char  buz_data = 0xFF, tmp;
volatile unsigned char  motor_l[]={0x01,0x02,0x04,0x08};
volatile unsigned char  motor_r[]={0x08,0x04,0x02,0x01},
                        mot_cnt=0,mot_dir=0;

void EnableXRAM(void);
void delay(unsigned int d1, unsigned int d2);
void lcd_ctrl(unsigned char data);
void lcd_data(unsigned char data);
void initialize_timer(void)
{
    TCCR1A = 0x00;  // bit7,6    COM1A1, COM1A0  : 00(normal port
                    // operation)
                    // bit1,0    WGM11, WGM10    : 00(CTC OCR1A)
    TCCR1B = 0x0A;  // bit4,3    WGM13, WGM12    : 01(CTC OCR1A)
                    // bit2,1,0  CS12, CS11, CS10  : 010
                    // (8 prescaler)
    TCCR1C = 0x00;  // bit7      FOC1A           : 0
    TIMSK = 0x10;   // bit4  OCIE1A  :  timer1 output compare A
                    // match interrupt enable
    OCR1A = (unsigned int)(PRESCALED_CLOCK_8 / SAMPLING_RATE -
                  1 + 0.5);
}
SIGNAL(SIG_OUTPUT_COMPARE1A)
{

        unsigned char  *led, *seg, *sen_in, *buz, *rf, *mot;
        led = LED_ADDRESS;
```

[그림 7-15] Line Tracer 동작 프로그램 (계속)

```
        sen_in = SEN_IN_ADDRESS;
        seg = SEG_ADDRESS;
        buz = BUZZER_ADDRESS;
        rf = RF_ADDRESS;
        mot = MOTOR_ADDRESS;

        timer_cnt++;

        tmp = (*sen_in) & 0x7F;

        *led = tmp | ( buz_data << 7 );

        if( ( timer_cnt & 0x001f ) == 0x001f )
        {
            if( *rf == 0x04 )
                mot_dir = 0x02;
            else if( *rf == 0x01 )
                mot_dir = 0x01;
            else if( *rf == 0x05 )
                mot_dir = 0x00;
            buz_data = ~buz_data;
            *buz = buz_data;

            if( *rf == 0x02 )
                rf_cnt++;

        if( ( tmp == 0x77 ) || ( tmp == 0x67 ) || ( tmp == 0x73 ) )
            mot_dir = 0x05;
        if( ( tmp == 0x4F ) || ( tmp == 0x5F ) || ( tmp == 0x1F ) ||
            ( tmp == 0x3F ) || ( tmp == 0x0F ))
            mot_dir = 0x03;
        if( ( tmp == 0x33 ) || ( tmp == 0x3B ) || ( tmp == 0x39 ) ||
            ( tmp == 0x38 ) || ( tmp == 0x3C ) || ( tmp == 0x3E ) )
        if( ( rf_cnt & 0x0F ) == 0x0F )
            rf_cnt = 0x00;
```

[그림 7-15] Line Tracer 동작 프로그램 (계속)

```
        *seg = rf_cnt;
        if( mot_dir == 0x01 )
            mot_cnt--;
        else if( ( mot_dir == 0x02 ) || ( mot_dir == 0x03 ) ||
                ( mot_dir == 0x04 ) )
            mot_cnt++;

        if ( mot_dir == 0x00 )
            *mot = 0x00;
        else if( (mot_dir == 0x01 ) || (mot_dir == 0x02)  ||
                (mot_dir == 0x05) )
        {
            if(mot_cnt==0x04)
                mot_cnt = 0x00;
            else if(mot_cnt==0xFF)
                mot_cnt = 0x03;

            *mot = ( ( motor_l[mot_cnt]<<4 ) | ( motor_r[mot_cnt] ) );
        }
        else if( mot_dir == 0x03 ) // Left turn
        {
            if(mot_cnt==0x04)
                mot_cnt = 0x00;
            else if(mot_cnt==0xFF)
                mot_cnt = 0x03;
            *mot = ( ( motor_l[mot_cnt]<<4 ) & 0xF0 );
        }
        else if( mot_dir == 0x04 ) // Right turn
        {
            if(mot_cnt==0x04)
                mot_cnt = 0x00;
        else if(mot_cnt==0xFF)
            mot_cnt = 0x03;
```

[그림 7-15] Line Tracer 동작 프로그램 (계속)

```
                *mot = ( 0x0F & ( motor_r[mot_cnt] ) );
            }

}
void lcd_initialize(void)
{
    lcd_ctrl(0x38);
    lcd_ctrl(0x0E);
    lcd_ctrl(0x06);
    lcd_ctrl(0x02);
    lcd_ctrl(0x01);
}

int main(void)
{
    unsigned char   *sen_out;
    unsigned char   cnt=0, lcd_out_data[]=" TEXT LCD Test
                           Libertron Co Ltd";
    sen_out = SEN_OUT_ADDRESS;
    EnableXRAM();
    initialize_timer();
    sei();
    lcd_initialize();
    *sen_out = 0xff;
    lcd_ctrl(0x80);
    while(1)
    {
          lcd_data(lcd_out_data[cnt++]);

          if ( cnt == 16 )
               lcd_ctrl(0xC0);
          else if ( cnt == 32 )
```

[그림 7-15] Line Tracer 동작 프로그램 (계속)

```
            lcd_ctrl(0x80);
        else if ( cnt == 48 )
            lcd_ctrl(0xC0);
        else if ( cnt == 64 )
        {
            lcd_ctrl(0x80);
            cnt = 0;
        }
        delay(300,100);
    }
    return 0;
}

#define WAIT_STATE  3
#define SRW10   6

void EnableXRAM(void)
{
    unsigned char tmp;

    tmp=inp(MCUCR);
    tmp|=(1<<SRE)|((WAIT_STATE&0x01)<<SRW10);
    outp(tmp,MCUCR);
    tmp=inp(XMCRA);
    tmp|=(1<<SRL2)|(((WAIT_STATE>>1)&0x01)<<SRW11);
    outp(tmp,XMCRA);  /*  0x8000 -> 0xFFFF set to WAIT_STATE
                          wait states */
}

void delay(unsigned int d1, unsigned int d2)
{
    unsigned int i, j;
```

[그림 7-15] Line Tracer 동작 프로그램 (계속)

```
    for(i=0;i<d1;i++)
    {
        for(j=0;j<d2;j++)
        {
        }
    }
}

void lcd_ctrl(unsigned char data)
{
    unsigned char   *lcd_d, *lcd_c;

    lcd_d = LCD_DATA;
    lcd_c = LCD_CTRL;

    *lcd_c = 0x01;  // control mode
    *lcd_d = data;
    delay(500,200);
    *lcd_c = 0x00;
}
void lcd_data(unsigned char data)
{
    unsigned char   *lcd_d, *lcd_c;

        lcd_d = LCD_DATA;
        lcd_c = LCD_CTRL;

        *lcd_c = 0x03;  // data output mode
        *lcd_d = data;
        delay(200,100);
        *lcd_c = 0x00;
}
```

[그림 7-15] Line Tracer 동작 프로그램

PART IV

APPENDIX

AVR 개발 환경 설정

A

CHAPTER

A-1 AVR 컴파일러/ISP 라이터 프로그램 설정

Training KIT에서 사용할 컴파일러와 프로그램을 다운로드할 프로그램에 대하여 간단한 설명과 설정하는 방법에 대하여 간략히 소개한다.

1) 컴파일러(Compiler)

Training KIT에서는 프로그램 개발을 위해서 C언어 개발환경을 지원하는 공개용 컴파일러인 gcc를 사용한다.

gcc(GNU C Compiler)는 GNU(GNU is Not Unix) 프로젝트의 하나로 개발된 컴파일러로써 FSF(Free Software Foundation)의 지원하에 개발된 공개 C 언어 컴파일러로 매우 뛰어난 성능과 안정성을 제공한다. gcc는 Linux 시스템의 시스템용 C 컴파일러로 채택되었으며, 매우 다양한 유닉스 시스템에 이식되어 있다.

gcc는 다음과 같은 특징을 가진다.

- 이식성(portability)
- 소스 코드 호환성(source code compatibility)을 제공

AVR-gcc는 크로스컴파일러의 일종으로 현재 Windows 운영체제와 LINUX 환경에서 동작 가능한 버전이 제공되고 있으며, 플랫폼에 의존적인 부분과 비의존적인 부분으로 모듈화되어 있으며, 각 모듈은 특정한 규칙으로 인터페이싱하고 있다.

- gcc : C언어를 어셈블러로 변환하는 기능
- 어셈블러(assembler) : 어셈블러를 오브젝트 코드로 변환
- 링커(linker) : 다수의 오브젝트 코드를 하나의 오브젝트 코드로 병합

크로스 컴파일러(Cross Compiler)

크로스 컴파일러를 예를들어 설명하면 펜티엄 컴퓨터에서 AVR C 컴파일러를 이용하여 AVR용 오브젝트 코드를 생성하고 그 결과 코드를 롬에 담아서 AVR에서 수행하였을 경우 호스트 플랫폼을 펜티엄 컴퓨터, 타겟 플랫폼을 AVR이라고 부르고 이 경우와 같이 실제 동작하는 플랫폼의 실행 코드를 다른 시스템에서 컴파일하는 것을 크로스 컴파일이라고 부르며, 이러한 동작을 수행하는 컴파일러를 크로스 컴파일러라고 부른다.

타겟 플랫폼

크로스 컴파일러가 생성하는 오브젝트 코드가 실제로 수행되는 시스템

호스트 플랫폼

크로스 컴파일러를 수행하는 시스템

1) 컴파일러(Compiler)의 다운로드

AVR용 gcc 컴파일러는 http://www.avrfreaks.net에서 "AVR GCC"를 선택하면 gcc의 공식 페이지와 리눅스에서 동작하는 gcc 컴파일러를 다운로드 받을 수 있는 URL이 링크되어 나타난다.

gcc 컴파일러는 기본적으로 text 환경에서 동작하도록 만들어져있으며 windows 환경에서도 DOS 창에서 작업하도록 되어있으나, AVR gcc는 text 방식의 개발환경의 불편함을 해결하기 위해 Windows 환경에서 동작 가능한 IDE(Integrated Development Environment)를 제공하는 AVR EDIT라는 툴이 개발되어 있다.

[그림 A-1]은 http://www.avrfreaks.net의 첫 화면이며 [그림 A-2]는 첫 페이지에서 "Tools"를 선택한 화면이다. [그림 A-3]에서는 앞의 [그림 A-2]에서 검색 창에 AVR EDIT라고 입력한 결과이며, 여기에서 첫 번째로 나오는 AVR EDIT를 선택한다. [그림 A-4]에서는 화면을 스크롤 다운하여 AvrEdit 3.5 영문 버전을 다운 받기 위해 선택한 화면이다.

[그림 A-1] avrfreaks 첫 페이지

[그림 A-2]는 avrfreaks 홈페이지의 Tool 항목에서 AVR EDIT로 검색하는 화면이다.

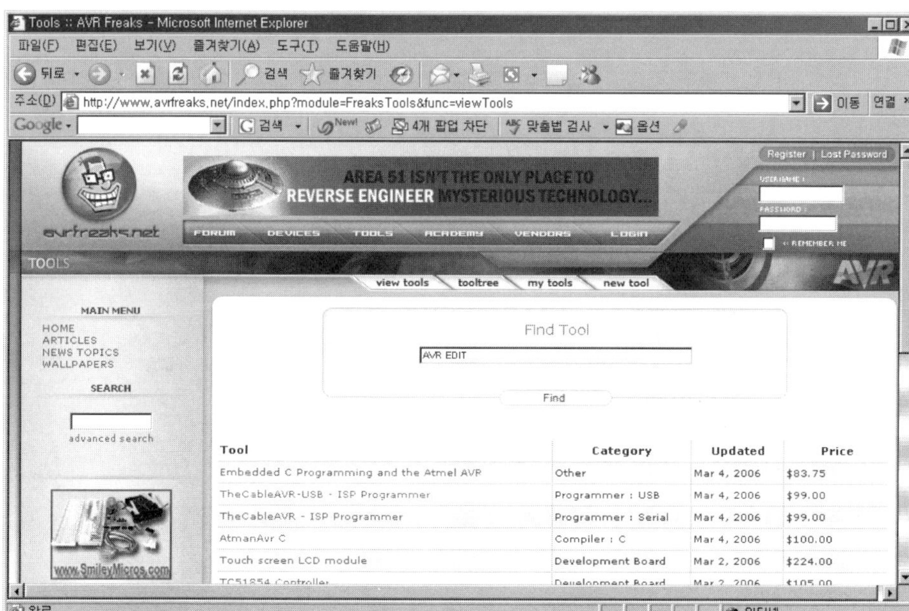

[그림 A-2] TOOLS에서 AVR EDIT 검색

[그림 A-3]은 AVR EDIT로 검색된 결과이다.

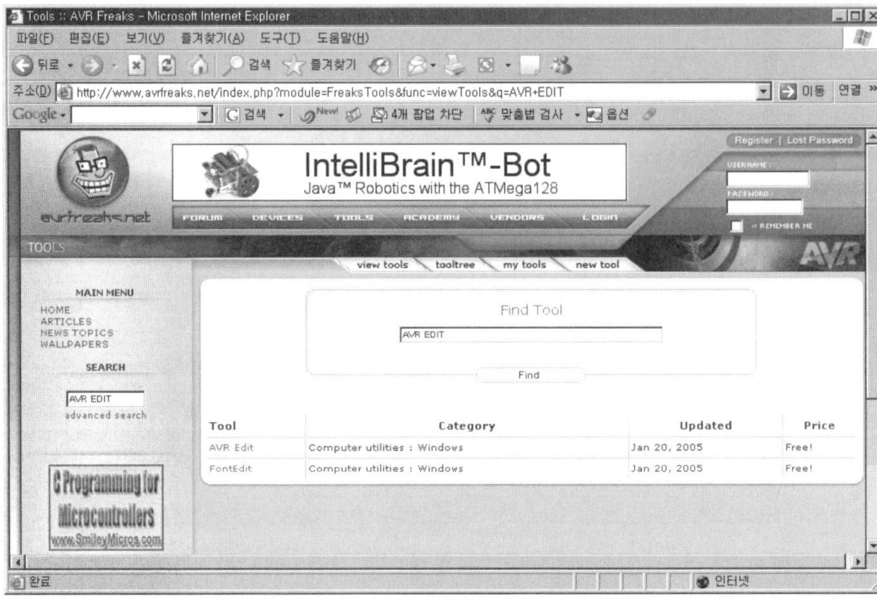

[그림 A-3] AVR EDIT로 검색한 화면

[그림 A-4]는 AVR EDIT로 검색된 AvrEdit 3.5 영문 버전을 선택한 화면이다.

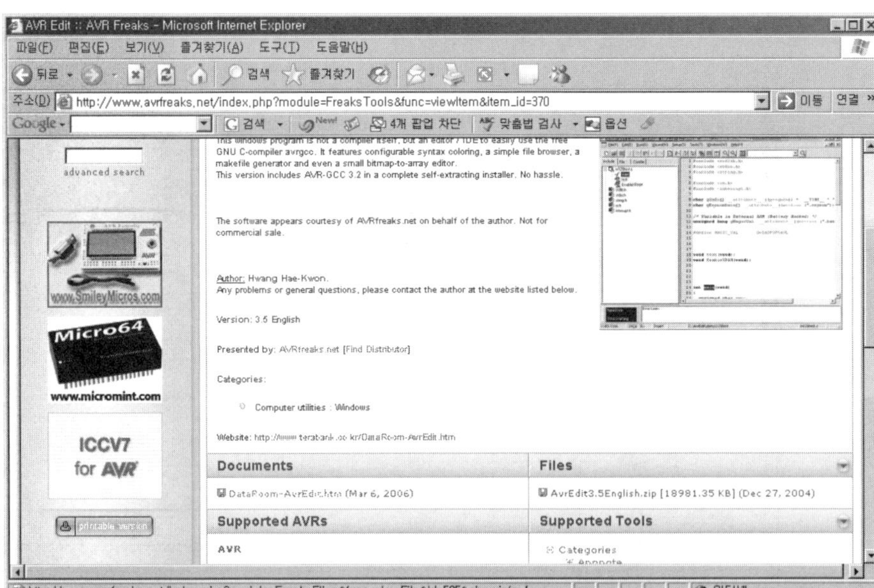

[그림 A-4] AvrEdit 3.5 영문 버전 선택

[그림 A-4]에서 다운로드 받을 수 있는 AVR EDIT는 영문 버전으로 AVR EDIT의 한글 버전은 http://www.terabank.co.kr/teraeng-dataroom.htm에서 다운로드 받을 수 있다. AVR EDIT에는 AVR-gcc 3.2 버전이 포함되어 있다. 반면 WinAVR에는 AVR-gcc 버전 3.3이 포함되어 있다. 두 버전의 차이는 미세하지만 수학 함수 등을 사용하는 부분에서 gcc 버전상의 문제로 약간의 차이가 발생한다.

AVR-gcc의 버전상에 약간의 문제는 있지만, 한글 개발환경이 제공되므로 본 교재에서는 AVR EDIT를 기준으로 설명을 진행할 것이므로 AVR EDIT 3.6 버전을 받아서 설치하기 바란다.

[그림 A-5]는 한글 버전의 AVR EDIT를 다운로드 받기 위하여 접속한 terabank라는 곳의 http://www.terabank.co.kr/의 화면이다.

[그림 A-5] AVR Edit 3.6을 다운받기 위한 TeraBank 홈페이지

[그림 A-5]에서 다운로드를 선택하고, AvrEdit3.6를 선택하면 다음과 같은 다운로드 창이 나타난다. 이 파일을 저장한다.

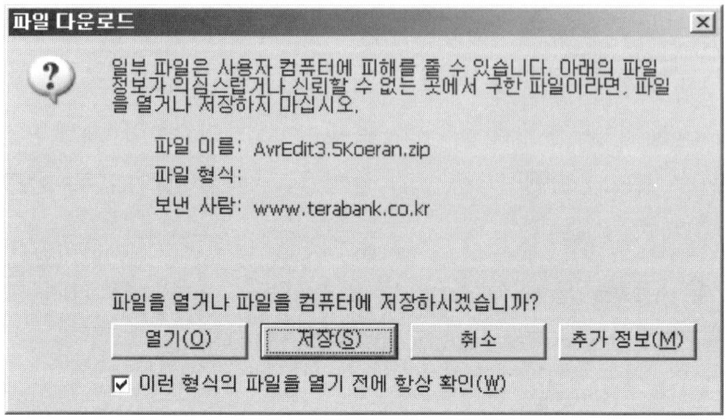

[그림 A-6] AvrEdit Download

다운로드 받은 AvrEdit3.6Korean.zip을 실행하면 [그림 A-7]과 같은 폴더가 나타나며 이를 적당한 곳에 압축을 풀고 DISK1에 들어있는 SETUP.EXE를 실행한다.(사용자의 컴퓨터에 설치된 zip 파일 관리자에 따라 다른 화면이 나타날 수 있다. 여기서는 ALZIP에서 실행된 화면을 나타냈다.)

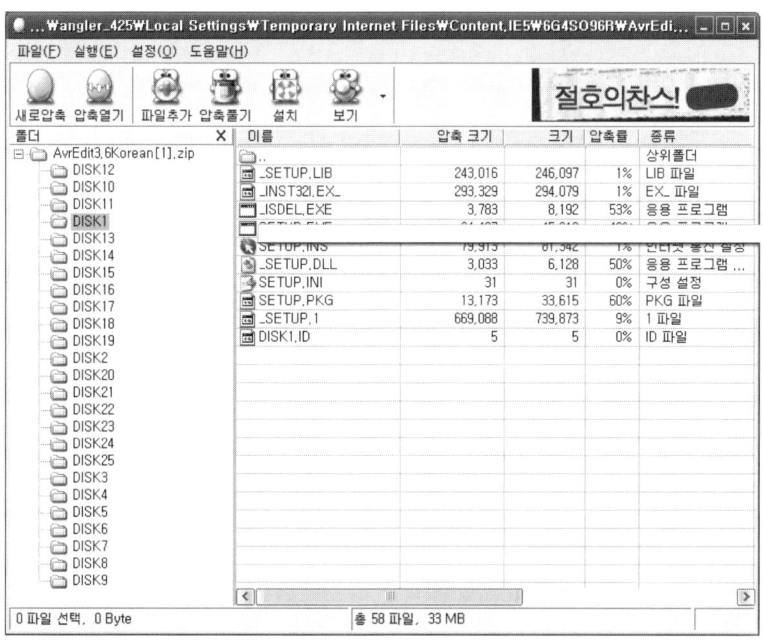

[그림 A-7] AvrEdit3.6Korea.zip을 더블클릭하여 실행한 화면

적절한 곳에 압축을 풀고 AvrEdit3.6의 SETUP.EXE를 실행하면 [그림 A-8]과 같은 설치화면이 나타난다. 현재 버전은 3.6이며 프로그램의 Release된 날자는 2003년 11월 24일이다. "Next"를 클릭하여 다음 단계로 넘어간다.

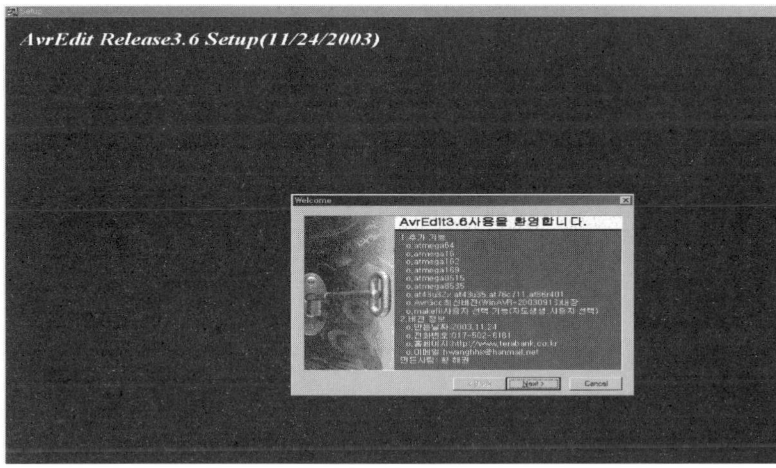

[그림 A-8] AVR Edit 3.6 설치 초기 화면

AvrEdit의 사용권 계약에 관한 화면이 나타난다. 끝까지 잘 읽어본 후 동의하면 "Next"를 눌러 다음 단계로 넘어간다.

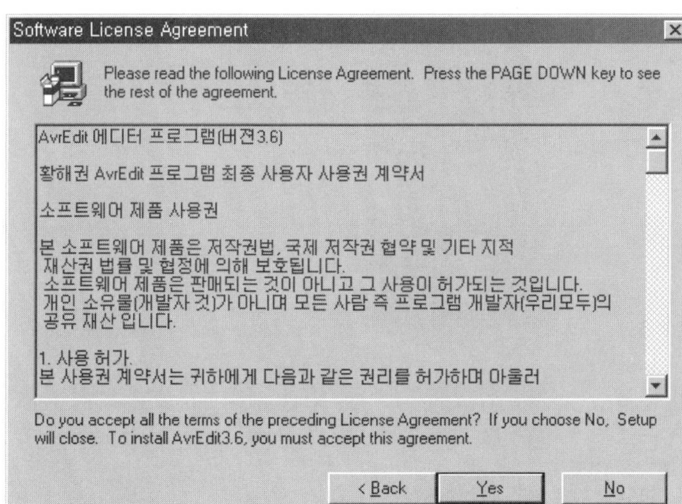

[그림 A-9] AvrEdit 사용권 계약서

AvrEdit3.6 버전에서 추가된 기능과 함께 포함된 AVR-gcc 버전에 대한 정보를 보여준다. 확인한 후 "Next"를 눌러 다음 단계로 진행한다.

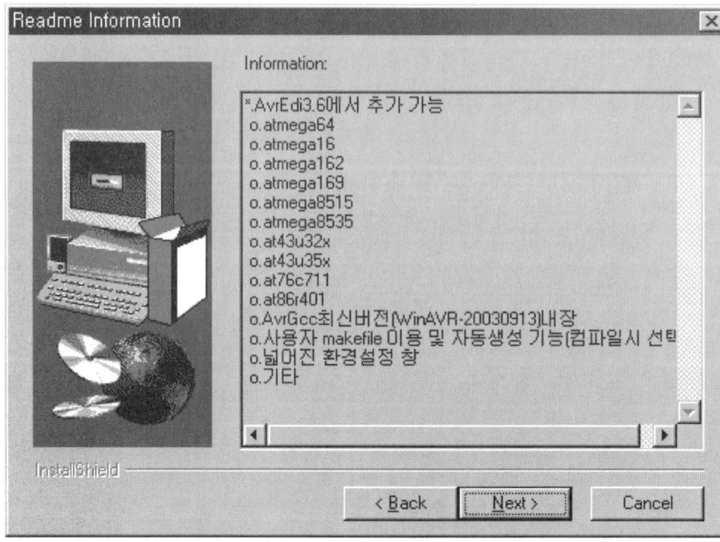

[그림 A-10] AvrEdit 3.6의 정보

사용자의 이름과 소속회사에 대한 정보를 입력하는 부분이다. 사용자의 이름과 소속의 정보를 입력하고 "Next"를 클릭하여 다음 단계로 넘어간다.

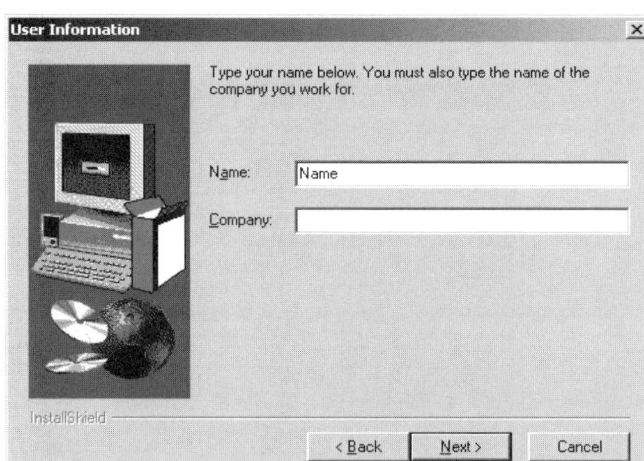

[그림 A-11] 사용자 정보 입력

설치될 디렉터리를 지정하고, 특별히 지정할 필요가 없다면 디폴트로 지정되어있는 C:\AvrEdit를 사용한다. "Next"를 눌러 다음 단계로 진행한다.

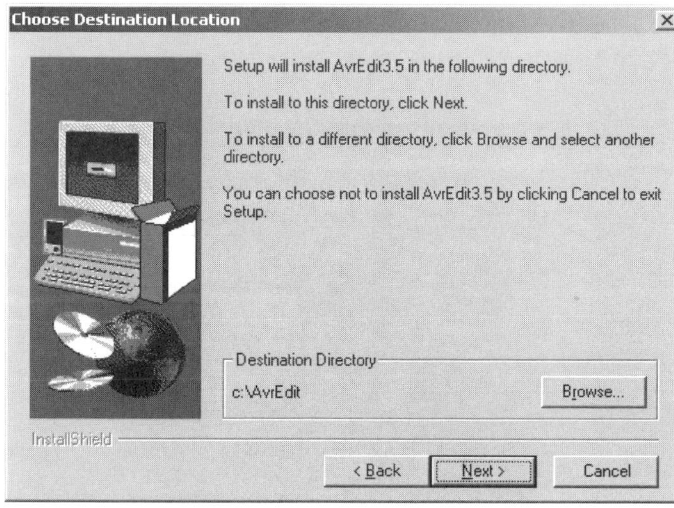

[그림 A-12] AvrEdit 설치 디렉터리 지정

AvrEdit의 설치 옵션을 선댁한다. 일반적으로 "Typical"을 선택한다. 이 옵션은 대부분의 경우에 추천되는 옵션이므로 변경하기 말고 "Typical"이 선택된 상태를 변경하지 말고 "Next"를 눌러 다음단계로 진행한다.

[그림 A-13]에서 AvrEdit의 설치 옵션을 지정한다. 일반적으로 "Typical"을 선택한다.

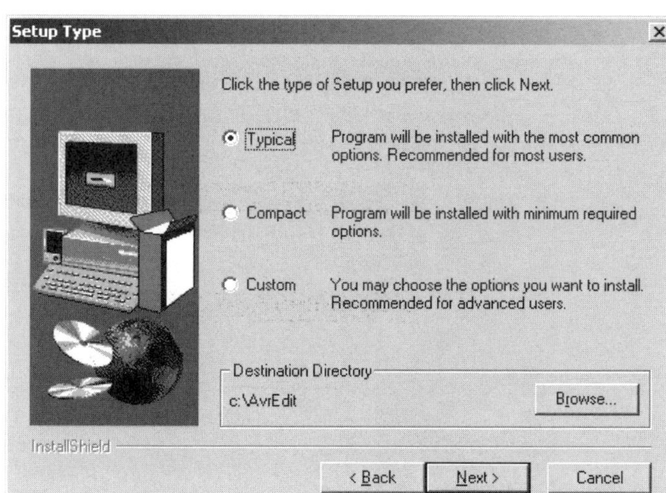

[그림 A-13] AvrEdit 설치 옵션 지정

설치될 프로그램의 그룹을 지정한다. 디폴트로는 AvrEdit라는 이름으로 지정되어 있다.

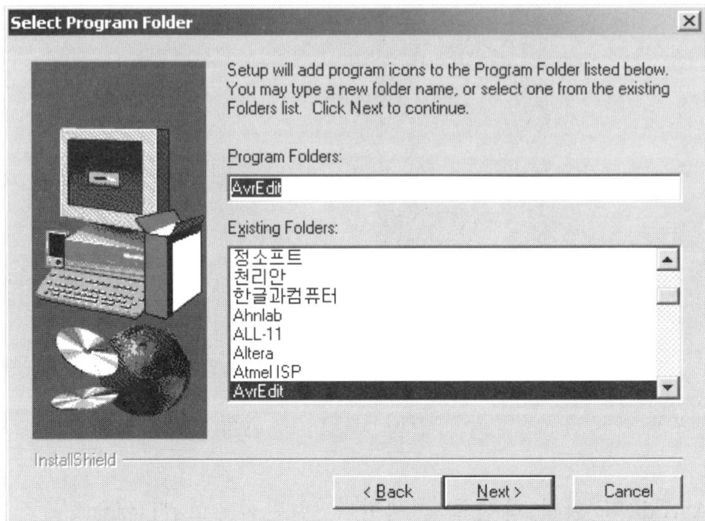

[그림 A-14] AvrEdit의 윈도우즈 프로그램 폴더 이름 지정

지정된 설치 옵션에 대한 상태를 요약하여 보여준다. 만약 잘못된 정보가 있다거나 변경할 내용이 있다면 "Back"을 눌러 이전 단계로 돌아가 변경할 수 있다. 더 이상 변경할 내용이 없다면 "Next"를 눌러 설치를 시작한다.

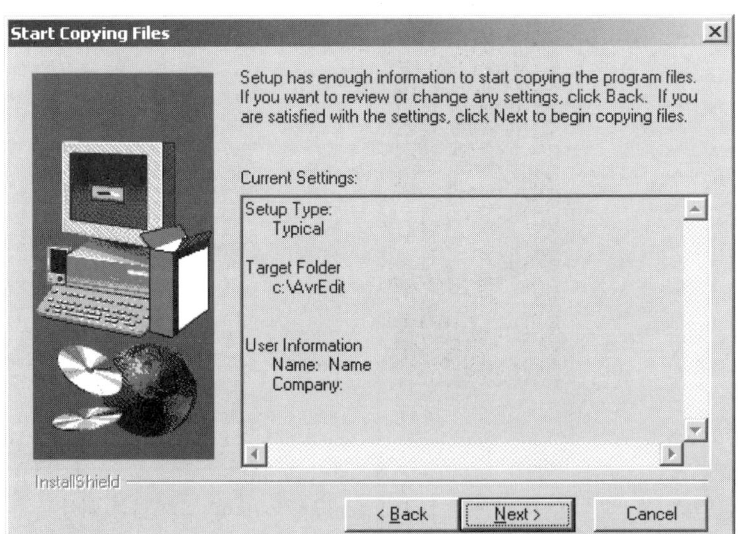

[그림 A-15] AvrEdit 설정 요약 화면

2) AvrEdit 설정하기

AvrEdit3.6의 설치가 끝난 후 실행하면 다음과 같은 화면이 나타난다.

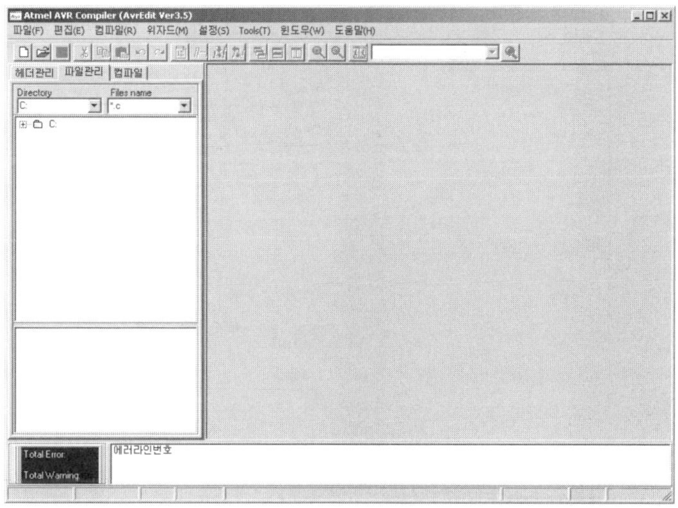

[그림 A-16] AvrEdit 초기 화면

예제프로그램을 open한다. [그림 A-17]과 같이 C code로 작성된 프로그램이 edit 화면에 나타난다.

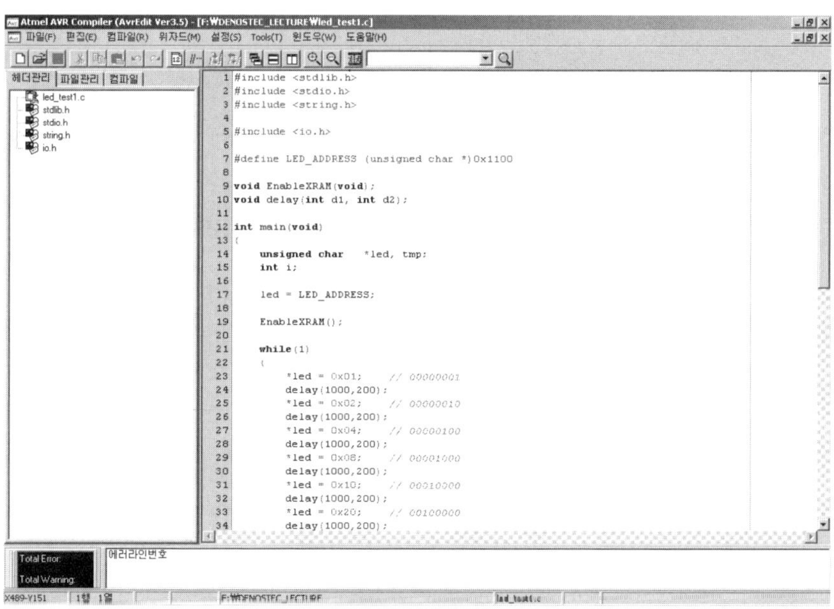

[그림 A-17] AvrEdit에서 예제 프로그램을 로드한 화면

메뉴의 "설정"에서 "환경설정"을 선택하여 사용하고자 하는 AVR 제품 종류를 지정한다.

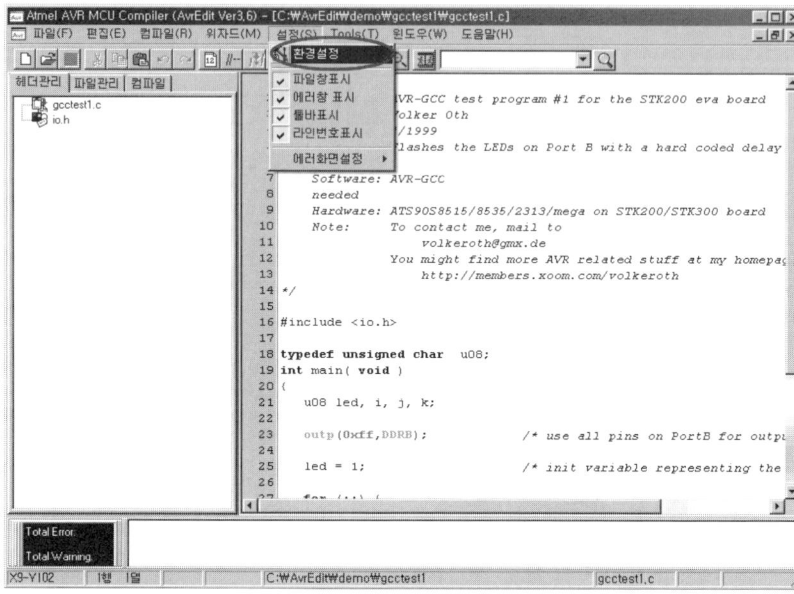

[그림 A-18] 환경 설정 항목 - AVR 제품 종류 설정

AVR Type이라는 탭을 선택하여 나온 화면에서 Avr Mcu type에 atmega128, Hex Format Type에 ihex가 지정되도록 한다.

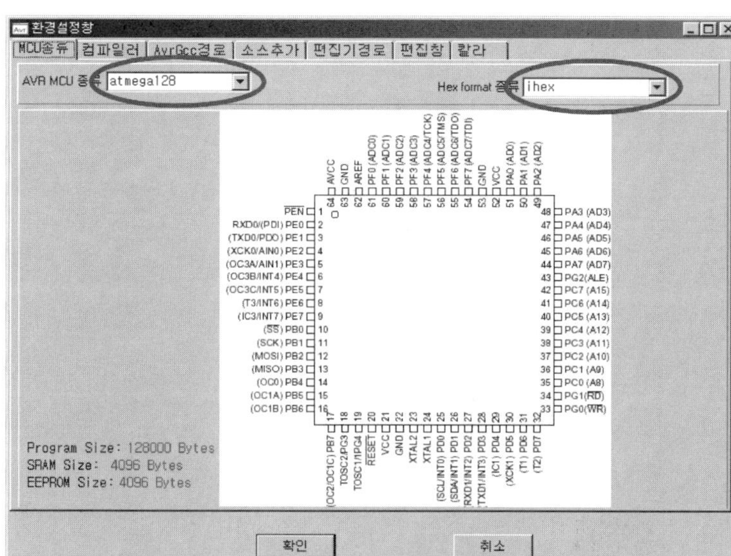

[그림 A-19] 환경 설정 항목 -ihex 지정

AvrEdit는 gcc를 컴파일러로 사용하는 개발 환경으로써 gcc는 일반적으로 쉽게 접하는 c 프로그램 개발환경과 달리 makefile이라는 컴파일/링크 옵션 지시 파일을 필요로 한다. 이 파일에 대해서 AvrEdit에서는 일반적인 c 프로그램 개발환경과 유사하게 사용자가 직접 신경쓰지 않고도 실행 코드를 얻을 수 있는 방법을 제공한다. 뿐만 아니라 고급 사용자들을 위해 사용자가 직접 작성한 makefile을 선택할 수 있도록 지정할 수 있다.

MCU 종류를 지정한 후 "컴파일러" 탭에서 "makefile 선택" 항목을 지정해 준다. 기본값으로는 [자동생성 "makefile"]로 되어 있으며, 이 경우에는 AvrEdit에서 각 소스파일에 따라 자동으로 makefile을 생성해주며 이와같이 자동 생성된 makefile에 따라 소스가 컴파일되어 실행코드가 생성된다.

또한 "ROM 또는 HEX파일 만들기 선택" 항목에서 생성될 파일을 ROM 또는 HEX 파일 포맷 중에 지정하여 선택할 수 있다.

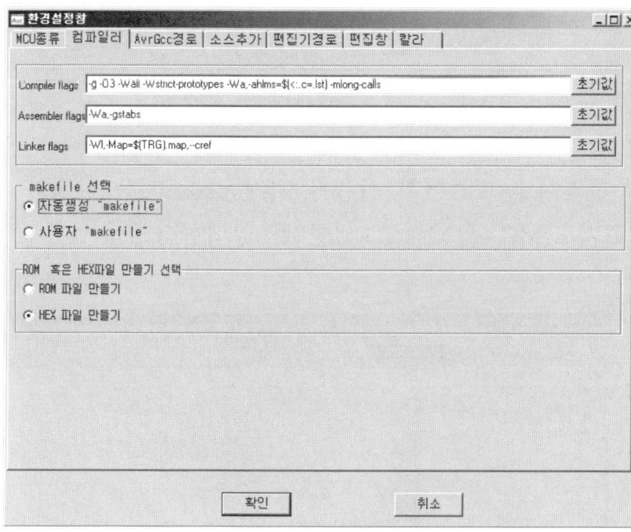

[그림 A-20] 환경 설정 항목 - 컴파일러

만약 앞에서 "makefile 선택" 항목에서 [사용자 "makefile"]을 지정하였다면 사용자가 makefile을 직접 만들어주어야 한다. AvrEdit에서는 사용자가 직접 makefile을 만드는 번거로움을 덜어주기 위하여 기본적인 형식의 makefile을 생성할 수 있도록 wizard 기능은 제공한다.

지정한 파일을 컴파일하기 위해서 gcc는 makefile에 지정된 옵션들을 사용한다. 따라서 source code가 들어있는 파일 뿐만 아니라 makefile도 사용자가 직접 만들어주어야 한다. AvrEdit에는 이러한 번거로움을 해결하기 위해 makefile을 자동으로 생성해주는 메뉴를 가지고 있다.

메뉴에서 “위자드(M)” → “Makefile생성”을 선택한다.

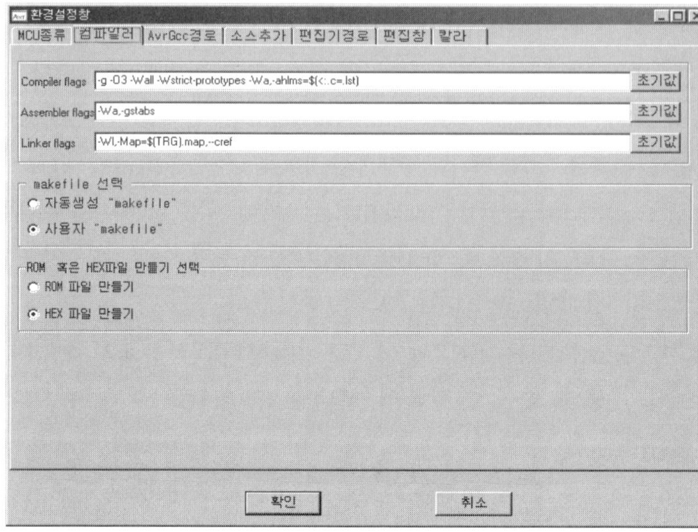

[그림 A-21] 환경설정 - 컴파일러, 사용자 “makefile” 선택

앞의 환경설정 메뉴에서 사용자 지정 makefile을 선택한 경우에는 AvrEdit의 메뉴에서 “위자드(M)” → “Makefile생성”을 선택한다.

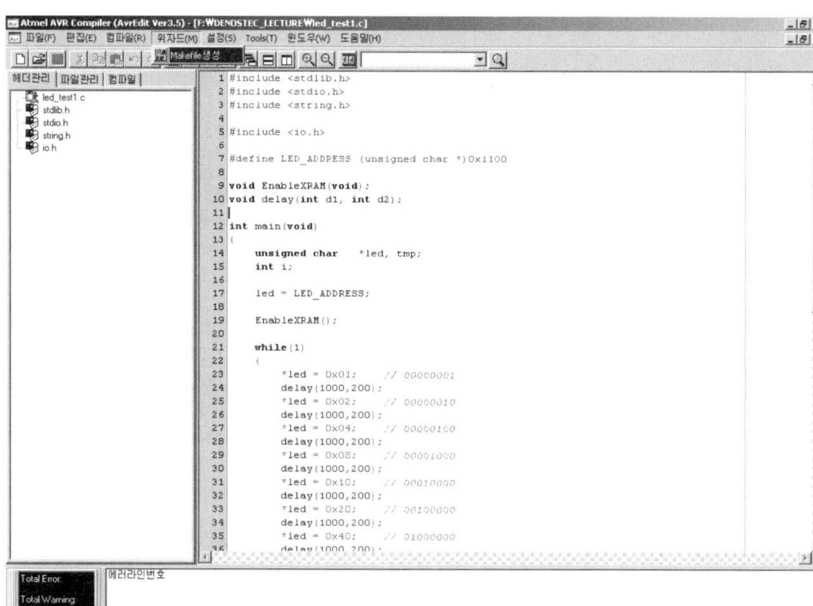

[그림 A-22] 위자드 → Makefile 생성 선택

"Makefile생성"을 선택하면 다음과 같은 Makrfile 위자드에 대해 설명하는 대화상자가 나타난다. "다음"을 선택하여 다음 단계로 넘어간다.

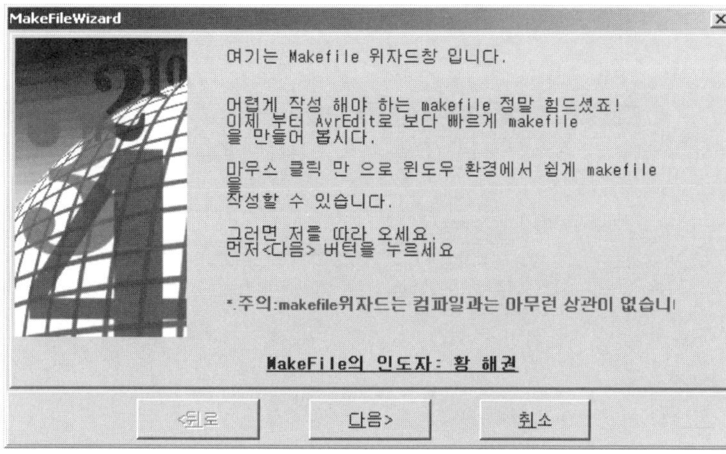

[그림 A-23] Makefile 위지드

다음 단계에서는 사용하는 Avr Mcu type과 컴파일되어 최종 출력되는 파일의 형식을 지정하고, gcc 설치시 함께 설치된 기본적인 include 파일과 library 파일 및 실행 파일의 경로를 지정하게되는데 AvrEdit의 설치과정에서 프로그램의 설치 경로를 변경하지 않았다면 디폴트로 지정되어있는 값을 변경하지 않고 사용하면 된다. 이번 단계에서는 다음 그림에서 표시한 부분(Avr Mcu type, Hex Format Type)이 각각 atmega128, ihex를 확인한다.

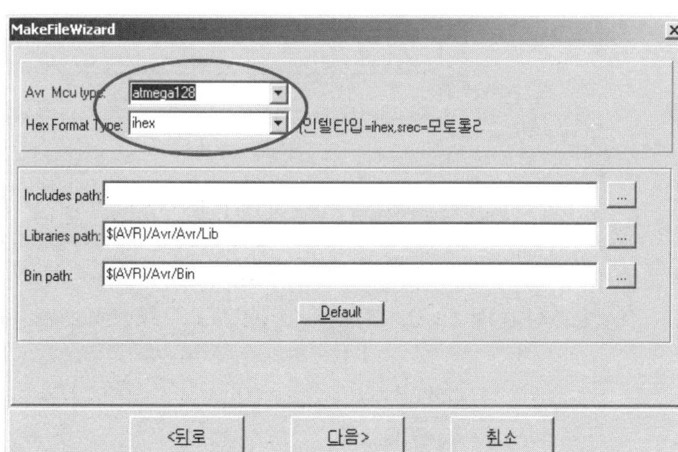

[그림 A-24] Makefile Wizard - 최종 출력되는 파일의 형식 지정

"다음"을 눌러 컴파일, 링크시 사용되는 옵션 항목들을 지정한다. 이 부분은 가급적이면 수정하지 말고 디폴트로 지정되어있는 값을 그대로 사용하도록 한다. 이 부분의 옵션 항목들에 대한 자세한 내용은 AvrEdit의 도움말을 참고하기 바란다. "다음"을 눌러 계속 진행한다.

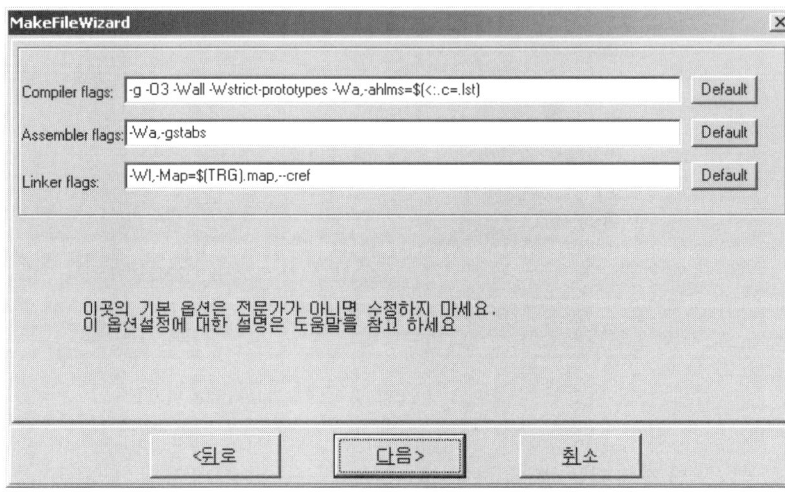

[그림 A-25] Makefile Wizard - 컴파일 옵션 설정

여기서는 컴파일할 소스 파일을 지정하는 부분인데, C Main Source Name이라는 부분에는 main() 함수를 가지고있는 소스 파일 이름을 지정한다.

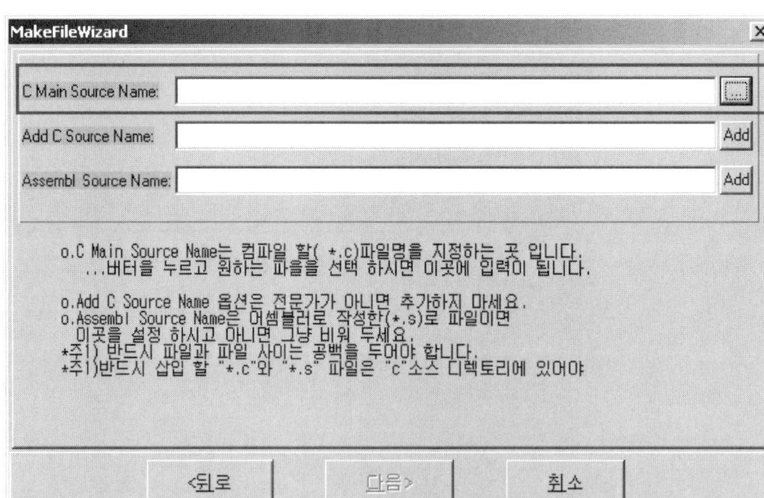

[그림 A-26] Makefile Wizard - 소스 파일 이름 지정

처음 프로그램을 배우는 단계에서는 대부분 하나의 파일로 모든 프로그램을 작성하게 되지만, 프로그래밍에 익숙해지고 규모가 큰 프로그램을 작성하게 될 경우 여러개의 소스 파일로 분할해서 작성하고 뿐만 아니라 C언어와 어셈블러를 섞어서 사용할 경우도 있다. 이러한 경우에도 C Main Source Name에는 main() 함수를 가지고 있는 c 소스 파일 이름을 지정하고, Add C Source Name에 그 이외에 사용된 c 소스 파일을 지정하되 파일 이름과 파일 이름 사이에는 공백을 두도록 한다. 그리고 어셈블러로 작성된 소스가 있다면 Assemble Source Name에 지정한다. 대부분의 경우에는 하나의 소스 파일로 프로그램을 작성하므로 C Main Source Name에 작성한 프로그램만 지정하면 된다.

앞에서 C Main Source Name을 지정했다면 이번 단계에서는 단지 "다음"만을 누르면 된다. 나머지는 자동으로 생성된다.

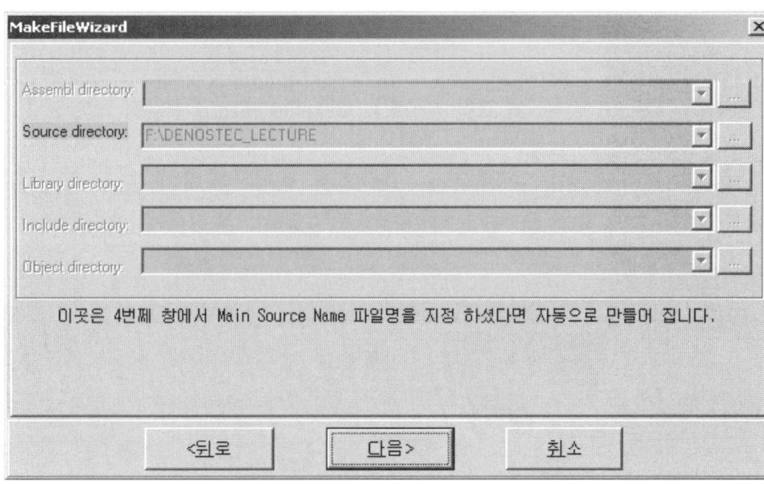

[그림 A-27] Makefile Wizard - 소스 디렉터리 설정(자동 생성됨)

앞에서 지정된 내용들을 바탕으로 자동으로 생성한 makefile의 내용을 출력해주는 화면이다. 살펴보고 이상이 없으면 "다음"을 눌러 makefile 생성을 계속 진행한다.

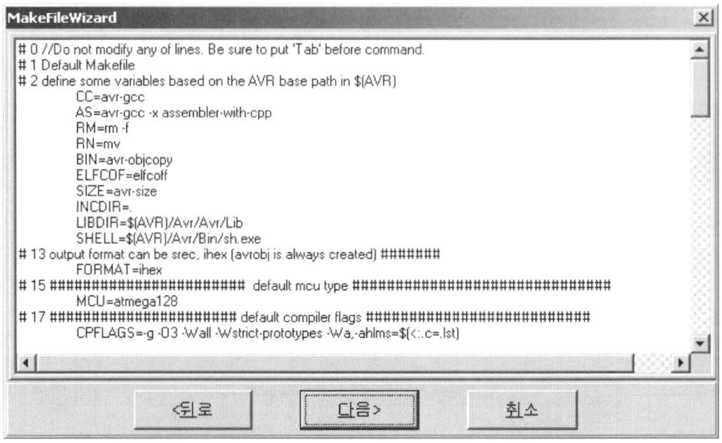

[그림 A-28] Makefile Wizard - 설정 내용 요약

자동으로 makefile을 생성해주며 기본 설정 단계가 모두 끝났음을 알려준다. 여기서 "완료"를 선택하면 앞에서 지정된 옵션을 바탕으로 makefile을 생성한다.

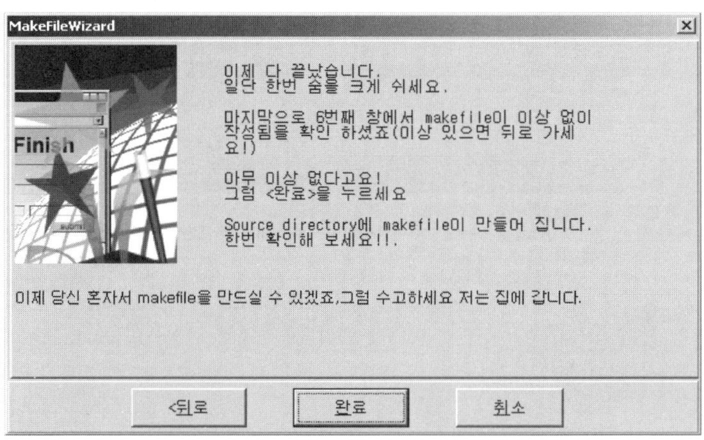

[그림 A-29] Makefile Wizard - 완료

"완료"를 선택하면 makefile을 생성할 것인지를 묻는 대화상자가 나타나며, 여기서 "예(Y)"를 선택하면 실제로 makefile을 생성한다.

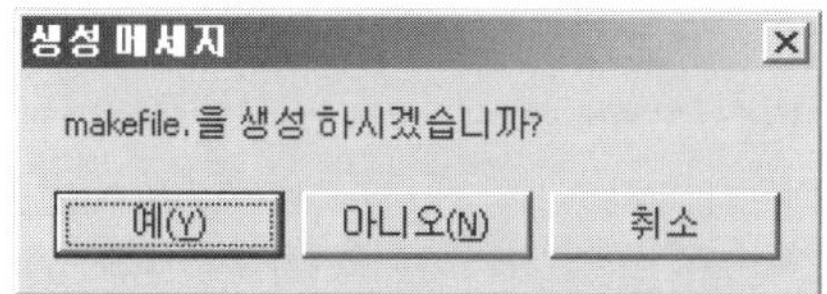

[그림 A-30] makefile 생성

메뉴의 "컴파일(R)"→"컴파일"을 선택하면 makefile에서 만들어놓은 옵션을 바탕으로 작성된 source 파일에 대해 컴파일, 링크 과정을 거쳐 앞에서 지정한 것과 같이 intel hex 포맷의 실행코드가 들어있는 파일이 생성된다. 정상적으로 컴파일 과정이 끝났다면 다음과 같이 Compiling OK라는 것이 나타나며, 에러와 경고 부분에 숫자가 0으로 나타난다.

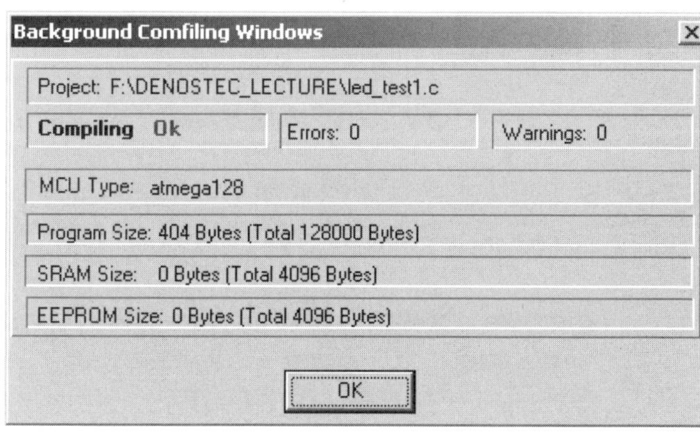

[그림 A-31] 컴파일 완료

이 대화상자에서는 컴파일이 제대로 수행되었는지, 에러가 있다면 몇 개나 존재하는지, 경고는 얼마나 있는지를 나타내며, 어떤 종류의 MCU에 대해 실행 코드를 만들었지와 지정된 MCU에 사용가능한 FLASH, SRAM, EEPROM의 용량과 컴파일한 코드에서 사용하고있는 용량을 비교하여 보여준다.

여기까지 아무 문제 없이 수행되었다면 소스 파일이 있는 디렉터리를 윈도우즈 탐색기로 열어보면 "led_test1.hex"라는 파일이 만들어져있는 것을 확인할 수 있다.

3) AVR ISP Programmer의 설치

AVR용 ISP Write 프로그램은 PonyProg2000을 사용하며 이 프로그램은 아래와 같은 방법으로 다운로드 받을 수 있다.

STEP 1. http://www.lancos.com에서 PonyProg를 다운로드 받는다.

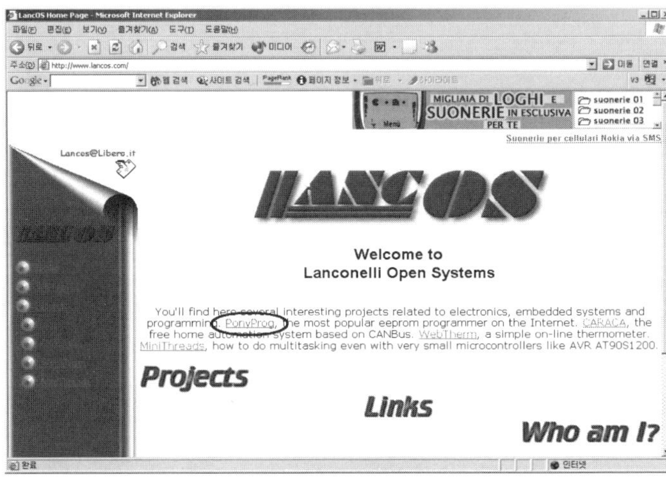

[그림 A-32] http://www.lancos.com 화면

"PonyProg"을 클릭하면 아래와 같은 화면이 나타나며 이 페이지를 아래로 스크롤하고 "Download PonyProg for Win…"에서 스크롤을 멈추고 선택한다.

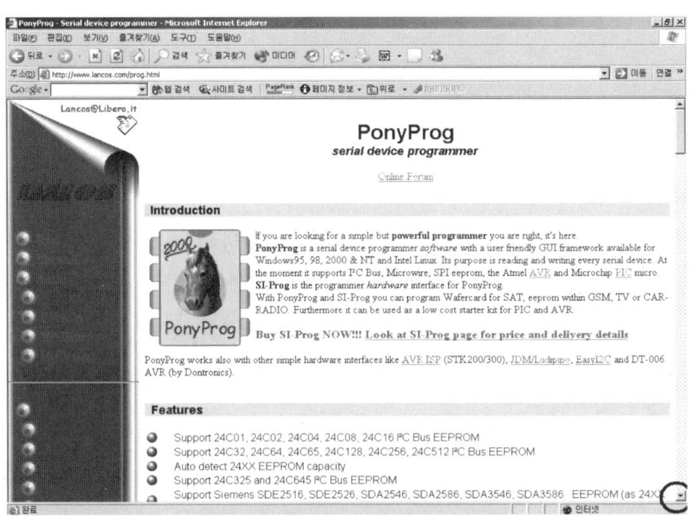

[그림 A-33] PonyProg 화면

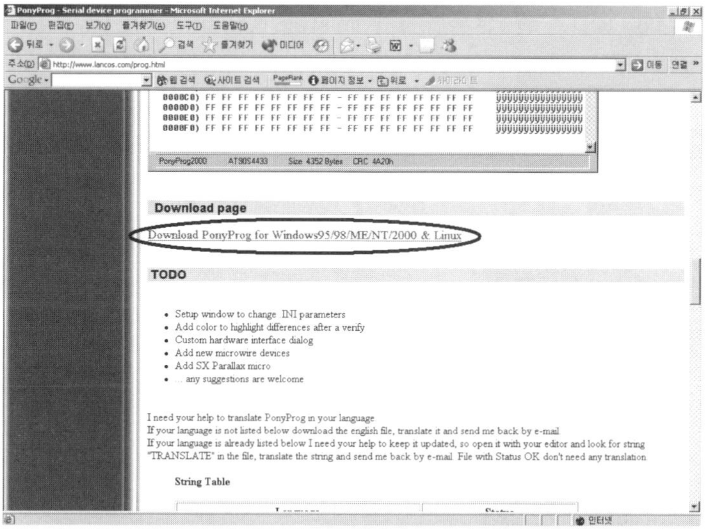

[그림 A-34] Download page

PonyProg2000 페이지가 나타난다. 아래로 스크롤을 한다

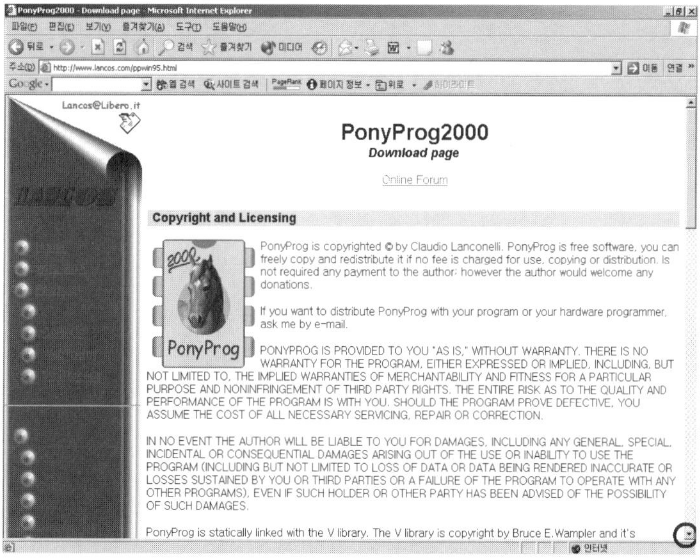

[그림 A-35] PonyProg2000 page

"v2.06f BETA"를 선택하여 PonyProg2000을 다운로드 받는다

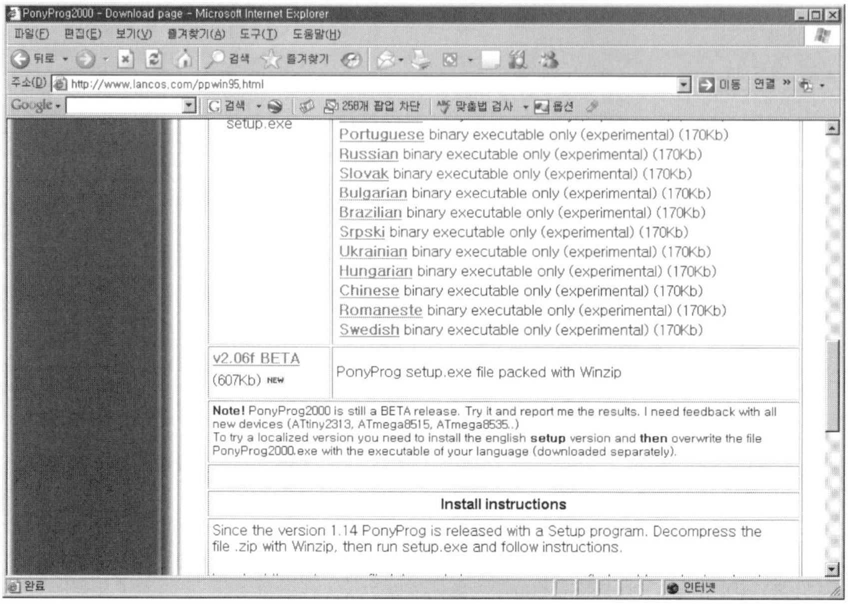

[그림 A-36] PonyProg Download

4) PonyProg2000 설정하기

다운로드 받은 PonyProg2000은 ponyprogV206f.zip 이름의 압축파일로 저장되어있다. 압축을 풀면 setup.exe.파일이 생성된다. 이를 실행하여 설치한다.

STEP 2. PonyProg2000 설치하기

압축을 풀어 생성된 setup.exe를 실행하면 다음과 같은 다이얼로그 박스가 나타난다. "Next"를 선택한다.

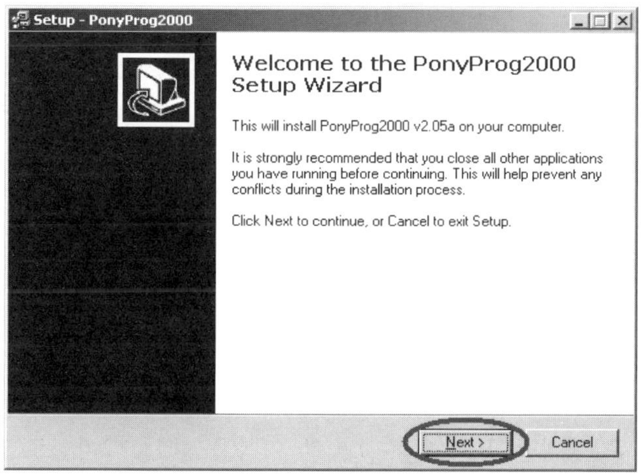

[그림 A-37] PonyProg 설치 - 1

사용 권한에 대한 설명이 나타나고 이를 읽어본 후 동의하면 "Yes"를 눌러 계속 설치를 진행한다.

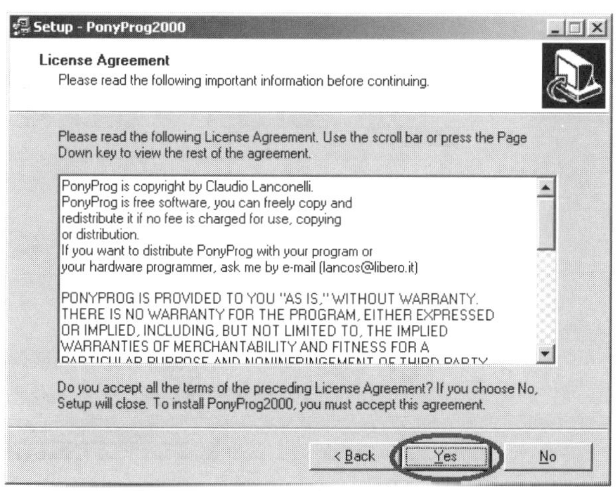

[그림 A-38] PonyProg 설치 - 2

다음에 나타나는 다이얼로그 박스는 설치 경로에 대한 것으로 특정한 디렉터리로 설치할 것이면 여기서 지정하고, 디폴트로 설정된 경로에 설치할 것이면 "Next"를 눌러 계속 설치를 진행한다.

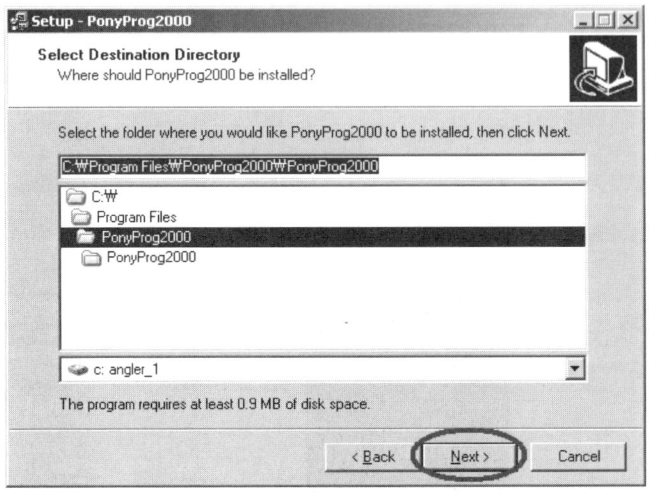

[그림 A-39] PonyProg 설치 - 3

다음은 생성될 프로그램 그룹의 이름을 묻는 다이얼로그 박스가 나타난다. 다른 프로그램 그룹으로 이름을 지정할 것이면 여기서 지정하고, 디폴트로 사용할 것이면 변경하지 않고 "Next"를 선택한다.

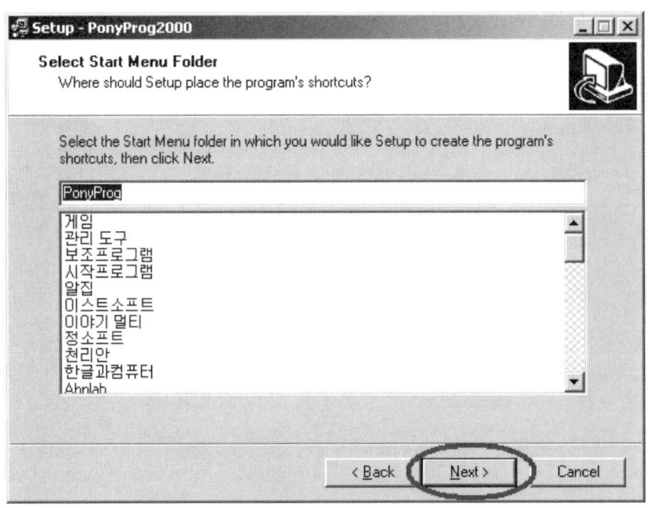

[그림 A-40] PonyProg 설치 - 4

이상의 과정이 완료되면 설치에 필요한 설정이 끝났음을 알려주고, 설정 값을 보여주며 설치를 진행할 것인가를 묻는 화면이 나타난다. 만약 설정한 내용이 원하는 값과 다르다면 "Back"을 눌러 이전 단계로 돌아갈 수 있다. 설치할 것이라면 "Install"을 선택하여 설치를 진행한다.

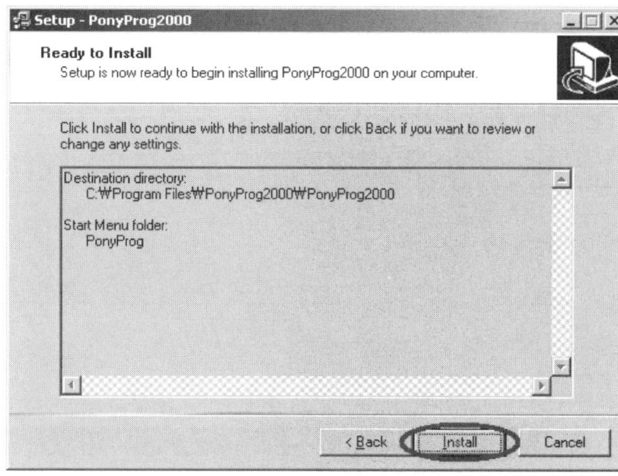

[그림 A-41] PonyProg 설치 - 5

STEP 3. PonyProg2000 MCU 설정하기

설치가 끝나면 윈도우즈의 "시작"→"프로그램"→"PonyProg"를 선택하여 PonyProg 2000을 실행한다.

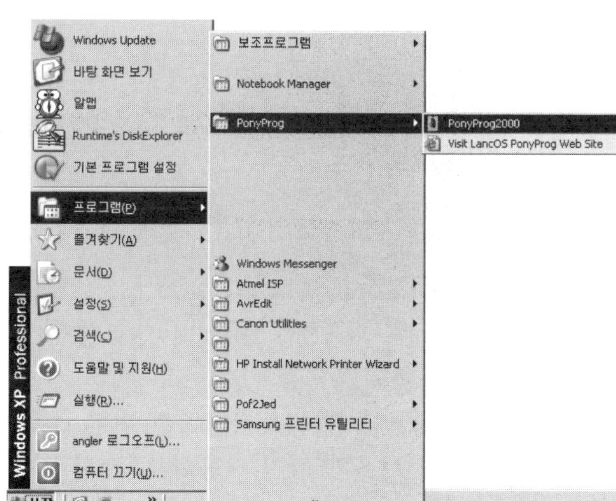

[그림 A-42] PolyProg2000 실행

PonyProg2000을 실행한다. 말울음 소리와 함께 프로그램이 실행되면 그림과 같은 화면이 나타난다

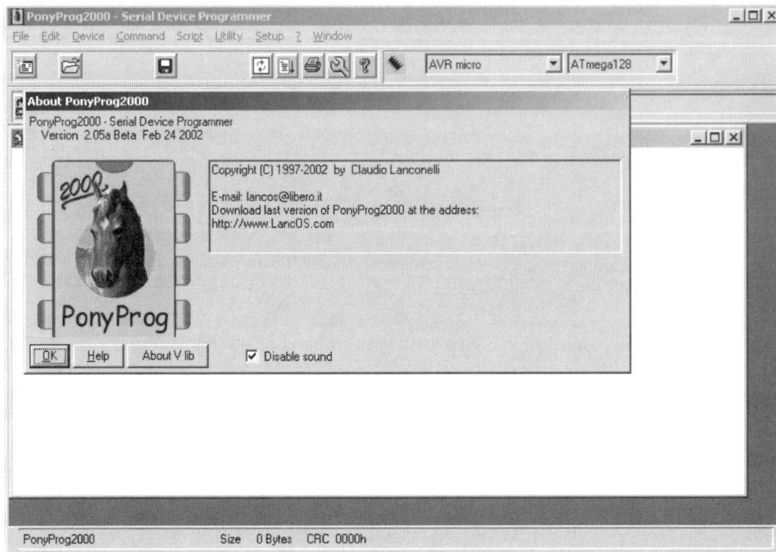

[그림 A-43] PonyProg2000 초기화면

실행할 때 나오는 말울음 소리가 거슬리면 초기 화면의 "Disable Sound"를 체크하고 "OK"를 눌러주면 다음 실행할 때부터 소리가 나오지 않는다.

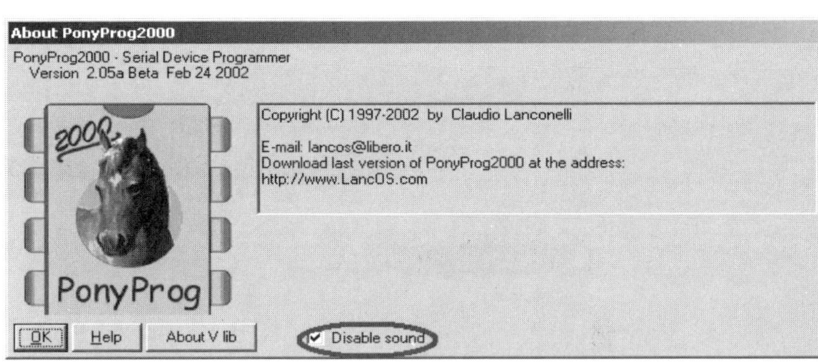

[그림 A-44] 사운드 설정

"OK"를 누르면 다이얼로그 박스가 사라지게 되고 PonyProg2000의 초기화면이 나타난다. 처음 사용자라면 다음과 같이 사용할 MCU와 Programmer에 대한 설정을 해 주어야 한다.

아래의 그림과 같이 사용할 MCU의 종류를 “AVR micro”로 지정한다

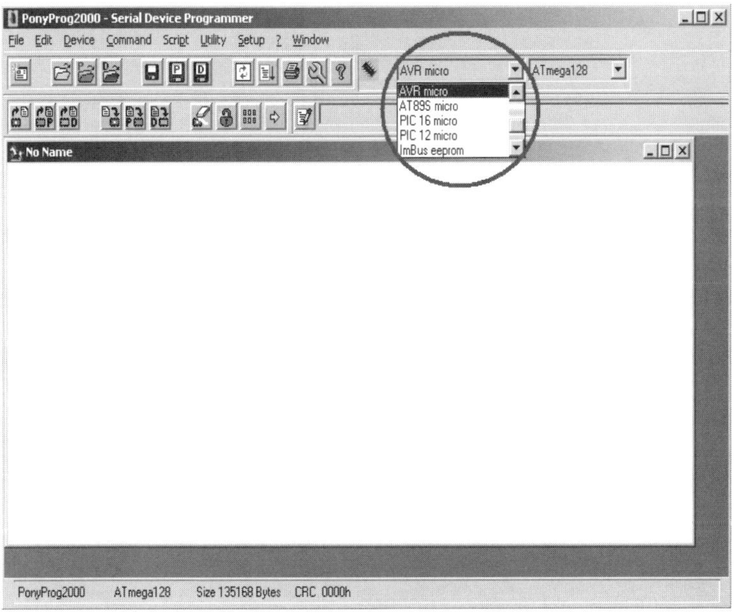

[그림 A-45] MCU 종류 설정

프로세서의 종류를 “ATmega128”로 지정한다

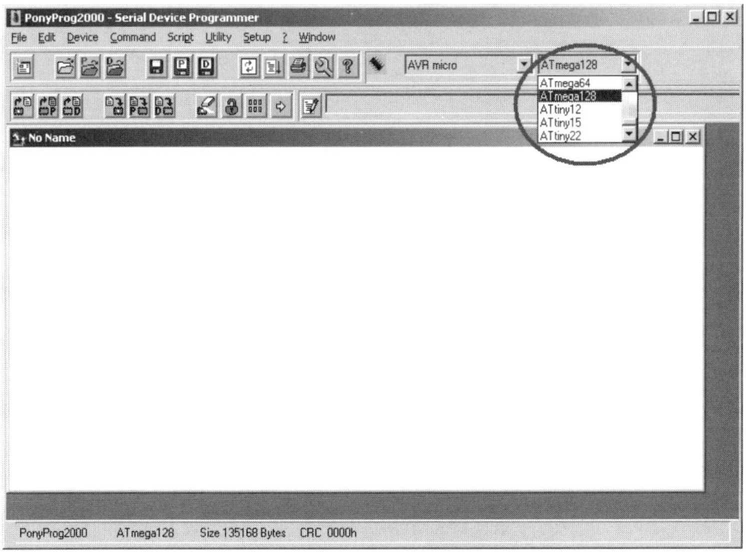

[그림 A-46] 프로세서 종류 설정

아래 표시한 부분이 각각 AVR micro, ATmega128을 확인한다.

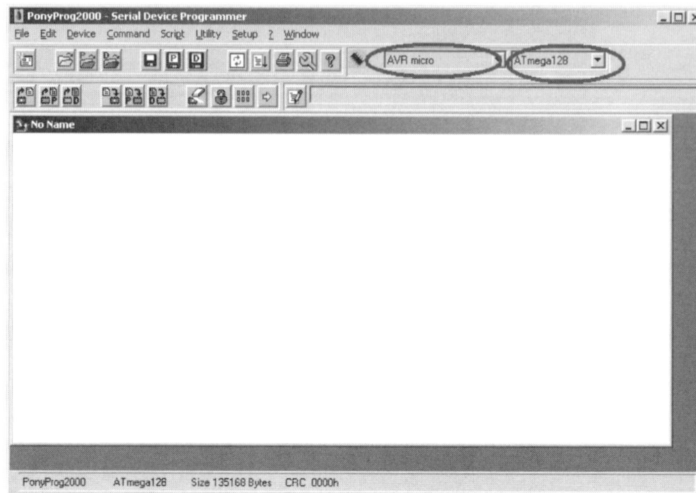

[그림 A-47] 설정 확인

STEP 4. Programmer 설정하기

PonyProg2000에서는 여러 종류의 ISP Writer를 지원하므로 AVR - ATmega Training KIT와 함께 제공되는 Parallel 방식의 ISP Writer를 사용하기 위해서는 PonyProg2000에 이를 알려주어야 한다. "Setup"메뉴의 "Interface Setup" 항목 선택.

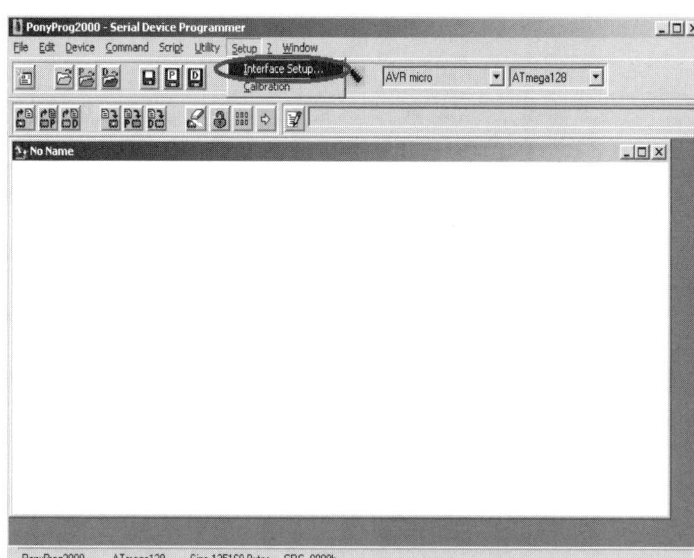

[그림 A-48] PonyProg 설정

사용할 AVR ISP에 대해서 I/O Port setup에 "Serial"을 지정하고 인터페이스 방식은 "SI Prog I/O"를 지정한다. 사용할 통신 포트는 일반적으로는 COM1을 지정한다. 설정을 완료 하고 AVR ISP를 PC의 Serial Port에 연결하고 "Probe"를 눌렀을 때 [Test Ok]라는 다이얼로그 박스를 확인한다. 만약 나타나지 않는다면 PC와의 연결상태를 확인하고 설정 내용이 맞는지 확인한다.

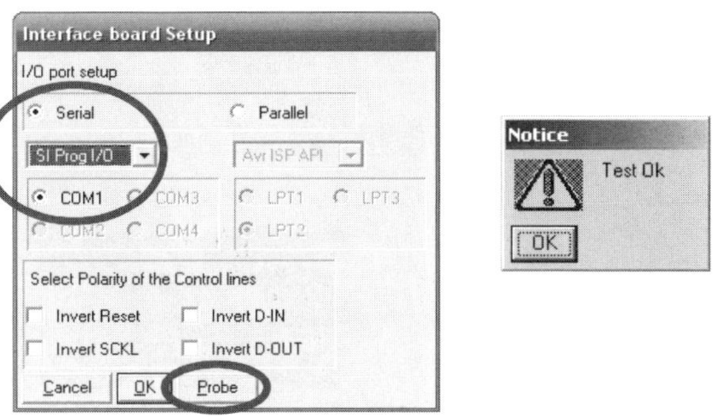

[그림 A-49] AVR ISP Interface 설정

ISP Writer에 대한 기본 설정이 끝나면 "Setup"→"Calibration"을 선택하여 각 사용자의 시스템에 따라 Bus Timing에 대한 설정을 해야하는데, 이 값은 사용하고있는 CPU와 하드디스크의 억세스 속도에 따라 다르므로 PonyProg를 처음 설치하고 인터페이스 설정을 한 후에는 반드시 실행해주어야 정상적으로 프로그램 실행 코드가 기록된다.

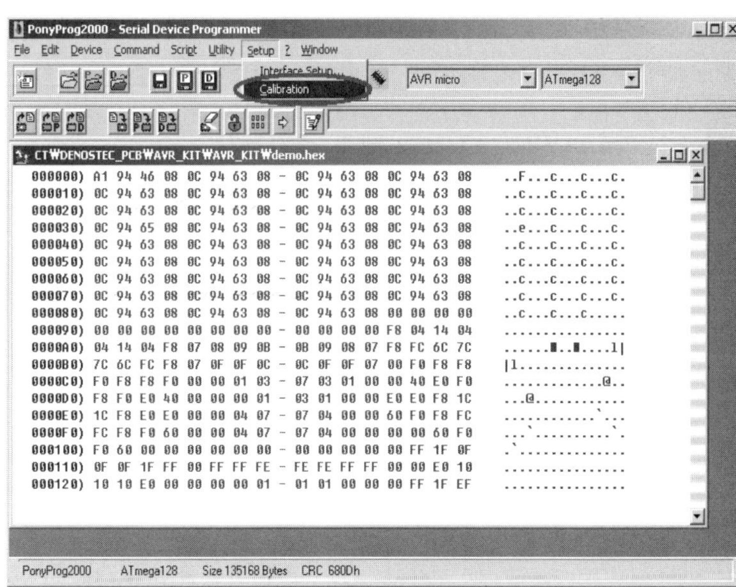

[그림 A-50] Calibration

"Setup"→"Calibration" 메뉴를 선택했을 때 다음과 같은 다이얼로그 박스가 나타나며 "Yes"를 선택하면 Calibration이 수행되며 길게는 수십초 정도의 시간이 소요되며, 완료된 후에는 "Calibration OK"라는 다이얼로그 박스가 나타난다.

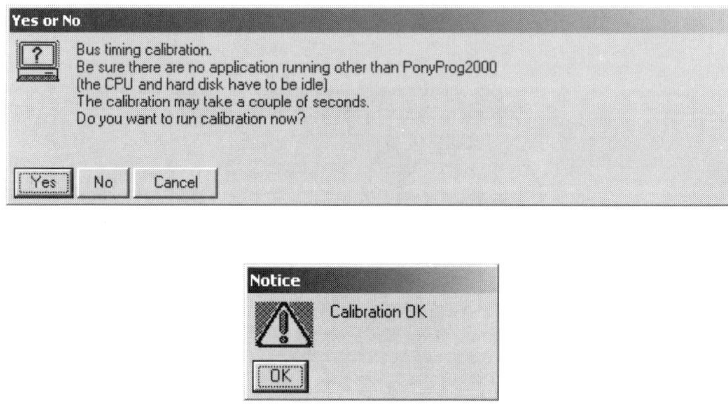

[그림 A-51] Calibration 화면

5) AVR 클럭 설정하기

ATmega 시리즈는 내부 RC발진, 외부 Crystal 또는 Resonator 또는 Oscillator로 클럭을 공급받아 동작할 수 있다. ATmega 시리즈는 공장에서 생산할 당시 디폴트로 내부 RC 발진에 의해 약 1MHz로 동작하도록 설정되어 있다. AVR - ATmega Training KIT에서는 외부 Oscillator에 의해 클럭이 공급되도록 설계되어 있으므로 ATmega에도 외부 OSC에 의해 클럭이 공급된다고 알려주어야 한다.

STEP 5. AVR - ATmega 클럭 설정하기

클럭 소스를 선택하기 위해 메뉴에서 "Command"→"Security and Configuration Bits..."을 선택하면 체크 박스가 여러개 포함된 다이얼로그 박스가 하나 나타난다.

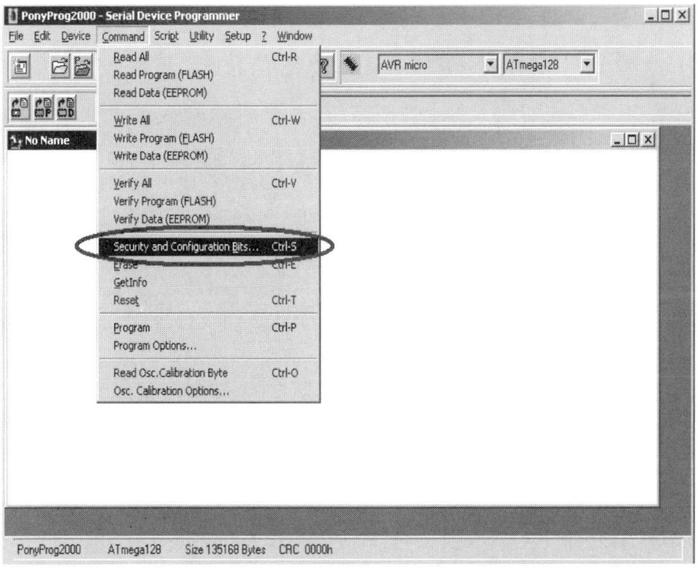

[그림 A-52] ATmega128 Fuse Bit 설정

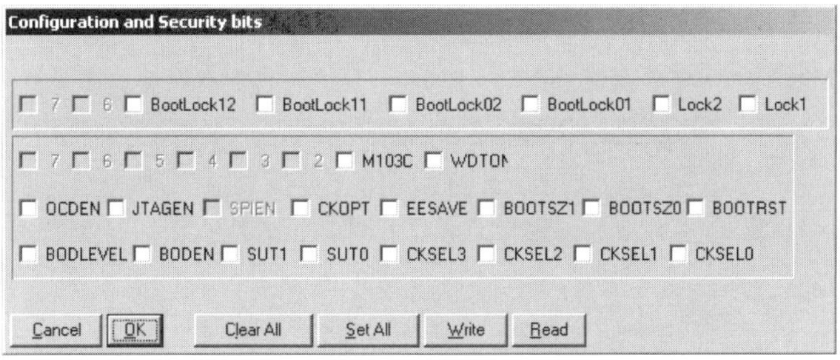

[그림 A-53] Fuse Bit 설정 화면

ATmega128의 경우 한번도 사용되지 않은 상태라면 "Read"를 눌렀을 경우 다음과 같은 항목이 체크된 상태로 나타난다.

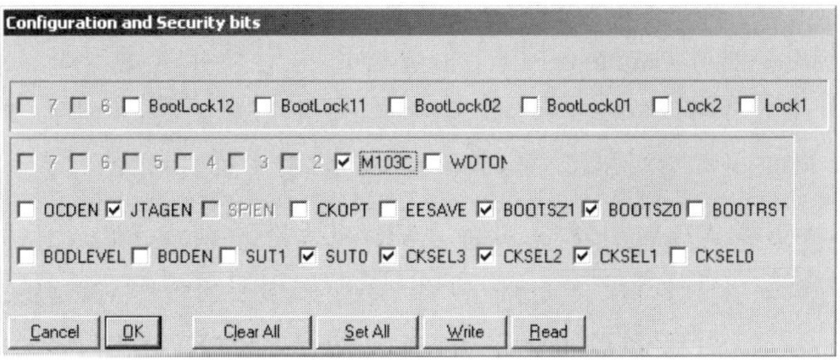

[그림 A-54] ATmega128의 초기 설정 상태

내부 설정 비트들은 FLASH이므로 체크가 된 상태(프로그램된 상태)를 '0'으로 인식하고 체크되지 않은 상태를 '1'로 인식한다.

▸주의 - 일반적인 상식으로는 프로그램된 상태를 '1'로 알고 있으나 ATMEL사에서 제공하는 datasheet에는 Fuse Bit의 프로그램 된 상태를 '0'으로 표시하고 있으므로 datasheet를 읽을때 주의하기 바란다. Fuse bit는 Flash 메모리의 특정 공간에 저장되는 것으로써 Flash가 erase 된 상태가 논리 '1'이고 프로그램된 상태가 논리 '0'이므로 Fuse bit 설정에서는 프로그램된 상태가 '0'을 뜻한다.

ATmega128은 칩이 제조되었을 때 디폴트로 내부 RC 발진이 설정되어 있어 약 1MHz로 동작하며, 외부에서 공급되는 클럭은 무시한다. 따라서 이 과정을 거치지 않더라도 칩은 동작하지만, 사용자에 의해 공급되는 클럭이 아닌 내부 클럭으로 동작하므로 사용자가 예상한 것보다 느린 속도로 동작한다.

Training KIT는 외부 Crystal에 의해 클럭을 공급받으므로 내부 발진하도록 회로가 활성화 되도록 설정해주어야 한다. 따라서 다음과 같이 "CKOPT"만 체크되고 나머지는 체크하지 않은 상태를 확인하고 "Write"를 수행하여 ATmega128의 클럭 소스를 지정한다.

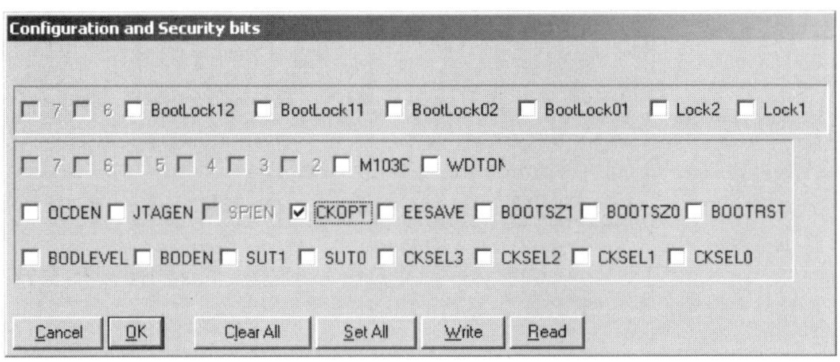

[그림 A-55] ATmega128의 Fuse bit 설정

만약 "CKSEL3", "CKSEL2", "CKSEL1", "CKSEL0"이 모두 체크된 상태로 기록된다면 외부에서 Oscillator에 의해 클럭을 공급해야만 동작하므로 이런 상태가 되지 않도록 주의해야 한다. 이렇게 체크된 상태에서 기록을 하면 외부 Oscillator로부터 클럭을 공급해 주기 전까지는 ISP 동작도 활성화되지 않는다.

▸주의 - ATmega128과 같은 AVR 제품군은 Fuse bit 설정에 따라 공급되는 클럭을 지정하게 되는데 클럭 설정이 잘못되어 AVR 컨트롤러가 클럭을 공급 받지 못하면 ISP 동작 또한 할 수 없고, 이 경우에는 Fuse bit의 재 설정 또한 불가능하다. 따라서 Fuse bit 설정은 각별히 주의해서 실행해야 한다.

6) AVR FLASH 메모리 프로그램하기.

AVR은 내부에 플래시메모리를 프로그램 메모리로 가지고 있으므로 어떤 값을 기록하기 전에 반드시 삭제하고 기록을 해야 정상적으로 데이터가 기록된다. 따라서 프로그램을 할 경우에도 항상 플레시 메모리를 먼저 삭제하고 프로그램을 해야 하므로 이 과정을 자동으로 할 수 있도록 옵션을 설정한다.

STEP 6. 프로그램 옵션 설정

- 메뉴의 **"Command"→"Program Options.."**를 선택한다.

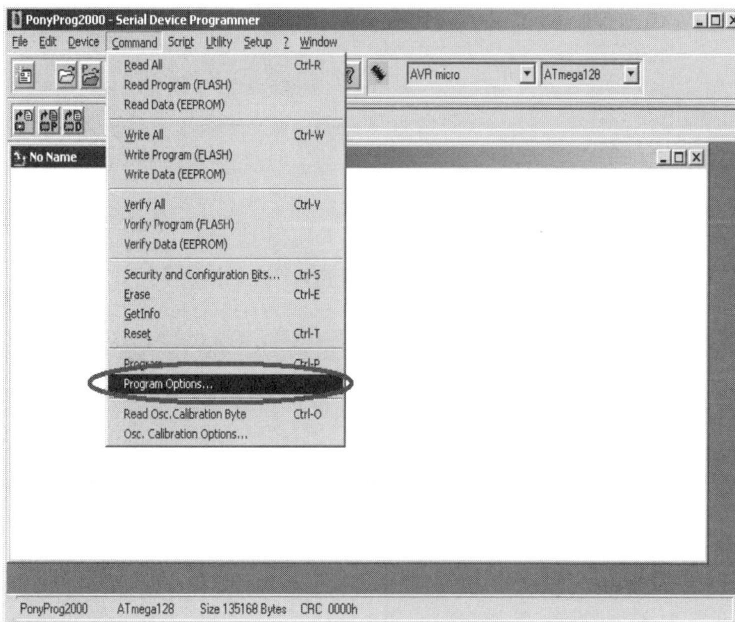

[그림 A-56] PonyProg의 프로그램 옵션 설정

Program Options 다이얼로그 박스가 나타나면 "Reload Files", "Erase", "Write Program Memory[FLASH]" 세 가지를 선택하고 "OK"를 누른다.

Reload Files는 사용자가 프로그램 소스를 수정하고 컴파일 한 후 AVR에 다운로드 할 경우, 매번 새로 변경된 프로그램 실행 코드를 읽어 들이지 않고 PonyProg2000에서 자동으로 읽을 수 있도록 하는 옵션이다. 처음 한번만 프로그램 실행 코드를 읽으면 다음부터는 플래시메모리에 프로그램 코드를 기록할 때 자동으로 같은 이름으로 되어있는 파일을 다시 읽어 새로운 코드로 갱신하게 된다.

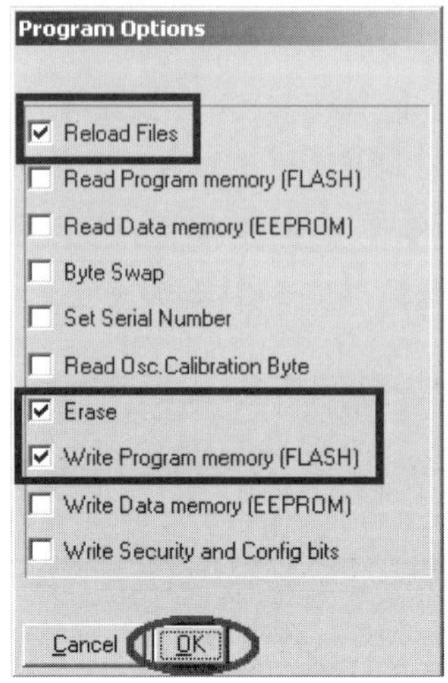

[그림 A-57] 프로그램 옵션 설정 항목

STEP 7. 프로그램 하기

"File" → "Open Program(FLASH) Files"를 선택한다.

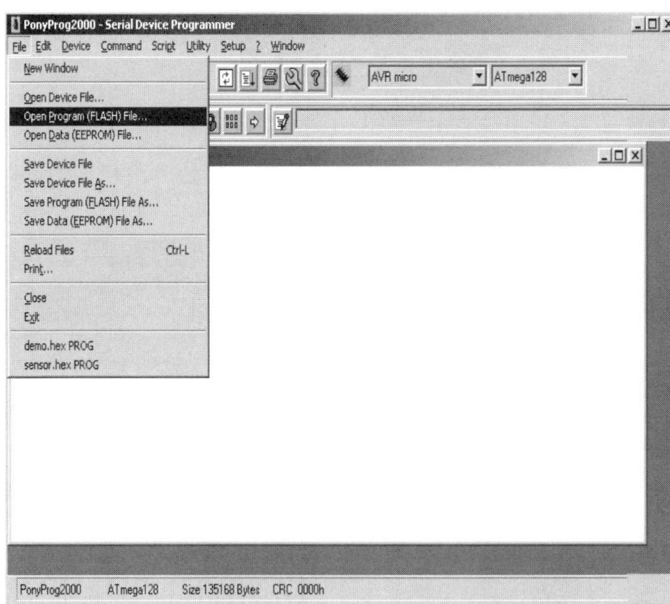

[그림 A-58] program(Flash) 파일 로드

File Open 다이얼로그 박스의 파일 형식을 "*.hex"로 지정하고 demo.hex를 선택한다. 프로그램 실행 코드가 읽혀지면 PonyProg의 화면에 읽혀진 코드가 나타난다.

프로그램 코드가 화면에 나타난 것을 확인하고 "Command"→"Program"을 선택한다.

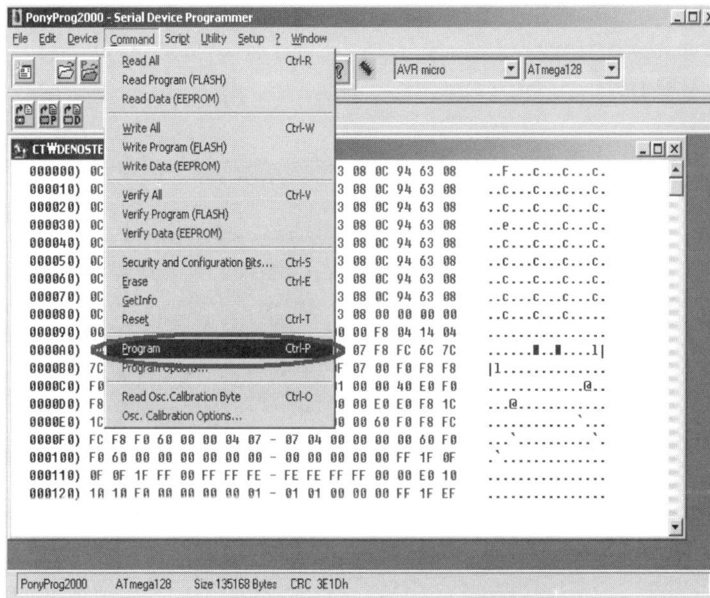

[그림 A-59] 프로그램

ISP Writer를 통하여 AVR에 프로그램이 되는 동안 Program Options에서 설정한 대로 프로그램 실행 코드를 다시 읽은 후, 삭제, 기록, 확인의 동작을 하게되며 각각의 상황에 따라 아래와 같은 다이얼로그 박스가 나타난다.

디바이스가 정상적으로 삭제되고 프로그램이 기록된 후 검증까지 이상없이 완료되면 "Program successful"이라는 다이얼로그 박스가 나타난다.

[그림 A-60] FLASH 메모리 프로그램 중 나타나는 대화상자

7) AVR IAR C Compiler 설치하기

www.iar.com에서 사용하고자 하는 avr용 iar컴파일러 데모 버전을 다운 받는다. 라이센스 파일은 다운받기 위해 등록한 E-Mail주소로 전송된다. 다운받은 ewavr-ev-310c.exe 파일을 실행 시키면 아래 그림과 같이 설치 화면이 나오면 “Next”를 선택한다.

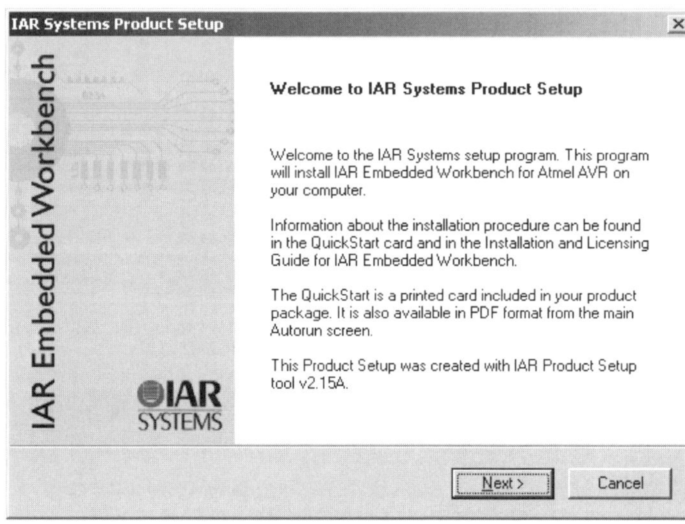

사용자 정보를 입력하고 다운로드할 때 등록한 E-Mail로 배달된 내용를 보면 License#가 있으므로 아래와 같이 License#를 입력하고 “Next”를 선택한다.

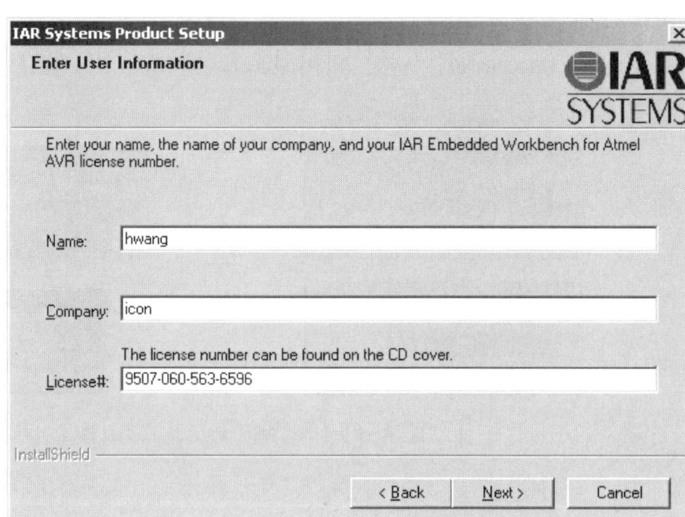

다음 단계에서 License Key를 E-Mail에서 카피해서 넣고 “Next”를 선택한다.

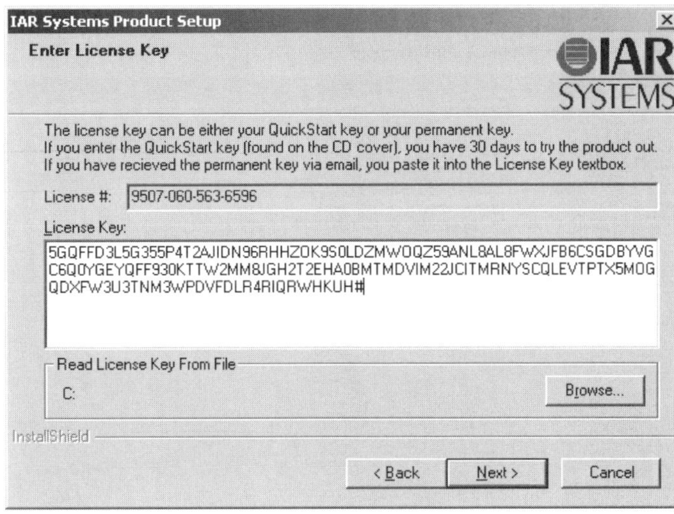

License Key 설정이 끝나면 프로그램 설치 옵션을 지정할 수 있다. 일반적으로는 “Full”로 설치한다.

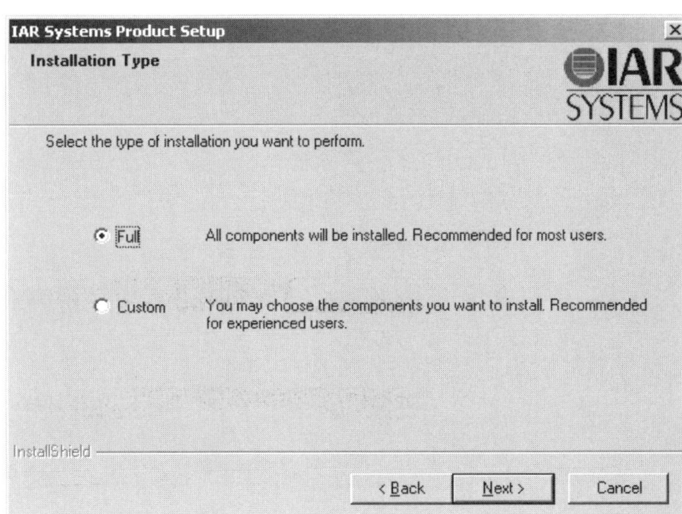

설정이 완료되면 다음과 같이 프로그램 설치 화면이 나타난다.

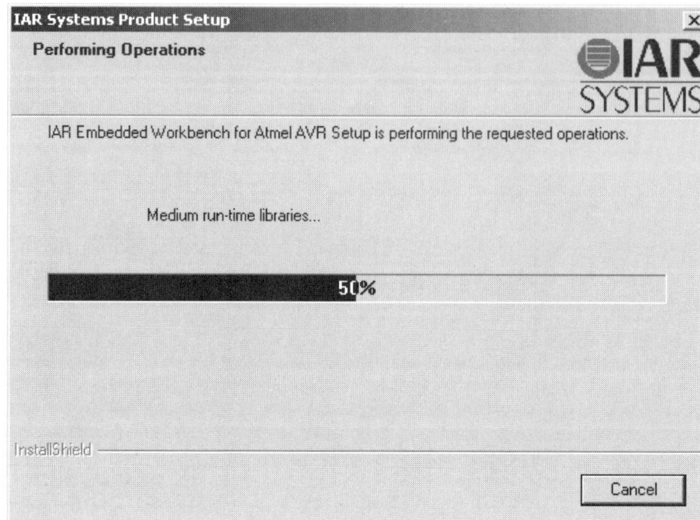

8) AVR IAR C Compiler 실행

프로그램 메뉴에서 "IAR Embeded Workbench"를 실행시킨다. 다음 그림과 같이 초기 시작 화면이 실행 된다.

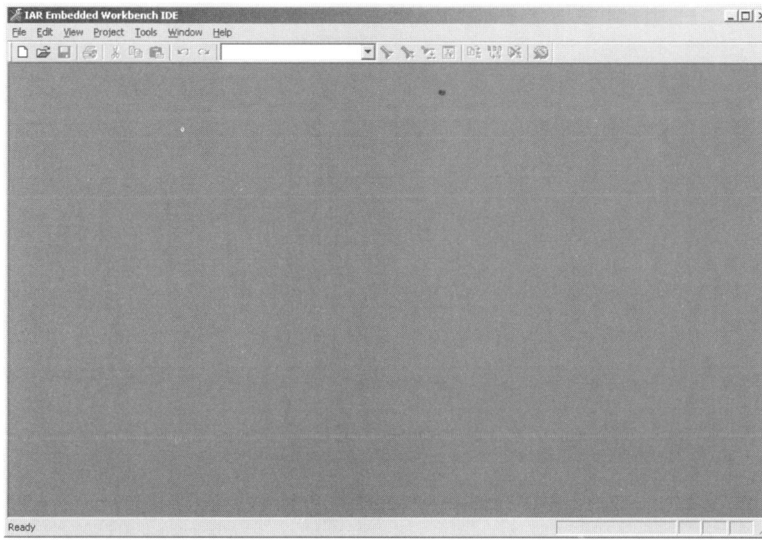

STEP 1. Workspace 만들기

Iar컴파일러에서 사용자가 작성한 C code나 어셈블 code를 컴파일하기 위해서는 먼저 Workspace를 만들어야 한다. 아래 메인 프로그램 메뉴에서 " File >> New"를 선택하여 Workspace를 선택 한다.

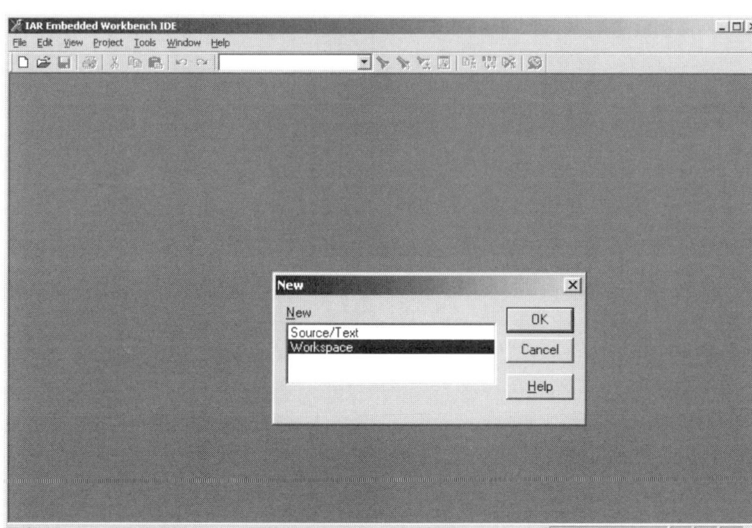

Workspace가 생성될 폴더를 사용자가 임의 선택하고 'File name'에 Workspace로 사용할 이름을 확장자를 붙이지 않고 지정한다.

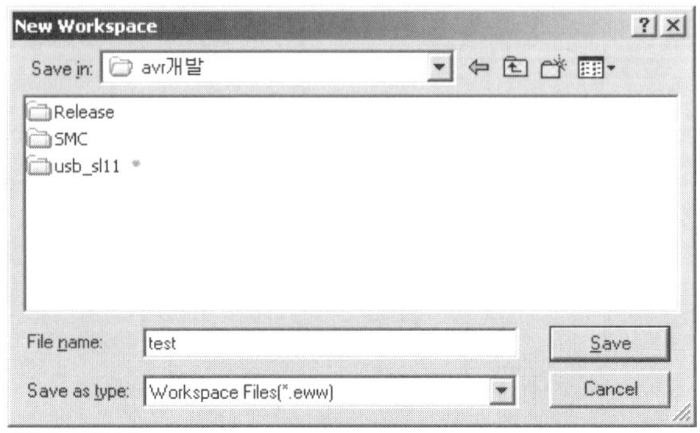

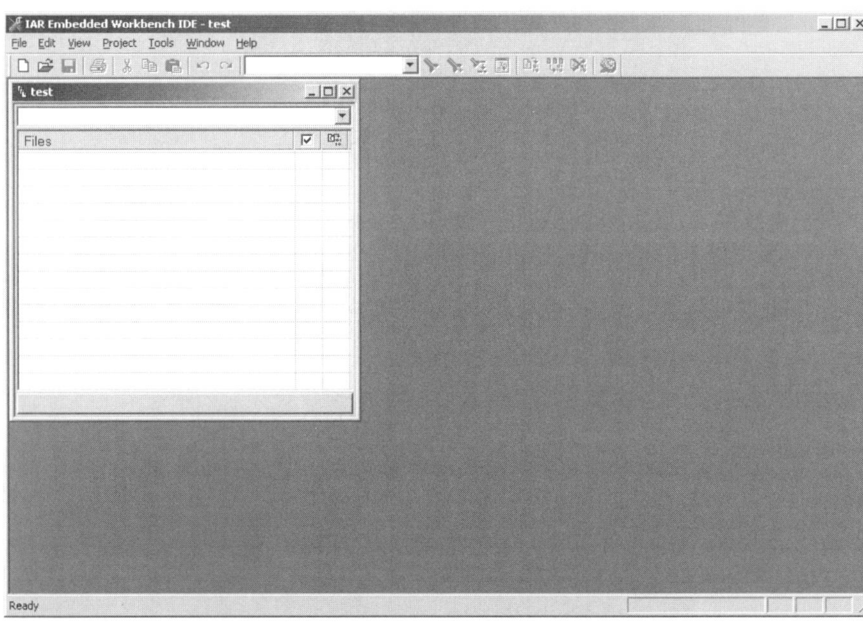

STEP 2. Project 만들기

Workspace 다음에는 Project를 만들어 준다. 메뉴에서 "Project >> Create New Projet..."를 선택한다.

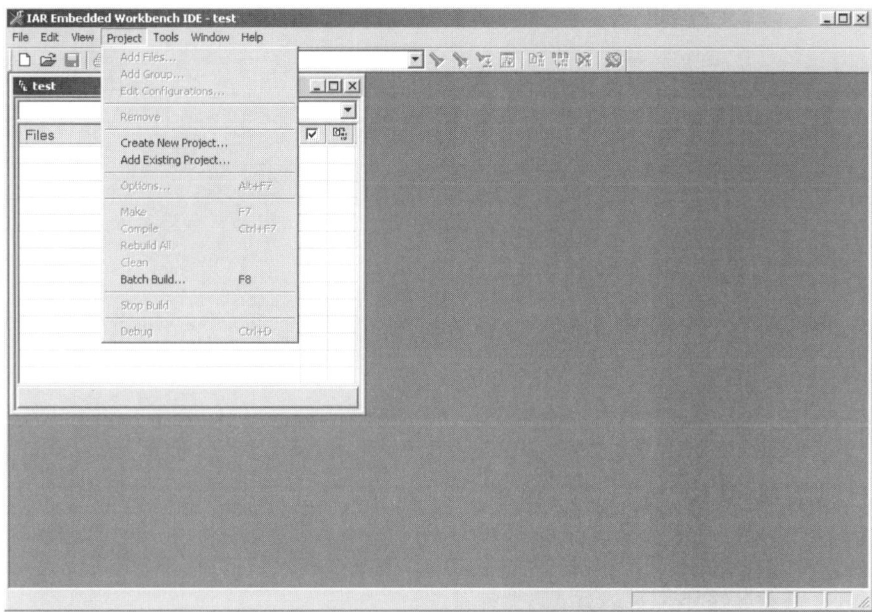

Workspace를 만들때와 같이 아래 그림의 다이얼로그 창이 나타나면 Workspace가 만들어진 폴더에 Project명을 지정한다. Workspace의 이름과 같이 적어 주어도 무방하다. 일반적으로는 일관성을 가지기 위해 Workspace와 Project명은 항상 같이 사용한다.

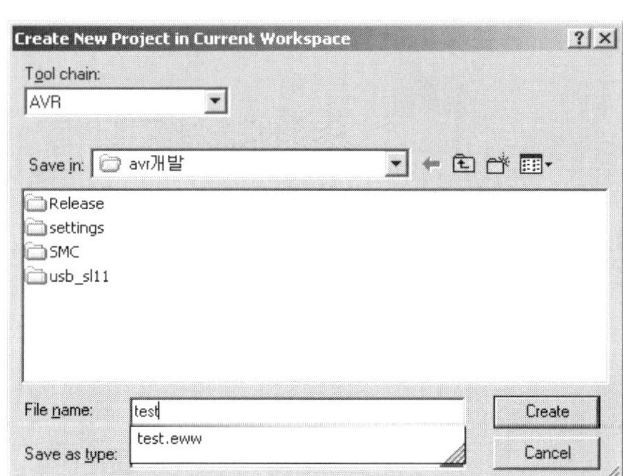

아래 그림과 같이 Debug 상태로 프로젝트가 생성된다.

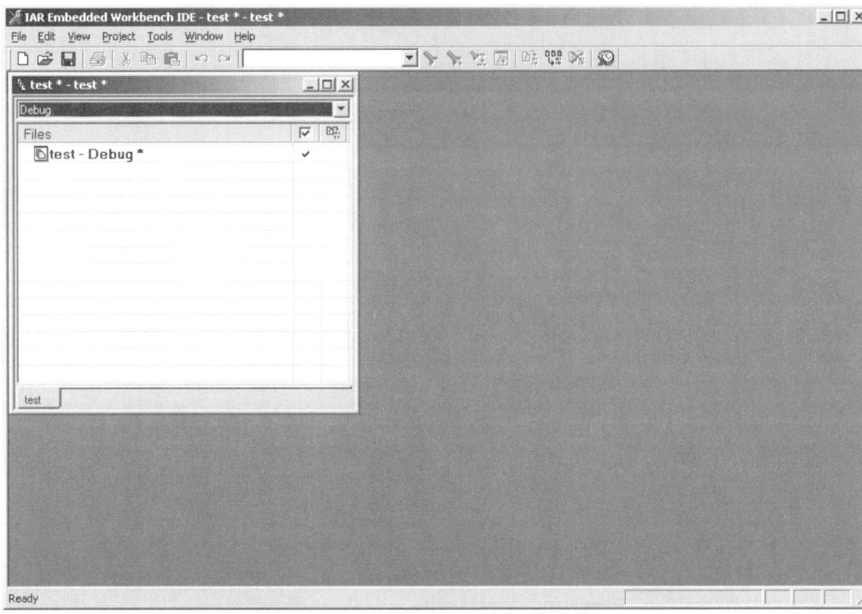

STEP 3. 소스코드 만들기

메뉴의 "File >> New"에서 Sourec/Text를 선택하여 만들고자 하는 소스코드 파일을 만든다.

간단한 프로그램을 작성한 다음 저장버턴을 눌러 소스코드를 저장한다. 저장할 때 확장자는 소스 코드 이므로 "xxx.c"로 한다. 참고로 여기서는 "test.c"로 저장한다.

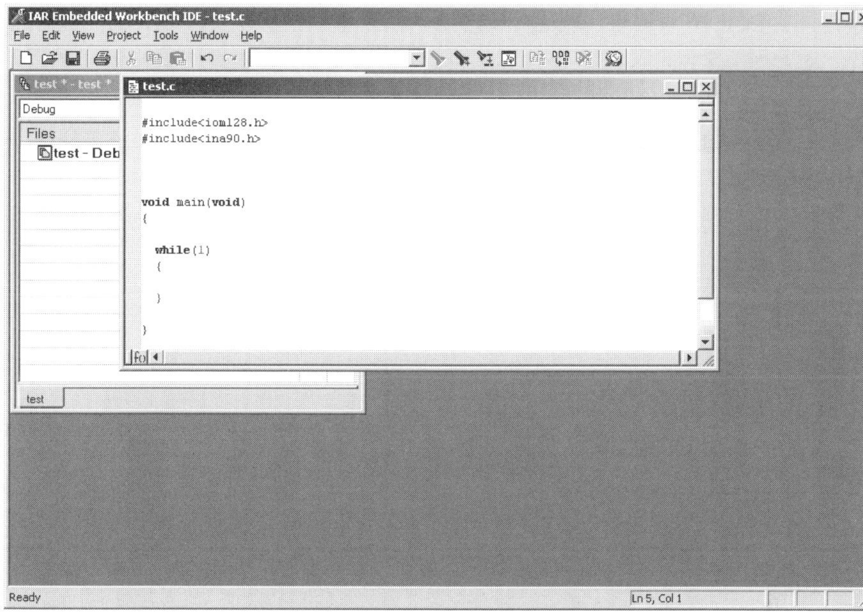

STEP 4. Project에 파일 추가 하기

작성한 코드를 컴파일 하기 위해서는 Project에 소스코드를 추가해야 한다. 메뉴에서 "Project >> add files..."을 선택하여 앞에서 작성한 "test.c" 파일을 선택하여 추가한다.

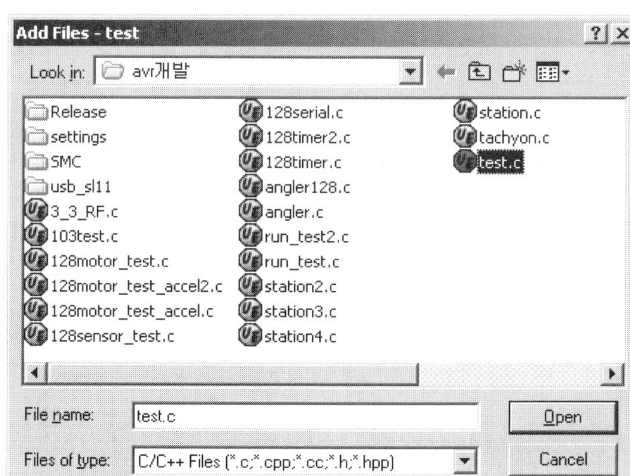

앞에서 만들었던 Debug프로젝트에 아래 그림과 같이 "test.c" 파일이 추가 된 것을 확인할 수 있다.

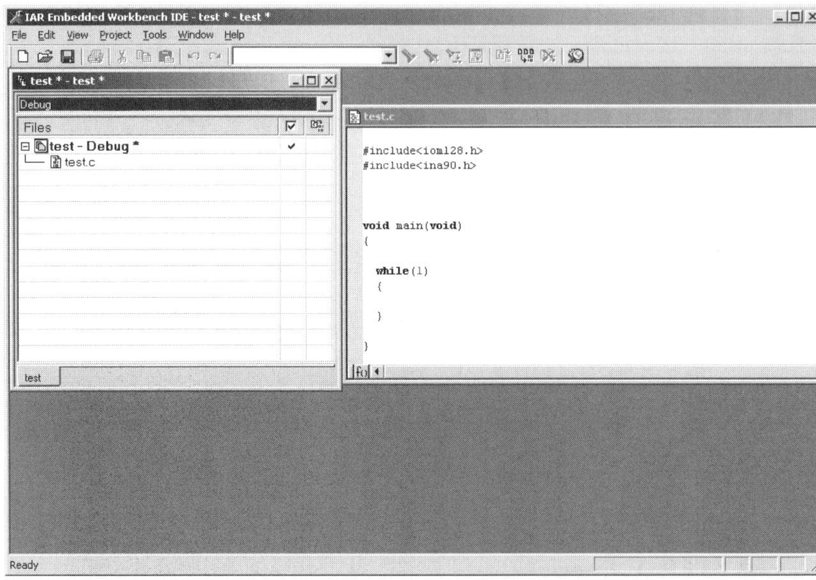

STEP 5. Project 옵션 설정하기

아래 그림처럼 Debug 모드를 Release 모드로 전환시킨다. Avr에서 동작할 프로그램을 만들 것이기 때문에 Release 모드로 전환한다.

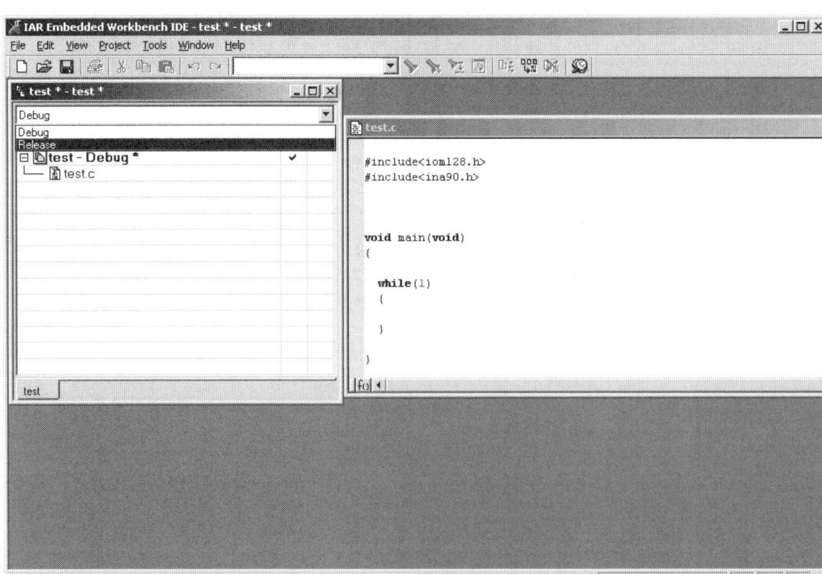

메뉴의 "Project >> Options...."를 선택하면 아래 다이얼로그 창이 나타난다.

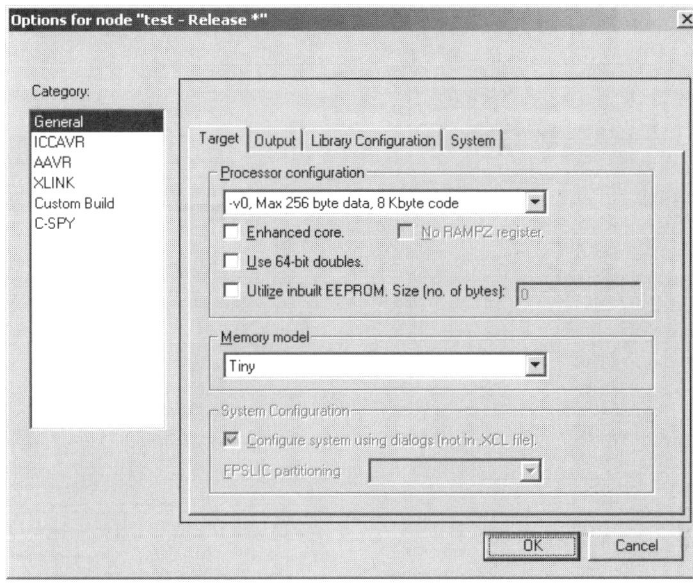

Target 보드가 어떤 종류의 avr을 사용하는지 정하고 Memory model을 설정한다.

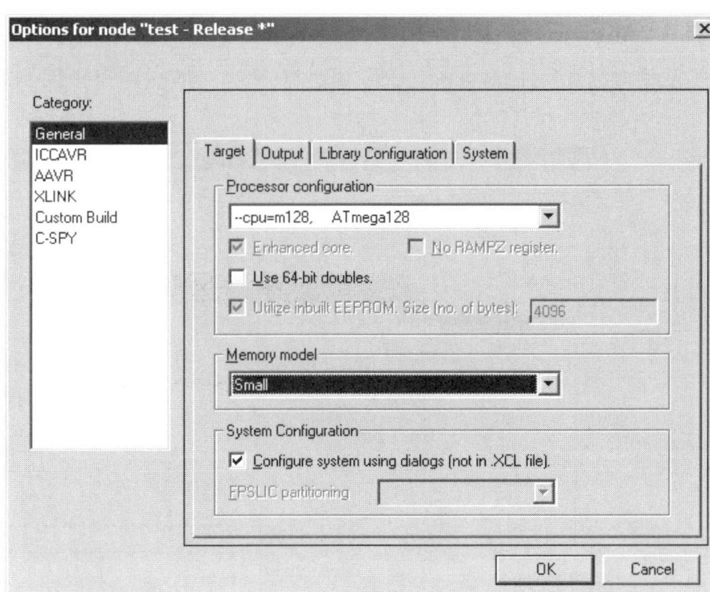

ICCAVR의 Optimizations에서 Size부분이 High로 되어 있는데 이것을 None으로 바꾼다.

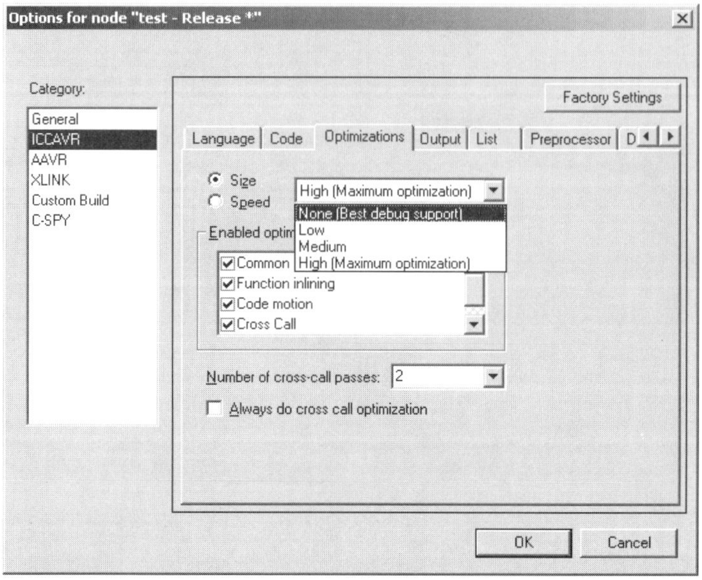

XLINK에서 Output file의 Override default를 체크하여 확장자를 "hex"로 변경하고 Format 부분에서 intel-extended로 지정한다. ATmega128은 내부 코드 메모리가 64K가 넘기 때문에 intel-extended로 해 주었으로 다른 avr들 중에서 내부 코드 메모리가 64K가 안되는 프로세서들은 intel-standard로 설정해 주면 된다. 이상으로 모든 셋팅이 끝났다.

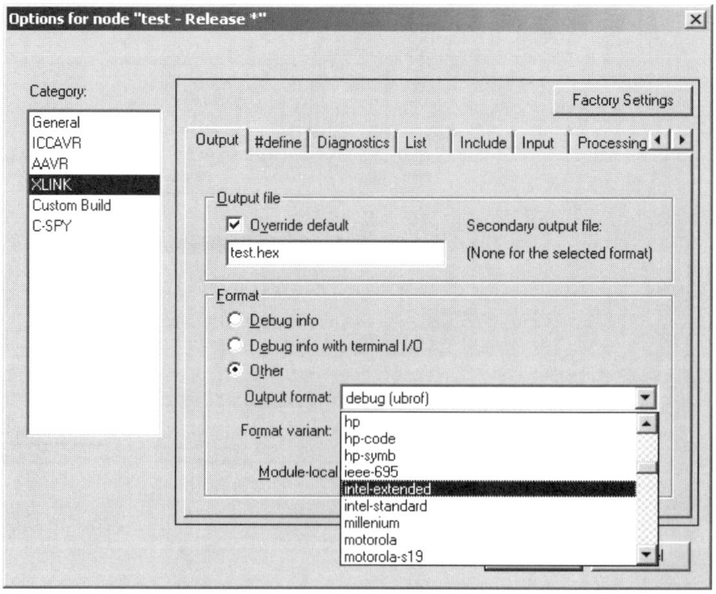

STEP 6. 컴파일하기

마우스 커서를 Project 아래의 소스코드에 맞추면 아래 그림과 같이 Compile 도구 버튼이 활성화 된다. Compile 버튼을 눌러 소스 코드를 컴파일 한다. 이상이 없으면 아래 그림과 같이 Message 창에 "Done. 0 error(s). 0 warning(s)" 표시된다. 작성한 코드가 문법에 이상이 없음을 확인할 수가 있다. Make 버튼을 클릭하여 hex 코드를 만든다.

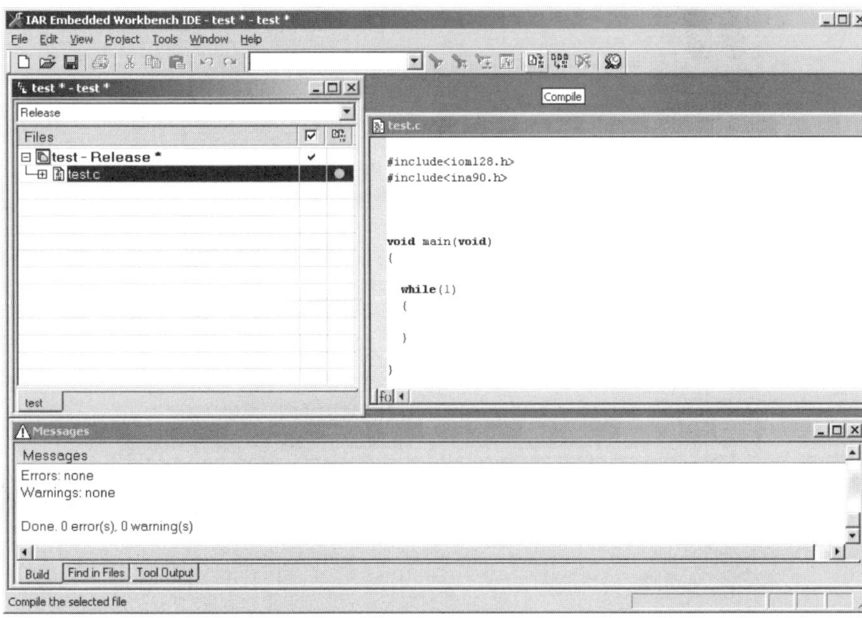

STEP 7. Hex화일 확인하기

Workspace가 만들어진 폴더 밑에 보면 Release폴더가 존재할 것이다. 그 Release 폴더밑의 EXE 폴더를 확인해 보면 이전에 사용자가 Option에서 만들어준 'test.hex' 파일이 존재함을 볼수 있다.

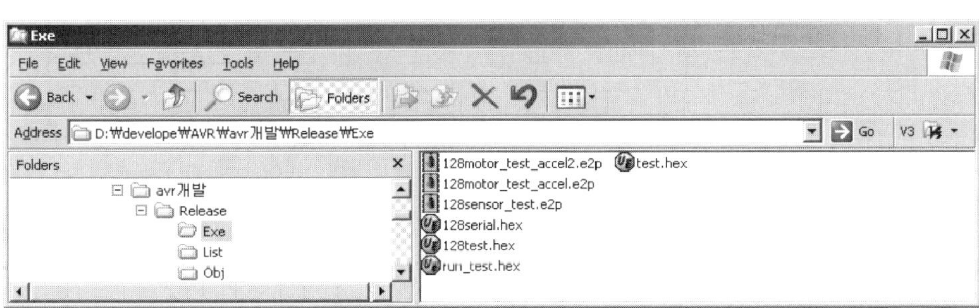

9) AVR CodeVisionAVR C Compiler 평가판 설치하기

http://www.hpinfotech.ro/html/download.htm에서 Code Size가 제한된 평가판을 다운로드 받는다.

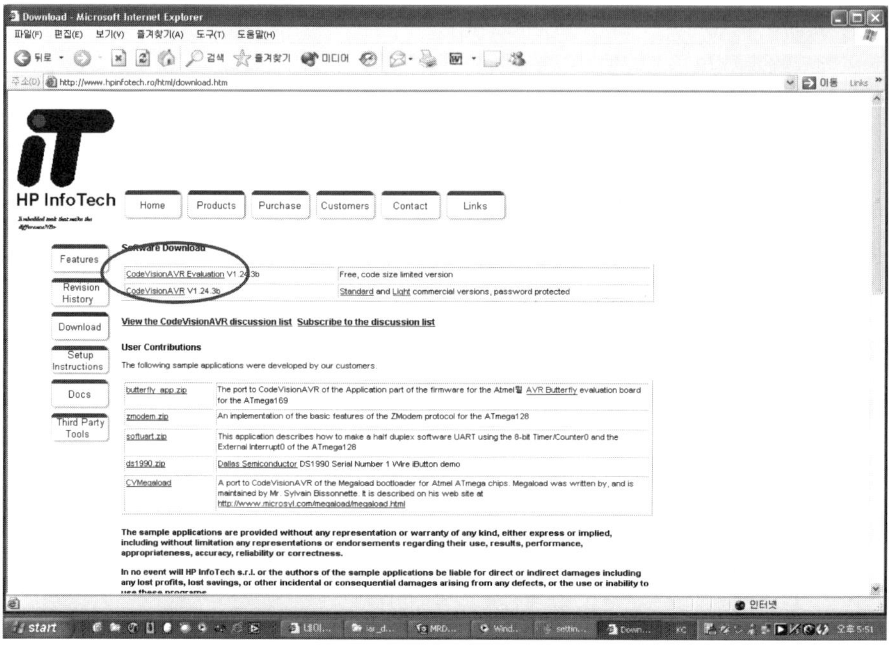

저장할 위치를 선택하고 "저장" 버튼을 선택하여 저장한다.

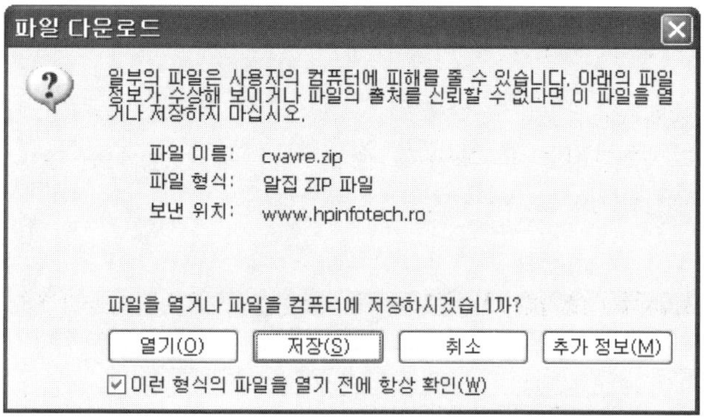

STEP 1. CodeVisionAVR 설치하기

다운받은 파일을 압축을 풀면 "setup.exe"가 있으며 실행하면 설치화면이 나타난다. 다른 윈도우 응용 프로그램을 설치하듯이 계속 설치하면 된다.

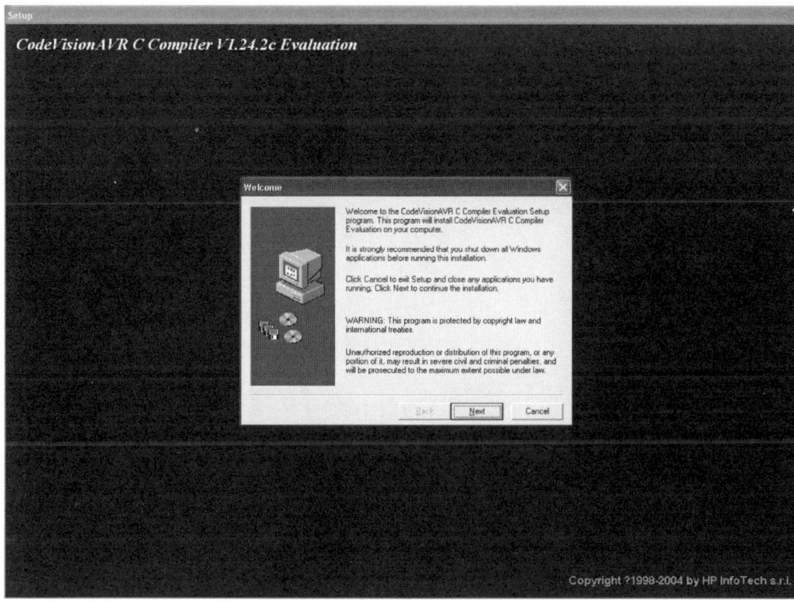

STEP 2. CodeVisionAVR 실행하기

설치가 끝난 후 아래 그림과 같이 프로그램 메뉴에서 실행 CodeVisionAVR을 실행한다.

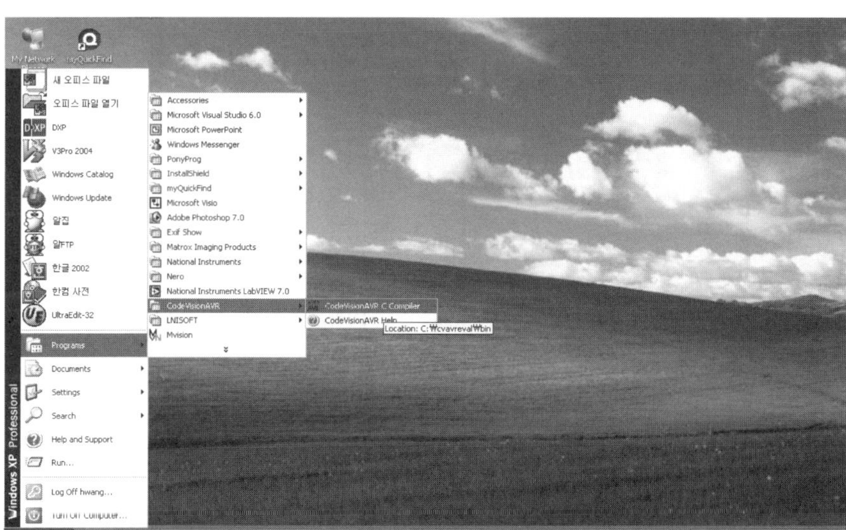

STEP 3. 시스템 초기화 작성하기

CodeVisionAVR은 컴파일러 이지만 다른 컴파일러와 다르게 컴파일러에서 시스템 초기와 레지스터들을 사용자가 사용하고자 하는 기능에 맞게 만들어 주는 Wizard라는 편리한 기능이 있다. 아래 그림에서 표시하는 아이콘을 선택한다.

그림과 같이 Wizard창이 뜨게 된다. 먼저 사용하고자 하는 프로세서를 선택한다. 여기서는 ATmega128을 선택 하고, 시스템 클럭을 입력해 준다.

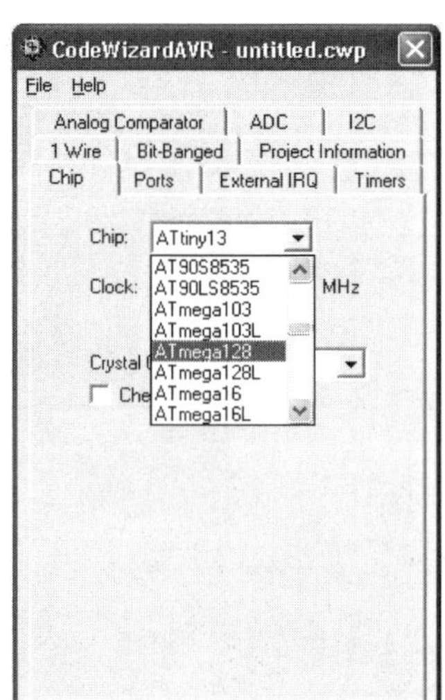

다음으로 포트 설정을 아래 그림과 같이 한다. PORTA의 하위 4비트를 출력으로 설정한다.

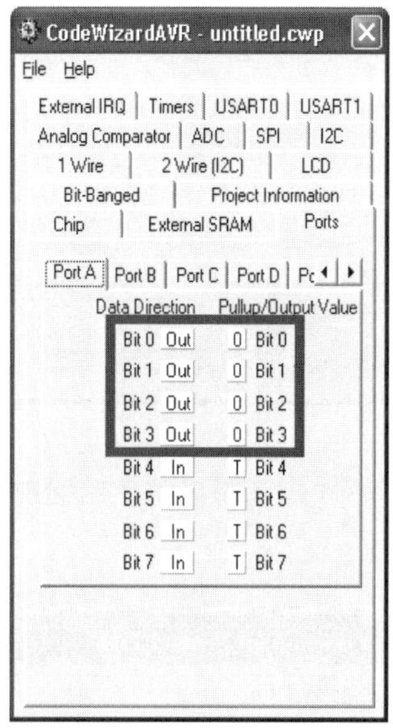

메뉴의 "File"을 선택하여 "Generate, Save and Exit"을 선택한다.

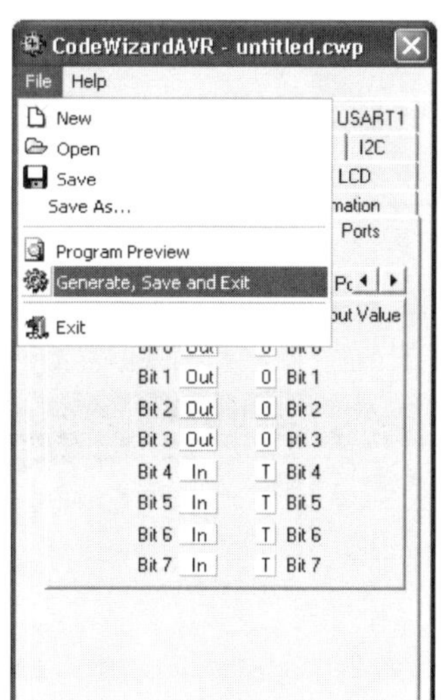

작성할 소스코드 이름을 입력한다. 저장될 위치를 사용자가 임의로 정할 수 있다.

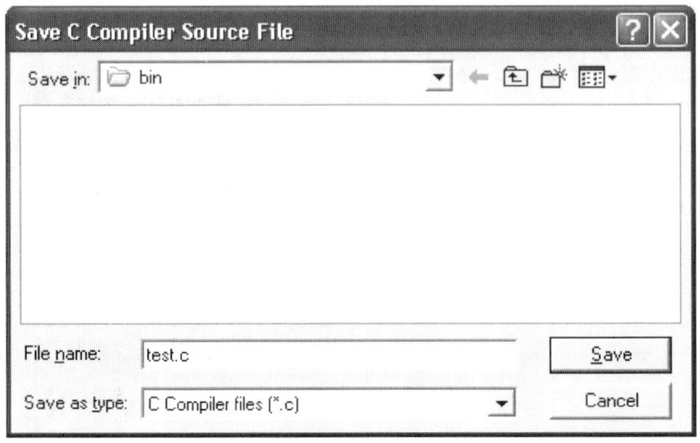

프로젝트 명을 입력한다. 저장위치는 소스코드가 위치한 곳을 같이 입력하는 것이 좋다.

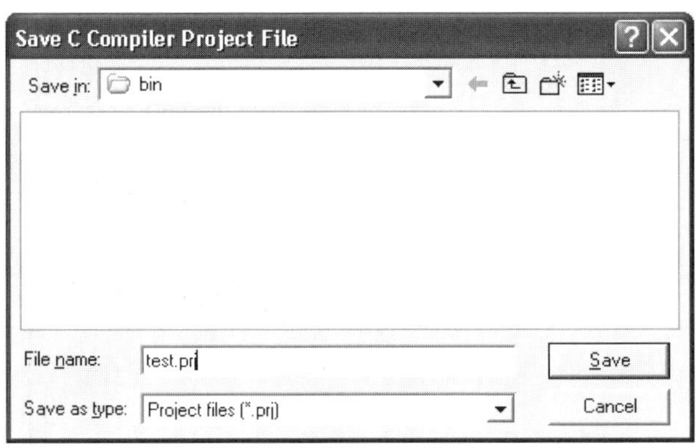

cwp 파일의 이름을 지정한다.

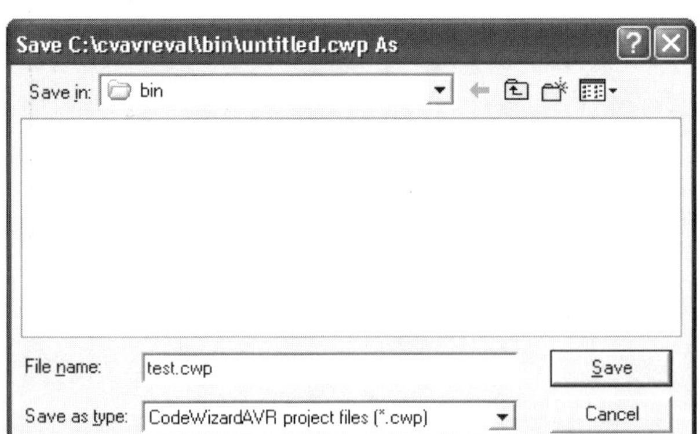

아래 그림과 같이 기본적인 주석과 함께 레지스터가 설정된 소스 코드가 만들어지게 된다. 아래 그림에서 보면 **PORTA**의 하위 **4**비트가 출력으로 설정 되어 있는 것을 확인할 수 있다.

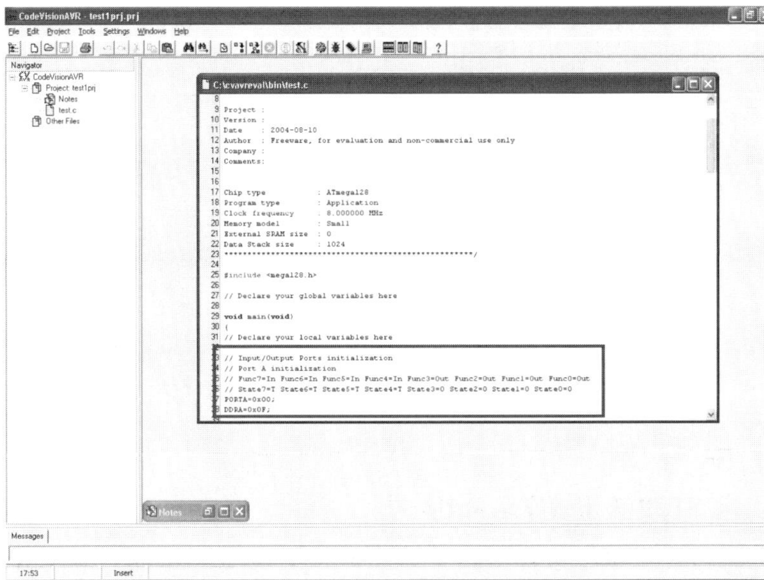

STEP 4. 컴파일 하기

아래 그림의 "Compile the Project"와 "Make the Project" 버튼을 선택하여 컴파일한다.

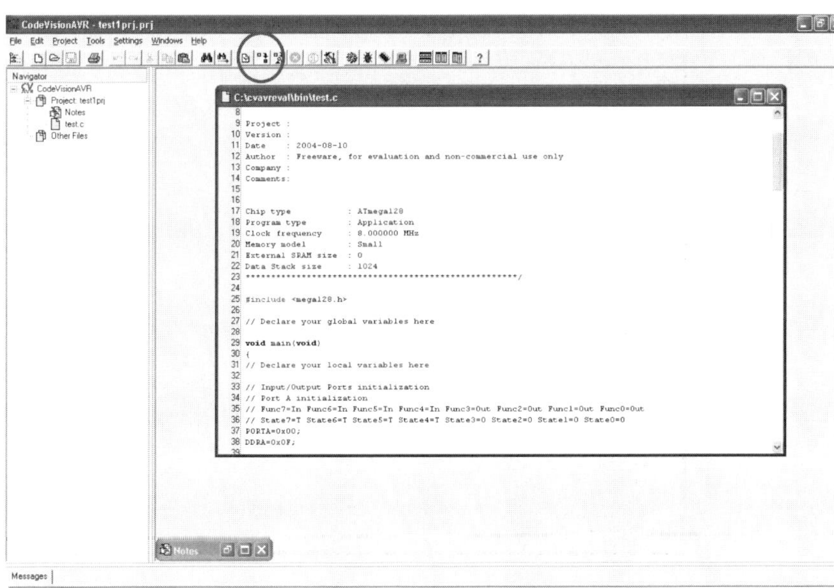

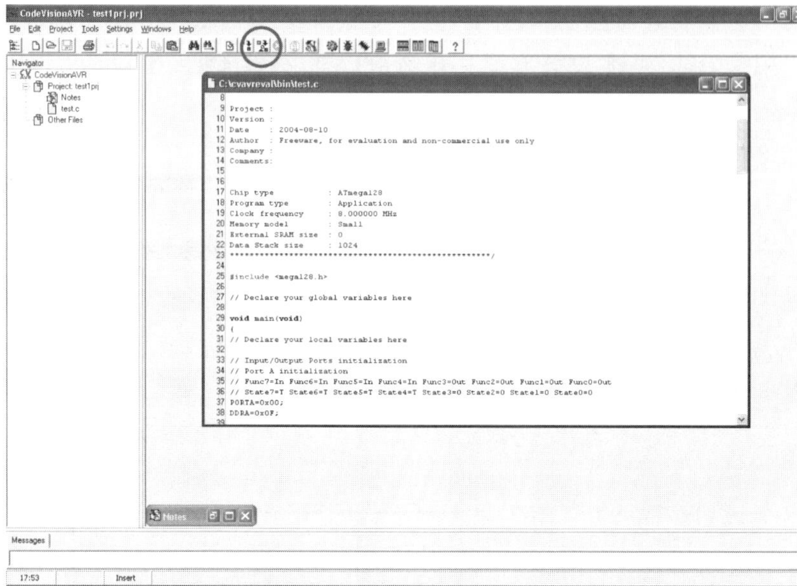

STEP 5. Hex화일 확인하기

STEP 3에서 설정한 폴더를 확인하면 타겟 보드에 올려질 Hex 파일을 확인할 수 있다. 여기서는 CodeVision이 설치된 폴더 및에 있는 bin폴더에 프로젝트를 생성하였기 때문에 아래 그림과 같이 bin 폴더 및 Hex 파일이 존재함을 확인할 수 있다.

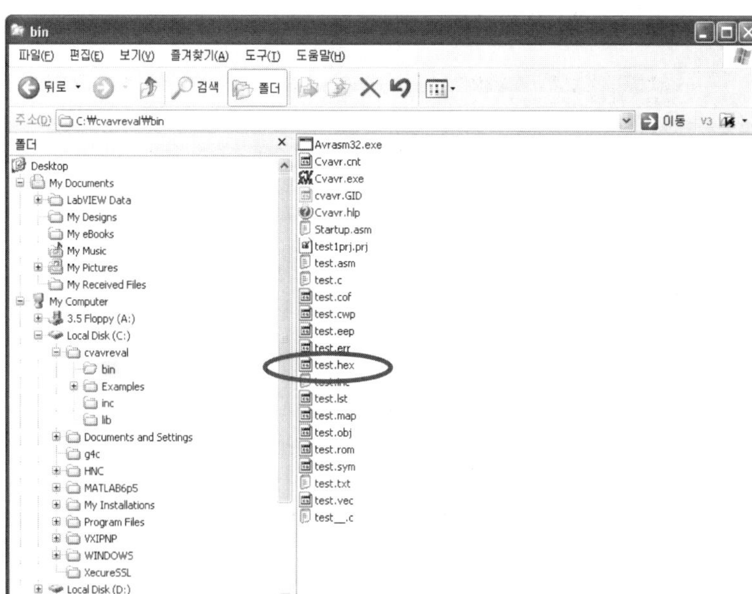

ISE/ModelSim 설치하기

B
CHAPTER

리버트론 RoV-Lab 및 자일링스 ISE 활용

B-1 XILINX의 ISE를 사용한 개발 환경 설정

1) XILINX ISE WebPack의 개요

XILINX에서 CPLD/FPGA를 설계하기 위하여 제공하는 Software는 ISE라는 툴로써 ISE WebPack은 XILINX의 홈페이지(http://www.xilinx.com)을 통하여 배포되는 공개 소프트웨어이다. 이 툴은 주기적으로 버전이 향상되며, 본 교재의 작성시점에서는 Xilinx ISE WebPack 8.1i가 최신 버전이므로 이를 기준으로 설명한다. XILINX의 홈페이지에는 항상 최신 버전이 등록되어 있으므로 교재와는 다소 차이가 있을 수 있으나 전반적인 사용 방법에는 큰 차이가 없다.

XILINX의 툴은 Xilinx ISE WebPack과 MXE - ModelSim Xilinx Edition으로 구성되며 ISE는 Synthesis, Place & Routing을 담당하고 MXE - ModelSim Xilinx Edition는 Simulation 기능을 수행한다.

Xilinx ISE WebPack은 Schematic이나 HDL(VHDL, VerilogHDL)을 사용하여 설계한 것을 합성하고 CPLD/FPGA에 동작시킬 수 있도록 배치/배선 작업을 수행하는 툴로써 Xilinx ISE WebPack 8.1i 버전에서 CPLD는 XC95xx 제품군 모두, CoolRunner 제품군 전체이며 FPGA는 SpartanII, SpartanII-E, Spartan3 제품군과 Virtex-E, Virtex-II 및 Virtex-II Pro, Virtex4를 지원한다.

ISE WebPack은 설계를 위하여 회로도를 작성하여 CPLD/FPGA로 합성할 수 있는 Schematic Editor와 VHDL 또는 VerilogHDL을 사용하여 합성할 수 있는 HDL Editor 및 상태 전이도를 사용할 수 있는 State Diagram Editor을 제공하며 CPLD/FPGA의 입

/출력 핀의 할당과 합성된 면적에 대한 제약조건을 지정할 수 있는 Pinout and Area Constraint Editor을 제공한다.

ISE WebPack은 Xilinx Synthesis Technology(XST)를 사용하여 사용자의 설계내용을 합성하며 설계검증을 위하여 HDL Bencher를 사용하며 MXE II Starter(ModelSim Xilinx Edition II)를 이용한 검증이 가능하도록 인터페이스를 제공한다.

1) ISE WebPACK™의 설치

ISE WebPACK™을 다운로드 받기 위해서는 XILINX사의 홈페이지(http://www.xilinx.com)에 접속한다.

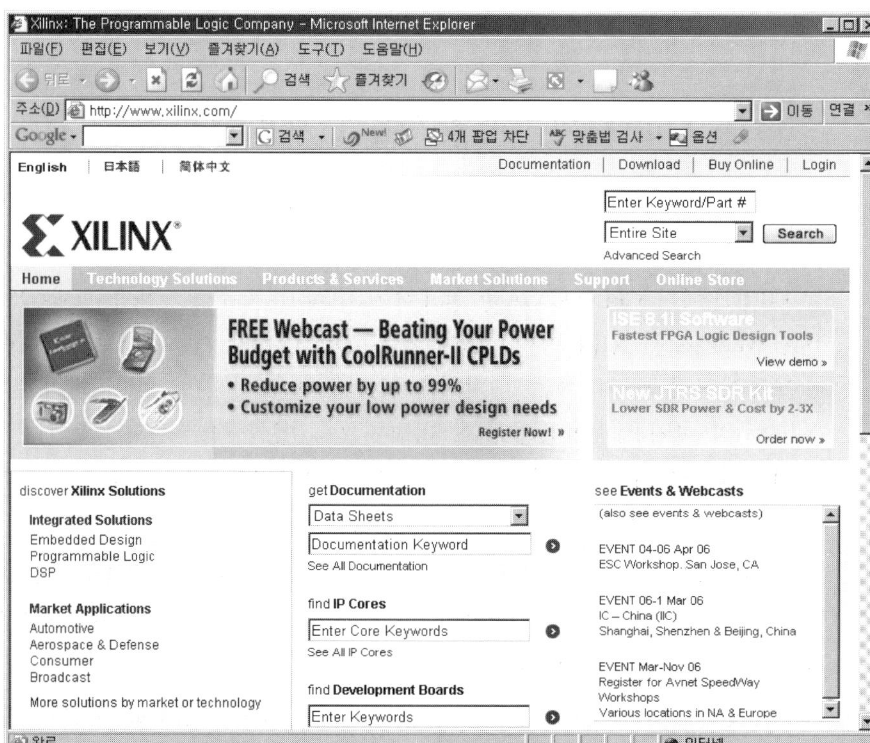

[그림 B-1] Xilinx사의 홈페이지(http://www.xilinx.com)

[그림 B-1]은 XILINX의 홈페이지의 첫 화면이다. 본 교재의 작성시점에는 [그림 B-1]과 같은 화면을 가지고 있었으나 접속하는 시기에 따라 다른 모습을 나타내게 될 것이다. ISE WebPack을 다운로드 받기 위하여 화면 상단의 메뉴에서 “Products & Services”를 선택하고 바로 아랫줄에 나타나는 메뉴에서 “Design Tools”를 선택한다.

[그림 B-2] Xilinx 홈페이지에서 Products & Services에서 Design Tools 선택 화면

[그림 B-2]와 같은 화면이 나타나며 여기에서 "ISE WebPACK™" 항목을 선택한다. [그림 B-2]의 화면 역시 본 교재를 작성할 시점의 상황이며 접속할 때의 상황에 따라 메뉴가 추가되거나 삭제 혹은 일부 변경된 것이 있을 수 있다.

"ISE WebPACK"을 선택한다.

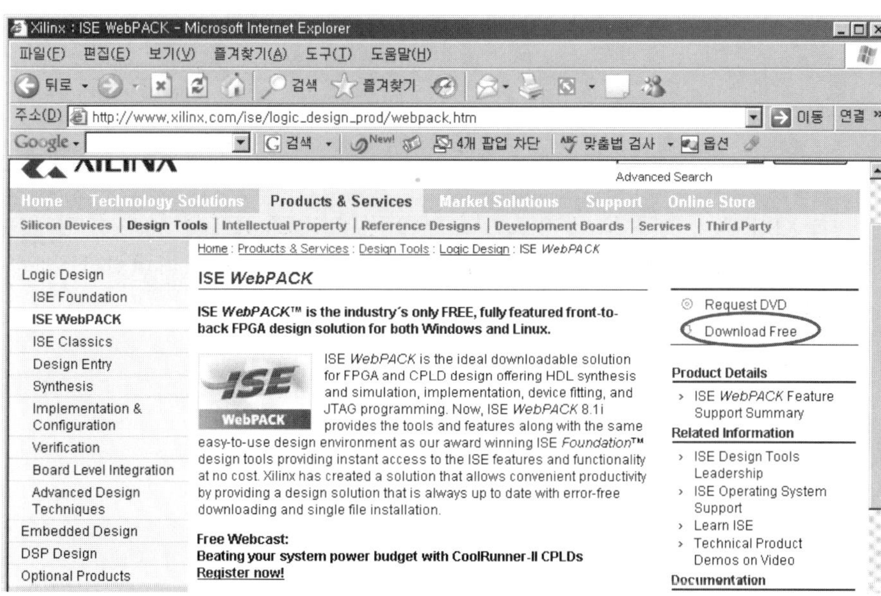

[그림 B-3] ISE WebPACK 선택 화면

앞에서 "ISE WebPACK"을 선택하면 [그림 B-3]과 같은 화면이 나타나며 ISE WebPACK을 다운로드 받기 위해서는 먼저 ISE WebPACK의 사용자로 XILINX 홈페이지에 등록을 해야 한다. 사용자 등록을 위해서 "Register for ISE WebPack"을 선택한다.

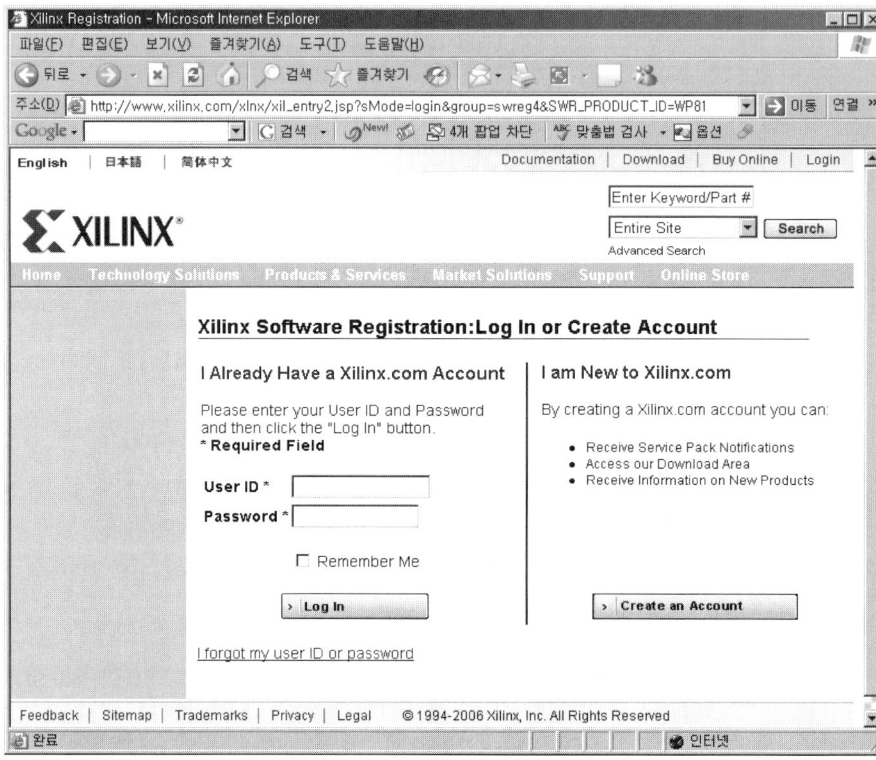

[그림 B-4] Xilinx 사용자 등록 화면

XILINX의 계정을 가지고 있으면(이전에 XILINX에서 등록을 한 경우) 이 계정과 비밀번호를 사용하여 ISE WebPack의 사용자로 등록을 하면되나, 계정이 없는 경우에는 먼저 XILINX의 사용자로 계정 등록을 해야 한다.

"Create an Account"를 선택한다.

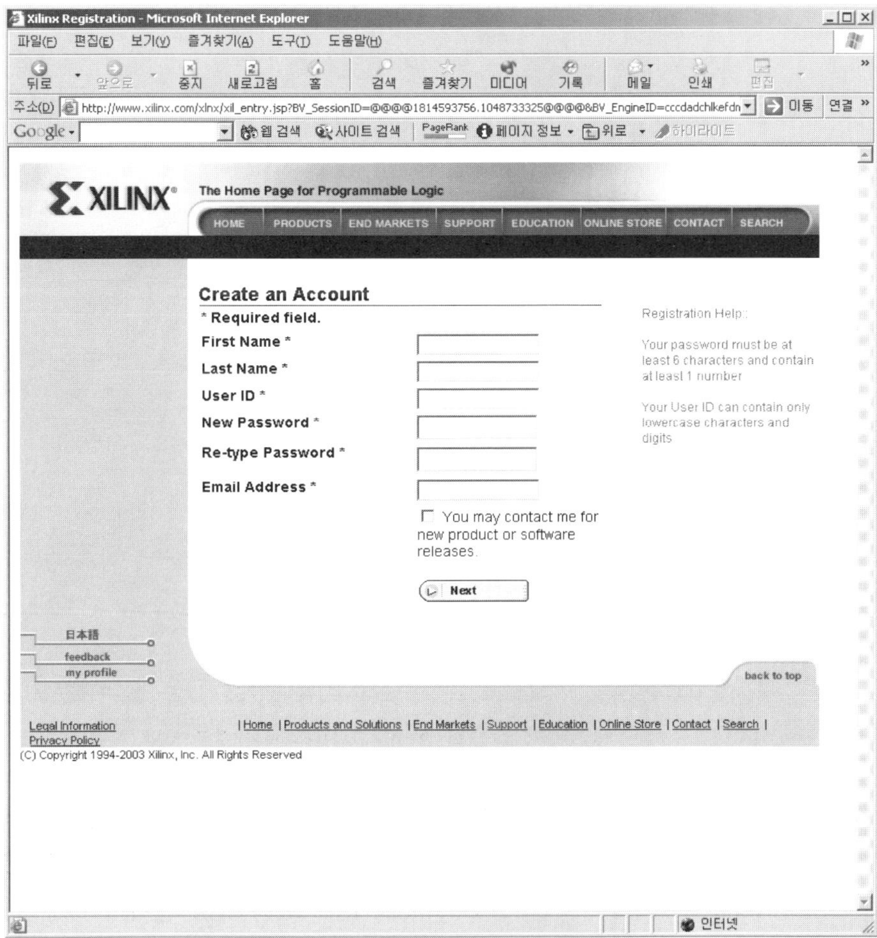

[그림 B-5] XILINX 계정 등록 화면

[그림 B-5]는 XILINX의 사용자로 계정을 등록하는 화면이다. 각각의 항목에 맞도록 이름, 성, 사용자 계정, 비밀번호, 확인을 위한 비밀번호 재입력, E-mail 주소를 입력한다.

E-mail 주소는 ISE WebPack의 설치 후 XILINX로부터 프로그램 실행에 필요한 라이센스 파일을 받기 위해 사용되므로 반드시 실제 수신 가능한 E-mail 주소를 입력하도록 한다.

다음 단계로 진행하면 ISE WebPack에 대한 설문조사 화면이 나오는데 적당히 입력하고 진행하면 입력한 사용자 정보에 대한 요약 화면이 나타난다.

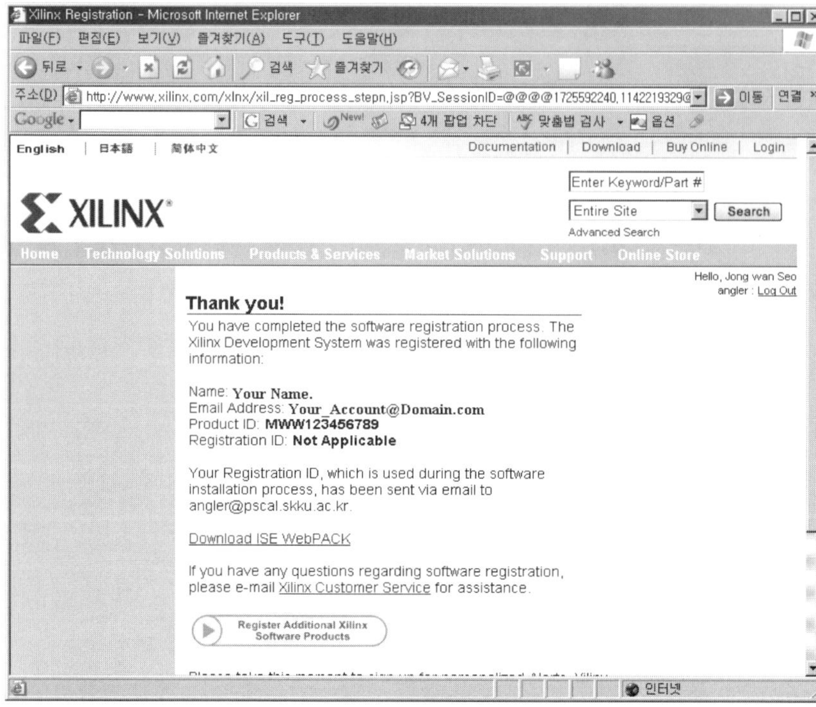

[그림 B-6] 사용자 등록 완료 화면

[그림 B-6]은 등록이 완료되었음을 알려주며 앞에서 등록한 등록 정보를 출력한다. [그림 B-6]에서 굵은 글씨로 표시되는 부분이 앞에서 사용자 정보를 입력했을 때 작성한 내용이 맞는지 확인후 "Download ISE WebPACK"을 클릭하면 아래와 같은 사용자 계정과 비밀번호를 입력하라는 다이얼로그 박스가 나타난다. 등록한 사용자 계정과 비밀번호를 입력한다.

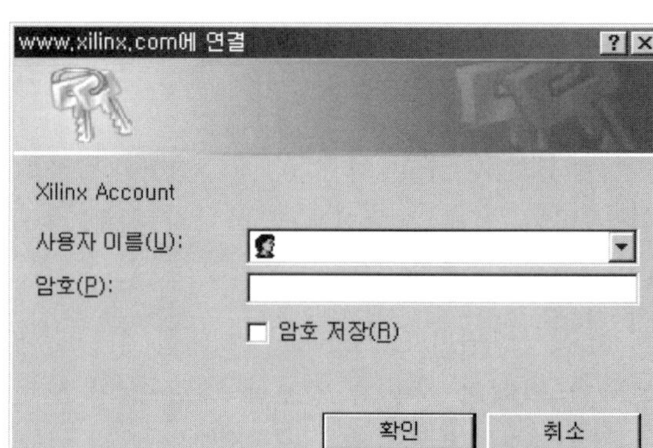

[그림 B-7] 로그인 화면

사용자 계정과 비밀번호를 입력하면 [그림 B-8]과 같이 ISE를 다운로드 받을 수 있는 방식을 선택하는 화면이 나타난다.

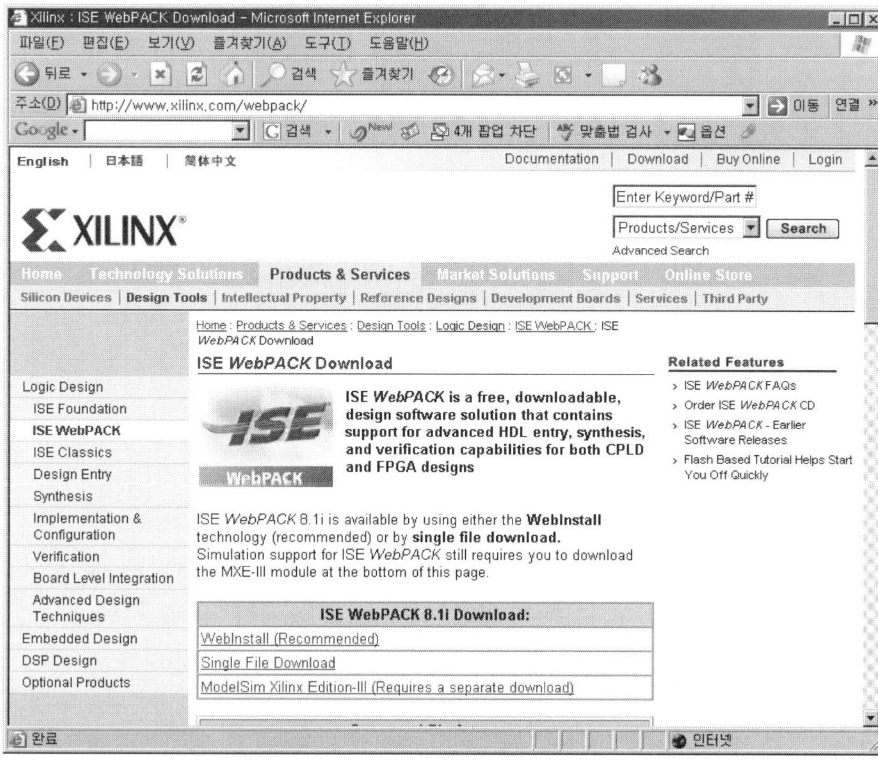

[그림 B-8] ISE WebPACK 다운로드 화면

위의 [그림 B-8]에서 "Single File Download"를 선택하거나 화면을 아래로 스크롤하면 다음 페이지의 [그림 B-9]와 같이 ISE WebPACK 파일을 다운로드 받을 수 있는 메뉴가 나타난다.

[그림 B-9]와 같이 ISE WebPack을 다운로드 받기 위해 파일을 선택하는 화면이 나타나며, 여기에서 사용하는 운영체제 환경에 맞는 파일을 선택한다. Microsoft의 Windows 환경을 사용하는 경우라면 위쪽에 있는 "Microsoft XP and 2000" 항목 아래에 있는 파일을 다운로드 받으며, Linux 환경에서 작업하는 사용자라면 아래의 "Red Hat Enterprise 3 Linux" 항목 아래에 있는 파일을 다운로드 받는다.

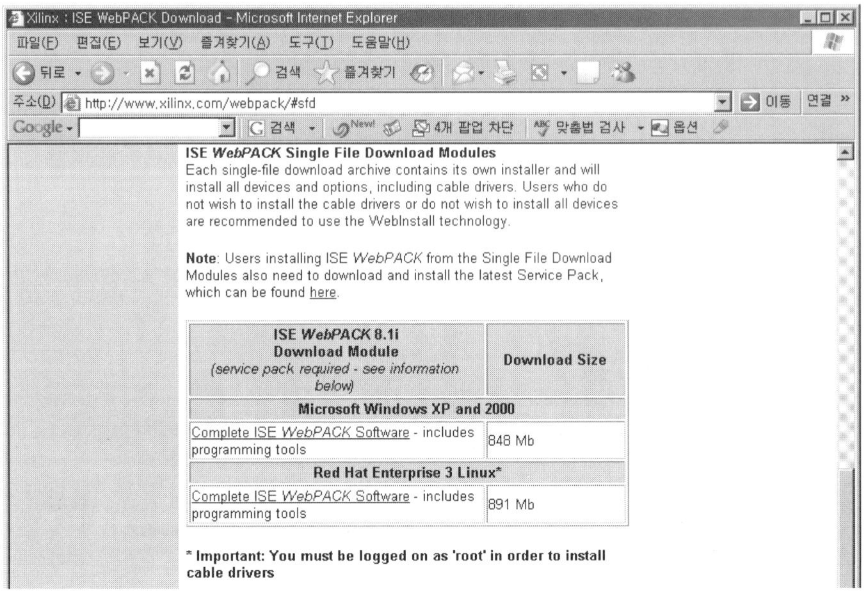

[그림 B-9] ISE WebPACK 다운로드 화면

화면을 스크롤하여 아래로 내리면 또 다른 표가 나타나는데 여기에서 "MXE-III Starter"를 선택하여 나타난 사용권 동의서에 동의한 후 다음 페이지의 [그림 B-10]과 같은 화면이 나타나면 "mxe_3_6.0d.zip"을 다운로드 받는다.

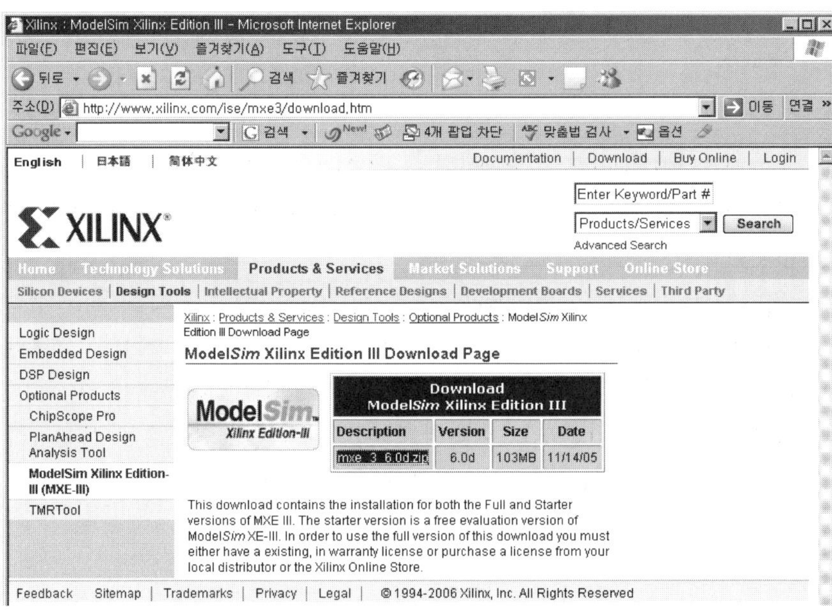

[그림 B-10] ModelSim xilinx Edition III 다운로드 화면

ISE WebPack의 설치는 일반적인 프로그램의 설치와 마찬가지로 디폴트로 선택된 옵션을 그대로 지정해준 상태에서 진행하면 큰 문제없이 설치가 완료되므로 자세한 방법에 대한 설명은 생략한다.

3) MXE - ModelSim Xilinx Edition의 설치

MXE는 ModelSim Xilinx Edition의 약자로 ModelSim은 시뮬레이션 전용 툴로 XILINX 뿐만 아니라 다른 회사(ALTERA, ACTEL, LATTICE 등)의 CPLD/FPGA에 대해 사용할 수 있다. XILINX 홈페이지에서 다운로드 받은 MXE는 XILINX 이러한 ModelSim을 XILINX 제품에 대해서만 사용할 수 있도록 제한된 버전으로 설치할 때 별도로 지정해주어야 하는 항목들이 있다.

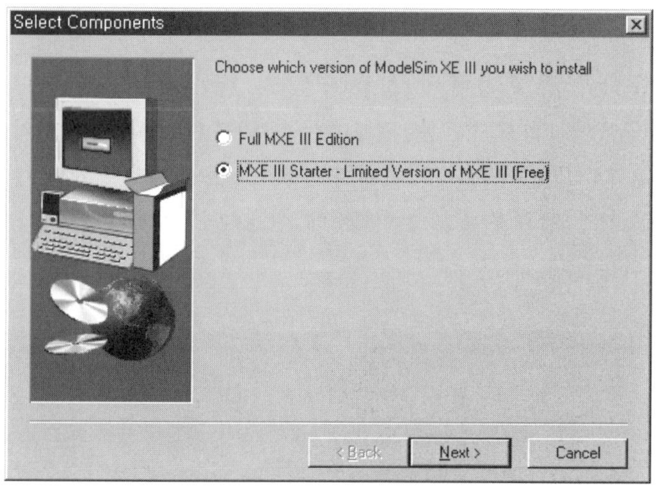

[그림 B-11] MXE III 설치 버전 선택 화면

"MXE III Starter - Limited Version of MXE III [Free]"을 선택한다. ISE를 WebPack이 아닌 상용 툴로 비용을 지불하고 구매한 경우에는 "Full MXE III Edition"을 선택하면 보다 많은 기능을 사용할 수 있으나 여기서는 공개용 ISE WebPack을 설치하고 이와 연동되어 시뮬레이션 프로그램으로 동작할 "MXE III Starter - Limited Version of MXE III [Free]"을 선택하여 설치를 진행한다.

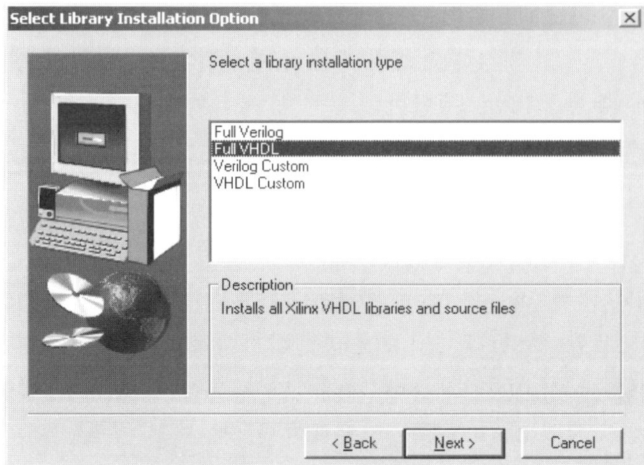

[그림 B-12] MXE 라이브러리 선택화면

MXE의 설치 과정에서 [그림 B-12]와 같이 시뮬레이션에 사용할 라이브러리의 선택 화면이 나타나는데 본 교재에서는 VHDL을 사용할 것이므로 "Full VHDL"을 선택한다. MXE를 사용하기 위해서는 XILINX의 홈페이지에서 MXE를 동작시킬 수 있는 라이센스를 다운로드 받아 PC에 설치해 주어야 한다. [그림 B-13]은 MXE III 6.0d 설치 화면이다.

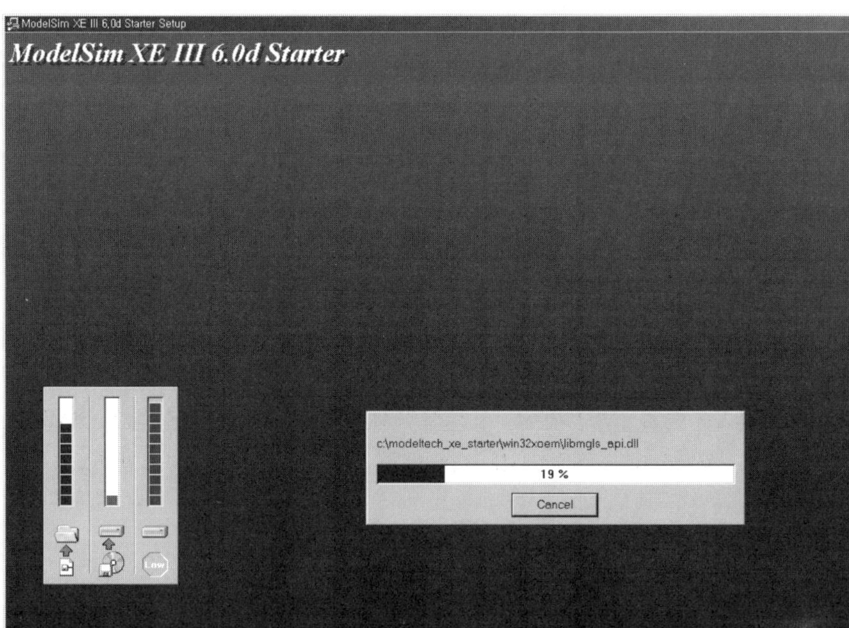

[그림 B-13] ModelSim XE III 6.0d Starter 설치 화면

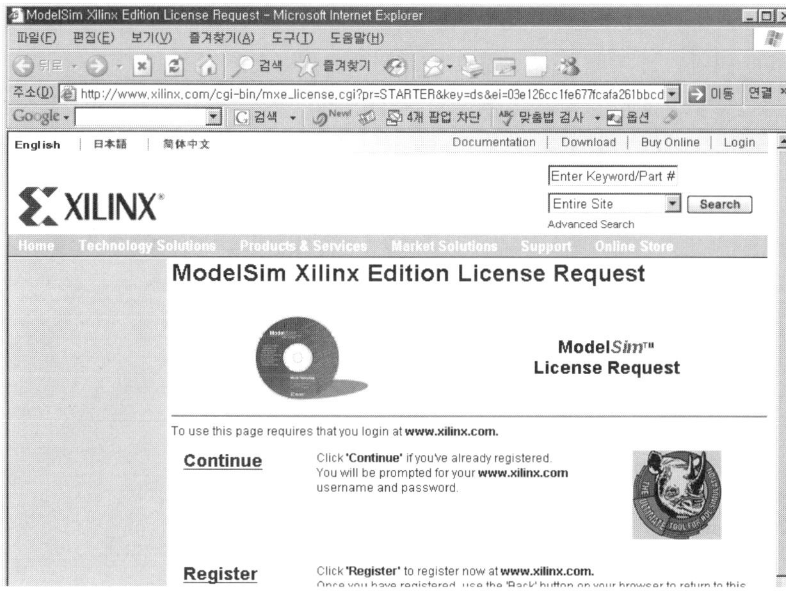

[그림 B-14] MXE 라이센스 요청 페이지

MXE의 설치가 완료되면 [그림 B-15]와 같이 MXE의 라이센스를 요청하는 화면이 나타난다. “Continue”를 선택하고 다음에 나오는 다이얼로그 박스에서 앞에서 등록한 사용자 계정과 비밀번호를 입력하고 사용자 정보를 입력해주면 E-mail을 통해 “license.dat” 파일이 전송된다.

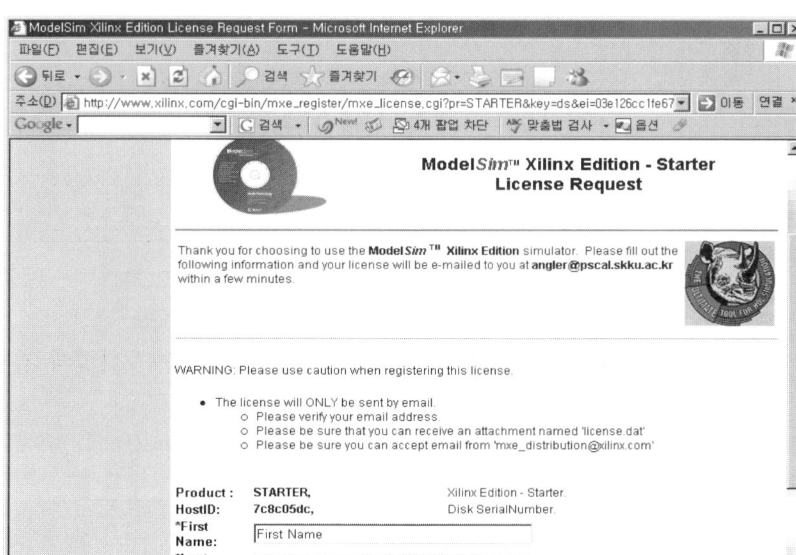

[그림 B-15] MXE 라이센스 요청 페이지

[그림 B-15]와 같이 라이센스 요청 페이지에서 이름, 소속, 주소, e-mail 주소를 입력한다. 여기에서 입력한 E-mail로 수신된 "license.dat" 파일을 하드디스크에 저장한다. e-mail 주소는 라이센스 파일이 전송되기 때문에 메일 수신이 가능한 주소를 기록한다.

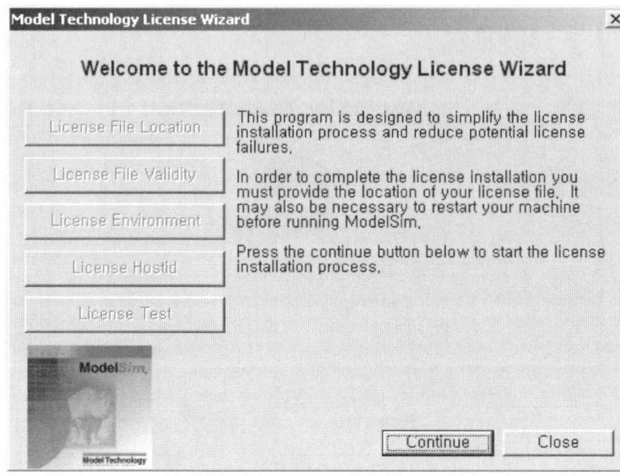

[그림 B-16] MXE 라이센스 파일 지정

프로그램 그룹에 등록된 ModelSim XE III 6.0d에서 License Wizard를 실행하면 [그림 B-16]과 같은 다이얼로그 박스가 나타난다. "Continue"를 선택하면 라이센스 파일은 선택할 수 있으며 E-mail을 통해 수신한 "license.dat" 파일의 경로를 지정해 준다.

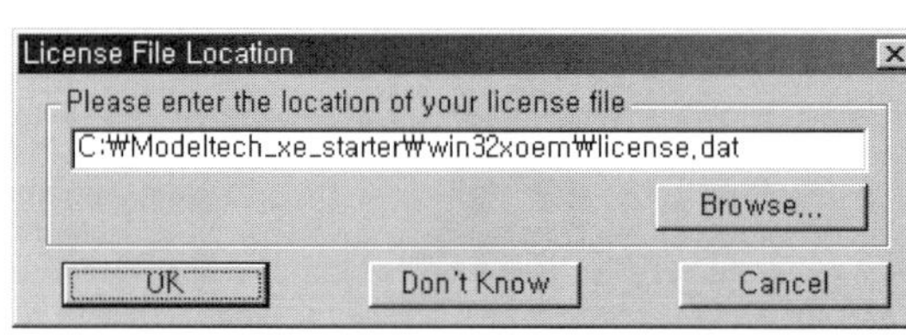

[그림 B-17] license file 경로 지정

라이센스 파일이 정상적인 사용 권한을 가지고 있으면 다음과 같은 다이얼로그 박스가 나타난다.

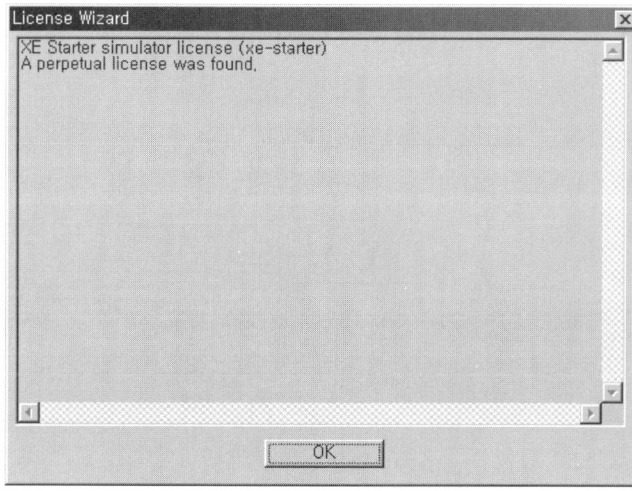

[그림 B-18] license file 사용 권한 확인

라이센스 파일의 지정이 완료되고 지정한 라이센스 파일이 MXE를 사용할 수 있는 정상적인 권한이 부여되어 있으면 다음과 같은 다이얼로그 박스가 나타난다.

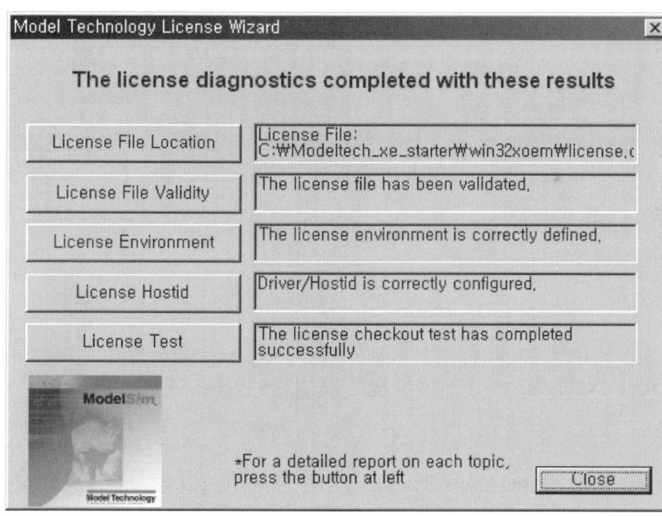

[그림 B-19] 라이센스 설정 완료 화면

▸주의 : license.dat 요청시 HDD의 시리얼 번호를 전송하므로 앞에서 다운로드 받은 파일을 다른 PC에 설치하거나 또는 하드디스크를 포맷하고 다시 설치할 경우 license를 다시 요청해야한다.

B-2 ISE Quick Start

본 장에서는 ISE를 사용하여 CPLD/FPGA를 설계하는 전반적인 흐름을 살펴본다.

ISE를 실행하기 위하여 "시작 → 프로그램 → Xilinx ISE 8.1i → Project Navigator"를 선택한다.

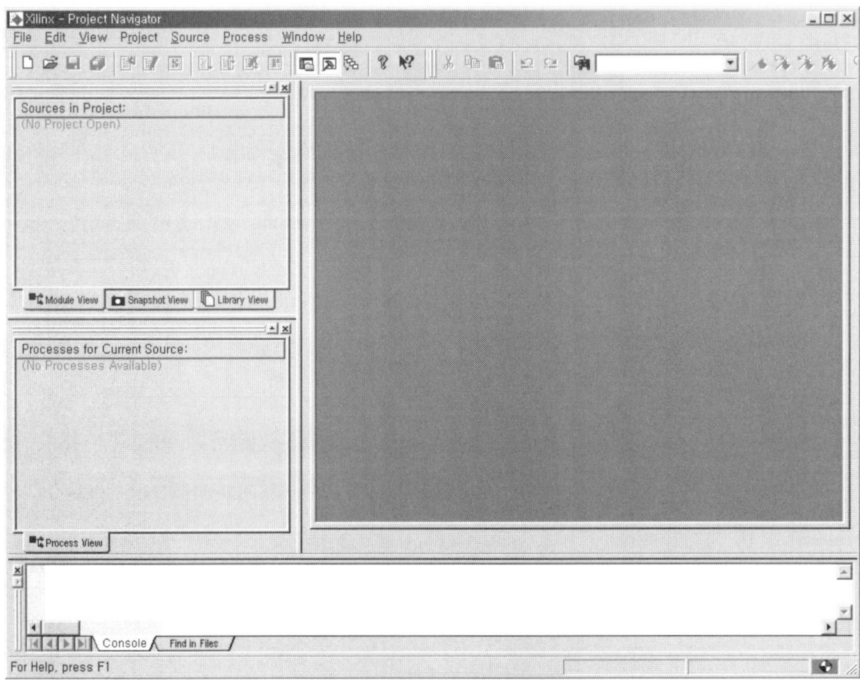

[그림 B-20] ISE의 시작 화면

Project Navigator를 실행하면 [그림 B-20]과 같은 화면이 나타난다.

ISE의 시작 화면에서 MXE가 시뮬레이션 툴로 지정된 것을 확인하기 위해서 "ISE General"에서 "Integrated Tools"를 선택하면 [그림 B-21]과 같은 화면이 나타나며 여기에 Model Tech Simulator에 "C:\Modeltech_xe_starter\win32xoem\modelsim.exe"와 같이 지정된 것을 볼 수 있다.

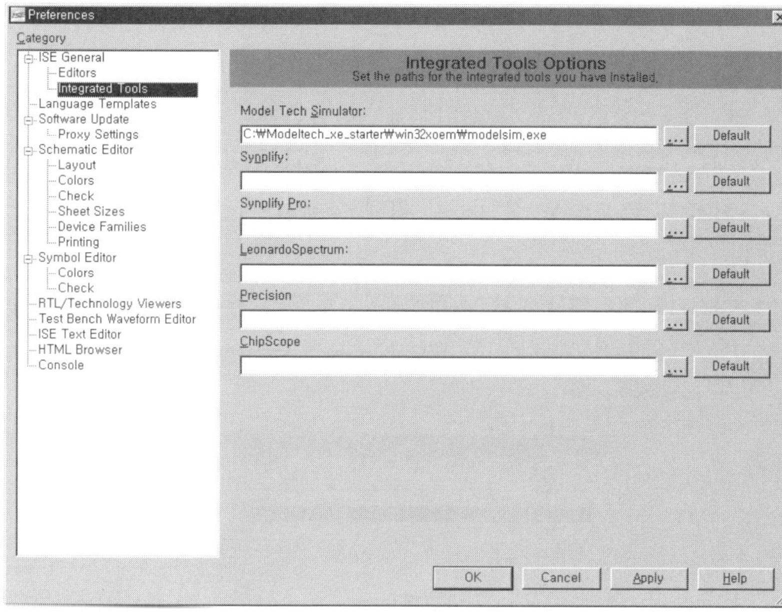

[그림 B-21] ISE 환경 설정 화면

새로운 프로젝트를 시작하기 위하여 ISE의 메뉴에서 "File → New Project"를 선택하면 [그림 B-22]와 같은 대화상자가 나타난다.

[그림 B-22] New Project 설정 화면

[그림 B-23] New Project 지정 화면

[그림 B-22]에서 "Project Location", "Project Name", "Device Family", "Device", "Package", "Speed Grade", "Design Flow"을 [그림 B-23]과 같이 설정한다.

여기서는 CPLD인 XC95144를 사용하여 설계를 진행할 것이므로 "XC9500 CPLDs", "XC95144", "TQ100", "-15", "XST VHDL"을 지정한다.

VHDL로 카운터를 설계하기 위해 앞에서 지정한 프로젝트에 counter 소스를 추가한다.

ISE의 Project 메뉴에서 New Source 항목을 선택하고 [그림 B-24]와 같이 좌측에서 VHDL Module을 지정한 후 File Name에 counter라고 입력한다.

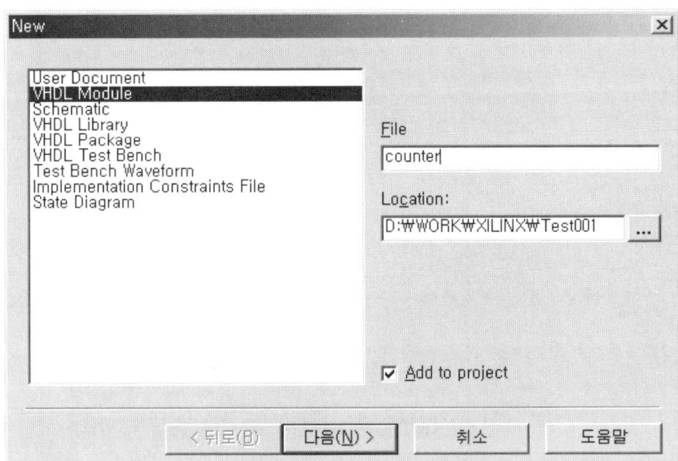

[그림 B-24] VHDL Module 생성

특별한 지정 없이 나타나는 대화상자에서 다음 단계로 진행하여 설정을 완료하면 [그림 B-25]와 같이 counter.vhd 파일이 추가된 Project Navigator 화면을 볼 수 있다.

화면은 크게 세 부분으로 구성되며 왼쪽부분은 상/하로 나뉘며 좌측 상단은 설계 및 설정 파일을 담고 있는 Sources in Project 부분과 상단에서 선택한 파일에 대해 합성, 시뮬레이션, 설계 제약사항 지정, 합성된 결과 파일 등의 명령을 수행하는 Process for Current Source 부분으로 나뉜다. 화면의 우측 부분은 counter.vhd 파일과 같이 설계된 내용을 표시한다.

ISE에서 EDIT 메뉴에서 Language Templates 선택하면 [그림 B-26]과 같이 우측에 counter.vhd 파일이 표시되는 부분에 Templates가 트리 형태로 표시된다.

Templates 부분에서 VHDL → Synthesis Templates → Counter를 선택하면 나머지 우측 화면에 counter의 소스가 나타난다.

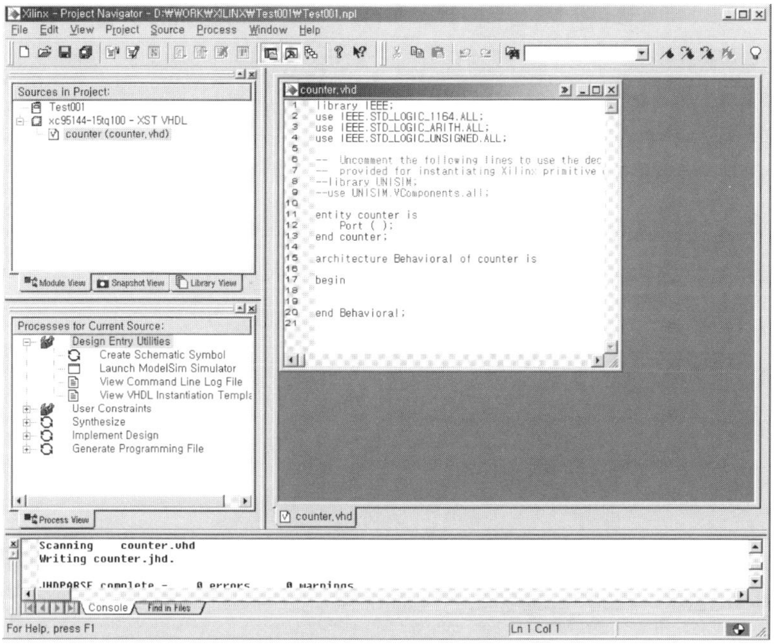

[그림 B-25] counter.vhd가 추가된 Project Navigator 화면

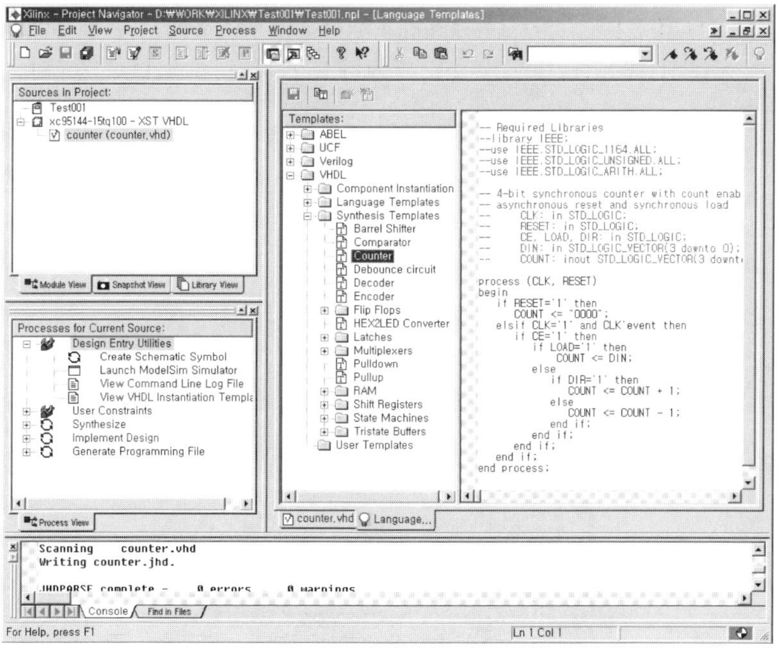

[그림 B-26] Language Templates 선택 화면

화면에 나타난 소스 복사해서 [그림 B-25]의 counter.vhd에 붙여 넣는다.

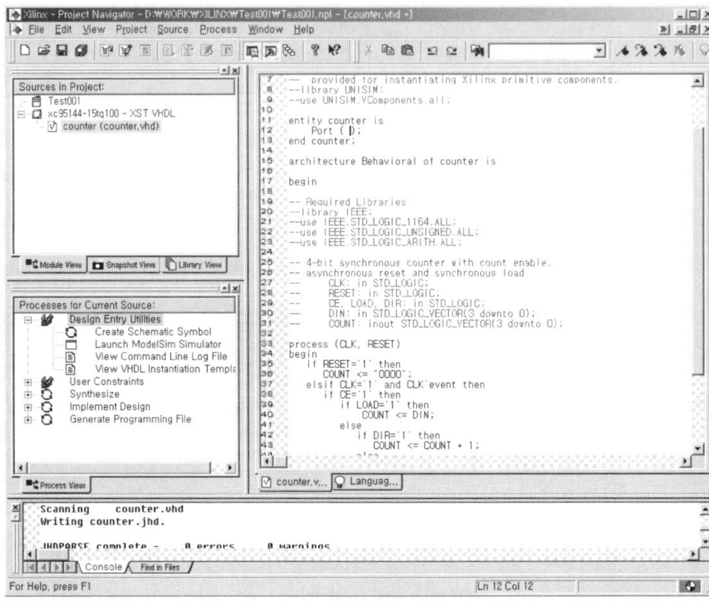

[그림 B-27] Templates에서 붙여 넣은 counter.vhd 파일

[그림 B-27]과 같이 앞의 Templates에서 복사해 붙여 넣은 counter.vhd 파일에서 27~31번째 줄의 내용을 앞의 주석을 제거하고 12번째 줄의 PORT( );의 () 안에 복사한다.

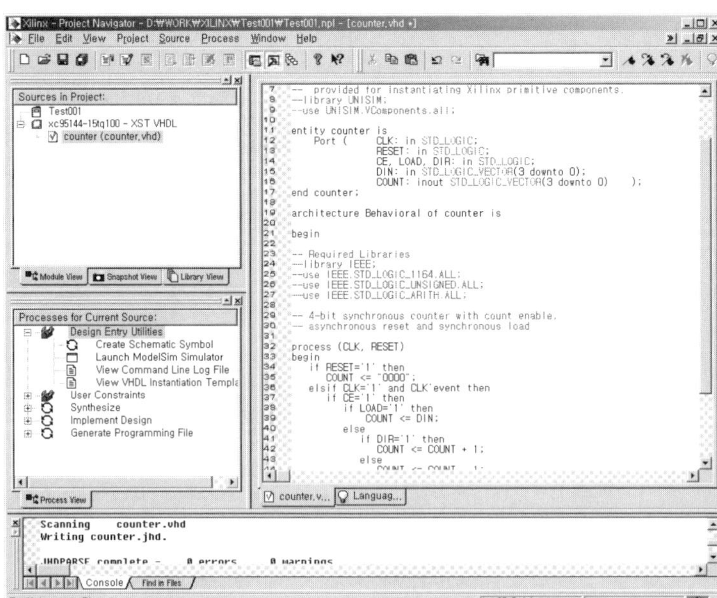

[그림 B-28] 편집 완료된 counter.vhd

[그림 B-28]과 같이 최종 완료된 파일을 사용하여 앞으로 계속 ISE의 사용법에 대해 진행한다.

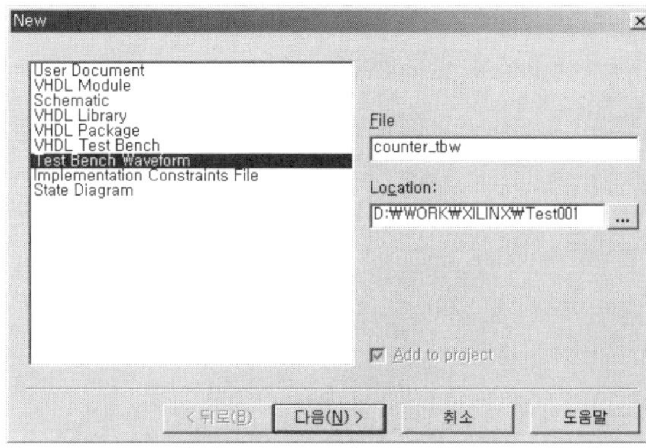

[그림 B-29] Project에 Test Bench Waveform 추가

이 예제에서는 기존에 설계되어 있는 VHDL 소스를 가져와 특별한 수정 없이 사용하였으나 실제 설계에서는 이러한 VHDL 파일을 설계자의 의도에 맞게 직접 작성해주어야 하는 경우가 대부분이다.

설계한 VHDL 파일의 동작을 검증하기 위해 Project에 Test Bench를 추가한다.

ISE의 Sources in Project에 counter (counter.vhd)를 선택하고 메뉴에서 Project→New Source를 선택하여 나타난 다이얼로그 박스에서 Test Bench Waveform 지정하고 파일 이름은 counter_tbw로 설정한다.

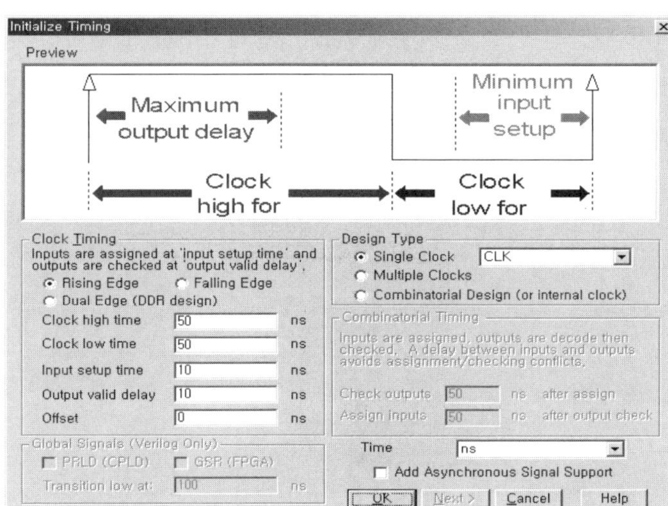

[그림 B-30] Test Bench에 사용될 기본 Clock 지정

Test Bench가 Project에 추가되고 Waveform 편집에 앞서 기본 Clock을 지정하며 기본값을 그대로 사용한다.

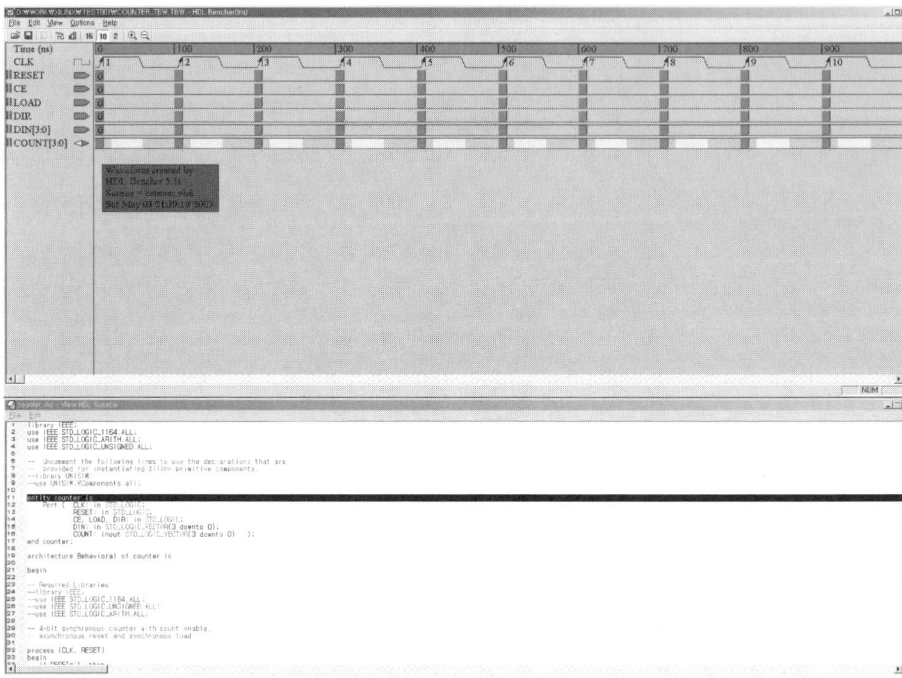

[그림 B-31] HDL Bencher - Waveform Editor

Test Bencher의 waveform 편집 설정이 완료되면 [그림 B-32]와 같은 화면이 나타난다. 여기에서 입력 값을 지정해주고 시뮬레이션을 실행하면 입력에 해당하는 출력값이 나타난다.

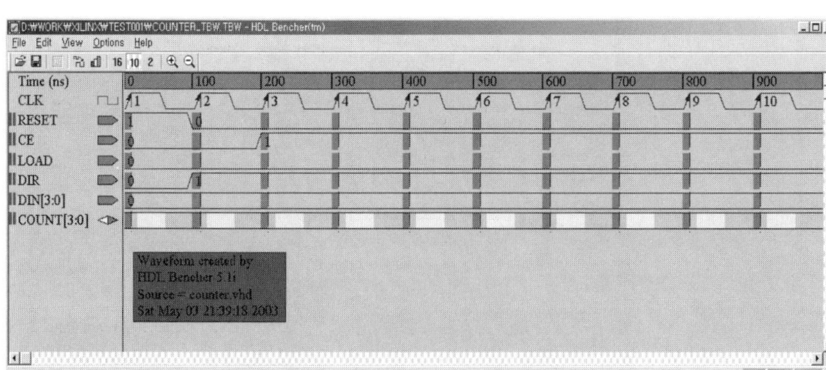

[그림 B-32] Waveform 편집

클럭의 상승부분(파란색 박스)에서 마우스 왼쪽 버튼 클릭하면 파형의 상태가 '0'에서 '1' 또는 '1'에서 '0'으로 반전된다. [그림 B-32]와 같이 편집하고 저장한 후 종료한다.

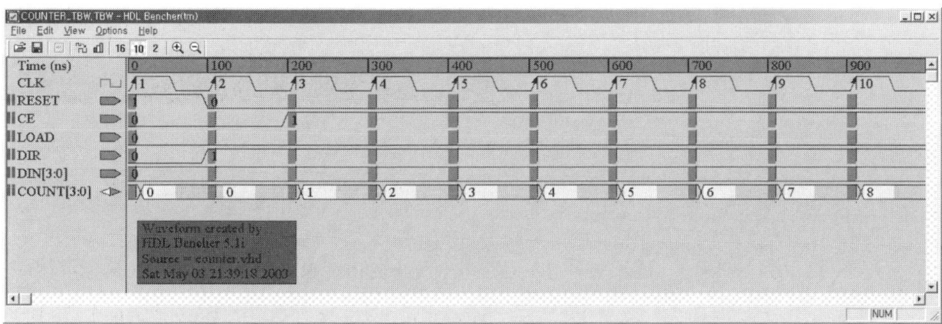

[그림 B-33] 시뮬레이션 출력 결과

ISE의 좌측 상단의 Source in Project에서 counter_tbw.tbw를 선택 후 ModelSim Simulator를 확장하여 Generate Expected Simulation Results 더블클릭하여 실행한다.

[그림 B-33]의 화면은 HDL Bencer의 waveform editor에서 [그림 B-31]과 같이 입력하고 "Generate Expected Simulation Results"를 실행한 결과이다.

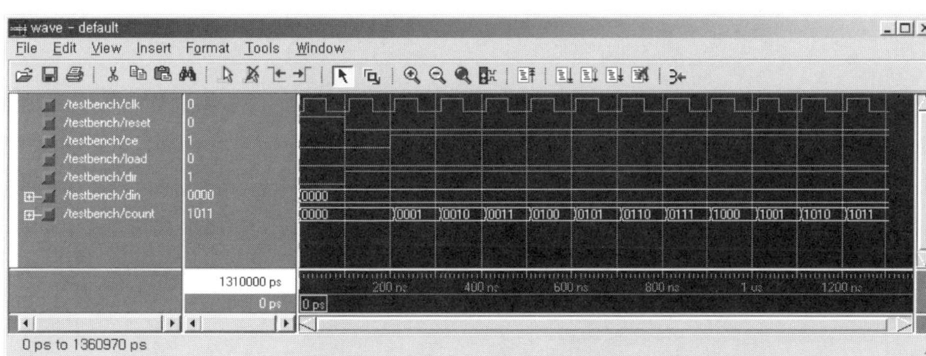

[그림 B-34] ModelSim의 시뮬레이션 결과

ISE에서 ModelSim Simulator 아래의 Simulate Behavioral VHDL Model 더블클릭하면 ModelSim이 실행되며 Waveform이 나타난 화면에서 "View → Zoom → Zoom Full"을 선택하면 [그림 B-33]과 같은 결과를 볼 수 있다.

[그림 B-34]의 결과는 칩에 합성되기 전의 동작 상황에 대한 시뮬레이션이며 [그림 B-34]는 칩에 합성된 후 실제 동작 결과를 보여주는 시뮬레이션 파형이다.

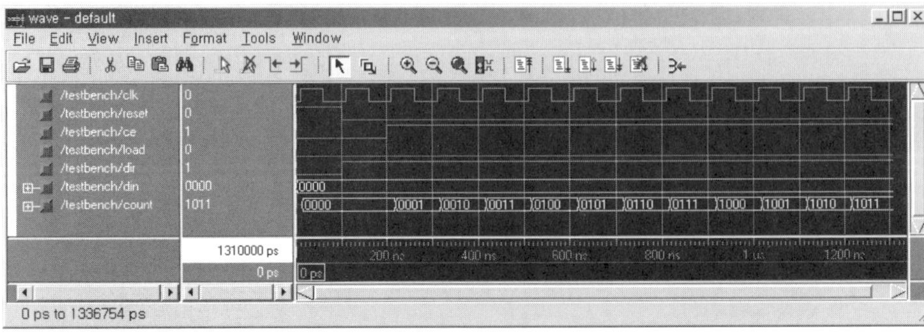

[그림 B-35] 칩에 합성된 후의 결과 시뮬레이션

[그림 B-35]는 ISE에서 ModelSim Simulator 아래의 Simulate Post-Fit VHDL Model을 더블클릭하여 Post-Fit으로 ModelSim을 동작하여 Waveform이 나타난 화면에서 "View → Zoom → Zoom Full"을 선택한 화면이다.

[그림 B-35]는 [그림 B-34]와 달리 실제 칩에서의 동작 상황을 모의한 것으로 입력 클럭이 출력 count된 결과에 출력되기까지의 시간 지연이 반영되어 있다.

설계한 VHDL을 하나의 모듈로 Schematic design에서 사용하기 위해 Symbol을 만든다.

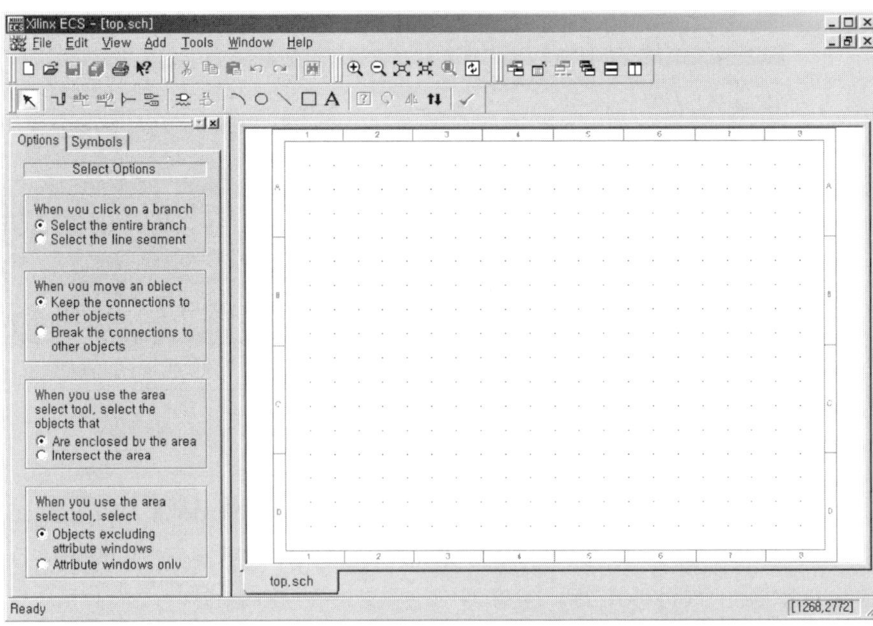

[그림 B-36] Xilinx ISE의 Schematic Editor인 ECS(Engineering Capture System) 화면

ISE의 Sources in Project에서 counter (counter.vhd) 선택하고 Processes for Current Source에서 Design Entry Utilities 항목의 Create Schematic Symbol 더블 클릭하여 실행한다.

Schematic Editor를 실행하기 위해서 Project Navigator의 Project 메뉴에서 New Source를 선택하여 나타난 대화상자에서 Schematic을 지정하고 File 이름은 top으로 설정한다.

설정이 완료되면 [그림 B-36]과 같은 Xilinx ISE의 Schematic Editor인 ECS (Engineering Capture System)가 실행된다.

[그림 B-37]의 ECS 화면에서 좌측의 Symbols 탭을 선택하고 Categories 항목에서 프로젝트를 만들 때 사용자가 지정한 디렉터리 이름으로 표시된 곳을 선택하면 Symbols 항목에서 VHDL로 설계한 counter symbol 나타난다. 이를 선택하여 ECS 화면에 위치시킨다.

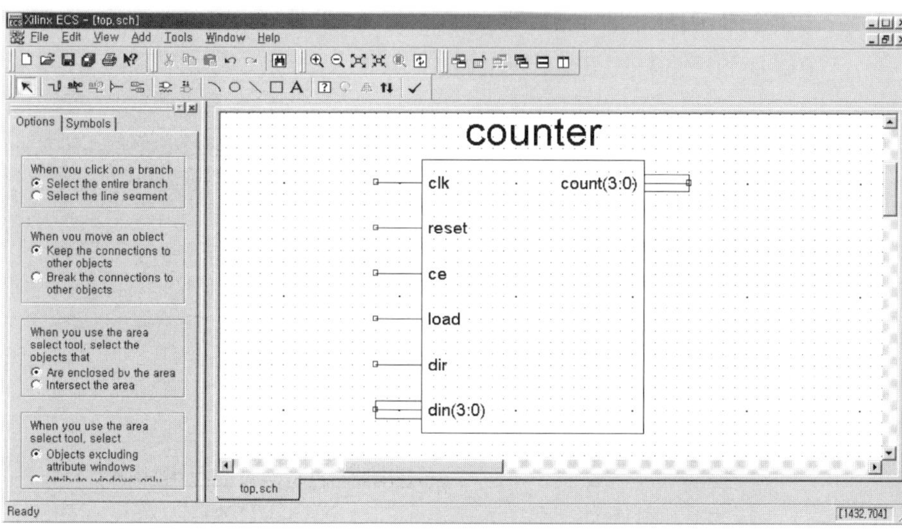

[그림 B-37] counter symbol

Counter Symbol은 앞에서 VHDL로 설계한 입/출력이 Symbol의 핀으로 표시된 것을 볼 수 있다.

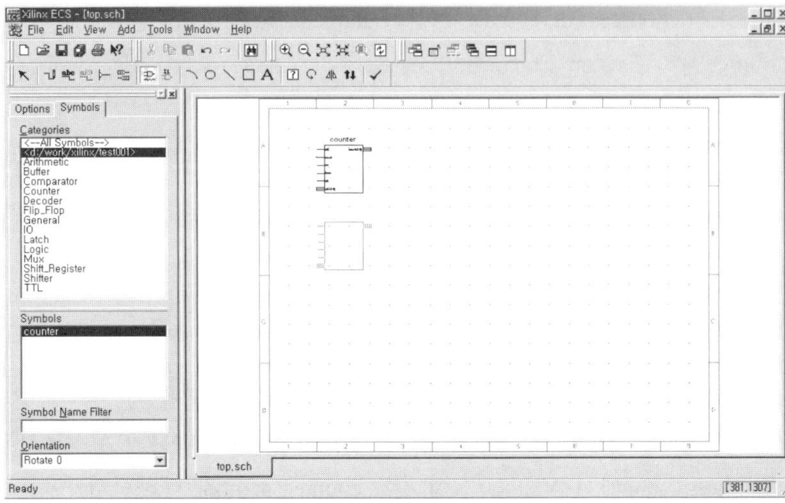

[그림 B-38] Counter symbol 선택

[그림 B-37]과 같이 배열된 symbol을 ECS 메뉴의 ADD 항목의 Wire를 선택하여 [그림 B-39]와 같이 결선한다.

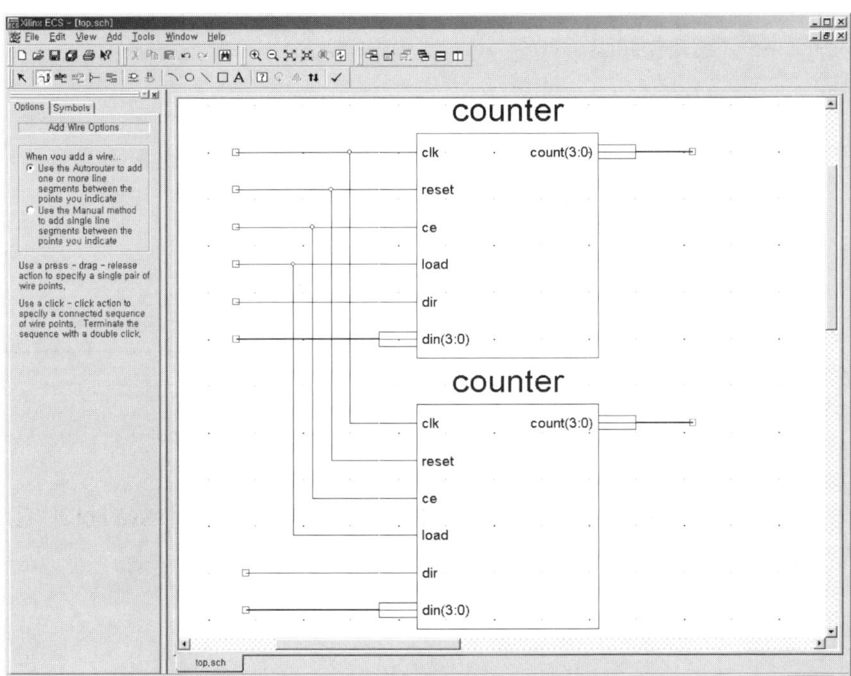

[그림 B-39] ECS에서 Symbol을 Wire로 결선한 화면

ECS에서 메뉴의 ADD 항목의 Net Name을 선택하여 각각의 입력에 [그림 B-40]과 같이 이름을 부여한다.

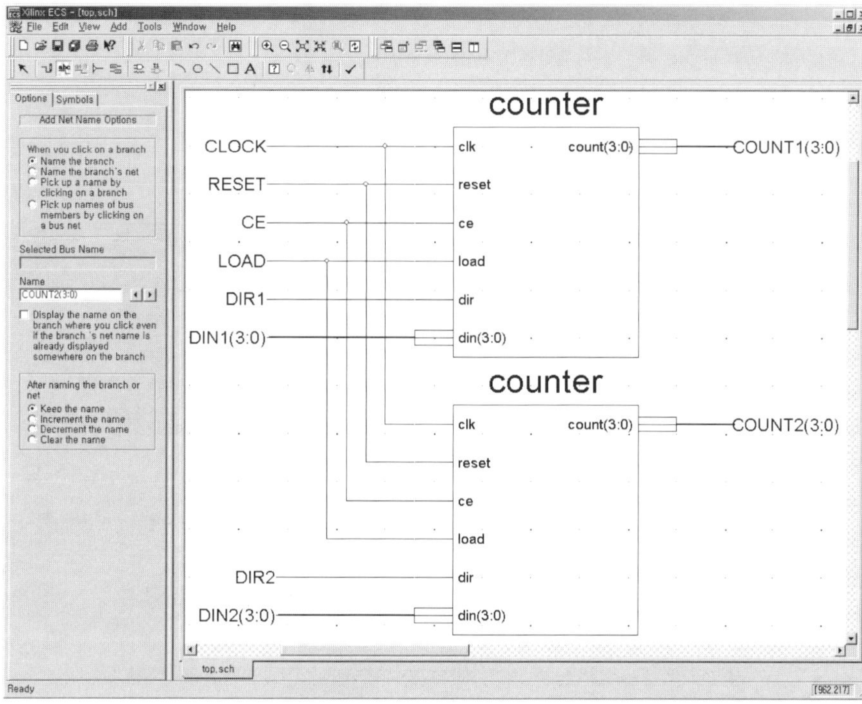

[그림 B-40] Net Name을 부여한 화면

ECS의 ADD 메뉴에서 I/O Marker를 선택하여 [그림 B-41]과 같이 지정한다.

[그림 B-41]과 같이 지정된 후 저장하고 ECS를 종료하여 Project Navigator 화면으로 전환한다.

지금까지 ECS에서 Schematic으로 디자인한 것을 구현하기 위해 Project Navigator의 Source in Project에서 top (top.sch)을 선택하고, Processes for Current Source에서 Implement Design 더블클릭하여 실행한다.

화면 하단의 message windows에 진행되는 각 작업의 상태와 결과가 표시되고 성공적으로 종료되면 Processes for Current Source의 Synthesize, Implement Design 아래의 "Translate", "Fit", "Generate Timing"의 앞에 녹색 체크 표시가 나타난다.

처음 프로젝트를 생성할 때 XC9500 CPLD를 선택하고 XC95144 TQ100 이라는 디바이스를 선정하였다. 이와 같이 CPLD를 사용하여 설계하는 경우 Processes for Current Source의 Fit 항목을 확장하여 View Fitted Design(ChipViewer) 더블클릭하면 [그림 B-42]와 같은 화면이 나타난다.

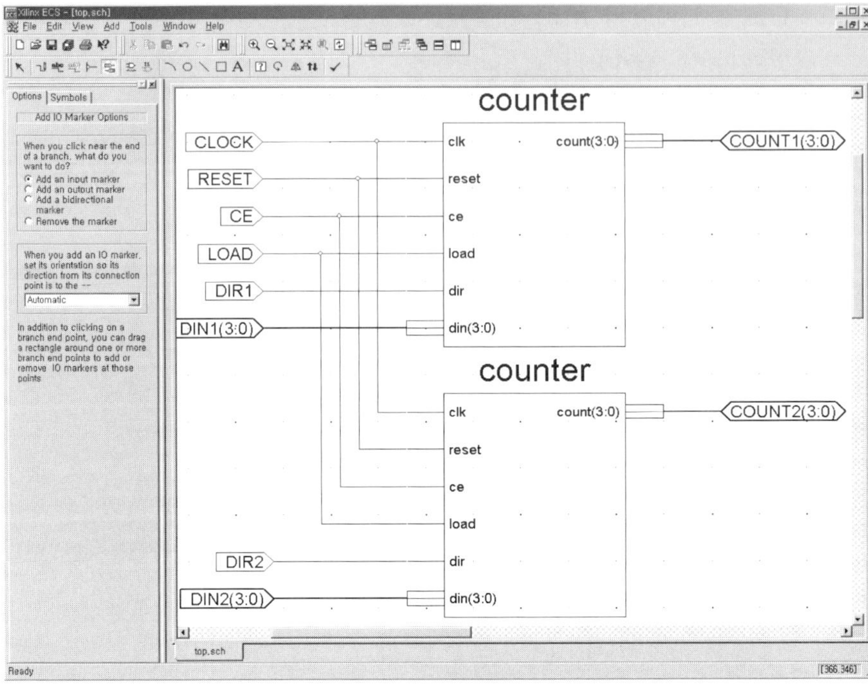

[그림 B-41] 입/출력 단자를 지정

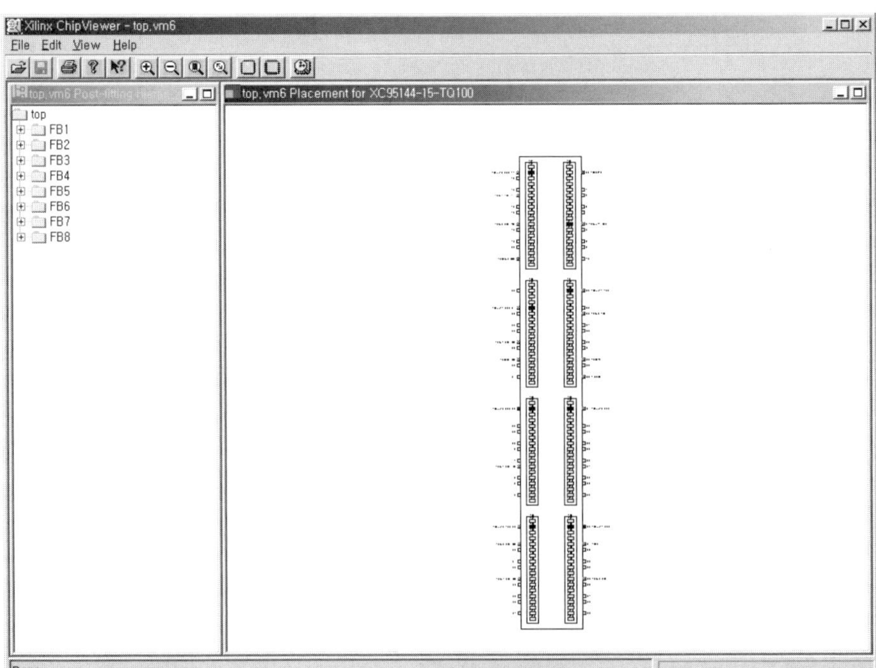

[그림 B-42] Chip Viewer 화면

[그림 B-42]의 화면에서 View→Zoom→In을 선택하여 적절히 확대하고 메뉴의 "View → Inputs Connection"를 선택하면 [그림 B-43]과 같이 ChipViewer에 입/출력과 칩 내부의 매크로셀의 연결 상태를 표시해 준다.

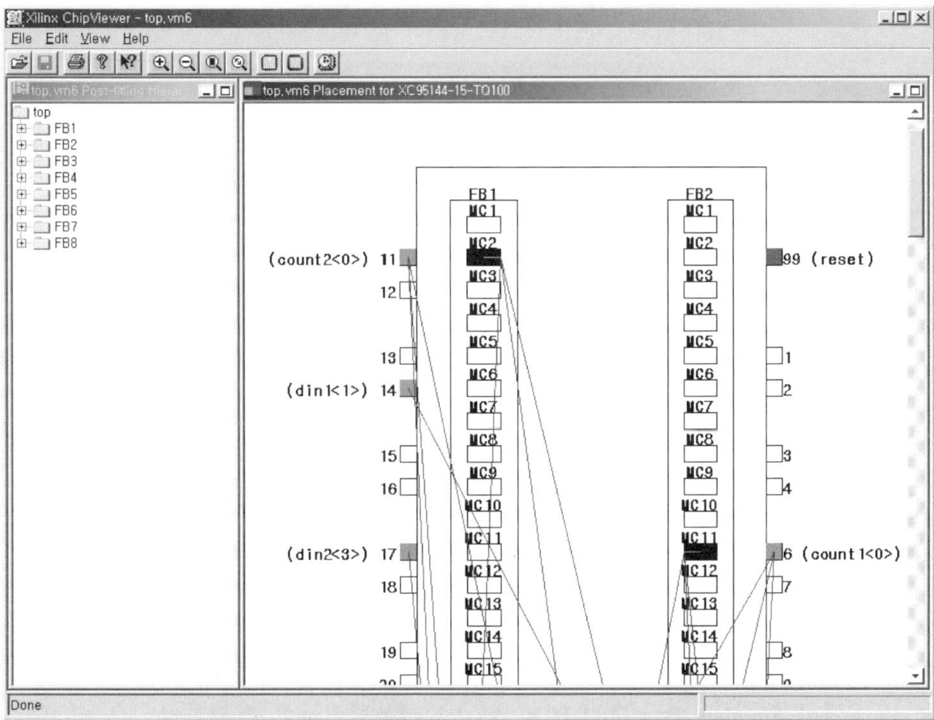

[그림 B-43] 입/출력과 칩 내부의 매크로셀의 연결 상태

ECS로 설계한 내용을 검증하기 위해 앞에서 VHDL을 사용하여 동작을 검증한 것과 같은 방법으로 Sources in Project에서 top(top.sch)을 선택하고 Project Navigator 메뉴의 "Project → New Source"를 선택하여 나타난 다이얼로그 박스에서 Test Bench Waveform 선택하고 파일 이름은 top_tbw으로 지정한다.

HDL Bencher의 화면이 나타나면 각 신호의 입력값을 지정한다.

BUS로 묶여진 신호의 경우 HDL Bencher에 클럭이 high로 변하는 부분(노란색 박스 부분)에서 마우스를 클릭하면 Pattern 박스가 나타난다. [그림 B-44]의 Pattern Wizard에서 COUNT1에는 count up, COUNT2에는 count down으로 지정한다.

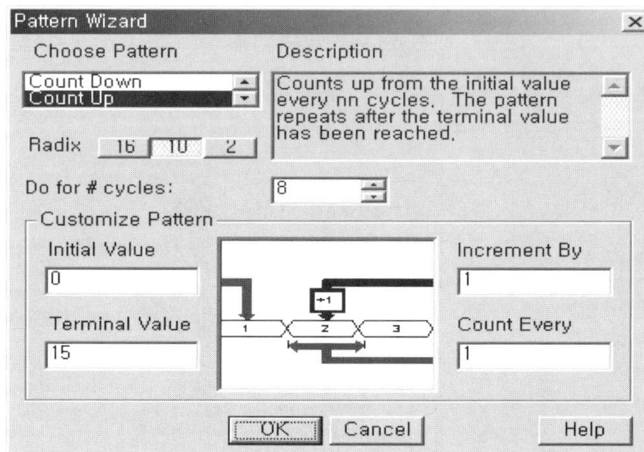

[그림 B-44] Pattern Wizard

Post-fit simulation을 수행하기 위해서 Sources in Project에서 top(top.sch)아래의 top_tbw.tbw 선택하고, Processes for Current Source의 ModelSim Simulator 항목 아래에서 Simulate Post-Fit VHDL Model 더블클릭하여 실행한다.

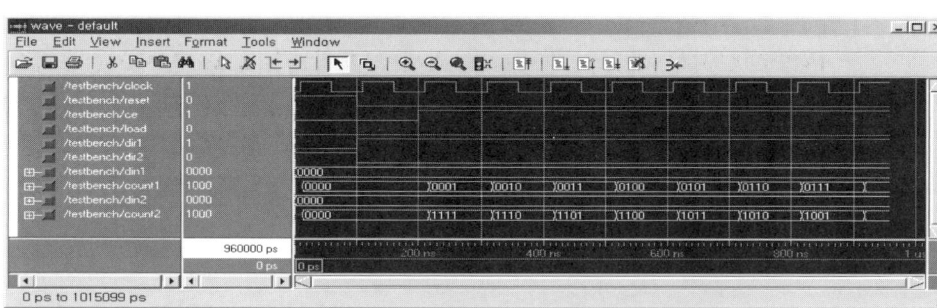

[그림 B-45] Post-Fit 시뮬레이션 결과

타겟 칩에 설계한 내용을 다운로드하기 위하여 프로그래밍 파일을 생성해야 한다.

Project Navigator에서 Processes for Current Source 항목의 Generate Programming File을 더블클릭하여 실행하여 프로그래밍 파일을 생성한다.

타겟 칩에 프로그래밍 파일을 다운로드 하기위해 Xilinx ISP Writer와 Target Board 연결하고 Configure Device (iMPACT)를 실행한다.

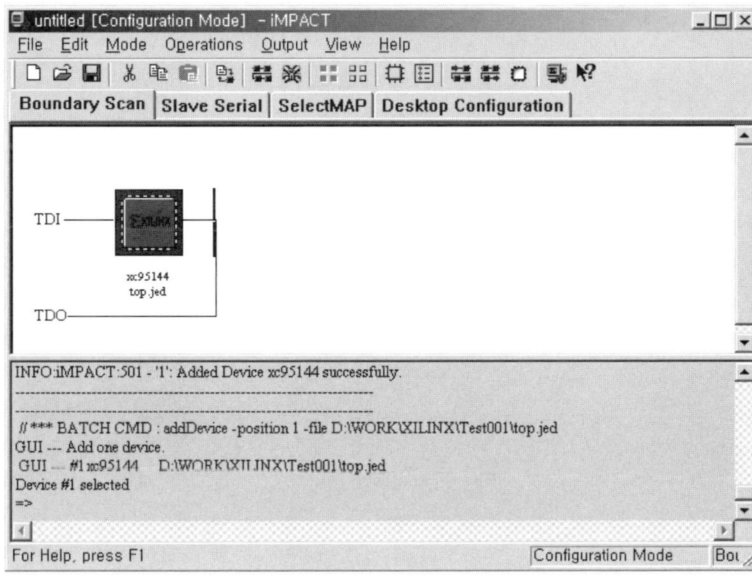

[그림 B-46] iMPACT 실행 화면

저자 약력

서종완

성균관대학교 공학박사수료
현재 안산공과대학 정보통신과 외래교수
저서: AVR Atmega 128의 활용

이성대

성균관대학교 공학박사
현재 안산공과대학 정보통신과 부교수
저서: Xilinx FPGA 설계, 전자공학의 기초, AVR Atmega 128의 활용

값 **19,000원**

AVR과 FPGA 기반의 임베디드 로봇 설계

2006년 8월 25일 초판 인쇄
2006년 9월 5일 초판 발행
저 자 : 서 종 완 · 이 성 대
발행자 : 이 연 우 · 우 명 찬
발행처 : **홍 릉 과 학 출 판 사**
주 소 : 서울시 강북구 수유5동 455-60
142-885
등 록 : 1976년 10월 21일 제5-66호
전 화 : 999-2274~5, 996-8341, 903-7037
팩 스 : 905-6729
hongpub@hongpub.co.kr
www.hongpub.co.kr

저자와의
협의하에
인지생략